U0184982

“十四五”时期国家重点出版物出版专项规划项目

现代数学基础丛书 193

三维流形组合拓扑基础

雷逢春　李风玲　编著

科学出版社

北　京

内 容 简 介

本书主要介绍三维流形组合拓扑的基本理论和方法，内容包括正则曲面理论、连通和素分解、Heegaard 分解、Haken 流形、Seifert 流形等传统内容，同时融入了对一些经典定理的现代处理方法，包括 Heegaard 分解稳定等价定理（Reidemeister-Singer 定理）、Waldhausen 的 S^3 的 Heegaard 分解的唯一性定理、Lickorish-Wallace 定理、Jaco 加柄定理、Casson-Gordon 的弱可约 Heegaard 分解与 Haken 流形的联系定理等，并尽量做到自相包容. 为方便读者了解与三维流形组合拓扑相关的一些内容，在第 2 章介绍了曲面的拓扑分类，在最后几章介绍了纽结理论初步、辫子群理论初步和映射类群理论初步，供读者学习时参考.

本书可作为基础数学专业低维拓扑方向的研究生或数学专业本科高年级学生在学习三维流形拓扑课程时的教材或参考书，也可作为科研人员了解三维流形组合拓扑方法的参考手册.

图书在版编目（CIP）数据

三维流形组合拓扑基础/雷逢春，李风玲编著. 一北京：科学出版社，2022.6
(现代数学基础丛书；193)

ISBN 978-7-03-072277-5

Ⅰ. ①三…　Ⅱ. ①雷…②李…　Ⅲ. ①流形几何–拓扑流形　Ⅳ. ①O189

中国版本图书馆 CIP 数据核字(2022) 第 081404 号

责任编辑：李静科　李　萍／责任校对：彭珍珍
责任印制：赵　博／封面设计：陈　敬

科学出版社 出版
北京东黄城根北街 16 号
邮政编码：100717
http://www.sciencep.com
北京市金木堂数码科技有限公司印刷
科学出版社发行　各地新华书店经销
*
2022 年 6 月第　一　版　开本：720 × 1000　1/16
2024 年 4 月第三次印刷　印张：18
字数：329 000

定价：138.00 元
（如有印装质量问题，我社负责调换）

《现代数学基础丛书》序

对于数学研究与培养青年数学人才而言, 书籍与期刊起着特殊重要的作用. 许多成就卓越的数学家在青年时代都曾钻研或参考过一些优秀书籍, 从中汲取营养, 获得教益.

20 世纪 70 年代后期, 我国的数学研究与数学书刊的出版由于“文化大革命”的浩劫已经破坏与中断了 10 余年, 而在这期间国际上数学研究却在迅猛地发展着. 1978 年以后, 我国青年学子重新获得了学习、钻研与深造的机会. 当时他们的参考书籍大多还是 50 年代甚至更早期的著述. 据此, 科学出版社陆续推出了多套数学丛书, 其中《纯粹数学与应用数学专著》丛书与《现代数学基础丛书》更为突出, 前者出版约 40 卷, 后者则逾 80 卷. 它们质量甚高, 影响颇大, 对我国数学研究、交流与人才培养发挥了显著效用.

《现代数学基础丛书》的宗旨是面向大学数学专业的高年级学生、研究生以及青年学者, 针对一些重要的数学领域与研究方向, 作较系统的介绍. 既注意该领域的基础知识, 又反映其新发展, 力求深入浅出, 简明扼要, 注重创新.

近年来, 数学在各门科学、高新技术、经济、管理等方面取得了更加广泛与深入的应用, 还形成了一些交叉学科. 我们希望这套丛书的内容由基础数学拓展到应用数学、计算数学以及数学交叉学科的各个领域.

这套丛书得到了许多数学家长期的大力支持, 编辑人员也为其付出了艰辛的劳动. 它获得了广大读者的喜爱. 我们诚挚地希望大家更加关心与支持它的发展, 使它越办越好, 为我国数学研究与教育水平的进一步提高做出贡献.

杨　乐

2003 年 8 月

序　言

三维流形是拓扑学中最为经典的研究对象之一. 1904 年, 庞加莱猜想单连通闭三维流形同胚于三维球面. 围绕这一世纪难题发展出来的数学理论, 构筑了二十世纪数学中最为华丽的篇章之一.

三维流形常常作为新的数学理论和方法的试验场. 例如, 运用 Ricci 流理论, Perelman 在 2002 年证明了庞加莱猜想以及更为广泛的 Thurston 几何化猜想, 标志着三维流形拓扑取得了重大突破; 运用几何群论方法, Agol 证明了三维流形的 Virtual Haken 猜想、Virtual 纤维化猜想.

国外关于三维流形拓扑的教材有 J.Hempel 编著的 *3-Manifolds*, W.Jaco 编著的 *Lectures on Three-Manifold Topology*, A.Hatcher 编著的 *Notes on Basic 3-Manifold Topology* 等, 近年来还有 J. Schultens 编著的 *Introduction to 3-Manifolds*. 这些教材各有所长, 也各有侧重, 但大多要求学生有较多的前期预备知识.

《三维流形组合拓扑基础》一书包含了正则曲面理论、连通和素分解、Haken 流形、Heegaard 分解、Seifert 流形等传统内容, 同时融入了对一些经典定理的现代处理方法和作者自己的研究成果, 包括 Heegaard 分解稳定等价定理 (Reidemeister-Singer 定理)、Lickorish-Wallace 定理、Jaco 加柄定理、Waldhausen 的三维球面的 Heegaard 分解的唯一性定理、Casson-Gordon 的弱可约 Heegaard 分解定理等. 内容由浅入深, 循序渐进, 向读者系统介绍了三维流形组合拓扑的基本理论和方法, 为读者提供了了解当代三维流形组合拓扑前沿的一些窗口.

本书适合基础数学专业低维拓扑方向的研究生或有兴趣的数学专业高年级本科生在学习相关课程时选用或参考, 是学习三维流形组合拓扑的一本非常合适的入门书.

方复全

2022 年 5 月

前　　言

三维流形拓扑至今已有百余年发展历史, 其理论和内容十分丰富, 已成为低维拓扑的重要组成部分. 由于三维流形自身的特点, 尽管近几十年来出现了几何结构和几何群论等诸多新工具和新方法, 用组合方法研究三维流形的基本结构和拓扑特征仍然是该理论的基本的和重要的方法. 《三维流形组合拓扑基础》旨在向读者介绍三维流形组合拓扑的基本理论和方法, 是一本学习三维流形组合拓扑的入门书, 适合于基础数学专业低维拓扑方向的研究生或数学本科高年级学生在学习相关课程时选用或参考.

本书是作者多年来在大连理工大学从事三维流形拓扑基础的教学中和在中国科学院大学讲授 "三维流形拓扑基础" 课程时所使用的讲义的基础上整理完成的. 写作过程中参考了多本三维流形拓扑的经典和新近的教材 (如 [35, 38, 45, 99] 等), 吸收了其中的许多精华和优点, 在题材的选取上做了一些调整, 适当地增加了反映前沿研究的一些新思想和新方法. 全书内容包括正则曲面理论、连通和素分解、Haken 流形、Heegaard 分解、Seifert 流形等传统内容; 同时融入了对一些经典定理的现代处理方法, 包括 Heegaard 分解稳定等价定理 (Reidemeister-Singer 定理)、Waldhausen 的 S^3 的 Heegaard 分解的唯一性定理、Lickorish-Wallace 定理、Jaco 加柄定理、Casson-Gordon 的弱可约 Heegaard 分解与 Haken 流形的联系定理等, 并尽量做到自相包容. 为方便读者了解与三维流形组合拓扑相关的一些内容, 在最后几章介绍了纽结理论初步、辫子群理论初步和映射类群理论初步, 供读者学习时参考. 部分章节后面附有一定数量的习题, 供读者复习巩固相关内容时选用.

本书力求提供了解当代三维流形组合拓扑的一些基本窗口, 比较偏重传统题材和方法的选取. 限于篇幅, 很多经典的内容和一些较新的内容 (如 Floer 同调等) 未能收纳其中.

由于水平所限, 尽管作者作了很大努力, 可能还会有很多不妥和疏漏, 恳请广大读者给予批评指正. 谢谢! 意见和建议可反馈至作者邮箱 fclei@dlut.edu.cn, fenglingli@dlut.edu.cn.

雷逢春　李风玲
2021 年 10 月于大连

目　　录

第 1 章　预 备 知 识

本书主要是从组合的角度介绍三维流形拓扑. 本章概要介绍本书后续章节中所需要的组合流形拓扑或微分流形拓扑 (两者在维数 $\leqslant 3$ 的情形是等价的) 的最基本的相关内容. 希望详细了解相关内容的读者可以参考 [40] 和 [90].

1.1　拓扑流形、微分流形与组合流形

1.1.1　拓扑流形与微分流形

n 维欧氏空间 $\mathbb{R}^n$ 是我们熟悉的拓扑空间. 记 $\mathbb{R}^n_+ = \{(x_1, \cdots, x_n) \in \mathbb{R}^n | x_n \geqslant 0\}$, 称之为 $\mathbb{R}^n$ 的上半 (子) 空间. 流形是欧氏空间的一种推广.

定义 1.1　流形

设 M 是一个第二可数的 Hausdorff 拓扑空间, $n \in \mathbb{N}$. 设 U 是 M 的一个开集. 若存在一个从 U 到 $\mathbb{R}^n$ 或 $\mathbb{R}^n_+$ 的同胚 ϕ, 则称 (U, ϕ) 为 M 的一个图卡, 称 U 是 M 的一个坐标邻域.

如果存在

$$\Phi = \{(U_\alpha, \phi_\alpha) : \alpha \in \Lambda\}, \tag{1.1}$$

满足如下条件:

(1) $\{U_\alpha : \alpha \in \Lambda\}$ 是 M 的一个开覆盖;

(2) $\forall \alpha \in \Lambda$, (U_α, ϕ_α) 是 M 的一个图卡,

则称 M 是一个 n 维拓扑流形 (简称为 n 维流形, 或 n-流形), n 称为 M 的维数, 记作 $\dim M$. 通常称 Φ 为 M 的一个图册.

记 M 中所有存在邻域同胚于 $\mathbb{R}^n_+$ 的点构成的子集为 ∂M, 称之为 M 的边界, ∂M 中的点称为 M 的边界点. 称 M 中的非边界点为 M 的内点, 称 $M \setminus \partial M$ 为 M 的内部. 当 M 紧致且 $\partial M \neq \varnothing$ 时, 称 M 是一个带边流形. 当 M 紧致连通且 $\partial M = \varnothing$ 时, 则称 M 是一个闭流形.

当然一个流形可以有多个图册. 当谈到流形时, 通常指其一个特定的图册, 或指它的极大图册 (即包含 M 的所有图卡的图册).

当 M 紧致且 $\partial M \neq \varnothing$ 时, ∂M 是一个闭 $(n-1)$-流形, 即 $\partial\partial M = \varnothing$.

例 1.1　$\mathbb{R}^n$ 和 $\mathbb{R}^n$ 的开子空间都是 n-流形.

例 1.2　设 $n \geqslant 0$. $S^n = \{x \in \mathbb{R}^{n+1} : ||x|| = 1\}$ 是一个闭 n-流形, 称之为 n-单位球面. 实际上, 记 $N = (0, \cdots, 0, 1) \in S^n$($S^n$ 的北极点), 令 $h_N : S^n \setminus \{N\} \to \mathbb{R}^n$, $(x_1, \cdots, x_{n+1}) \mapsto \left(\dfrac{x_1}{1 - x_{n+1}}, \cdots, \dfrac{x_n}{1 - x_{n+1}}\right)$, h_N 是一个同胚. 类似地, 记 $S = (0, \cdots, 0, -1) \in S^n$($S^n$ 的南极点), 有同胚 $h_S : S^n \setminus \{S\} \to \mathbb{R}^n$, $(x_1, \cdots, x_{n+1}) \mapsto \left(\dfrac{x_1}{1 + x_{n+1}}, \cdots, \dfrac{x_n}{1 + x_{n+1}}\right)$. $\{S^n \setminus \{N\}, S^n \setminus \{S\}\}$ 是 S^n 的一个开覆盖. 故 S^n 是一个 n-流形, 它有一个只有两个图卡的图册. S^0 是个 0-流形, 它只有两个点: 1 和 -1. 特别地, 称 S^1 为单位圆周, 2-单位球面就简称为单位球面, 如图 1.1 所示. 通常也称与 S^n 同胚的流形为 n-球面.

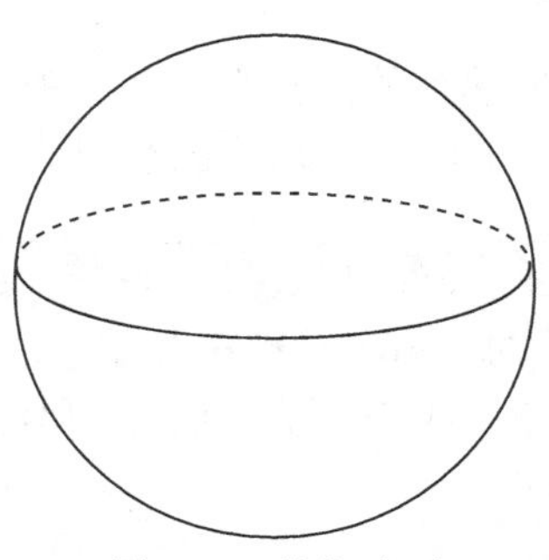

图 1.1　单位球面

例 1.3　设 $n \geqslant 1$. $B^n = \{x \in \mathbb{R}^n : ||x|| \leqslant 1\}$ 是一个带边 n-流形, 称之为 n-单位球体, 或 n-实心单位球, 其边界 $\partial B^n = S^{n-1}$. 通常称 B^3 为单位实心球, 称与 B^3 同胚的流形为实心球; 称 B^2 为单位圆片, 称与 B^2 同胚的曲面为圆片, 通常也称与 B^n 同胚的流形为 n-球体.

例 1.4　设 $n \geqslant 1$. $\mathbb{T}^n = S^1 \times S^1 \times \cdots \times S^1$($n$ 个因子) 是一个 n-流形, 称之为 n-环面. 2-环面 $\mathbb{T}^2 = S^1 \times S^1$ 就简称为环面, 如图 1.2.

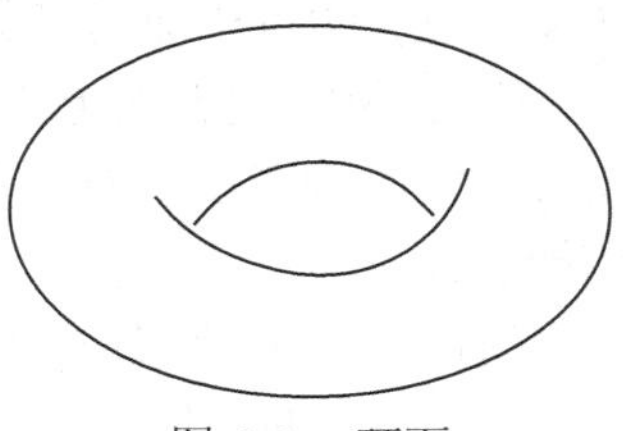

图 1.2　环面

例 1.5 2-流形也称为曲面. 环面是一个曲面. $A = S^1 \times I$ 是一个带边曲面, 它有两个同胚于单位圆周的边界分支. 通常称 A 为一个平环或圆柱筒, 如图 1.3 所示.

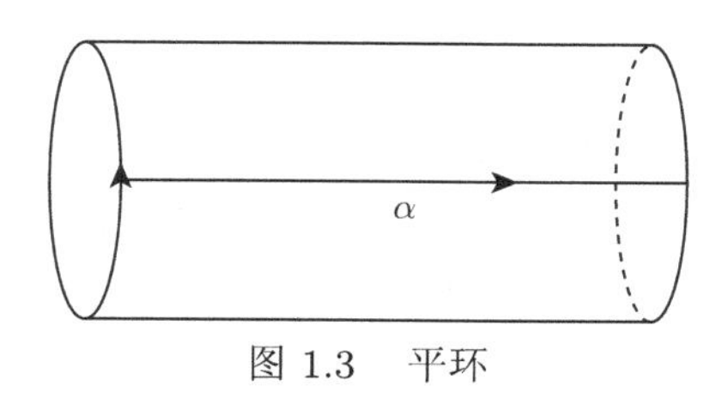

图 1.3 平环

定义 1.2 微分流形

设 M 是一个拓扑 n-流形, $n \in \mathbb{N}$, $\Phi = \{(U_\alpha, \phi_\alpha) : \alpha \in \Lambda\}$ 是 M 的一个图册. 若 Φ 还满足如下相容性条件:

(3) $\forall \alpha, \beta \in \Lambda$, 当 $U_\alpha \cap U_\beta \neq \varnothing$ 时,

$$\phi_{\alpha\beta} = \phi_\beta \circ \phi_\alpha^{-1}|_{\phi_\alpha(U_\alpha \cap U_\beta)} : \phi_\alpha(U_\alpha \cap U_\beta) \to \phi_\beta(U_\alpha \cap U_\beta) \tag{1.2}$$

是 C^∞ 映射 (这时也称这两个图卡是相容的), 则称 M 是一个 n 维光滑流形 (或微分流形), 记为 (M, Φ). 称 Φ 为 M 的一个光滑图册, 称 $\phi_{\alpha\beta}$ 为 M 的图册 Φ 中的一个图卡变换映射, 如图 1.4 所示.

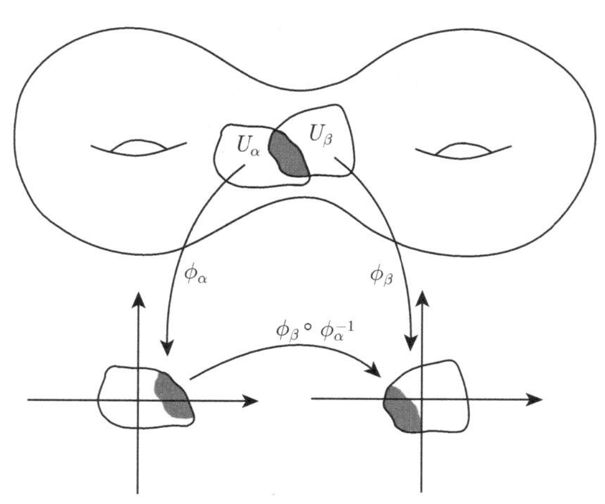

图 1.4 图卡变换映射

对于微分流形 M 上的两个光滑图册 Φ_1 和 Φ_2, 若 Φ_1 中的每个图卡与 Φ_2 的

每个图卡都是相容的, 则称 Φ_1 和 Φ_2 是相容的. 称 M 上与 Φ 相容的图册的全体为 M 的一个微分结构, 其中的每个光滑图册可以作为该微分结构的一个代表. 当谈到微分流形时, 通常暗指其一个确定的光滑图册 Φ, 或是指它的与 Φ 相容的极大光滑图册.

设 M 是 m-光滑流形, N 是 n-光滑流形, $f: M \to N$. 若对于任意 $x \in M$, 存在 M 的一个图卡 (U, φ) 和 N 的一个图卡 (V, ψ), 使得 $x \in U$, $f(U) \subset V$, 且 $\psi \circ f \circ \varphi^{-1} : \mathbb{R}^m \to \mathbb{R}^n$ 为光滑映射, 则称 f 为光滑映射.

例 1.6 在例 1.2 中, 容易验证 h_{NS} 与 h_{SN} 都是 C^∞ 映射, 故 S^n 是 n 维光滑流形.

例 1.7 $\mathbb{T}^n = S^1 \times \cdots \times S^1$ 也是 n 维光滑流形.

定义 1.3 定向流形

设 M 是一个光滑 n-流形, $n \in \mathbb{N}$, $\Phi = \{(U_\alpha, \phi_\alpha) : \alpha \in \Lambda\}$ 是 M 的一个光滑图册. 若 Φ 中的每个图卡变换映射的雅可比矩阵的行列式都大于 0, 则称 M 是可定向的. 也称这样的图册 Φ 为 M 的一个定向图册或定向, 称 (M, Φ) 为一个定向流形. 若 M 没有定向图册, 则称 M 是不可定向的.

例 1.8 不难验证, S^n 和 $\mathbb{T}^n$ 都是可定向流形.

例 1.9 把一个两面分别为灰色和黑色的长方形纸条的右端扭转 $180°$, 再将左边和右边对应点粘合, 称所得的空间 $\mathbb{M}$ 为一个默比乌斯 (Möbius) 带, 如图 1.5所示. 它是一个带边曲面. 不难验证, 默比乌斯带是不可定向的.

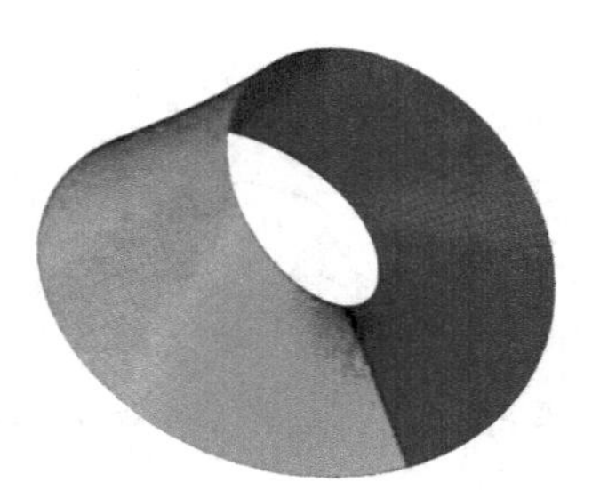

图 1.5 默比乌斯带

例 1.10 粘合 S^n 的每对对径点得到商空间

$$\mathbb{R}P^n = S^n / x \sim -x, \quad \forall x \in S^n,$$

可以验证, 当 n 是偶数时, $\mathbb{R}P^n$ 是一个不可定向 n-流形. 特别地, 称 $\mathbb{R}P^2$ 为射影平面. 射影平面可由一个默比乌斯带和一个圆片沿边界粘合而得, 也可以看成是单位圆盘粘合其边界上的每对对径点得到的商空间.

1.1.2 组合流形

设 K 是一个单纯复形, K 的多面体为 $|K| = \bigcup_{\sigma\in K}\sigma$. K 的一个重分是一个单纯复形 L, 满足 $|L| = |K|$, 且对任意 $\tau \in L$, 存在 $\sigma \in K$, 使得 $\tau \subset \sigma$. 设 J 和 K 是两个单纯复形, 称映射 $f: |J| \to |K|$ 是分片线性的 (或为 PL 映射), 若存在 J 的一个重分 J_1 和 K 的一个重分 K_1, 使得 f 把 J_1 的每个顶点映为 K_1 的一个顶点, 且把 J_1 的每个单纯形线性地映满到 K_1 的一个单纯形.

设 K 是一个单纯复形, $\sigma \in K$. 记

$$St(\sigma, K) = \{\tau \in K | \text{存在 } \rho \in K, \text{使得 } \tau, \sigma \subset \rho\}, \tag{1.3}$$

$$Lk(\sigma, K) = \{\tau \in K | \text{存在 } \rho \in K, \text{使得 } \tau, \sigma \subset \rho, \text{且 } \tau \cap \sigma = \varnothing\}. \tag{1.4}$$

$St(\sigma, K)$ 和 $Lk(\sigma, K)$ 都是 K 的子复形, $Lk(\sigma, K)$ 是 $St(\sigma, K)$ 的子复形. 称 $St(\sigma, K)$ 为 σ 在 K 中的星形, 称 $Lk(\sigma, K)$ 为 σ 在 K 中的环绕. 再记

$$Bd(\sigma, K) = \{\tau \in K | \tau \text{ 是 } \sigma \text{ 的真面}\}, \tag{1.5}$$

则 $Bd(\sigma, K)$ 是 K 的一个子复形, 称之为 σ 的边缘复形.

定义 1.4 组合流形

设 M 是一个拓扑 n-流形, $n \in \mathbb{N}$. 若存在一个单纯复形 K 和一个同胚 $\varphi: |K| \to M$, 则称 M 是可以单纯剖分的, 称 (φ, K) 是 M 的一个单纯剖分.

对于 M 的单纯剖分 (φ, K), 若 K 的每个顶点 v 满足:

(i) 当 $\varphi(v) \in \text{int}(M)$ 时, $|Lk(v, K)|$ PL 同胚于 $Bd(\sigma)$, 其中 σ 是一个 n-单纯形;

(ii) 当 $\varphi(v) \in \partial M$ 时, $|Lk(v, K)|$ PL 同胚于一个 $n-1$ 维单纯形,

则称 (φ, K) 是组合的, 称 M 为一个组合流形 (或分片线性流形, 或简单地, PL 流形).

对于 n-流形 M 的两个单纯剖分 (φ, K) 和 (ψ, L), 若 $\psi^{-1} \circ \varphi: |K| \to |L|$ 是 PL 同胚, 则称 (φ, K) 和 (ψ, L) 是 PL 相容的. 从分片线性拓扑理论 (见 [90]) 可知, 若 M 的一个单纯剖分 (φ, K) 是组合的, 则 M 的每个与 (φ, K) 相容的单纯剖分都是组合的. M 上的一个组合结构 (或 PL 结构) 就是 M 的互相相容的单纯剖分的一个极大集族.

例 1.11 设 σ 是一个 n-单纯形. σ 的所有面构成一个单纯复形, 记作 $Cl(\sigma)$, 称之为 σ 的闭包复形. $|Cl(\sigma)| = \sigma \cong B^n$, 故 n-单位实心球 B^n 是可以单纯剖分的. B^n 是一个组合流形.

例 1.12　设 τ 是一个 $n+1$ 维单纯形. 则 $|Bd(\tau)| \cong S^n$, 故 n 维单位球面 S^n 是可以单纯剖分的, S^n 是一个组合流形.

组合流形的定向性也可以通过其单纯剖分来描述.

设 $\sigma = (a_0, a_1, \cdots, a_p)$ 是由顶点 $a_0, a_1, \cdots, a_p$ 张成的一个 p 维单形, $p \geqslant 1$. 若 σ 的顶点的两个排列 $a_{i_0}, \cdots, a_{i_p}$ 和 $a_{j_0}, \cdots, a_{j_p}$ 相差偶数个对换, 则称这两个排列是等价的. σ 的顶点的全体排列按这种等价关系分成两个等价类, 每一个等价类称为单形 σ 的一个定向. 每个单形有两个定向, 称为互相相反的定向. 一个单形连同它的一个定向统称为一个定向单形. 由顶点排列 $a_0, a_1, \cdots, a_p$ 决定的定向单形记作 $\langle a_0, a_1, \cdots, a_p \rangle$, 或简单地仍记为 σ, 与它有相反定向的定向单形则记为 $-\sigma$. 0-单形 a_0 形式上仍约定对应两个定向单形 a_0 与 $-a_0$.

设 $\sigma = \langle a_0, a_1, \cdots, a_p \rangle$ 是一个定向 p-单形, $p \geqslant 1$. 对于 $0 \leqslant i \leqslant p$, 用 $\langle a_0, \cdots, \widehat{a_i}, \cdots, a_p \rangle$ 表示在顶点排列 $a_0, \cdots, a_p$ 中去掉顶点 a_i 后所得的排列对应的定向 $(p-1)$-单形. 称定向单形 $(-1)^i \langle a_0, \cdots, \widehat{a_i}, \cdots, a_p \rangle$ 的定向为 σ 在其 $(p-1)$-面 $(a_0, \cdots, \widehat{a_i}, \cdots, a_p)$ 上的诱导定向.

一个定向 n-单纯复形是一个单纯复形, 其中的每个 n-单形都被赋予了一个定向.

定义 1.5　定向组合流形

设 M 是一个组合 n-流形, (φ, K) 是 M 的一个对应的单纯剖分, 其中 K 是一个定向复形. 若对于 K 中任意两个 n-单形 σ, τ, 当 $\rho = \sigma \cap \tau$ 是一个 $n-1$ 维公共面时, σ 和 τ 在 ρ 上的诱导定向正好相反, 则称 M 是可定向的. K 的所有定向 n-单形确定了 M 的一个定向. 这时, 也称 M 是定向的流形. 如果改变 K 中所有定向 n-单形的定向后得到另一个定向复形, 记作 $-K$, 它决定了 M 的另一个定向, 其对应的定向流形记作 $-M$.

设 K 是一个有限单纯复形, $\dim K = n$. 对每个 p, $0 \leqslant p \leqslant n$, K 的 p-单形全体的个数记为 α_p.

称

$$\chi(K) = \sum_{p=0}^{n} (-1)^p \alpha_p \tag{1.6}$$

为 K 的欧拉示性数.

记 K 的整系数 p-同调群 $H_p(K; Z)$ 的自由生成元的个数为 β_p, 称之为 K 的 p 维贝蒂数. 下面著名的欧拉-庞加莱等式表明 K 的欧拉示性数 $\chi(K)$ 是一个拓扑不变量 (证明可参见 [118]), 由此可定义 $\chi(|K|) = \chi(K)$.

定理 1.1 设 K 是一个有限 n-单纯复形, 则下式成立:

$$\sum_{p=0}^{n}(-1)^p\alpha_p = \sum_{p=0}^{n}(-1)^p\beta_p.$$

设 K_1 和 K_2 都是有限单纯复形 K 的子复形, 且 $K_1 \cup K_2 = K$, $K_1 \cap K_2 = L$, 直接计数即有

定理 1.2

$$\chi(K) = \chi(K_1) + \chi(K_2) - \chi(L). \tag{1.7}$$

例 1.13 $\chi(S^2) = 2$, $\chi(B^2) = 1$, $\chi(S^1 \times I) = 0$, $\chi(\mathbb{T}^2) = 0$, $\chi(\mathbb{M}) = 0$.

对于具有单纯剖分 (φ, K) 的组合曲面 S, 很多时候我们把 S 表示成 $S = \bigcup_{\sigma\in K}\varphi(\sigma)$, 其中当 σ 为 K 的一个 1-单形时, $\varphi(\sigma)$ 是一个简单弧线, 当 σ 为 K 的一个 2-单形时, $\varphi(\sigma)$ 是一个"曲边三角形". 这样我们得到 S 的一个"示意剖分", 从中很容易看清这个单纯剖分的结构. 这在用满足一定条件的多边形的单纯剖分表示其代表的曲面的剖分时, 显得简便清晰.

例 1.14 平环 $S^1 \times I$ 和默比乌斯带分别有如图 1.6 的"示意剖分":

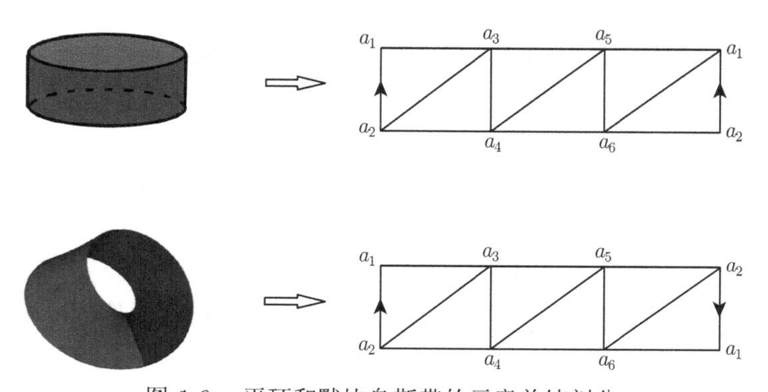

图 1.6 平环和默比乌斯带的示意单纯剖分

定理 1.3 对于 $n \leqslant 3$, 每个紧致连通 n-流形都是组合流形, 且有唯一的组合结构.

不难验证 $n = 1$ 情形时结论成立. 实际上, 容易知道, 每个紧致连通 1-流形或同胚于单位区间 I, 或同胚于单位圆周 S^1. $n = 2, 3$ 情形的证明则困难得多. $n = 2$ 情形的存在性证明最早由 Radó 于 1925 年 (参见 [85]) 给出, Kerékjártó [54] 给出了唯一性证明. $n = 3$ 情形的证明由 Bing [9] 和 Moise [73] 于 20 世纪 50 年代给出.

本书主要是从组合结构的角度介绍三维流形拓扑. 后面提到的流形 M 都是维数不超过 3 的, 都有组合结构 (或单纯剖分 (φ, K)), 且不妨假设 $M = |K|$, 所提到映射也都是 PL 映射. 在表示局部结构时, 很多应该画成折线的, 在不产生误解并且看起来美观时, 用光滑曲线来画. 这些都不再一一说明了.

1.2　组合拓扑中的几个常用术语和常用定理

在本节, 我们将介绍组合拓扑中的几个常用术语和常用定理.

1.2.1　子流形、嵌入、正则邻域

首先介绍子流形与嵌入的概念.

定义 1.6　子流形与嵌入

设 M 是一个 m-流形 (微分流形, 或组合流形), $N \subset M$ 为闭子集, $n \leqslant m$. 若对于任意 $x \in N$, 存在 x 在 M 中的一个邻域 U, 使得 $(U, U \cap N)$ 同胚 (微分同胚, 或 PL 同胚) 于标准对 $(\mathbb{R}^m, \mathbb{R}^n)$, 或 $(\mathbb{R}^m, \mathbb{R}^n_+)$, 或 $(\mathbb{R}^m_+, \mathbb{R}^n_+)$, 则称 N 是 M 的一个 n 维 (微分, 或 PL) 子流形.

设 F 为一个 n-流形, $f : F \to M$ 连续. 若 $f(F)$ 是 M 的子流形, 且 $f : F \to f(F) \subset M$ 为同胚映射, 则称 f 是一个嵌入映射, 简称为嵌入, 称 $f(F)$ 为嵌入子流形.

设 S 是 M 的一个嵌入子流形. 若 $S \cap \partial M = \partial S$, 则称 S 是 M 中真嵌入的子流形.

设 M 为流形, $\alpha : I \to M$ 为连续映射. 若 α 为一个嵌入, 则称 α(或 $\alpha(I)$) 为 M 中的一条简单弧; 若对任意 $t, t' \in I, t < t'$, $\alpha(t) = \alpha(t')$ 当且仅当 $t = 0, t' = 1$, 且 $\alpha(I)$ 是 M 中同胚于 S^1 的子流形, 则称 α(或 $\alpha(I)$) 为 M 中的一条简单闭曲线. 流形 M 中一条简单闭曲线实际上是 S^1 在 M 中的一个嵌入或嵌入像.

例 1.15　2-单位球面中的赤道 C(单位圆周, 如图 1.7(a) 所示) 是一个 1 维子流形 S^1; 环面 $\mathbb{T}^2$ 上的简单闭曲线 C 是一个 1 维子流形 (图 1.7(b)).

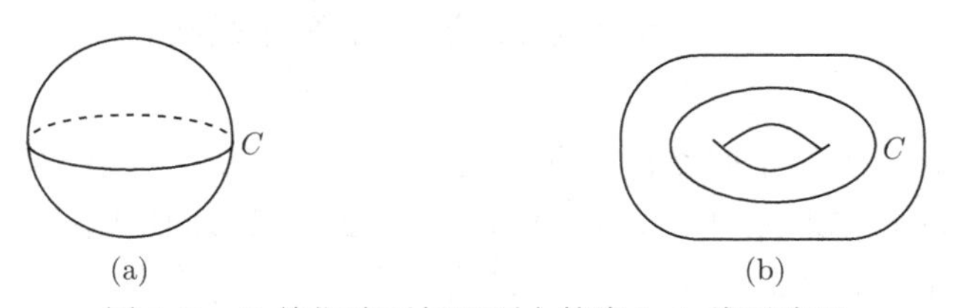

图 1.7　2-单位球面与环面上的嵌入 1 维子流形

例 1.16 图 1.8 是真嵌入于圆盘中和 1 次穿孔环面上的一个简单弧.

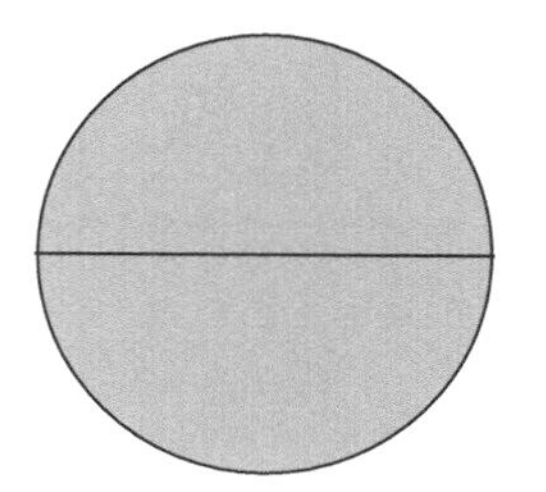
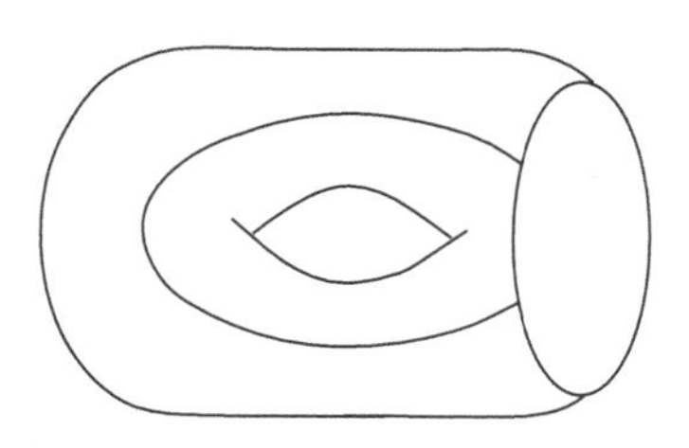

图 1.8 真嵌入于圆盘中和 1 次穿孔环面上的一个简单弧

下面在光滑流形中谈及子流形和映射均指光滑子流形和光滑映射, 在组合流形中谈及子流形和映射均指 PL 子流形和 PL 映射, 不再每次赘述.

设 $\alpha : I \to M$ 为光滑流形 M 中的一条简单闭曲线. 假设存在 I 的一个分划 $0 = t_0 < t_1 < \cdots < t_k = 1$ 和 M 的定向的坐标邻域 U_i, $1 \leqslant i \leqslant k$, 使得 $\alpha[t_{i-1}, t_i] \subset U_i$, $1 \leqslant i \leqslant k$. 对每个 i, $0 \leqslant i \leqslant k$, 分别取 $\alpha(t_i)$ 的一个邻域 V_i, 使得 $V_0, V_k \subset U_1 \cap U_k$, $V_i \subset U_i \cap U_{i+1}$, $1 \leqslant i \leqslant k-1$, 且存在保向同胚 $h_i : V_{i-1} \to V_i$, $1 \leqslant i \leqslant k$. 如果 $h = h_k \circ h_{k-1} \circ \cdots \circ h_1 : V_0 \to V_k$ 仍是保向同胚, 则称 α 为 M 中的保向曲线. 否则, 称 α 为 M 中的反向曲线.

例 1.17 默比乌斯带 $\mathbb{M}$ 中的中位线 (如图 1.9 所示) 为反向曲线.

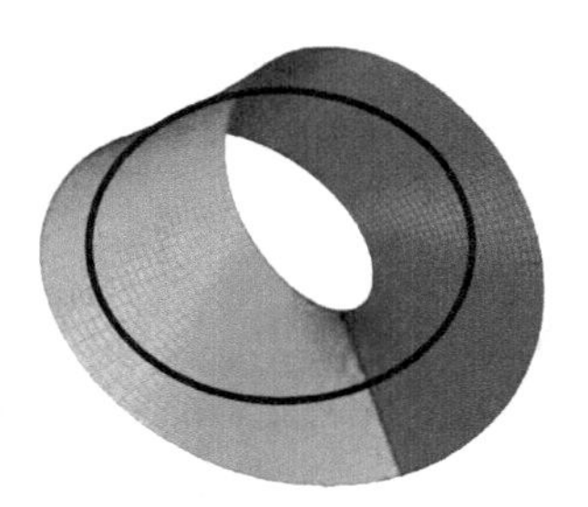

图 1.9 默比乌斯带 $\mathbb{M}$ 中的中位线

例 1.18 考虑商映射

$$\pi : B^2 \times I \to B^2 \times I/(x,0) \sim (-x,1), \quad x \in B^2,$$

称商空间 K 为实心 Klein 瓶, 如图 1.10 所示, 称简单闭曲线 $C = \pi(x_0 \times I)$ 为 K 的中位线. C 为 K 中的反向曲线.

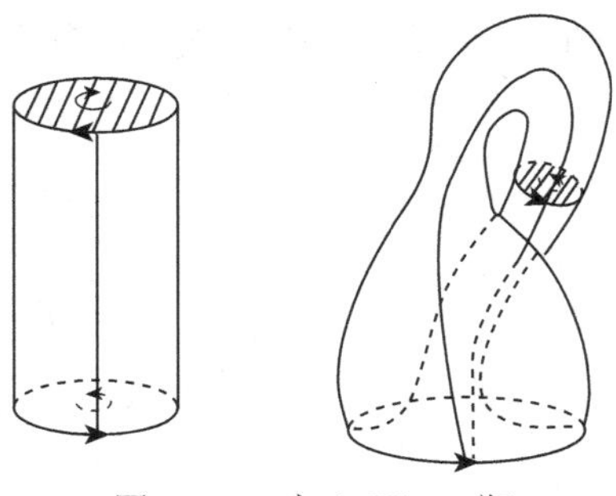

图 1.10 实心 Klein 瓶

定义 1.7 正则邻域

设 K 是一个 n-单纯复形, X 为 K 的子复形. 设 K'' 为 K 的二次重心重分复形. 记 $\eta(|X|,|K|)=\bigcup_{\sigma\in X''}St(\sigma,K'')$, 称之为 $|X|$ 在 $|K|$ 中的一个正则邻域, 也简记为 $\eta(|X|)$, 见图 1.11.

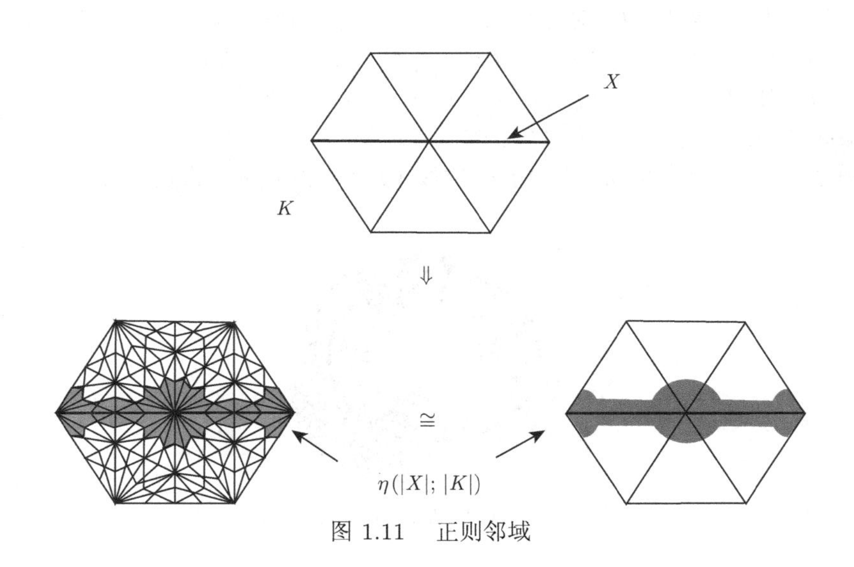

图 1.11 正则邻域

下面两个结论来自 PL 拓扑理论 (参见 [90]).

定理 1.4 设 α 是真嵌入于紧致曲面 F 的一个简单弧, 则 α 在 F 上的一个正则邻域 $\eta(\alpha)\cong\alpha\times I$, 其中同胚把 α 映到 $\alpha\times\{1/2\}$, 把 $\eta(\alpha)\cap\partial F$ 映到 $\partial\alpha\times I$; 若 C 是含于紧致曲面 F 内部的一条保向简单闭曲线, 则 C 在 F 上的

一个正则邻域 $\eta(C) \cong C \times I$, 其中同胚把 C 映到 $C \times \{1/2\}$; 若 C 含于紧致曲面 F 内部的一条反向简单闭曲线, 则 C 在 F 上的一个正则邻域 $\eta(C)$ 同胚于一个默比乌斯带 $\mathbb{M}$, 其中同胚把 C 映到 $\mathbb{M}$ 的中位线.

定理 1.5 (1) 设 α 是一个真嵌入于紧致 3-流形 M 中的简单弧. 则 $\eta(\alpha, M) \cong \alpha \times B^2$, 其中同胚把 α 映到 $\alpha \times \{x_0\}$, x_0 为单位圆盘 B^2 的圆心, 把 $\eta(\alpha, M) \cap \partial M$ 映到 $\partial\alpha \times B^2$;

(2) 设 J 是 3-流形 M 内部的一条简单闭曲线. 若 J 是保向曲线, 则 $\eta(J, M) \cong J \times B^2$, 其中同胚把 J 映到 $J \times \{x_0\}$, x_0 为单位圆盘 B^2 的圆心; 若 J 是反向曲线, 则 $\eta(J, M)$ 同胚于实心 Klein 瓶 K, 其中同胚把 J 映到 K 的中位线.

定理 1.5(2) 的两种情形中, 统称 $\eta(J, M)$ 为 J 在 M 中的一个管状邻域, 见图 1.12.

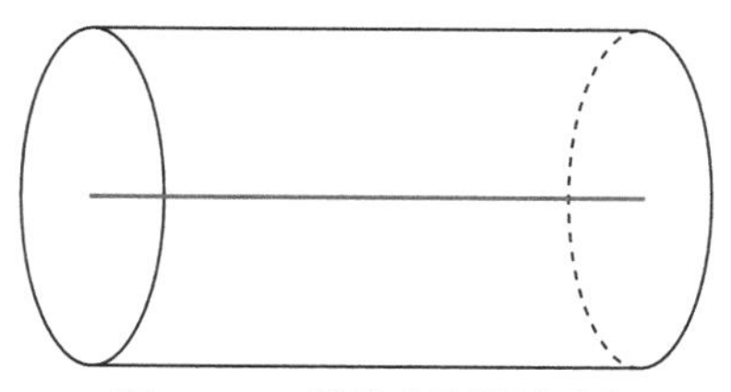

图 1.12 管状邻域局部图

由此可知, 一个曲面 S 是不可定向的等价于 S 上存在反向曲线, 也等价于 S 上有同胚于默比乌斯带的子曲面.

定理 1.6 设 S 是一个真嵌入于可定向 3-流形 M 中的可定向曲面, 则 $\eta(S, M) \cong S \times I$, 其中同胚把 S 映到 $S \times \{1/2\}$, 把 $\eta(S, M) \cap \partial M$ 映到 $\partial S \times I$.

定理 1.6 中的正则邻域 $\eta(S, M)$ 通常也称为曲面 S 在 M 中的领状邻域, 见图 1.13.

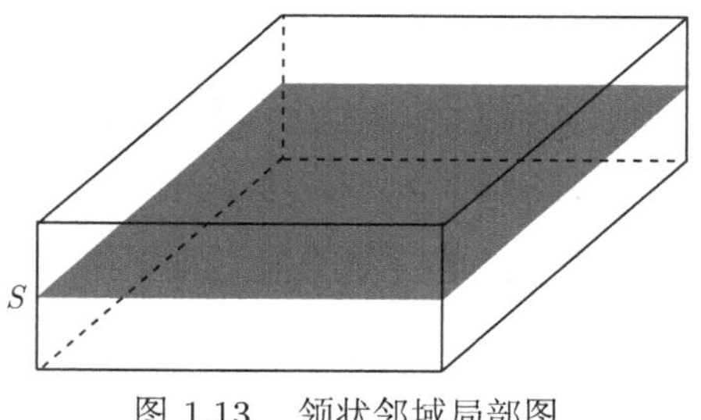

图 1.13 领状邻域局部图

注记 1.1 一般来说, 设 X 是一个 n-流形, Y 是 X 的一个 $n-1$ 维的子流形. 取 Y 在 X 中的正则邻域 $\eta(Y)$, 通常把 $\overline{X\setminus\eta(Y)}$ 称为将 X 沿 Y 切开所得流形, 记为 $X\setminus Y$.

1.2.2 同痕与同痕移动

同痕移动是曲面和三维流形拓扑中的常见操作.

定义 1.8 同痕

设 M 是一个 m-流形, N 是一个 n-流形, $f_0, f_1: N\to M$ 为两个嵌入. 如果存在连续映射 $h: N\times I\to M$, 使得对于每个 $t\in I$, $h_t = h(*,t): N\to M$ 都是嵌入, 并且 $f_0 = h_0$, $f_1 = h_1$, 则称 h 是一个 (从 f_0 到 f_1 的) 同痕 (映射), 这时也称 f_0 和 f_1(或子流形 $f_0(N)$ 和 $f_1(N)$) 是同痕的, 或 h 把 $f_0(N)$ 同痕移动到 $f_1(N)$.

M 的两个子流形 S_0 和 S_1 是同痕的也等价于其含入映射 $i_0: S_0\to M$ 和 $i_1: S_1\to M$ 是同痕的.

下面几个定理由 Gugenheim [32] 给出, 也可参见 [90].

定理 1.7 n-球面或 n-球体的每一个保向自同胚都与其自身的恒等自同胚同痕.

定理 1.8 设 B_1 和 B_2 是连通 n-流形 M 内部的两个 n-球体. 则存在一个同痕 $h: M\times I\to M$, 使得 $h_0: M\to M$ 为恒等, $h_1(B_1) = B_2$.

定理 1.9 设 S 是真嵌入于 S^n 中的一个 $(n-1)$-球面. 则沿 S 切开 S^n 得到两个 n-球体, S 是这两个 n-球体的共同边界.

定理 1.10 设 B_1 和 B_2 是 n-球体, $B_1\cap B_2 = \partial B_1\cap\partial B_2 = B$ 是一个 $(n-1)$-球体. 则 $B_1\cup B_2$ 是一个 n-球体. 或等价地, 设 B 是真嵌入于 n-球体 D 中的一个 $(n-1)$-球体, 则沿 B 切开 D 得到两个 n-球体.

注记 1.2 下面是曲面和三维流形拓扑中常见的几种同痕移动:

(1) 设 α 和 β 是曲面 S 上的两个简单弧, 存在 S 上一个圆片 D, 使得 $\alpha\cap D = \alpha\cap\partial D = a$ 是 α 上一段弧, $\beta\cap D = \beta\cap\partial D = b$ 是 β 上一段弧, $\alpha\cap\beta = \partial a = \partial b$, $a\cup b = \partial D$, 如图 1.14(a) 所示. 则 D 可用来构作 S 的一个同痕, 该同痕在 D 的

一个邻域外保持曲面不动, 在该邻域内, 变化效果如图 1.14(b) 所示, α 不动, β 变为 β', α 和 β' 的交点与 α 和 β 的交点相比减少两个.

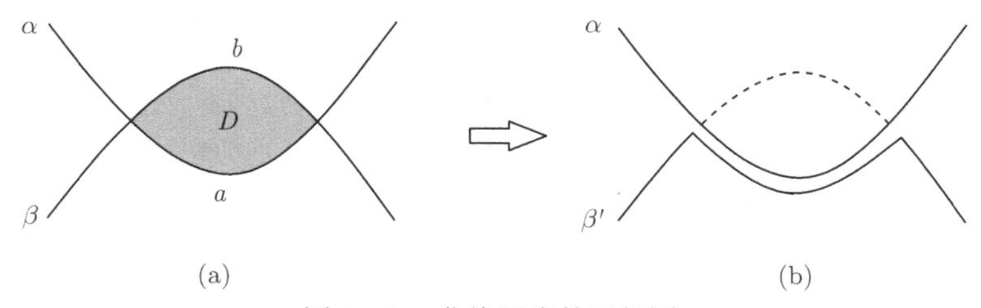

图 1.14 曲线同痕的局部图

(2) 设 F 和 S 是 3-流形 M 上的两个曲面, 存在 M 上一个实心球 B, 使得 $F \cap B = F \cap \partial B = D$ 是 F 上一个圆片, $S \cap B = S \cap \partial B = E$ 是 S 上一个圆片, $F \cap S = \partial D = \partial E = \gamma$, $D \cup E = \partial B$, 如图 1.15(a) 所示. 则 B 可用来构作 M 的一个同痕, 该同痕在 B 的一个邻域外保持流形不动, 在该邻域内, 变化效果如图 1.15(b) 所示, F 不动, S 变为 S', F 与 S' 的相交比 F 与 S 的相交减少了一个分支 γ.

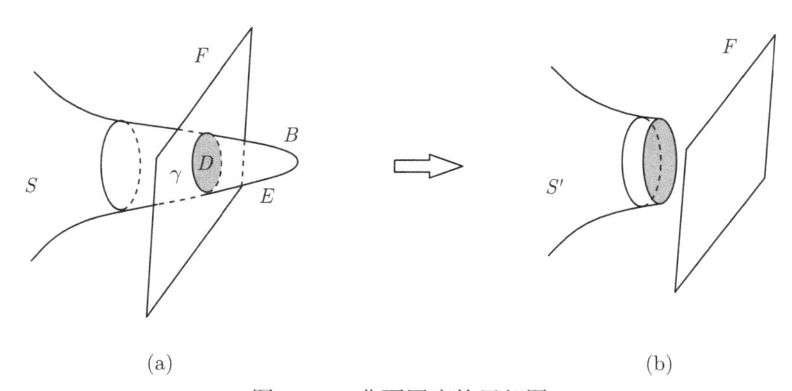

图 1.15 曲面同痕的局部图

1.2.3 一般位置

一般的, n-流形中的一个 k 维子流形 K 与一个 l 维子流形 L 处于一般位置 (或横截相交) 可以通过 $K \cap L$ 在 M 中的补的特性来描述. 在曲面和三维流形的情形, 子流形处于一般位置有更简单直观的描述.

定义 1.9 一般位置

(1) 设 S 是一个曲面, C_1 和 C_2 是 S 中的两个 1-子流形. 若对于任意 $x \in$

$C_1 \cap C_2$, 存在 x 在 S 中的一个邻域 U_x, 使得在 U_x 中 C_1 和 C_2 的相交情况如图 1.16(a) 所示, 则称 C_1 和 C_2 在 S 中处于一般位置 (或横截相交).

(2) 设 M 是一个 3-流形. 设 S 是 M 中的一个真嵌入曲面, C 是 M 中的一个真嵌入 1-子流形 (每个分支为一条简单闭曲线或一个简单弧). 若对于任意 $x \in C \cap S$, 存在 x 在 M 中的一个邻域 U_x, 使得在 U_x 中 C 和 S 的相交情况如图 1.16(b) 所示, 称 C 和 S 在 M 中处于一般位置 (或横截相交).

(3) 设 M 是一个 3-流形. 设 S_1, S_2 是 M 中的两个 (嵌入) 曲面. 若对于任意 $x \in S_1 \cap S_2$, 存在 x 在 M 中的一个邻域 U_x, 使得在 U_x 中 S_1 和 S_2 的相交情况如图 1.16(c) 所示, 则称 S_1 和 S_2 在 M 中处于一般位置 (或横截相交).

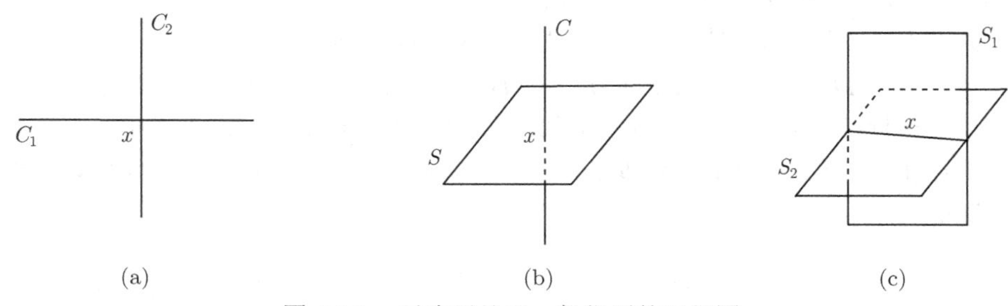

图 1.16　子流形处于一般位置的局部图

下面的定理是 PL 拓扑中的经典定理, 可参见 [90].

定理 1.11　(1) 设 C_1 和 C_2 是曲面 S 中的两个 1-子流形, 则存在一个同痕 $h: S \times I \to S$, 使得 $h_0: S \to S$ 为恒等, $h_1(C_1)$ 与 C_2 处于一般位置.

(2) 设 S 是 3-流形 M 中的一个曲面, F 是 M 中的一个曲面或 1-子流形, 则存在一个同痕 $h: M \times I \to M$, 使得 $h_0: M \to M$ 为恒等, $h_1(S)$ 与 F 处于一般位置.

第 2 章　紧致曲面的拓扑分类和性质

在本章, 我们将介绍曲面的一些常见性质和紧致曲面的拓扑分类. 2.1 节给出紧致连通曲面的多边形表示; 2.2 节给出紧致曲面的拓扑分类.

2.1　紧致连通曲面的多边形表示

通常也称 2-流形为曲面. 粘合与切开是曲面上常见的操作. 通常, 切开的目的是把曲面化简, 粘合则是恢复原貌. 很多时候改变粘合的顺序, 我们能清楚地看出曲面的原貌. 粘合本质上是做商空间. 下面的定理 (参见 [118] 定理 2.6) 对于我们从直观上理解作为商空间的曲面非常有帮助.

定理 2.1　设 X 为紧致空间, Y 为 Hausdorff 空间, $f: X \to Y$ 为连续双射. 则 f 为同胚映射.

先看两个简单的例子.

例 2.1　$S^1 \times I$ 是一个曲面. 称与 $S^1 \times I$ 同胚的曲面为圆柱筒或平环.

在单位正方形 $I \times I$ 上, 记左边为 $I_0 = \{(0,t) \in I \times I | t \in I\}$, 右边为 $I_1 = \{(1,t) \in I \times I | t \in I\}$, $h: I_0 \to I_1$, $h(0,t) = (1,t), \forall t \in I$. 记商空间 $A = I \times I/h = I \times I/x \sim h(x), \forall x \in I_0$, 商映射记作 $\pi: I \times I \to A$, $\pi(s,t) = [s,t]$. 另一方面, 令 $f: I \times I \to S^1 \times I$, $f(s,t) = (e^{2\pi si}, t)$. 再令 $g: A \to S^1 \times I$, $g[s,t] = f(s,t)$. 则 g 为双射, 且 $g \circ \pi = f$. 因 π 为商映射, f 连续, 故 g 连续. A 为紧致空间, $S^1 \times I$ 为 Hausdorff 空间, 由上述定理即知 g 为同胚映射.

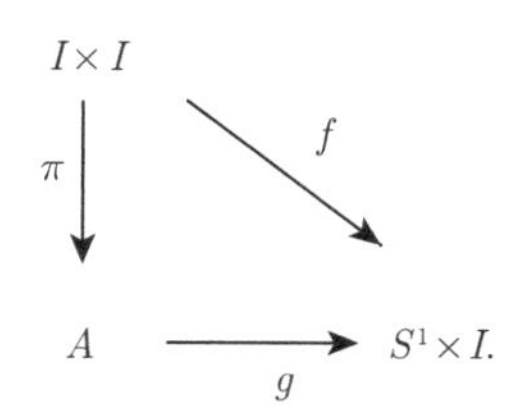

据此, 圆柱筒可看作 $I \times I$ 通过 h 粘合左边 I_0 和右边 I_1 所得的曲面, 如图 2.1(a) 所示. 由定理 1.7, 任何保向自同胚 $g: I \to I$ 均与恒等映射同痕, 故对任意的同胚 $p: I_0 \to I_1$, 只要 $p(0,0) = (1,0)$(从而 $p(0,1) = (1,1)$), 则商空间 $I \times I/p$ 与 $I \times I/h$ 同胚.

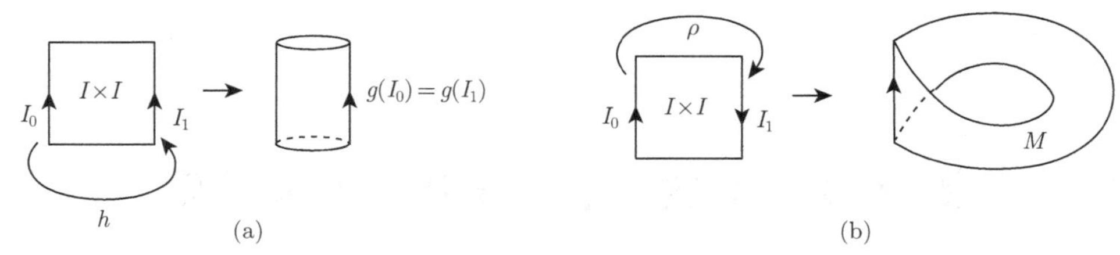

图 2.1　圆柱筒与默比乌斯带

类似地, 若取同胚 $\rho: I_0 \to I_1$, $\rho(0,t) = (1, 1-t), \forall t \in I$, 所得的商空间 $I \times I/\rho$ 仍是一个曲面, 称之为一个默比乌斯带, 并记作 $\mathbb{M}$. $\mathbb{M}$ 可看作 $I \times I$ 通过 ρ 按如图 2.1(b) 所示方式粘合左边 I_0 和右边 I_1 所得的曲面. $I \times I$ 中间线 $I \times \{1/2\}$ 在 $\mathbb{M}$ 中粘成了一条简单闭曲线, 称之为 $\mathbb{M}$ 的中位线. 中位线是 $\mathbb{M}$ 上的一条反向曲线.

注记 2.1　从直观上看, 默比乌斯带与平环有许多不同之处. 首先, 平环的边界是两条简单闭曲线, 它们分别由原矩形的上下边将两端点粘合而得到; 而构造默比乌斯带时, 原矩形上边的两端与下边两端粘合, 连成一条闭曲线, 因此默比乌斯带的边界是一条简单闭曲线. 注意到同胚的曲面必有同胚的边界, 故平环与默比乌斯带不同胚.

其次, 从平环的一侧到另一侧必须要翻越边界 (这种性质拓扑上称为是双侧的), 对于默比乌斯带, 则不必. 局部地看, 默比乌斯带上每一点附近的局部也有两个侧向, 但从整体上看, 这两侧是连成一片的, 从某一点的一侧在默比乌斯带上移动一圈可以到达该点的另一侧, 中间不用翻越边界. 这在平环上是做不到的.

再有, 沿平环的中位线 ($S^1 \times \{1/2\}$) 切开可将平环分割成两个平环, 而沿默比乌斯带的中位线切开得到的还是一条连通的带子 (请读者说明这是一个平环).

例 2.2　标准环面 $S^1 \times S^1$ 是一个曲面. 在平环 $A = S^1 \times I$ 上, 记下底为 $C_0 = \{(s,0) \in A | s \in S^1\}$, 上底为 $C_1 = \{(s,1) \in A | s \in S^1\}$, $f: C_0 \to C_1$, $f(s,0) = (s,1), \forall s \in S^1$. 则与例 2.1 类似, 商空间 $T = S^1 \times I/x \sim f(x), \forall x \in C_0$, 同胚于 $S^1 \times S^1$. $S^1 \times S^1$ 可看作 $S^1 \times I$ 通过 f 粘合下底 C_0 和上底 C_1 所得的曲面, 如图 2.2 所示.

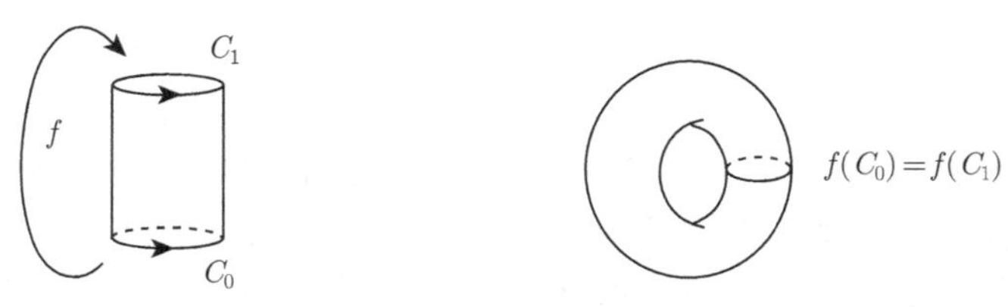

图 2.2　$S^1 \times I$ 与 $S^1 \times S^1$

$S^1 \times S^1$ 还可看作 $I \times I$ 按照一定的粘合方式分别粘合左边与右边、下边与上边所得的曲面. 称与 $S^1 \times S^1$ 同胚的曲面为环面.

定义 2.1 粘合与切开

设 S 为一个紧致带边曲面. 又设

(1) a' 和 a'' 是 S 边界 ∂S 上的两段定向的弧 ($a' \cong I \cong a''$), 且 $\mathrm{int}(a') \cap \mathrm{int}(a'') = \varnothing$, 或者

(2) a' 和 a'' 是 ∂S 的两个定向的分支.

令 $h: a' \to a''$ 为一个保向同胚. 则商空间

$$S/x \sim h(x), \quad x \in a'$$

仍是一个曲面, 记作 S/h 或 $S_{a'=a''}$, 称之为粘合 S 的 a' 和 a'' 得到的曲面; 称 h 为粘合映射. 若 a' 在 S 的一个分支 S' 的边界上, a'' 在 S 的另一个分支 S'' 的边界上, 这时也称商空间 $S' \cup S''/h$ 为 S' 和 S''(通过 h) 粘合 a' 和 a'' 得到的曲面, 也记作 $S' \cup_h S''$ 或 $S' \cup_{a'=a''} S''$.

记 a' 和 a'' 在商空间 S/h 中的共同像为 a, 称 S 为 S/h 沿 a 切开所得的曲面. 当 a' 和 a'' 都是曲面的边界分支时, 称 a' 和 a'' 为切口. 有时为方便, 也用 a 表示切口.

定义 2.2 紧致连通曲面的多边形表示

设 Σ_m 为平面上的一个 m-边形, $m \geqslant 2$. 设 $\{a_i', a_i'' | 1 \leqslant i \leqslant n\}$ 是 Σ_m 的边界上互不相同的 $2n$ 条边. 记 $a_i = \{a_i', a_i''\}$, $1 \leqslant i \leqslant n$, 称为第 i 个边对. 对每个边对的两条边各赋予一个定向 (通常用箭头表示), 使之成为定向边对. 对每个定向边对 a_i, 取一个保向同胚 $h_i : a_i' \to a_i''$, $1 \leqslant i \leqslant n$. 记这 n 个边对的整体对应方式 (或粘合方式) 为 φ. 可以验证, 商空间

$$\Sigma_m/\varphi = \Sigma_m/x \sim h_i(x), \quad x \in a_i', \quad 1 \leqslant i \leqslant n$$

是一个紧致曲面 S, 用 (Σ_m, φ) 表示.

在 Σ_m 上, a_i 的两条定向边 a_i', a_i'' 被粘合成同一个定向弧段或闭曲线, 我们在 Σ_m 上就把这两条定向的边都用 a_i 统一标识. 这样就得到了曲面 S 的一种简单表示方式, 称之为 S 的一个多边形表示.

取定 Σ_m 边界的一个方向, 如果定向边对 a_i' 和 a_i'' 的方向与之都一致或都相反, 则称 a_i' 和 a_i'' 为同向边对. 否则, 称它们为反向边对.

显然, 把曲面多边形表示中的一对定向边对的方向都反过来, 得到的还是同一曲面的多边形表示. 在曲面 S 的一个多边形 Σ_m 表示中, 若每条边都参与粘合, 则 m 为偶数, S 为闭曲面. 否则, S 为紧致连通带边曲面.

前面已看到, 圆柱筒、默比乌斯带和环面分别有如图 2.3 的四边形表示.

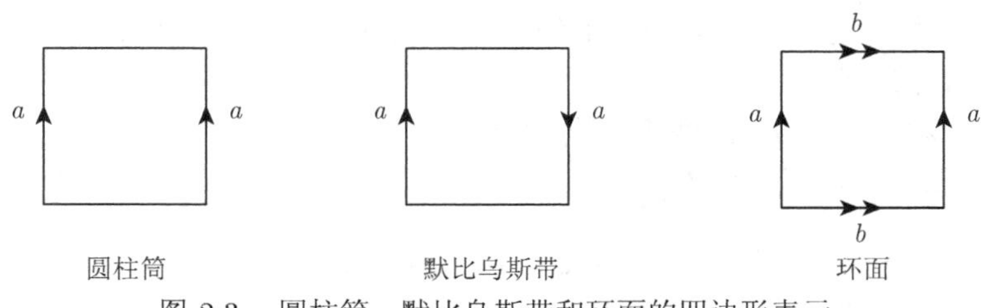

图 2.3　圆柱筒、默比乌斯带和环面的四边形表示

例 2.3　把一个三角形的两条边按如图 2.4 所示进行“反向”相粘, 所得的曲面显然仍是一个圆片.

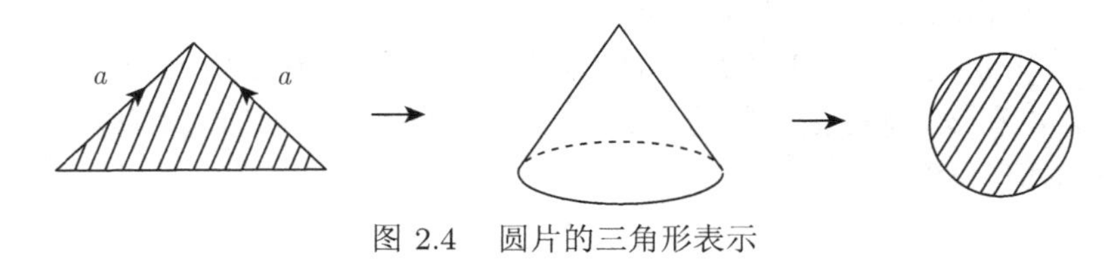

图 2.4　圆片的三角形表示

例 2.4　把一个三角形的两条边按如图 2.5 所示进行“同向”相粘, 则所得的曲面是一个默比乌斯带.

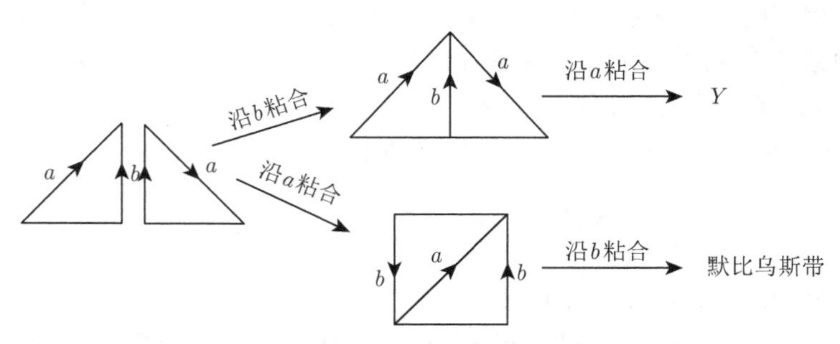

图 2.5　默比乌斯带的三角形表示

例 2.5　把圆柱筒 $A = S^1 \times I$ 的上底边对称地分为两段 c' 和 c'', 取粘合映射为对径映射 r, r 把 c' 映到 c''. 通过 r 粘合 c' 和 c'' 得到的曲面记为 Y(c' 和 c'' 在 Y 中的像为 c). 则 Y 也是一个默比乌斯带. 这可以从如下的操作过程得到验证：按如图 2.6 所示的方式粘合长方形 I 和长方形 II 的两对边得到 A(这两对边

在 A 中的像分别记为 a 和 b), 再通过 r 粘合 A 中的 c' 和 c'' 得到 Y. 另一方面, 先把长方形 I 和长方形 II 沿 c 粘合起来得到一个大的长方形, 再用如前的方式粘合 ab 边对, 则同样可得到商空间 Y. 后者得到的显然是一个默比乌斯带, 而 c 为该默比乌斯带的中位线.

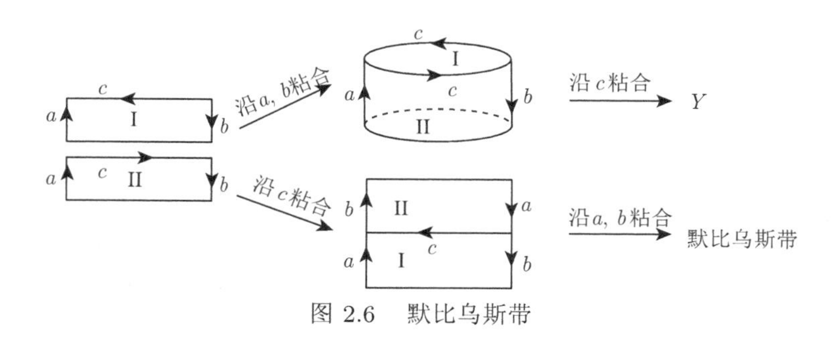

图 2.6 默比乌斯带

例 2.6 设 B^2 为单位圆片, $a' = \{(x,y) \in \partial B^2 | y \geqslant 0\}$ 为其边界的上半圆周, $a'' = \{(x,y) \in \partial B^2 | y \leqslant 0\}$ 为其边界的下半圆周, $h : a' \to a''$, $h(x,y) = (x,-y)$. 显然, B^2/h 同胚于 2-球面. 为表述方便, 我们称 2-球面有如图 2.7(a) 所示的二边形表示 (a' 和 a'' 在 B^2/h 中的像为 a). 如果粘合映射取对径映射, $\rho : a' \to a''$, $h(x,y) = (-x,-y)$, 所得曲面同胚于射影平面 $\mathbb{P}^2$, 它有图 2.7(b) 所示的二边形表示.

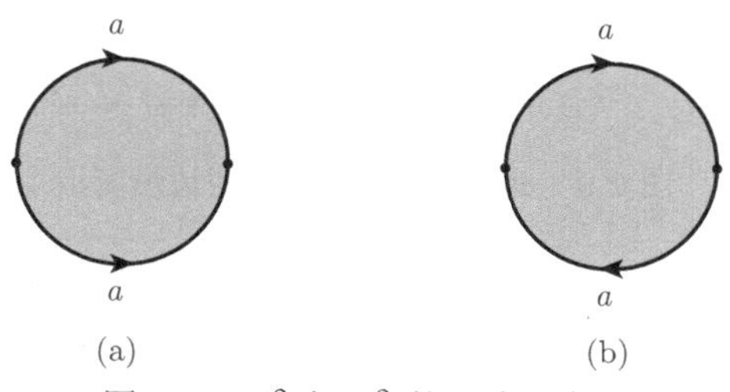

图 2.7 S^2 与 $\mathbb{P}^2$ 的二边形表示

从单位圆片 B^2 的内部挖除一个开圆片得到平环 A. 由例 2.5, 把平环 A 的一个边界分支的对径点粘合可以得到一个默比乌斯带, 从而射影平面 $\mathbb{P}^2$ 是一个默比乌斯带和一个圆片沿边界粘合得到的曲面.

例 2.7 图 2.8 的四边形表示的曲面称为 Klein 瓶, 其中边对 a 为反向边对, 边对 b 为同向边对. 在三维空间要实现这样的粘接, 必须将圆柱筒弯曲后, 把一端穿过管壁进入管内与另一端相接. 在四维空间可以做到与管壁不交而进入管内与另一端相接.

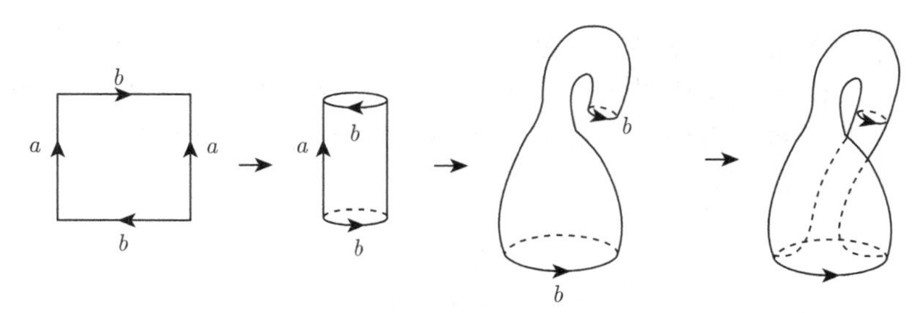

图 2.8 Klein 瓶

例 2.8 在图 2.9 左侧的曲面 S 的四边形表示中, 对角线 c 把该四边形分成左上和右下两个三角形, 由例 2.4, 它们都是默比乌斯带的三角形表示, 因此该曲面是两个默比乌斯带沿边界粘合所得的曲面, 记作 $2\mathbb{P}^2$. 沿它的另一条对角线 d 切开, 再沿 a 粘合, 得到该曲面的一个新的四边形表示 (Klein 瓶), 如图 2.9 所示. 这表明, 它也是 Klein 瓶的一个四边形表示. Klein 瓶上有默比乌斯带作为子曲面, 故它也是单侧的、不可定向的.

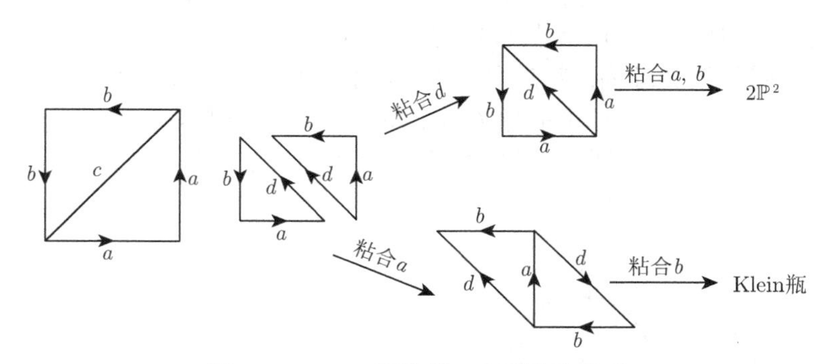

图 2.9 Klein 瓶的另一个四边形表示

注记 2.2 (1) 设 a' 和 a'' 是 S 边界 ∂S 上的两段定向的弧段, 且 $a' \cap a'' = \varnothing$ 时, 在 S 上粘合定向的弧段 a' 和 a''(得到 S/h) 拓扑上就等同于在 S 上加一个"带子" $B(\cong I \times I)$, B 的左右两边都赋予从下到上的定向, 其左边与 a' 方向一致相粘, 右边与 a'' 方向一致相粘, 如图 2.10 所示. 通常也称这样的粘合操作为加带操作. 这时候, a' 和 a'' 在商空间 S/h 中的共同像 a 对应于加带曲面上的一个真嵌入的简单弧 $\alpha \subset B$, B 是 α 在加带曲面上的一个正则邻域. 沿 α 切开 S/h 就是从加带曲面上挖除 α 的一个正则邻域的闭包.

(2) 设 a' 和 a'' 是 S 边界分支 J 上的两个弧段, $a' \cap a'' = \partial a' = \partial a''$, $a' \cup a'' = J$. 若 a' 和 a'' 的定向相反, 与图 2.7(a) 类似, 在 S 上粘合定向的弧段 a' 和 a'' 所得的曲面 S/h 就是沿 J 往 S 上粘一个圆片所得的曲面. 这时, a' 和 a'' 在 S/h 中的像是一个简单弧 a. 沿 a 切开 S/h 所得的曲面就是挖除 a 在 S/h

上的一个正则邻域 (一个圆片) 的内部. 若 a' 和 a'' 的定向相同, 与图 2.7(b) 类似, 在 S 上粘合定向的弧段 a' 和 a'' 所得的曲面 S/h 就是在 S 上沿 J 粘一个默比乌斯带所得的曲面. 这时候, a' 和 a'' 在商空间 S/h 中的共同像 a 是这个默比乌斯带的中位线, 而这个默比乌斯带是 a 的一个正则邻域. 沿 a 切开曲面 S/h 就是从 S/h 上挖除一个以 a 为中位线的正则邻域.

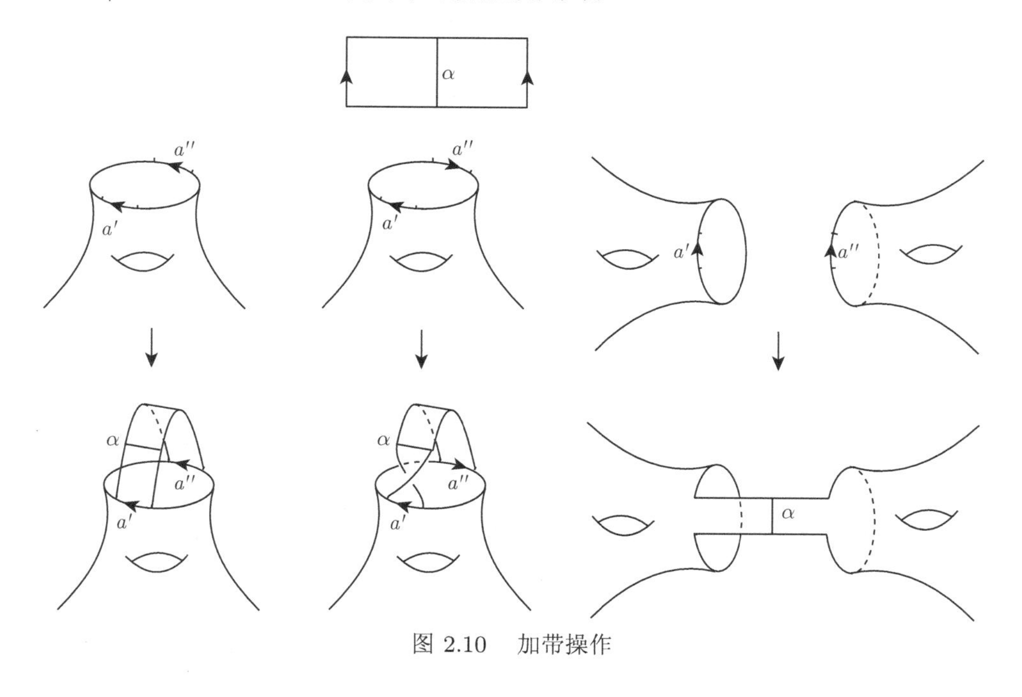

图 2.10 加带操作

定理 2.2 任意一个紧致连通曲面都有多边形表示.

定理 2.2 的证明要用到 1925 年 Radó [85] 的一个经典结果: 闭曲面都是可单纯剖分的 (参见定理 1.3). 为方便读者, 下面我们给出概要证明.

证明 我们仅给出闭曲面情形的证明. 带边曲面的情形同理.

设 S 为一个闭曲面. 由定理 1.3, S 有单纯剖分 (K,φ), 其中 K 为有限单纯复形. 不妨就设 $S=|K|$. 令 Γ 是 K 的 1 维骨架, 它是一个连通的图. Γ 有子图 L 为极大树形, 即 L 是连通的, L 包含了 K 的所有顶点, 且对 L 的任意边 e, $L\setminus\{e\}$ 是不连通的.

如图 2.11 所示, 对每个顶点 $v\in K$, 取 v 在 S 上的 "小" 正则邻域 $D_v(\cong B^2)$, 使得对于 K 中以 v 为一个端点的任意 1-单形 e, $e\cap D_v$ 为一段弧, 且对任意顶点 v, 当 $w\in K$, $v\neq w$ 时, $D_v\cap D_w=\varnothing$; 对每个 1-单形 $e=(v,w)\in K$, 取 e 在 S 上的 "小" 正则邻域 $N_e(\cong B^2)=D_v\cup A_e\cup D_w$, 其中 A_e 是一个圆片,

$A_e \cap D_v$ 为它们边界上一段公共弧, 且对于 K 中以 v 为一个端点的任意两个 1-单形 e, e', $N_e \cap N_{e'} = D_v$. 则 $N(\Gamma) = \bigcup_{e \in \Gamma} N_e$ 是 $|\Gamma|$ 在 S 上的一个正则邻域, $N(L) = \bigcup_{e \in L} N_e$ 是 $|L|$ 在 S 上的一个正则邻域.

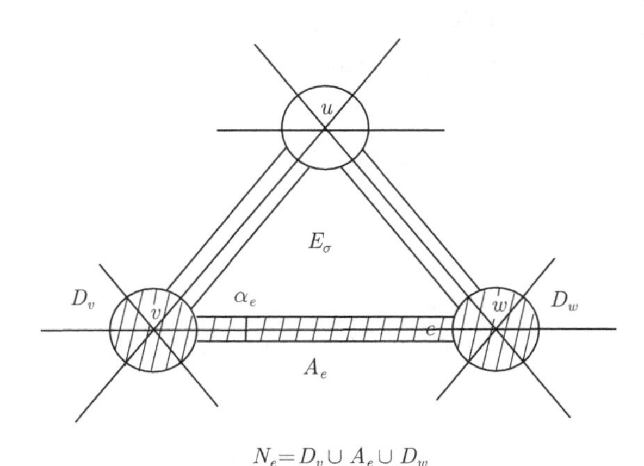

图 2.11 D_v, A_e 与 N_e

$N(\Gamma)$ 和 $N(L)$ 都是 S 的子曲面, 且 $N(L) \subset N(\Gamma)$. 由 L 是树形可知 $N(L)$ 是一个圆片. 记 $E = \Gamma \setminus L$, 即 E 为 K 中不在 L 中的 1-单形构成的集合. 则 $N(\Gamma) = N(L) \bigcup_{e \in E} A_e$, 即 $N(\Gamma)$ 是往圆片 $N(L)$ 上加若干个 “带子” 得到的曲面, 故 $N(\Gamma)$ 有 $N(L)$ 上的多边形表示.

对于 K 的每个 2-单形 σ, $\sigma \cap \overline{S \setminus N(\Gamma)}$ 的每个分支是包含于 σ 内部的一个圆片 E_σ, 如图 2.11 所示. 由注记 2.2 可知, 在 $N(L)$ 上可以给出闭曲面 S 的一个多边形表示. □

描述闭曲面的一个多边形表示有一个简单记法. 选定 Σ_{2n} 的一个顶点 (出发点) 和 Σ_{2n} 的边界的一个转向 (逆时针或顺时针), 从一个顶点出发沿边界走一圈, 依次写出标在各边上的字母, 并且在该字母的右上角加或不加 “-1” 来表明其方向与取定转向相逆或一致, 用最后读出的 “字” 来表示该多边形. 例如, 图 2.3 中环面的四边形表示可记为 $aba^{-1}b^{-1}$, 图 2.7(b) 中射影平面 $\mathbb{P}^2$ 的二边形表示可记为 aa, 图 2.8 中 Klein 瓶的四边形表示可记为 $aba^{-1}b$.

关于闭曲面的标准多边形表示的讨论, 读者可参见 [118].

2.2 紧致曲面的拓扑分类

2.2.1 曲面的连通和与素曲面

先给出曲面连通和的定义.

定义 2.3 曲面的连通和

设 S_i 是一个连通曲面, $i=1,2$. 从 S_1 和 S_2 的内部各挖除一个圆片 D_1 和 D_2, 然后取闭包得到曲面 $S_1'=\overline{S_1\setminus D_1}$ 和 $S_2'=\overline{S_2\setminus D_2}$. 设 S_1' 和 S_2' 新产生的边界分支分别为 J_1 和 J_2. S_1' 和 S_2' 沿 J_1 和 J_2 粘合所得的曲面就称为 S_1 和 S_2 的连通和, 记作 $S_1\#S_2$. 若 $S=S_1\#S_2$, 也称 $S_1\#S_2$ 为 S 的一个连通和分解, 称 S_1 和 S_2 为连通和分解 $S_1\#S_2$ 的因子. 如图 2.12 所示.

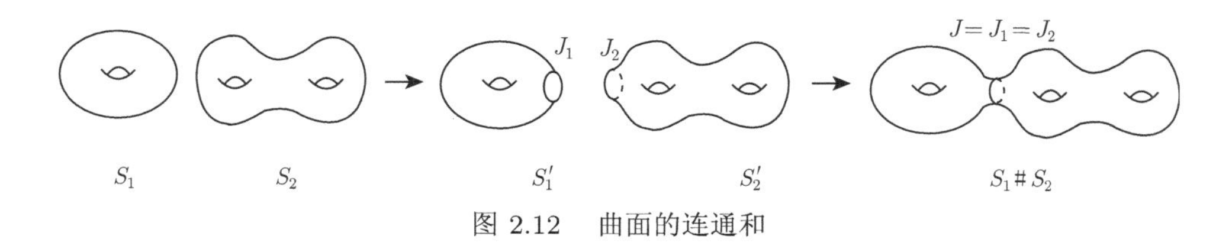

图 2.12 曲面的连通和

在上述定义中, S_1' 的边界分支 J_1 和 S_2' 的边界分支 J_2 粘合成 $S_1\#S_2$ 上的简单闭曲线 J. 沿 J 切开 S 就又得到曲面 S_1' 和 S_2'. 由定理 1.7 和定理 1.8 可知, $S_1\#S_2$ 的同胚型只与 S_1 和 S_2 有关, 与作连通和操作过程中挖除圆片的选取和粘合同胚的选取无关. 还不难看到, 曲面的连通和操作满足交换律和结合律, 即 $S_1\#S_2=S_2\#S_1$, $(S_1\#S_2)\#S_3=S_1\#(S_2\#S_3)$. 这样, n 个曲面 $S_1,\cdots,S_n$ 作连通和可忽略操作次序而简单地记作 $S_1\#\cdots\#S_n$.

后面将看到, 两个三维流形的连通和操作需要在定向范畴内操作才能保证结果唯一确定.

定理 1.9 在 $n=2$ 的情况就是下面的 Jordan 曲线定理, 其证明可参见 [119].

定理 2.3 设 C 是 S^2 上的一条简单闭曲线. 则沿 C 切开 S^2 得到两个圆片. 或等价地, 若 C 是平面 $\mathbb{R}^2$ 上的一条简单闭曲线. 则沿 C 切开 $\mathbb{R}^2$ 得到一个圆片和一个同胚于 $S^1\times[0,1)$ 的曲面.

由定理 2.3 即知, 任何一个曲面 S 与 S^2 作连通和同胚型不变, 即 $S\#S^2=S$.

定义 2.4 素曲面

在连通和分解 $S=S_1\#S_2$ 中, 若 S_1 和 S_2 之一为 S^2, 则称之为平凡的分解. 若一个曲面 S 只有平凡的连通和分解, 则称 S 是素曲面.

由定理 2.3 可知, S^2 和 $\mathbb{R}^2$ 都是素曲面.

定义 2.5 $\widehat{S}$

设 S 为一个紧致连通曲面, $C = \{J_1, \cdots, J_k\} \subset \partial S$ 为 S 的 k 个边界分支 (未必是全部). 用 $\widehat{S(C)}$ 表示沿 S 的边界分支 $J_1, \cdots, J_k$ 往 S 上各粘一个圆片所得的曲面. 若 $C = \{J\}$, $\widehat{S(C)}$ 就简记为 $\widehat{S(J)}$; 若 $C = \partial S$, $\widehat{S(C)}$ 就简记为 $\widehat{S}$.

显然, $S = \widehat{S(J_1)} \# B^2 = \widehat{S} \# B^2 \# \cdots \# B^2$, 其中 B^2 因子的个数为 S 的边界分支数. 由此即知, 除圆片外的其他带边曲面都不是素的.

从曲面上的简单闭曲线了解曲面的拓扑性质和结构通常是很有帮助的. 我们下面提到曲面 S 上的简单闭曲线 α 均指 $\alpha \subset \mathrm{int}(S)$.

定义 2.6 分离曲线

设 S 为一个紧致连通曲面, α 是 S 上的一条简单闭曲线. 若沿 α 切开 S 得到的曲面有两个分支, 则称 α 在 S 上是分离的. 否则, 称 α 在 S 上是非分离的.

定义 2.7 本质曲线

设 S 为一个紧致连通曲面, α 是 S 上的一条简单闭曲线. 若 S 上存在一个圆片 D, 使得 $\partial D = \alpha$, 则称 α 是一个平凡曲线, 也称 α 在 S 上界定了 D.

设 α 和 β 是 S 上两条不交的简单闭曲线. 若 S 上存在一个圆柱筒 A, 使得 $\partial A = \alpha \cup \beta$, 则称 α 和 β 是平行的 (或 α 平行于 β). 若 β 是 S 的一个边界分支, 也称 α 是边界平行的.

若 α 既不是平凡的也不是边界平行的, 则称 α 是一条本质曲线.

显然, S 上的非本质曲线都是分离的. 若 S 上有反向曲线 α, 则 α 在 S 上是非分离的、本质的. 特别地, 默比乌斯带 $\mathbb{M}$ 的中位线 C 是非分离的, 但 C 在 $\mathrm{int}(\mathbb{M})$ 的一个正则邻域的边界曲线在 $\mathbb{M}$ 上是分离的. 由定义还可以直接得到:

命题 2.1 闭曲面 S 是素的当且仅当 S 上每个分离的简单闭曲线都是平凡的.

若 α 在 S 上是边界平行的, 沿 α 切开 S 得到曲面 S' 和圆柱筒 A, 则 $S \cong S'$. 沿这样的曲线切开 S 本质上并没有化简 S.

设 α 是曲面 S 上一条反向曲线, α 在 S 上的一个正则邻域 $\eta(\alpha)$ 为一个默比乌斯带 $\mathbb{M}$, 记 $S' = \overline{S \setminus \eta(\alpha)}$, $J = \mathbb{M} \cap S'$. 则 $S = \mathbb{M} \cup_J S' = \widehat{\mathbb{M}} \# \widehat{S'(J)} = \mathbb{P}^2 \# \widehat{S'(J)}$. 即有

命题 2.2 若曲面 S 上有一条反向简单闭曲线 α, 则 $S = \mathbb{P}^2 \# \widehat{S'(J)}$, 其中 $\alpha \subset \mathbb{P}^2$, S' 是沿 α 切开 S 所得的曲面, J 为切口.

设 α 是连通曲面 S 上一条非分离的保向简单闭曲线. 则 α 的一个正则邻域 $\eta(\alpha) \cong S^1 \times I$, 沿 α 切开 S 所得的曲面 $S_1 = \overline{S \setminus \eta(\alpha)}$ 是连通的. 记 $\{\alpha', \alpha''\} = \partial S_1 \setminus \partial S$. 在 S_1 上取一个 α' 到 α'' 的简单弧 β'. 则 β' 可以扩充为 S 上一条简单闭曲线 β, β 与 α 横截相交于一点 (从而 β 也是非分离的), 如图 2.13 所示. 称 β 为 α 的一条相伴曲线.

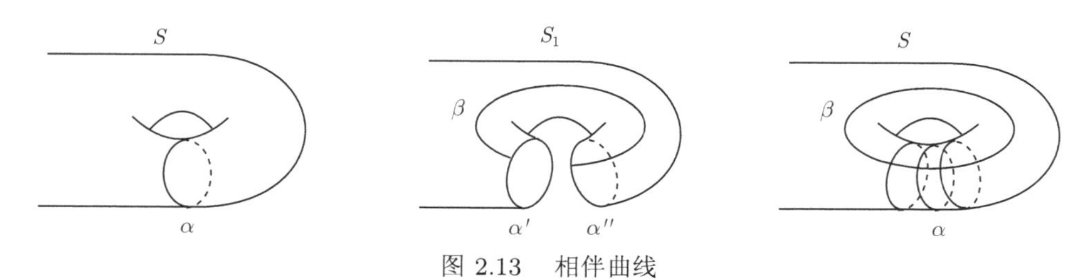

图 2.13 相伴曲线

命题 2.3 设 α 是连通曲面 S 上一条非分离的保向曲线, β 是 S 上 α 的一条相伴曲线.

(1) 若 β 也是 S 上的保向曲线, 则存在 S 上一条分离的简单闭曲线 J, 使得沿 J 切开 S 得到两个连通的曲面 T' 和 S', 其中 T' 是从环面 $\mathbb{T}^2$ 上挖除一个开圆片所得的曲面, 且 $\alpha, \beta \subset T'$. 从而 $S = \mathbb{T}^2 \# \widehat{S'(J)}$.

(2) 若 β 是 S 上的反向曲线, 则存在 S 上一条分离的简单闭曲线 J, 使得沿 J 切开 S 得到两个连通的曲面 K' 和 S', 其中 K' 是从 Klein 瓶 $\mathbb{K}^2$ 上挖除一个开圆片所得的曲面, 且 $\alpha, \beta \subset T'$. 从而 $S = \mathbb{K}^2 \# \widehat{S'(J)}$.

证明 (1) 取 α 在 S 上的一个正则邻域 X_α 和 β 在 S 上的一个正则邻域 X_β, 使得 $X_\alpha \cap X_\beta$ 是一个圆片. 令 $T' = X_\alpha \cup X_\beta$, 则 T' 为 $\alpha \cup \beta$ 在 S 上的一个正则邻域. 因 α 和 β 都是 S 上的保向曲线, X_α 和 X_β 都是圆柱筒. 令 a 是 X_α 上从一个边界分支到另一个边界分支的真嵌入的定向弧, b 是 X_β 上从一个边界分支到另一个边界分支的真嵌入的定向弧, 如图 2.14(a) 所示. 则 T' 有如图 2.14(b) 所示的多边形表示. 这时, T' 实际上是从环面 $\mathbb{T}^2$ 上挖除一个开圆片所得的曲面, 故 $J = \partial T'$ 是 S 上一条分离的简单闭曲线 (图 2.14(c)), 它把 S 分离成 T' 和连通曲面 $S' = \overline{S \setminus T'}$. 故有 $S = \mathbb{T}^2 \# \widehat{S'(J)}$.

(2) 的证明完全类同. □

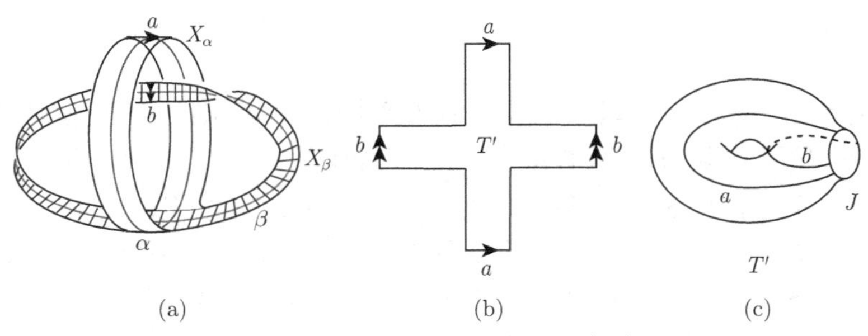

图 2.14　T' 为 $\alpha \cup \beta$ 的正则邻域

下面考虑闭曲面的拓扑分类问题.

由定理 1.3, 每个闭曲面都是可以单纯剖分的. 对闭曲面的单纯剖分中的 2-单形的个数进行归纳, 可以证明 (留作练习):

定理 2.4　若闭曲面 S 上每条简单闭曲线都是分离的, 则 S 同胚于 S^2.

注意到曲面上每条简单闭曲线都是分离曲线这个性质是拓扑性质, 曲面的可定向性也是拓扑性质, 即知球面 S^2、环面 $\mathbb{T}^2$ 或射影平面 $\mathbb{P}^2$ 是三个互不同胚的闭曲面. 下面的定理表明, 它们恰是所有的素的闭曲面.

定理 2.5　闭曲面 S 是素曲面当且仅当 S 为球面 S^2、环面 $\mathbb{T}^2$ 或射影平面 $\mathbb{P}^2$.

证明　充分性. 球面 S^2 情形, 结论由定理 2.3 蕴含. 环面 $\mathbb{T}^2$ 情形的证明留作练习. 下面证明射影平面 $\mathbb{P}^2$ 是素曲面.

射影平面 $\mathbb{P}^2$ 有如图 2.15(a) 所示的二边形表示 aa, 有上边 a 和下边 a, 其中 a 是 $\mathbb{P}^2$ 中一条非分离的简单闭曲线. 由命题 2.1, 只需证明 $\mathbb{P}^2$ 中任意一条分离的简单闭曲线都是平凡的即可.

设 C 是 $\mathbb{P}^2$ 中一条分离的简单闭曲线. 由定理 1.11, 可以假设 C 与 a 处于一般位置. 可以进一步假设, 经过同痕移动后, C 不过 a 的端点 A, C 与 a 的相交数 $|C \cap a|$ 最少.

若 $|C \cap a| = 0$, 则 C 在沿 a 切开 $\mathbb{P}^2$ 所得的二边形的内部. 由定理 2.3, C 界定 $\mathbb{P}^2$ 上一个圆片, 如图 2.15(b) 所示, 从而 C 在 $\mathbb{P}^2$ 上是平凡的.

下面考虑 $|C \cap a| > 0$ 的情况. 这时 C 在二边形 aa 上是一组 (有限多个) 互不相交的真嵌入的简单弧, 记作 $\mathcal{A}$. 这些简单弧可分为两类 (图 2.15(c)):

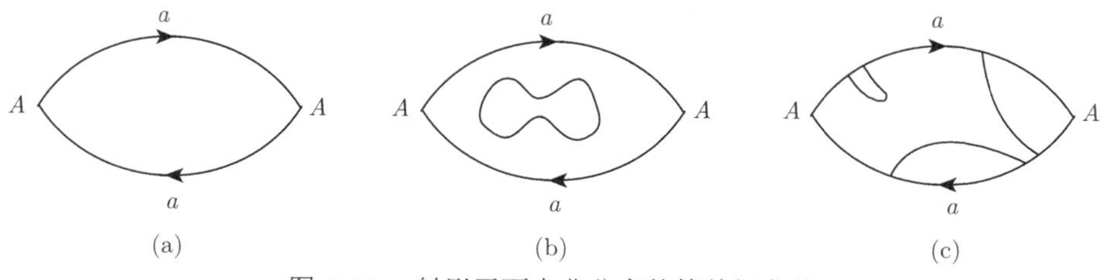

图 2.15 射影平面中非分离的简单闭曲线

(1) 弧的两个端点都在上边 a 上或都在下边 a 上;

(2) 弧的一个端点在上边 a 上, 另一个在下边 a 上.

如果有 (1) 类弧, 取其中一个记为 α, 不妨设其两个端点都在下边 a 上, 使得存在二边形 aa 上一个圆片 Δ, $\Delta\cap(\text{下边}a)=\beta$, $\alpha\cap\beta=\partial\alpha=\partial\beta$, $\alpha\cup\beta=\partial\Delta$, $\mathrm{int}(\Delta)\cap C=\varnothing$, 如图 2.16(a) 所示.

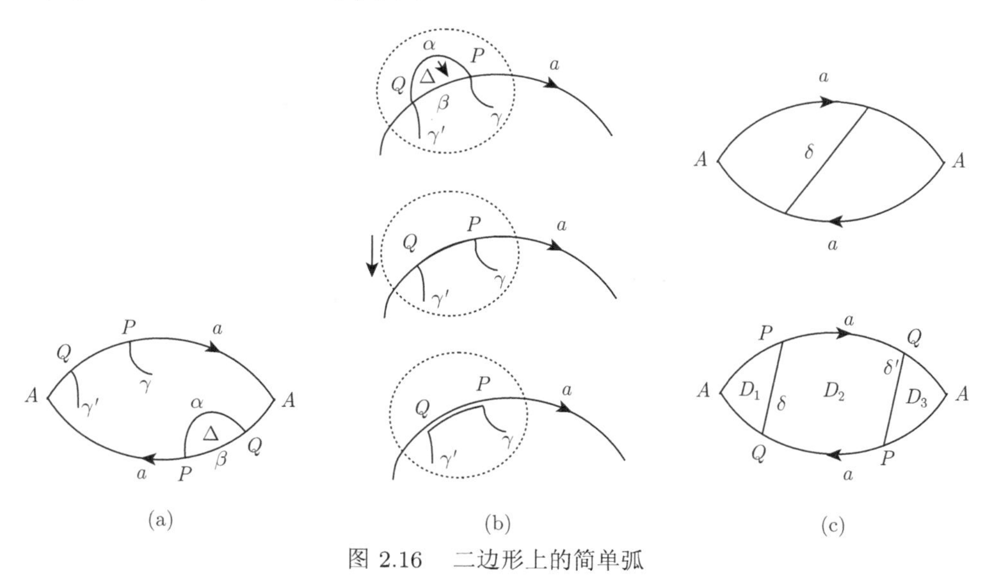

图 2.16 二边形上的简单弧

设 α 的两个端点分别为 P 和 Q, $\mathcal{A}$ 中从上边 a 的 P, Q 出发的弧分别为 γ, γ'. 利用 Δ 在 $\mathbb{P}^2$ 上的局部做一个同痕, 使得 $\gamma\cup\alpha\cup\gamma'$ 变为 $\gamma\cup\beta\cup\gamma'$, 再使其稍微挪离 β, 如图 2.16(b) 所示. 显见, 经过这样的同痕后, C 的像记为 C', $|C'\cap a|=|C\cap a|-2<|C\cap a|$. 这与 C 和 a 相交的最小性矛盾. 故 (1) 类弧不存在.

下面考虑 $\mathcal{A}$ 中只有 (2) 类弧的情况. 如果 $\mathcal{A}$ 中只有一个 (2) 类弧 δ, 则 δ 的两个端点在 $\mathbb{P}^2$ 中是同一点 (如图 2.16(c) 上所示), 这时 C 在 $\mathbb{P}^2$ 上是非分离的, 与 C 是分离的相矛盾.

若 $\mathcal{A}$ 中的 (2) 类弧不少于两个, 如图 2.16(c) 下所示令 δ 是 $\mathcal{A}$ 中最左边的弧, δ' 是 $\mathcal{A}$ 中最右边的弧. 由上边 a 和下边 a 的粘合方式可知, δ 在上边 a 的端点和 δ' 在下边 a 的端点必为 $\mathbb{P}^2$ 中同一点 P, δ 在下边 a 的端点和 δ' 在上边 a 的端点必为 $\mathbb{P}^2$ 中同一点 Q. 故这时 $\mathcal{A}$ 只能有两条边. δ 和 δ' 把二边形 aa 分为三个圆片 D_1, D_2 和 D_3. 则 $D_1 \cup D_3$ 是 $\mathbb{P}^2$ 中的一个圆片, 且 $\partial(D_1 \cup D_3) = C$, C 在 $\mathbb{P}^2$ 上是平凡的.

必要性. 设闭曲面 S 是素曲面. 若 S 上每条简单闭曲线都是分离的, 由定理 2.4, S 同胚于 S^2. 下面考虑 S 上有非分离的简单闭曲线的情况. 分如下两种情况讨论:

(i) S 上有一条非分离曲线 α 是反向曲线. 设 X_α 是 α 在 S 上的一个正则邻域. 由定理 1.5, X_α 是一个默比乌斯带. 故 $J = \partial X_\alpha$ 是 S 上一条分离的简单闭曲线. 因 S 是闭的素曲面, 故 $\overline{S \setminus X_\alpha}$ 是一个圆片. 从而 S 是一个射影平面 $\mathbb{P}^2$.

(ii) S 上每条非分离曲线都是保向曲线. 设 α 是 S 上一条非分离的简单闭曲线, β 是 S 上 α 的一条相伴曲线. 由命题 2.3(1), 存在 S 上一条分离的简单闭曲线 J, 使得沿 J 切开 S 得到两个连通的曲面 T' 和 S', 其中 T' 是从环面 $\mathbb{T}^2$ 上挖除一个开圆片所得的曲面. 从而 $S = \mathbb{T}^2 \# \widehat{S'}$. 因 S 是闭的素曲面, 故 $\widehat{S'} = S^2$. 从而 S 是一个环面. □

2.2.2 紧致曲面的分类定理及证明

本部分我们将给出紧致曲面的分类定理及证明.

定义 2.8　$n\mathbb{T}^2$ 与 $m\mathbb{P}^2$

记 $n\mathbb{T}^2 = \mathbb{T}^2 \# \cdots \# \mathbb{T}^2$($n$ 个拷贝). 约定用 $0\mathbb{T}^2$ 表示 2-球面 S^2. 称 n 为 $n\mathbb{T}^2$ 的亏格, $n \geqslant 0$.

记 $m\mathbb{P}^2 = \mathbb{P}^2 \# \cdots \# \mathbb{P}^2$($m$ 个拷贝, $m \geqslant 1$), 称 m 为 $m\mathbb{P}^2$ 的亏格.

显然, 每个 $n\mathbb{T}^2$ 为可定向闭曲面. 每个 $m\mathbb{P}^2$ 为不可定向曲面. $2\mathbb{P}^2$ 就是 Klein 瓶.

命题 2.4　$\mathbb{T}^2 \# \mathbb{P}^2 \cong 3\mathbb{P}^2$.

证明　设 $S = \mathbb{T}^2 \# \mathbb{P}^2$, 则 $S = X \bigcup_J \mathbb{M}$, 其中 X 是从环面 $\mathbb{T}^2$ 上挖除一个开圆片所得的曲面, $\mathbb{M}$ 是一个默比乌斯带, $J = \partial X = \partial \mathbb{M}$.

在 X 上取两个不交的真嵌入的弧 α 和 β, 以及 α 在 X 上的一个正则邻域 A 和 β 在 X 上的一个正则邻域 B, 使得 $A \cap B = \varnothing$, 且 $\overline{X \setminus (A \cup B)}$(即沿 α 和 β 切开 X 所得的曲面) 是一个圆片 D, 如图 2.17 所示, 其中 a, a', b, b' 是

真嵌入于 X 的弧, 它们的 8 个端点 $P_1, \cdots, P_8$ 把 J 分为 $C_1, \cdots, C_8$, 这些弧都有如图 2.17 所示的定向, 且 $\partial A = C_1 \cup a \cup C_5 \cup a'$, $\partial B = C_3 \cup b \cup C_7 \cup b'$, $\partial D = a \cup C_2 \cup b \cup C_8 \cup a' \cup C_6 \cup b' \cup C_4$.

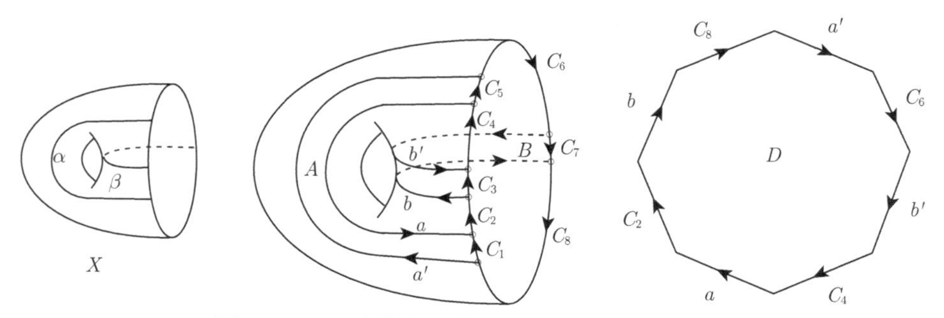

图 2.17 X 上真嵌入的弧 α 和 β 及其正则邻域

如图 2.18(a) 所示, 在 $\mathbb{M}$ 上分别选取从 P_1 到 P_5、从 P_2 到 P_6、从 P_3 到 P_7、从 P_4 到 P_8 的本质弧, 它们把 $\mathbb{M}$ 分成 4 个圆片 A', A'', B' 和 B''. 在 S 中, 令 $M_1 = A \cup A'$, $M_2 = B \cup B'$, 如图 2.18 (a), (b) 所示, 则 M_1 和 M_2 都是默比乌斯带.

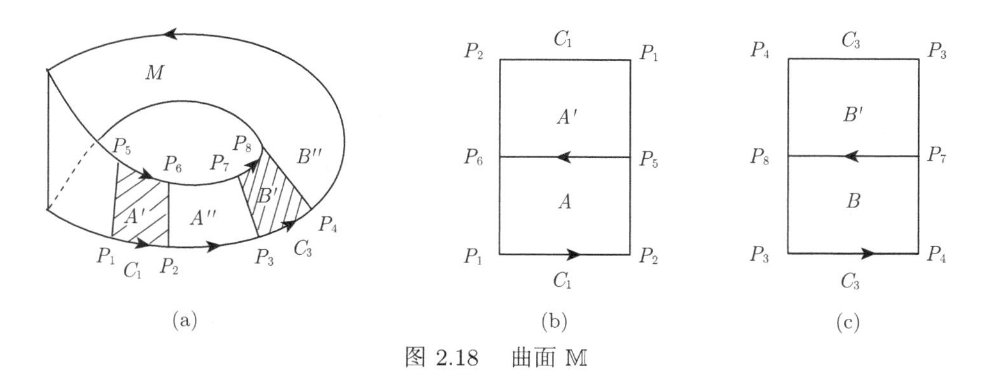

图 2.18 曲面 $\mathbb{M}$

再令 $S'' = S \setminus (M_1 \cup M_2)$, 则 $S'' = D \cup (A'' \cup B'')$. 可以看到, $M' = D \cup A''$ 是一个默比乌斯带, 而 S'' 是往 M' 上按图 2.19 所示方式粘上带子 B'' 所得的曲面, 它同胚于从一个默比乌斯带的内部挖除一个开圆片所得的曲面. 在 S'' 上取如图 2.19 右下所示的简单闭曲线 l, 则 l 把 S'' 分成一个默比乌斯带 M_3 和一个曲面 S''', 其中 S''' 同胚于从球面上挖除三个不交的开圆盘所得的曲面.

这样, 就证明了 S 是三个 $\mathbb{P}^2$ 的连通和. □

下面是闭曲面的拓扑分类定理, 它最早由 Möbius 于 1861 年给出 ([72]).

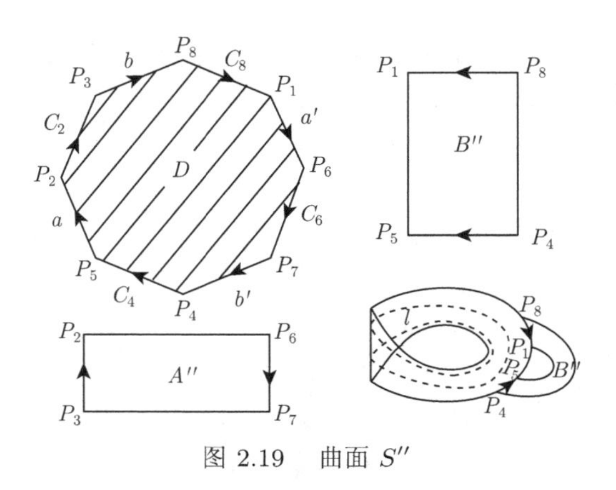

图 2.19 曲面 S''

定理 2.6 每个闭曲面必同胚于下面两类闭曲面中的一个

(1) $n\mathbb{T}^2$, $n \geqslant 0$;

(2) $m\mathbb{P}^2$, $m \geqslant 1$.

并且对任何 $n \geqslant 0, m \geqslant 1$, $n\mathbb{T}^2 \ncong m\mathbb{P}^2$; $n_1\mathbb{T}^2 \cong n_2\mathbb{T}^2$ 当且仅当 $n_1 = n_2$; $m_1\mathbb{P}^2 \cong m_2\mathbb{P}^2$ 当且仅当 $m_1 = m_2$.

证明 定理的第二部分可由闭曲面的基本群或同调群得到, 此略 (可参见 [118]).

设 S 为一个闭曲面. 首先假设 S 是可定向的, 即 S 上每条简单闭曲线都是保向曲线. 若 S 上每条简单闭曲线都是分离的, 由定理 2.4, $S \cong S^2$. 下设 S 上有非分离的简单闭曲线 α_1. 由命题 2.3, 存在 S 上一条分离的简单闭曲线 J_1, 使得沿 J_1 切开 S 得到两个连通的曲面 T_1' 和 S_1', 其中 T_1' 同胚于从环面 $\mathbb{T}^2$ 上挖除一个开圆片所得的曲面, 且 $\alpha_1 \subset T_1'$. 从而 $\widehat{T_1'} = \mathbb{T}_1^2$, $\widehat{S_1'} = S_1$, $S = \mathbb{T}_1^2 \# S_1$. S_1 仍是可定向闭曲面. 若 S_1 上有非分离的简单闭曲线 α_2, 则 α_1 和 α_2 在 S 上是不平行的. 重复上述过程即知, $S = \mathbb{T}_1^2 \# \mathbb{T}_2^2 \# S_2$, $\alpha_2 \subset \mathbb{T}_2^2$. 因 S 是紧致的, S 上互不相交、互不平行的非分离的简单闭曲线集合必为有限集. 设重复上述操作到第 n 次后, 有 $S = \mathbb{T}_1^2 \# \cdots \# \mathbb{T}_n^2 \# S_n$, 简单闭曲线 $\alpha_i \subset \mathbb{T}_i^2$ 在环面 $\mathbb{T}_i^2$ 是非分离的, $1 \leqslant i \leqslant n$, 但 S_n 上每条简单闭曲线都是分离的. 再由定理 2.4, $S_n \cong S^2$. 从而 $S = \mathbb{T}_1^2 \# \cdots \# \mathbb{T}_n^2 = n\mathbb{T}^2$.

下面考虑 S 是不可定向的情况, 这时, S 上存在反向的简单闭曲线 β_1. 由命题 2.2, $S = \mathbb{P}_1^2 \# F_1$, $\beta_1 \subset \mathbb{P}_1^2$, $F_1 = \widehat{F_1'}$, F_1' 是沿 β_1 切开 S 得到的连通曲面. 若 F_1 上有反向的简单闭曲线 β_2, 则 β_1 和 β_2 在 S 上是不平行的. 重复上述过程即知, $S = \mathbb{P}_1^2 \# \mathbb{P}_2^2 \# F_2$, $\beta_2 \subset \mathbb{P}_2^2$. 同理, S 上互不相交、互不平行的反向简单闭曲线集合必为有限集. 设重复上述操作到第 k 次后, 有 $S = \mathbb{P}_1^2 \# \cdots \# \mathbb{P}_k^2 \# F_k$, $\beta_i \subset \mathbb{P}_i^2$

是反向曲线, $1 \leqslant i \leqslant n$, 但 F_k 上再无反向简单闭曲线, 即 F_k 是可定向闭曲面. 若 F_k 已是球面, 则 $S = \mathbb{P}_1^2 \# \cdots \# \mathbb{P}_k^2$. 否则, 由前述结论知, $F_k = p\mathbb{T}^2$, $p \geqslant 1$. 由命题 2.4, $\mathbb{T}^2 \# \mathbb{P}^2 = 3\mathbb{P}^2$. 从而 $S = \mathbb{P}_1^2 \# \cdots \# \mathbb{P}_k^2 \# F_k = (k+2p)\mathbb{P}^2$. □

对于紧致连通带边曲面 S, $S = \widehat{S} \#^b B^2$, 其中 $b = b(S)$ 为 S 的边界分支个数, $\#^b B^2$ 表示 b 个圆片. 定义 S 的亏格 $g(S)$ 为闭曲面 $\widehat{S}$ 的亏格 $g(\widehat{S})$. 再令

$$\delta(S) = \begin{cases} 0, & \text{当 } S \text{ 可定向时}, \\ 1, & \text{当 } S \text{ 不可定向时}. \end{cases}$$

由定理 2.6 可知, 一个紧致连通曲面 S 的同胚型由 $g(S)$, $b(S)$ 和 $\delta(S)$ 完全确定, 即有

推论 2.1 设 S 和 F 为紧致连通曲面. 则 $S \cong F \Leftrightarrow (g(S), b(S), \delta(S)) = (g(F), b(F), \delta(F))$.

注意到对于紧致连通的可定向曲面 S, 其欧拉示性数 $\chi(S) = 2 - 2g(S) - b(S)$; 对于紧致连通的不可定向曲面 S, 其欧拉示性数 $\chi(S) = 2 - g(S) - b(S)$. 这样就有

推论 2.2 设 S 和 F 为紧致连通曲面. 则 $S \cong F \Leftrightarrow (\chi(S), b(S), \delta(S)) = (\chi(F), b(F), \delta(F))$.

用 $S_{g,b}$ 表示亏格为 g 且有 b 个边界分支的可定向紧致连通曲面.

命题 2.5 当 $b > 0$ 时, $S_{g,b}$ 上存在 $n = 2g + b - 1$ 个互不相交、互不平行的真嵌入的本质简单弧 $L = \{l_1, \cdots, l_n\}$, 使得沿 L 切开 $S_{g,b}$ 所得的曲面是一个圆片.

证明 对于曲面 $S = S_{g,b}$, 记 $n(S) = 2g + b - 1$. 对 $n(S)$ 归纳来证. 对于 $S_{0,1}$, 结论自动成立. 对于平环 $S_{0,2}$, 结论显然成立. 假设结论对 $n(S) \leqslant k-1$ 的可定向紧致连通带边曲面 S 成立.

设 $S = S_{g,b}$ 是一个可定向紧致连通带边曲面, $n(S) = k \geqslant 1$. 若 $b \geqslant 2$, 令 l 为 S 上连接 S 的两个不同边界分支的一个真嵌入的简单弧, 则沿 l 切开 S 所得的曲面为 $S' = S_{g,b-1}$, $n' = n(S') = 2g + b - 2 = k - 1$. 由归纳假设, S' 上存在 n' 个互不相交的真嵌入的本质简单弧 $L' = \{l_1, \cdots, l_{n'}\}$, 使得沿 L' 切开 S' 所得的曲面是一个圆片. 显然可在 S' 上同痕移动 L', 使得 L' 的端点不在 l 的切口上. 令 $L = L' \cup \{l\}$, 结论得证.

若 $b = 1$, 由 $2g + b - 1 = n(S) = k \geqslant 1$ 可知 $g \geqslant 1$. S 上存在一个非分离的真嵌入的简单弧 l', 使得沿 l' 切开 S 所得的曲面为 $S'' = S_{g-1,2}$, $n'' = n(S'') = 2(g-1) + 2 - 1 = 2g - 1 = k - 1$. 如上, 再次应用归纳假设可知结论成立. □

注记 2.3　通常称命题 2.5 中的 L 为曲面 $S=S_{g,b}$ 的一个完全弧系统. 注意, L 的任意真子集 (包括每个 $l_i \in L$) 在 S 上都是非分离的. 一般地, 当 $b>0$ 时, 设 $L=\{l_1,\cdots,l_n\}$ 是 S 上一组互不相交的真嵌入的本质简单弧, 使得沿 L 切开 S 所得的曲面是一组圆片 (m 个), 则称 L 为曲面 S 的一个一般的完全弧系统. 显然, S 的一个一般的完全弧系统 L 包含一个完全弧系统.

命题 2.6　设 L 为曲面 $S=S_{g,b}$ 的一个一般的完全弧系统, $b>0$, 使得沿 L 切开 S 得到 m 个圆片.

(1) 证明 $|L|=2g+b+m-2$;

(2) 若 L 中任意两个弧在 S 上不平行, 则 $m\leqslant b-1$, $2g+b-1\leqslant|L|\leqslant 2g+2b-3$.

证明留作练习. 命题 2.6 有下面一个直接推论:

推论 2.3　设 L 为曲面 $S=S_{0,b}$ 的一个一般的完全弧系统, $b>0$, 使得沿 L 切开 S 得到 m 个圆片. 则 $|L|=b+m-2$; 若 L 中任意两个弧在 S 上不平行, 则 $m\leqslant b-1$, $b-1\leqslant|L|\leqslant 2b-3$.

习　　题

1. 说明沿默比乌斯带的中位线切开得到一个平环.
2. 证明曲面的连通和操作满足交换律和结合律.
3. 证明定理 2.4.
4. 设 S_1 和 S_2 是曲面, 证明

$$\chi(S_1\#S_2)=\chi(S_1)+\chi(S_2).$$

5. 证明射影平面上的本质简单闭曲线的同痕类只有一种.
6. 证明环面 $\mathbb{T}^2$ 是素曲面.
7. 证明命题 2.6.

第 3 章　三维流形初步

本章介绍从三维流形的组合结构研究流形的基本方法. 3.1 节介绍了组合三维流形的一些例子; 3.2 节介绍了构造三维流形的两种经典的组合方法: Heegaard 分解和 Dehn 手术; 3.3 节介绍了三维流形中的一类重要曲面——不可压缩曲面; 3.4 节不加证明地介绍了组合三维流形拓扑理论中几个常用的基本定理.

3.1　初识组合三维流形

从第 2 章曲面的分离问题的处理可知, 在紧致曲面有单纯结构的基础上, 用切与粘的方法就可以给出紧致曲面的分类. 三维流形仅比曲面多了一个维数, 而且也有组合结构, 组合拓扑方法的确大有用武之地. 然而, 相比曲面的情况, 三维流形的情况要复杂得多.

3.1.1　三维流形的简单例子

先看看三维流形的一些简单例子.

例 3.1　三维单位球面 $S^3=\{(x_1,x_2,x_3,x_4)\in\mathbb{R}^4 : x_1^2+x_2^2+x_3^2+x_4^2=1\}$ 是闭三维流形. $\mathbb{R}^3$ 和 $\mathbb{R}^3$ 的开子集是开的三维流形. 三维单位实心球 $B^3=\{(x_1,x_2,x_3)\in\mathbb{R}^3 : x_1^2+x_2^2+x_3^2\leqslant 1\}$ 是带边三维流形, $\partial B^3=S^2$.

一般地, 称与 S^3 同胚的流形为 3-球面, 称与 B^3 同胚的流形为 3-实心球.

例 3.2　$S^2\times I$ 和 $S^2\times S^1$ 是三维流形. 设 S 是一个曲面, 则 $S\times I$ 和 $S\times S^1$ 都是三维流形. 称 $B^2\times S^1$ 为标准实心环体. 称与 $B^2\times S^1$ 同胚的流形为实心环体.

如同粘合曲面上的边界分支或弧段可以得到新的曲面, 粘合给定三维流形边界上同胚的子曲面也是从已知三维流形构造新三维流形的常见方法. 对于三维流形 M_1 和 M_2, 用 $M_1\coprod M_2$ 表示 M_1 和 M_2 的无交并.

例 3.3　设 M_1 和 M_2 为两个紧致连通带边三维流形, D_i 为 ∂M_i 上一个圆片, $h: D_1\to D_2$ 为同胚. 则商空间

$$M_1\coprod M_2/x\sim h(x),\quad x\in D_1$$

是一个紧致连通带边三维流形, 称为 M_1 和 M_2 的一个边界连通和, 记作 $M=M_1\cup_h M_2$. 称 h 为粘合映射. 也称 M_1 和 M_2 为该边界连通和的因子. 若 D_1

和 D_2 在商空间中的像记作 D, 也常用 $M_1 \cup_D M_2$ 表示 $M_1 \cup_h M_2$. D 是真嵌入于 M 中的圆片. 我们称 M_1 和 M_2 为沿 D 切开 M 所得的流形. 当 ∂M_1 和 ∂M_2 都连通, 或不需要明确 $D_i(i=1,2)$ 所在的边界分支时, 也把 $M_1 \cup_h M_2$ 记作 $M_1 \#_\partial M_2$.

注意, 由定理 1.7 和定理 1.8 可知, $M_1 \cup_h M_2$ 的同胚型只与 M_1 和 M_2 的同胚型以及 D_1 和 D_2 所在的 M_1 和 M_2 的边界分支有关, 与作边界连通和操作过程中圆片的选取和粘合同胚的选取无关. 在定向的范畴内进行边界连通和操作, 还要求粘合映射为反向同胚, 以保证边界连通和流形与因子流形定向上的协调一致.

特别地, 设 $H_1 = D \times S^1$ 为一个实心环体, 其中 D 为一个圆片. 令 $H_2 = H_1 \#_\partial H_1$ 是两个实心环体的边界连通和. 一般地, 当 $n \geqslant 2$ 时, 令 $H_n = H_{n-1} \#_\partial H_1$ 为 H_{n-1} 和 H_1 的边界连通和. 约定 H_0 为一个 3-实心球. 称 H_n 是亏格为 n 的柄体. 显然, H_n 是一个带边三维流形, ∂H_n 是一个亏格为 n 的可定向闭曲面. 图 3.1 中是柄体的例子.

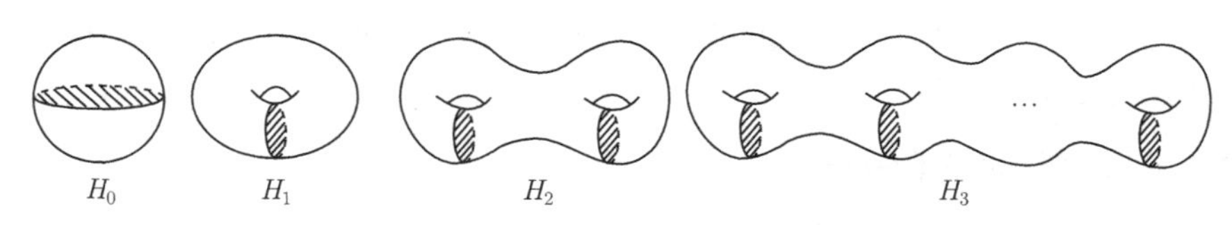

图 3.1 柄体的例子

对于实心环体 $H_1 = D \times S^1$, $s \in S^1$, 称 $D \times s$ 为 H_1 的一个纬圆片. 对于 $H_n = H_1 \#_\partial \cdots \#_\partial H_1$($n$ 个 H_1 拷贝), 选取每个 H_1 上一个纬圆片, 可以得到 H_n 上由 n 个互不相交的真嵌入的圆片构成的圆片组 $\mathcal{D} = \{D_1, \cdots, D_n\}$, 使得沿 $\mathcal{D}$ 切开所得的流形为一个实心球. 一般也称与 H_n 同胚的三维流形是亏格为 n 的柄体.

例 3.4 设 M_1 和 M_2 为两个紧致连通带边三维流形, S_i 为 ∂M_i 上一个 2-球面分支, $i=1,2$. 令 $h: S_1 \to S_2$ 为一个同胚. 则商空间

$$M_1 \coprod M_2 / x \sim h(x), \quad x \in S_1$$

是一个紧致连通三维流形, 记作 $M_1 \cup_h M_2$. 若 S_1 和 S_2 在商空间中的像记作 S, 也常用 $M_1 \cup_S M_2$ 表示 $M_1 \cup_h M_2$. 在定向的范畴内进行这样的操作, 还要求粘合映射为反向同胚, 以保证结果流形与子流形定向上的协调一致.

当 M_2 是一个实心球时, 称 $M_1 \cup_S M_2$ 为用实心球填充 M_1 的球面边界分支 S 所得的流形, 记作 $\widehat{M_1(S)}$. 也称由 M_1 到 $\widehat{M_1(S)}$ 的操作是往 M_1 上沿 S 加一个 3-把柄.

定义 3.1 三维流形沿曲面融合

设 M 是一个三维流形 (可能不连通), S_1 和 S_2 是 ∂M 上两个互不相交的同胚的紧致子曲面. 令 $h: S_1 \to S_2$ 为一个同胚. 则商空间

$$M/x \sim h(x), \quad x \in S_1$$

是一个紧致三维流形, 称为 M(通过 h 的) 的一个自融合, 记作 M/h. 称 h 为粘合映射.

当 M 有两个分支 M_1 和 M_2, 且 $S_i \subset \partial M_i$, $i = 1, 2$ 时, 也称 M/h 为 M_1 和 M_2 沿 S_1 和 S_2(通过 h 的) 一个融合, 并记作 $M_1 \cup_h M_2$. 若把 S_1 和 S_2 在 $M_1 \cup_h M_2$ 中的共同像记作 S, 则通常也把 $M_1 \cup_h M_2$ 记作 $M_1 \cup_S M_2$.

显然, $M_1 \#_\partial M_2$ 是 M_1 和 M_2 沿边界上圆片融合的例子.

注记 3.1 在可定向的范畴内, 所考虑的三维流形 M 为定向的流形, 子曲面 S_1 和 S_2 带有诱导定向, 要求粘合映射 h 为反向同胚, 这时 M/h 就是定向的流形, 带有从 M 上诱导的定向. 例如, 对于定向柱体 $N = B \times I$, 其中 B 为一个圆片, 下底 $B_0 = B \times 0$ 和上底 $B_1 = B \times 1$ 分别带有诱导定向. 当 $h: B_0 \to B_1$ 为反向同胚时, N/h 为一个实心环体, 其边界为一个环面; 当 $h: B_0 \to B_1$ 为保向同胚时, N/h 为一个实心 Klein 瓶, 其边界为一个 Klein 瓶, 如图 3.2 所示.

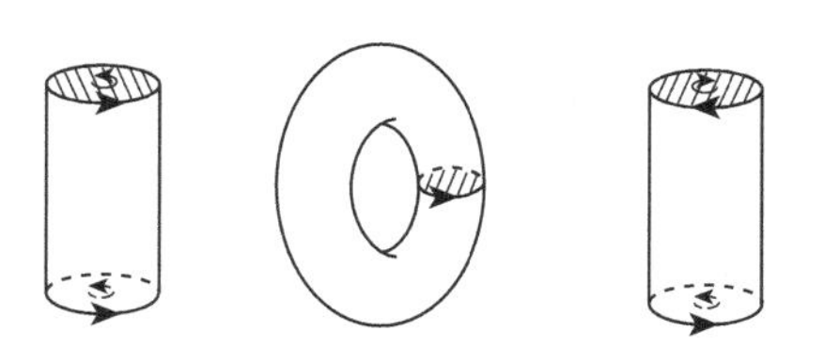

图 3.2 实心环体与实心 Klein 瓶

本书主要介绍可定向三维流形的组合拓扑理论. 除非特别说明, 以后提到的三维流形及子流形均指的是可定向的.

例 3.5 设 S 是一个闭曲面, $h: S \to S$ 是一个同胚, 令

$$M = S \times I/(x, 0) \sim (h(x), 1), \quad \forall x \in S,$$

则 M 是沿下边 $S \times 0$ 和上边 $S \times 1$ 的一个融合, 称为一个映射环 (mapping torus). M 是一个闭 3-流形, 且是一个 S^1 上以 S 为纤维的纤维丛 (fiber bundle).

例 3.6 设 M 是一个带边三维流形 (可能不连通), D_0, D_1 为 ∂M 上两个不交的圆片. 设 B 为一个圆片, $N = B \times I$, $B_0 = B \times 0$, $B_1 = B \times 1$. 令

$h:(D_0,D_1)\to(B_0,B_1)$ 为一个同胚. 称 $M\cup_h N$ 是往 M 上 (通过 h) 加一个 1-把柄所得的流形. 此时, 称 N 是一个 1-把柄, 称 $B\times 0$ 和 $B\times 1$ 为该 1-把柄的两个端面. 对于 $b\in\text{int}(B)$, 称 $b\times I$ 为该 1-把柄的一个核曲线; 对于 $t\in\text{int}(I)$, 称 $B\times t$ 为该 1-把柄的一个余核圆片.

显然, 亏格为 n 的柄体是往实心球上加 n 个 1-把柄所得的流形. 若 M 有两个分支 M_0 和 M_1, 且 $D_i\subset\partial M_i$, $i=0,1$, 则 $M\cup_h N$ 就同胚于边界连通和 $M_1\#_\partial M_2$, 如图 3.3 所示.

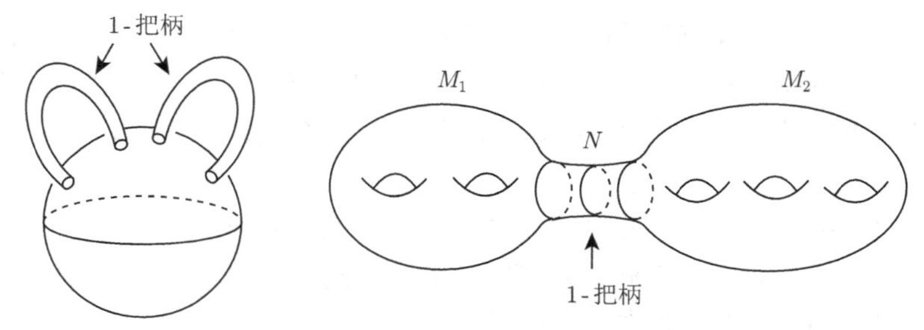

图 3.3 加 1-把柄

例 3.7 设 M 是一个带边三维流形, J 为 ∂M 上一条简单闭曲线, $A=\eta(J)$ 为 J 在 ∂M 上的一个正则邻域 ($\cong S^1\times I$). 设 B 为一个圆片, $N=B\times I$. 令 $h:A\to(\partial B)\times I$ 为一个同胚. 称 $M\cup_h N$ 是往 M 上加一个 2-把柄所得的流形, 记作 $M(J)$, 如图 3.4 左边所示. 此时, 称 N 是一个 2-把柄. 对于 $t\in\text{int}(t)$, 称 $B\times t$ 为该 2-把柄的一个核圆片; 对于 $b\in\text{int}(B)$, 称 $b\times I$ 为该 2-把柄的一个余核弧.

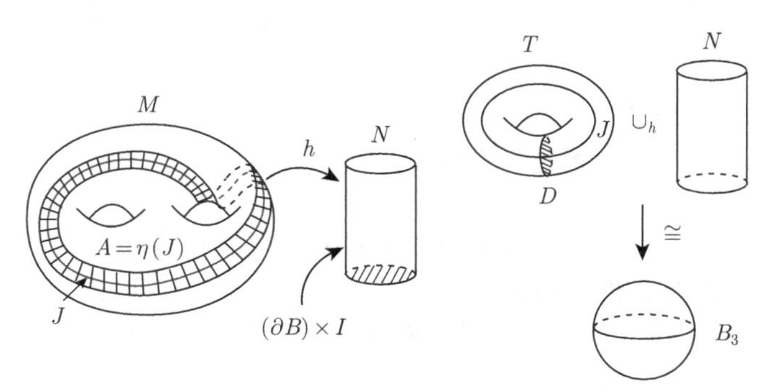

图 3.4 加 2-把柄

若 $M=D\times S^1$ 为实心环体, $J=p\times S^1$, p 为圆片 D 的边界上一点, 则如图 3.4 右边所示, $M(J)\cong B^3$.

设 S 是一个闭曲面, $\mathcal{J}=\{J_1,\cdots,J_n\}$ 是 S 上 n 条互不相交的简单闭曲线. 沿 $S\times I$ 的边界分支 $S\times 0$ 上 $\mathcal{J}\times 0$ 中的每条简单闭曲线往 $S\times I$ 上各加一个

2-把柄, 所得的 2-球面分支, 再用 3-实心球填充, 称最后所得的三维流形 C 为一个压缩体. 在 C 中, 称边界分支 $S\times 1$ 为 C 的正边界, 记作 ∂_+C. 称 $\partial C\setminus\partial_+C$ 为 C 的负边界, 记作 ∂_-C.

很显然, 当 $\partial_-C=\varnothing$ 时, 压缩体 C 就是一个柄体. 也称 $C=S\times I$ 为一个平凡的压缩体.

把构造压缩体 C 的过程中的每个 2-把柄的一个核圆片在 $S\times I$ 中垂直延拓, 得到 C 中一组互不相交的真嵌入的圆片 Δ. 则沿 Δ 切开 C 得到 $\partial_-C\times I$ 和若干实心球 (有可能为空集). 由此可得压缩体的一个对偶描述：压缩体 C 就是往 $\partial_-C\times I$ 和一些实心球上加一些 1-把柄所得的连通三维流形, 其中所有 1-把柄的端面粘在 $\partial_-C\times I$ 的一侧或实心球的边界上.

3.1.2 三维流形的拓扑分类问题

流形拓扑学的中心问题就是流形的拓扑分类问题. 容易知道, 维数不同的流形是不同胚的. 所以流形的拓扑分类问题就转化为各个维数的流形的拓扑分类问题.

一般来说, 流形的拓扑分类问题包含两个方面：

(1) 给出要分类的流形的完全集合, 并且该集合中的任意两个成员不同胚;

(2) 任意给定该类中一个流形, 有办法通过有限步骤确定该流形与完全集合中的一个确定的流形同胚.

我们已经知道, 连通的 1-流形只有区间 (包括直线) 和单位圆周.

2-流形就是曲面. 由定理 2.6 可知, 一个紧致连通曲面 S 的同胚型由 $(\delta(S), g(S), b(S))$ 完全确定, 其中 $\delta(S)$ 为 S 的定向指数, $g(S)$ 为 S 的亏格, $b(S)$ 为 S 的边界分支数, 即 $(\delta(S),g(S),b(S))$ 为紧致连通曲面的一个完全不变量. 故紧致连通曲面的拓扑分类是完全清楚的了.

从流形拓扑学可知, 对于维数 $n\geqslant 4$ 时的流形, 有如下的 “一般性” 结果 (参见 [27])：

定理 3.1 设 $n\geqslant 4$. 任意给定一个有限表示群 $G=\langle x_1,\cdots,x_n:r_1,\cdots,r_m\rangle$, 总存在一个闭 n-流形 M^n, 使得 $\pi_1(M^n)\cong G$.

另一方面, 众所周知 (参见 [68]), 有限表示群的同构判定问题是不可解的. 这实际上蕴含四维和四维以上的流形拓扑分类问题无解. 因此, 当 $n\geqslant 4$ 时, 通常只考虑满足一定条件的 n-流形的拓扑分类问题.

目前, 唯有三维流形的拓扑分类尚不完全清楚.

Moise [73] 和 Bing [9] 在 20 世纪 50 年代证明了每个维数 $\leqslant 3$ 的流形上有唯一的微分结构 (或分片线性结构, 即 PL 结构). 从而在这样的流形中, 光滑范畴、分片线性范畴、拓扑范畴是互相等价的. 对三维流形来说, 这是一件好事情. 这样的结论在维数 $\geqslant 4$ 时不成立, 如 Milnor [71] 的七维怪球上共有 28 种互不等价的微分结构, $\mathbb{R}^4$ 上有无穷多个不等价的微分结构 (见 [26]) 等.

另一方面, 因三维流形中的曲线和曲面等子流形在流形中的余维数太少, 因而成功处理四维和四维以上流形的代数拓扑、微分拓扑的常见方法 (包括通过子流形来研究流形的拓扑性质和结构的常用有效办法) 在处理三维流形的很多问题面前通常显得无能为力. 这使得三维流形的研究由于缺少有效工具而变得十分困难. 例如, 著名的庞加莱猜想最早是针对三维流形提出的, 但最先取得突破是在高维情形 (Smale [105] 于 1961 年证明了 5 维以上 (包括 5 维) 的庞加莱猜想成立, Freedman [26] 于 1982 年证明了 4 维庞加莱猜想成立), Perelman 在 2003 年才用 Ricci 流方法证明了 Thurston 的几何化猜想 (参见 [76,120,121]), 三维庞加莱猜想是其特例).

三维欧氏空间是我们熟知的空间, 人们对局部是三维欧氏空间的三维流形有更多的好奇心. 从这个意义上说, 三维流形拓扑与其他维数流形的拓扑相比是独具特色和魅力的.

3.2　构造三维流形

把三维流形通过某种方式分解成一些简单块, 或把简单块通过组合粘合拼接恢复成原来的三维流形, 这些都是研究三维流形的常见方法. 在本节, 我们将介绍构造组合三维流形的两种常见的方法. 一种是从压缩体出发, 通过粘合两个压缩体的正边界得到一个新的三维流形. 称三维流形的这种结构为 Heegaard 分解. 早在 1898 年, Heegaard [37] 就注意到, 有单纯剖分结构的闭 3-流形中存在一种曲面, 它把 3-流形分成两个同亏格的柄体. 这种曲面后来被称为 Heegaard 曲面. Heegaard 分解理论已成为三维流形拓扑的重要组成部分. 我们将在第 10 章专题介绍 Heegaard 分解的结构.

另外一种被称为 Dehn 手术, 大意是说将三维球面 S^3 中的一个实心环挖出来, 再按另外一种方式填补回去.

令人惊奇的是, 这两种看似简单的方法, 竟然都可以构造出所有的三维流形.

3.2.1　三维流形的 Heegaard 分解

前面已看到, 柄体和压缩体是简单的常见的三维流形.

定义 3.2　Heegaard 曲面, Heegaard 分解

(1) 设 C, C' 是两个正边界同胚的压缩体, $h: \partial_+ C \to \partial_+ C'$ 是一个同胚.

记 $M = C \cup_h C'$. 在 M 中, $\partial_+ C$ 和 $\partial_+ C'$ 的共同像记作 F. 则也把 M 记作 $C \cup_F C'$, 其中 $C \cap C' = \partial_+ C = \partial_+ C'$. 称 $C \cup_F C'$ 为 M 的一个 Heegaard 分解, 也记作 $(C, C'; F)$. 称 F 为 M 中一个 Heegaard 曲面, $n = g(F)$ 为该分解的亏格. 3-流形 M 的 Heegaard 亏格就定义为 M 的所有 Heegaard 分解中亏格最小的那个分解的亏格, 记作 $g(M)$. 特别地, 当 M 是闭流形时, M 中的一个 Heegaard 曲面 F 把 M 分成两个等亏格的柄体.

(2) 设 M 为一个紧致连通可定向三维流形, $(\partial_1 M, \partial_2 M)$ 是 M 的边界分支的一个分划, 即 $\partial_1 M$ 和 $\partial_2 M$ 均由 M 的若干边界分支构成, $\partial_1 M \cap \partial_2 M = \varnothing$, $\partial_1 M \cup \partial_2 M = \partial M$. 对于 M 的一个 Heegaard 分解 $(C_1, C_2; F)$, 若 $\partial_- C_1 = \partial_1 M$, $\partial_- C_2 = \partial_2 M$, 则称 $(C_1, C_2; F)$ 为 $(M; \partial_1 M, \partial_2 M)$ 的一个 Heegaard 分解.

定理 1.9 在 $n = 3$ 的情况就是下面的定理. 该定理在光滑范畴内被称为 Alexander 定理, 在分片线性范畴内被称为 Schönflies 定理. 我们将在第 9 章用莫尔斯理论给出一个证明.

定理 3.2 (Alexander 定理或 Schönflies 定理) S^3 中任何一个光滑 (PL)2-球面总是把 S^3 分成两个实心球. 或等价地, $\mathbb{R}^3$ 中任何一个光滑 (PL)2-球面总是把 $\mathbb{R}^3$ 分成一个实心球和一个同胚于 $S^2 \times [0, 1)$ 的三维流形.

例 3.8 设 S 是 S^3 中一个 2-球面. 由定理 3.2, S 把 S^3 切成两个实心球 B_1^3 和 B_2^3, $S^3 = B_1^3 \cup_\partial B_2^3$. 故 $g(S^3) = 0$. 容易看到, 两个实心球沿边界 2-球面粘合所得的流形总是同胚于 S^3, 故 Heegaard 亏格为 0 的三维流形只有 S^3.

下面看几个例子.

例 3.9 设 $V \cup_T W$ 是闭三维流形 M 的一个亏格为 1 的 Heegaard 分解, 其中 V 和 W 都是实心环体, $T = \partial V = \partial W$ 为环面. 设 B 为 V 的一个纬圆片, 称 $\beta = \partial B$ 为 V 的一条纬线. 易见 V 的任意两条纬线在 T 上都是同痕的. 称 ∂V 上与 β 横截交于一点的一条简单闭曲线 α 为 V 的一条经线. $\{\overline{\alpha}, \overline{\beta}\}$ 构成 $H_1(T) \cong \mathbb{Z} \oplus \mathbb{Z}$ 的一组生成元.

取 W 的一个纬圆片 E 和 E 在 W 中的一个正则邻域 $N(E)$(不妨 $N(E) = E \times I$), 则 $N(E) \cap T = (\partial E) \times I = A$, $\overline{W \setminus N(E)} = D^3$ 是个实心球. 把 W 粘到 V 上得到 M 的过程可以分为如下的两个步骤完成: 首先沿 A 粘合 V 和 $N(E)$ 得到 $M_1 = V \cup_A N(E)$, 即 M_1 是往 V 上沿简单闭曲线 ∂E 加一个 2-把柄所得的流形; 然后 $M_1 \cup_{\partial D^3} D^3 = M$, 即往 M_1 上沿边界球面添加 3-把柄 D^3 就得到原来的 M. 由此即知, M 由 T 上 W 的纬线 $\beta' = \partial E$ 完全确定.

由曲面拓扑可知 β' 由它的同调类 $\overline{\beta'}$ 完全确定, 且 $\overline{\beta'} = p\overline{\alpha} + q\overline{\beta}$, 其中 p 和 q

是互素的整数. 称 $\dfrac{q}{p}$ 为 β' 的斜率.

(1) 若 $q=0$, 则有 $p=1$ 或 -1, 此时 M_1 是个实心球, $M\cong S^3$. 故 S^3 也有一个亏格为 1 的 Heegaard 分解, 如图 3.5 所示, 其中左边实心环体 V 中的一个纬圆片的边界与右边实心环体 W 中的一个纬圆片的边界交于一点.

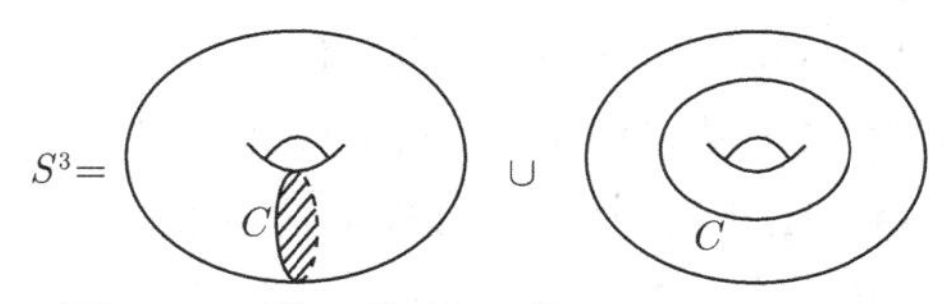

图 3.5 S^3 亏格为 1 的 Heegaard 分解

(2) $p=0$, 则有 $q=1$ 或 -1, 约定 β' 的斜率为 ∞. 此时, 如图 3.6 所示, 其中左边实心环体 V 中的一个纬圆片的边界与右边实心环体 W 中的一个纬圆片的边界重合, 可把粘合映射看作恒等映射, $M=S^2\times S^1$. M 有一个亏格为 1 的 Heegaard 分解, M 没有亏格为 0 的 Heegaard 分解 (M 不是 S^3), 故 $g(M)=1$.

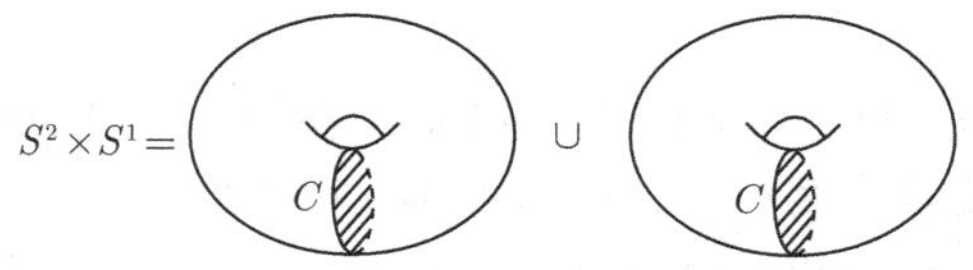

图 3.6 $S^2\times S^1$ 亏格为 1 的 Heegaard 分解

(3) 其他情况, $|p|\geqslant 2$. 如果 $p<0$, 取曲线 $-\beta'$, 即改变 β' 的方向. 故总可假定 $p\geqslant 2$, $q\neq 0$. 此时, $\pi_1(M)\cong\mathbb{Z}_p$, M 既不是 S^3, 也不是 $S^2\times S^1$. 称这样的 M 为 (p,q) 型透镜空间或 (p,q)-透镜空间, 记为 $L(p,q)$. 透镜空间是一类分类完全清楚的三维流形, 详细讨论可以参见第 7 章.

上面我们已看到, 利用粘合两个正边界同胚的压缩体可以得到新的三维流形. 这种构造三维流形的方法也称为 Heegaard 分解方法. 下面的定理表明, Heegaard 分解是紧致三维流形中的普遍结构, 用 Heegaard 分解的方法可以构造出所有的紧致连通三维流形.

定理 3.3 设 M 为一个紧致连通可定向三维流形, $(\partial_1 M,\partial_2 M)$ 是 M 的边界分支的一个分划. 则总有 $(M;\partial_1 M,\partial_2 M)$ 的一个 Heegaard 分解 $(C_1,C_2;F)$.

证明 由定理 1.3, M 有单纯剖分 (K,φ), 其中 K 为一个有限单纯复形. 不妨就设 $M=|K|=\bigcup_{\sigma\in K}\sigma$. 令 K_1 是 K 的 1 维骨架, 则 K_1 是 K 的一个 1 维连通子复形 (即一个连通的图). 令 K' 是 K 的一次重心重分复形, K'' 是 K 的二次重心重分复形.

对于 K 的每个 3-单形 σ 和 σ 的每个 2-面 τ, σ 和 τ 的重心分别记为 $\widetilde{\sigma}$ 和 $\widetilde{\tau}$, 则 $(\widetilde{\sigma},\widetilde{\tau})\in K'$. 令

$$K_2=\{\widetilde{\sigma},\widetilde{\tau},(\widetilde{\sigma},\widetilde{\tau})|\sigma\in K\text{为 3-单形},\tau\subset\sigma\text{为 2-面}\},$$

则 K_2 是 K' 的一个 1 维连通子复形, 称为 K_1 的对偶图 (图 3.7).

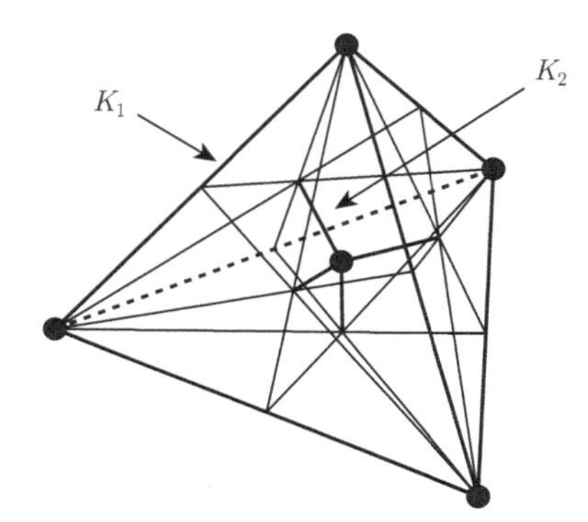

图 3.7 K_1 和对偶图 K_2

情况 1. $\partial M=\varnothing$.

记 $C_1=\eta(K_1,K'')=\bigcup_{\sigma\in K_1''}St(\sigma,K'')$, $C_2=\eta(K_2,K'')=\bigcup_{\sigma\in K_2'}St(\sigma,K'')$. 则 C_1 和 C_2 分别为 $|K_1|$ 和 $|K_2|$ 在 $M=|K|$ 中的正则邻域. 容易验证, C_1 和 C_2 都是柄体, 且 $C_1\cap C_2=\partial C_1=\partial C_2=F$, 故 M 有 Heegaard 分解 $C_1\cup_F C_2$.

情况 2. $\partial M\neq\varnothing$. 这时, $\partial_1M\cup\partial_2M=\partial M$.

注意到 K' 中的每个 3-单形 σ 至多与 ∂_1M 和 ∂_2M 之一交不空. 记 $N(\partial_2M)=\bigcup_{\sigma\in K',\sigma\cap\partial_2M\neq\varnothing}\sigma$. 则 $N(\partial_2M)\cong\partial_2M\times I$. 不妨 $N(\partial_2M)=\partial_2M\times I$, $\partial_2M=\partial_2M\times\{0\}$. 令 $\partial_2'M=\partial_2M\times\{1\}$. 设 $\overline{K_1}$ 是由 K_1 的所有与 $N(\partial_2M)$ 不交的单形构成的子复形, $\overline{K_2}$ 是由 K_2 的所有与 ∂_1M 不交的单形构成的子复形, 如图 3.8 所示.

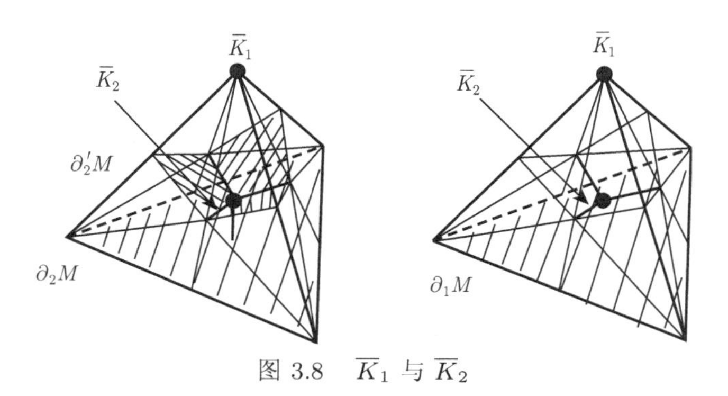

图 3.8 $\overline{K_1}$ 与 $\overline{K_2}$

令 $C_1 = \eta(\partial_1 M \cup \overline{K}_1; K'')$. 则 $C_1 = \eta(\partial_1 M; K'') \cup \eta(\overline{K}_1; K'')$. 因 K'' 中一个顶点的正则邻域是一个 0-把柄, K'' 中一个 1-单形的正则邻域是一个 1-把柄, 故 C_1 是往 $\partial_1 M \times I$ 的一侧上添加若干 0-把柄和 1-把柄而得, 从而 C_1 是一个压缩体, 且 $\partial_- C_1 = \partial_1 M$. 令 $C_2 = \eta(N(\partial_2 M) \cup \overline{K}_2; K'')$. 则同理可知, C_2 是一个压缩体, 且 $\partial_- C_2 = \partial_2 M$. 容易验证, $C_1 \cap C_2 = \partial_+ C_1 = \partial_+ C_2 = F$, $C_1 \cup_F C_2 = M$, 故 $(C_1, C_2; F)$ 是 $(M; \partial_1 M, \partial_2 M)$ 的一个 Heegaard 分解. □

注记 3.2　定理 3.3 表明, 任何紧致连通三维流形都可以通过 Heegaard 分解的方式构造出来. 从 Heegaard 分解 $V \cup_F W$ 的构造上看, 三维流形 $M = V \cup_F W$ 取决于压缩体 V, W 和粘合同胚映射 $h: \partial_+ V \to \partial_+ W$(或 h 的同痕类, 也称为映射类). 如何从两个给定的 Heegaard 分解来判定对应的三维流形是否同胚？这实际上仍是一个未解决的问题.

对于闭三维流形, 定理 3.3 的一个等价说法是

定理 3.4　任意可定向闭三维流形 M 都可以通过如下方式得到

$$M = h^0 \cup \left(\bigcup_{i=1}^{n} h_i^1 \right) \cup \left(\bigcup_{i=1}^{n} h_i^2 \right) \cup h^3,$$

其中 $h^0 = B^3$, $B^3 \cup (\bigcup_{i=1}^n h_i^1)$ 是往实心球 B^3 上加 n 个 1-把柄 $h_1^1, \cdots, h_n^1$ 所得到的亏格为 n 的柄体 H_n, $H_n \cup (\bigcup_{i=1}^n h_i^2)$ 是沿 ∂H_n 的一个完全曲线系统往 H_n 上加 n 个 2-把柄 $h_1^2, \cdots, h_n^2$ 所得到的流形 M', $M = \widehat{M'(\partial M')}$ 是沿 M' 的球面边界分支往 M' 上加一个 3-把柄 h^3 所得的流形.

3.2.2 Dehn 手术

对于可定向闭三维流形, 还有另外一种常见的构造方式.

例 3.10　设 $\rho: S^1 \to S^3$ 为一个嵌入. 称 $K = \rho(S^1)$ 为 S^3 中的一个纽结. 如图 3.9 所示, (a) 为一个三叶结, (b) 为一个 8 字结.

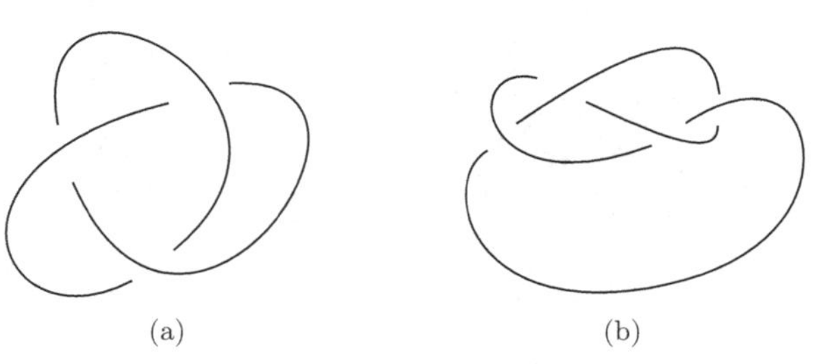

图 3.9　三叶结和 8 字结

设 K 是 S^3 中的一个纽结, $N(K)$ 是 K 在 S^3 中的一个正则邻域 (同胚于实心环体), $M_K = \overline{S^3 - N(K)}$. 称 M_K 为纽结 K 在 S^3 中的补. 显然, M_K 为一个带边 3-流形, 其边界为一个环面.

设 $\rho : \coprod^k S^1 \to S^3$ 为一个嵌入, 其中 $\coprod^k S^1$ 为 k 个 S^1 的无交并. 称 $L = \rho(\coprod^k S^1)$ 为 S^3 中的一个链环. 一个链环的每个分支都是一个纽结, 这些纽结可以很复杂地彼此纠缠. 纽结就是只有一个分支的链环. 图 3.10 是三个 2 分支简单链环的例子.

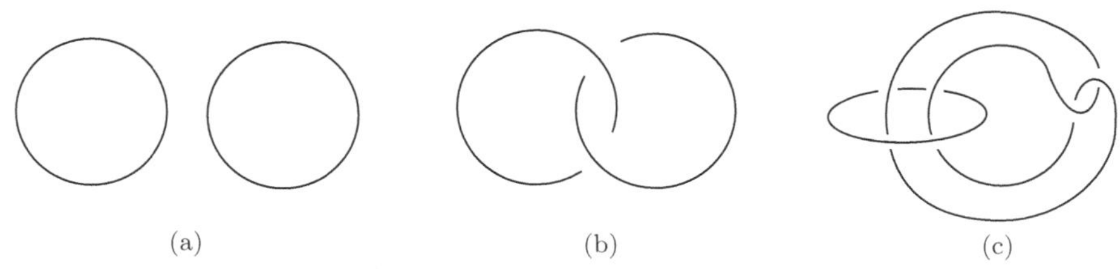

图 3.10 2 分支平凡链环、Hopf 链环、Whitehead 链环

设 K 是 S^3 中的一个纽结, $N(K)$ 是 K 在 S^3 中的一个正则邻域. 再设 $h : \partial N(K) \to \partial M_K$ 是一个同胚, 则 $M = M_K \cup_h N(K)$ 是一个闭 3-流形. M 相当于把 $N(K)$ 从 S^3 中挖出去, 再通过粘合映射 h 粘补回来所得的流形. 这样一个操作就称为对 S^3 沿纽结 K 作一个 Dehn 手术 (Dehn surgery). 需要注意, 沿纽结 K 对 S^3 作一个 Dehn 手术的结果完全取决于往 M_K 上粘回实心环体 $N(K)$ 的粘合映射, 也可以说由实心环体 $N(K)$ 的一个纬圆片的边界 γ 在 h 下的像 $h(\gamma)$(或斜率) 完全确定.

如果沿 S^3 中一个链环 L 的每个纽结分支各作一个 Dehn 手术, 我们就称沿 L 对 S^3 作一个 Dehn 手术.

在 20 世纪 60 年代, Lickorish [61] 和 Wallace [115] 用不同方法各自独立地证明了现在被称为 Lickorish-Wallace 定理的如下结果:

定理 3.5 每个可定向闭三维流形均可以通过在 S^3 中沿某一个链环作 Dehn 手术而得到.

注记 3.3 (1) Lickorish 和 Wallace 的证明各自独立, 所用方法也完全不同. Lickorish-Wallace 定理表明, 每个可定向闭 3-流形均可以通过沿 S^3 中的某一个链环作 Dehn 手术而得到. 这给出了列出所有 3-流形的另一种方法. 尽管同一个 3-流形的两种这样的表示之间存在着某种联系 (参见 [55, 122]), 但这并不足以判定两个这样的表示所确定的 3-流形是否同胚.

(2) 我们将在 10.5 节给出 Lickorish-Wallace 定理的一个简单证明.

(3) 我们将在第 15 章介绍纽结理论初步.

3.3　三维流形中的不可压缩曲面

三维流形中一类重要的曲面是不可压缩曲面，它的作用与曲面上的本质弧和本质简单闭曲线类似.

圆片和 2-球面是最简单的曲面了. 对于嵌入三维流形中的圆片和 2-球面，作为曲面它们是简单的，但有时却可以发挥不“简单”的作用，我们需要区别对待.

定义 3.3　平凡球面与本质球面

设 M 是一个紧致三维流形，S 是 M 中的一个嵌入 2-球面. 若 S 界定 M 中的一个实心球，则称 S 为一个平凡球面. 否则，称 S 为一个本质球面.

M 中的平凡球面随处可见，如 M 中任意一点的一个正则邻域的边界就是一个平凡球面. 显见，$S^2 \times I$ 和 $S^2 \times S^1$ 中都有本质球面.

如同曲面上的平凡曲线，平凡球面对于约化三维流形不起本质作用. 但本质球面就不同了. 我们将在第 5 章介绍如何用本质球面来约化三维流形.

定义 3.4　压缩圆片与本质圆片

设 F 是三维流形中的一个嵌入曲面，$F \subset \partial M$ 或 F 是真嵌入的. 若存在 M 中的一个嵌入圆片 D，使得 $D \cap F = \partial D$，∂D 在 F 上是非平凡的，则称 D 是 F 中的一个压缩圆片. 若 D 是 ∂M 的一个压缩圆片，也称 D 是 M 中的一个本质圆片. 若 D 在 M 中是真嵌入的，且 ∂D 也界定 F 上的一个圆片 E，使得 2-球面 $D \cup E$ 在 M 中是平凡的，则称 D 是 M 中的一个平凡圆片. 有时也称 ∂M 上的一个圆片为 M 的一个平凡圆片.

定义 3.5　不可压缩曲面

设 M 是一个紧致三维流形，F 是 M 中一个真嵌入的曲面，或 $F \subset \partial M$. 若 M 中存在 F 的一个压缩圆片，则称 F 在 M 中是可压缩的.

作为特别约定，也称 M 中一个平凡圆片或平凡球面在 M 中是可压缩的，统称它们为平凡的可压缩曲面.

若 F 在 M 中不是可压缩的曲面，则称 F 在 M 中是不可压缩的.

图 3.11(c) 的曲面 F 就是 M 中的一个可压缩曲面，其中 D 是 F 的一个压缩圆片.

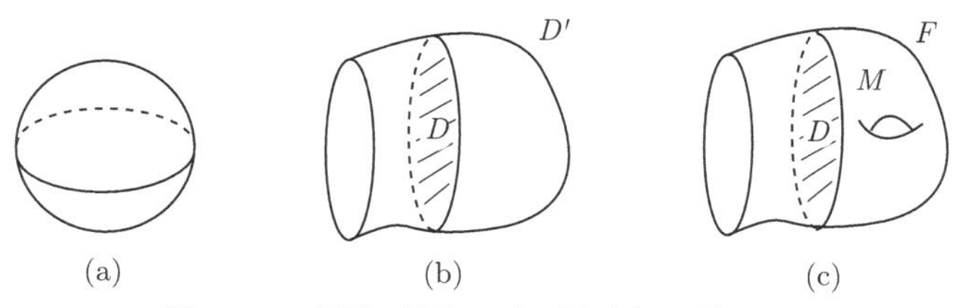

图 3.11 平凡球面、平凡圆片与压缩圆片

定义 3.6 沿 D 对曲面做 F 压缩手术

设 F 是三维流形 M 中的一个曲面, F 是真嵌入的, 或 $F \subset \partial M$, D 是 M 中的一个边界在 F 上、内部与 F 无交的圆片. 选取 D 在 M 中的一个正则邻域 $N(D) = D \times I$, 使得 $N(D) \cap F = (\partial D) \times I$. 令 $F' = \overline{F \setminus (\partial D) \times I} \cup D \times 0 \cup D \times 1$, 如图 3.12 所示. 称 F' 是对 F 沿 D 做压缩手术所得的曲面. 若 $F = \partial M$, 记 $M' = \overline{M \setminus N(D)}$, 即 M' 是沿 D 切开 M 所得的流形, 则 $F' = \partial M'$. 也称 M' 是沿 D 对 M 做压缩手术所得的流形.

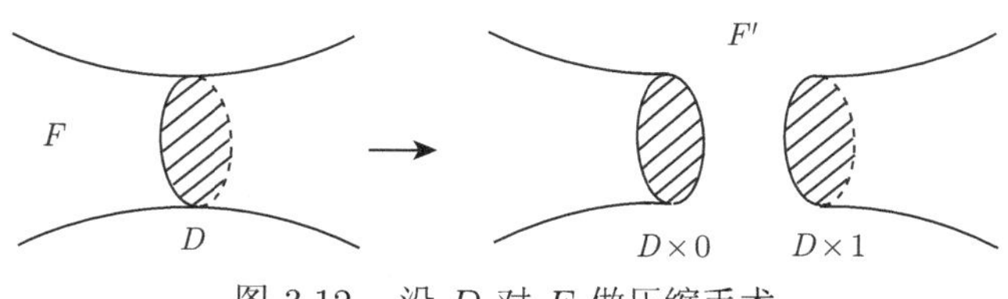

图 3.12 沿 D 对 F 做压缩手术

注记 3.4 沿 D 对曲面 F 做压缩手术的几何意义如下:

(1) 无论 ∂D 在 F 上是否是分离的, 总有 $\chi(F') = \chi(F) + 2 > \chi(F)$; 若 ∂D 在 F 上是平凡的, 则 F' 由一个 2-球面和一个曲面 F'' 构成, 其中 $F'' \cong F$. 参见图 3.13(a).

(2) 若 F 是一个非平凡的连通的可定向的可压缩闭曲面, D 是 F 的一个压缩圆片, 则 F' 的每个分支都不是 2-球面, 且当 ∂D 在 F 上是分离的时, F' 由两个分支 F_1' 和 F_2' 构成, $g(F_1'), g(F_2') > 0$, $g(F_1') + g(F_2') = g(F)$; 当 ∂D 在 F 上是非分离的时, F' 是一个亏格为 $g(F) - 1$ 的可定向闭曲面. 从这个意义上说, F' 变得简单了. 参见图 3.13(b), (c).

(3) 如果 $\alpha = \partial D$ 是处于一般位置的曲面 F 和曲面 G 相交的一个分支, $D \subset G$, 且 D 在 G 上是“最内的”, 即 D 的内部与 F 不交, 则如图 3.14 所示, $F' \cap G$ 与 $F \cap G$ 相比, 减少了分支 α.

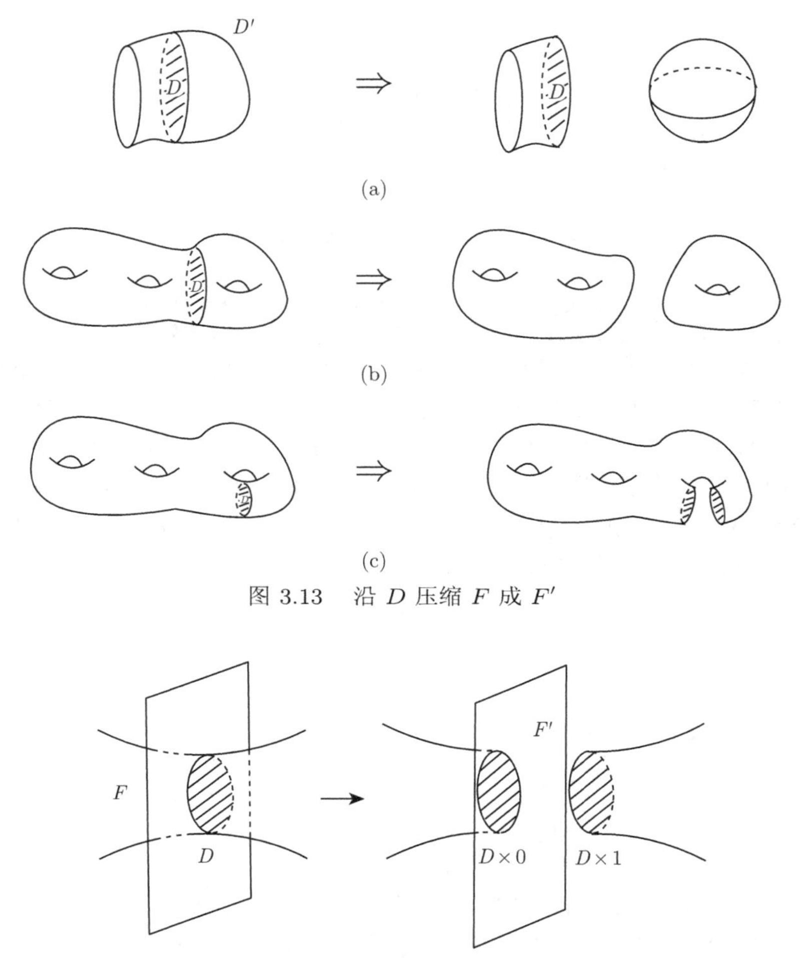

图 3.13 沿 D 压缩 F 成 F'

图 3.14 沿 D 对 F 做压缩手术

对 $\chi(F)$ 作归纳即有 (留作练习):

命题 3.1 设 F 是三维流形 M 中的非平凡可压缩曲面. 则可通过有限次的压缩操作把 F 变为 F^*, 使得 F^* 的每个非球面非圆片分支都是不可压缩的.

例 3.11 设 H_g 是亏格为 $g \geqslant 0$ 的柄体, 则 ∂H_g 是可压缩的. 设 D 是 H_g 的一个本质圆片. 当 D 分离 H 时, 沿 D 对 H_g 做压缩手术得到两个柄体 H' 和 H'', $0 < g(H'), g(H'') < g$, $g(H') + g(H'') = g$. 当 D 不分离 H 时, 沿 D 对 H_g 做压缩手术得到一个柄体 H^*, $g(H^*) = g - 1$. 参见图 3.13(b), (c)

下面不加证明地陈述不可压缩曲面的存在性定理, 证明可在 3-流形的经典教科书 [38] 或 [45] 中找到.

定理 3.6 设 M 是一个紧致可定向 3-流形. 假设 M 满足下列条件之一:
(1) M 有非 2-球面的边界分支; 或
(2) $H_1(M)$ 无限,
则 M 中存在双侧的非分离的带边不可压缩曲面.

定理 3.7 设 M 是一个紧致可定向 3-流形, F 是 M 中一个不可压缩曲面.
(1) 若 M 包含一个本质球面, 则 M 中存在一个与 F 不交的本质球面;
(2) 若 P 是 M 的一个本质圆片, $\partial P \cap \partial F = \varnothing$, 则 M 包含一个与 F 不交的本质圆片 P', $\partial P' = \partial P$.

证明 设 P 是 (1) 中的本质球面或 (2) 中的本质圆片. 不妨假设 P 与 F 处于一般位置, 则 $P \cap F$ 的每个分支都是一个简单闭曲线. 取 $P \cap F$ 的一个分支 α, 使得 α 在 P 上是"最内的", 即 α 界定 P 上的一个圆片 D', $F \cap \operatorname{int}(D') = \varnothing$. 因 F 是不可压缩的, α 界定了 F 上一个圆片 D. 若 $P \cap \operatorname{int}(D) \neq \varnothing$, 则取 $P \cap \operatorname{int}(D)$ 的一个在 $\operatorname{int}(D)$ 上"最内的"分支. 不失一般性, 不妨假设 $P \cap \operatorname{int}(D) = \varnothing$. 设 α 把 P 分成两个分支 P_1 和 P_2. 记 $P_1' = P_1 \cup D$, $P_2' = P_2 \cup D$.

当 P 是一个本质球面时, P_1' 和 P_2' 都是球面, 且 $P_1' \cap P_2' = D$. 若 P_1' 和 P_2' 都是平凡球面, 设 P_1' 和 P_2' 在 M 中界定的实心球分别为 B_1 和 B_2. 则有如下两种情况:

(1) $B_1 \cap B_2 = D$. 此时 P 是 M 中实心球 $B_1 \cup B_2$ 的边界, 参见图 3.15(a), 与 P 是本质的矛盾.

(2) $B_1 \subset B_2$ 或 $B_2 \subset B_1$. 此时 P 是 M 中实心球 $\overline{B_2 \setminus B_1}$ 或 $\overline{B_1 \setminus B_2}$ 的边界, 参见图 3.15(b), 仍与 P 是本质的矛盾.

故 P_1' 和 P_2' 中至少有一个是本质球面, 不妨设 P_1' 是本质球面. 在 M 中 D 的局部上同痕移动 P_1', 使得 P_1' 在 D 的局部与 F 不交. 则 $P_1' \cap F$ 与 $P_1' \cap F$ 相比, 至少减少了分支 α(若还有 $\operatorname{int}(P_2) \cap F$ 的分支, 也一并减少了), 即有 $|P_1' \cap F| \leqslant |P \cap F| - 1 < |P \cap F|$. P_1' 实际上是沿 D 对 P 做压缩手术得到曲面的一个分支.

当 P 是一个本质圆片时, 记沿 D 对 P 做压缩手术得到曲面的圆片分支为 P^*. 显然, $\partial P^* = \partial P$, 即 P^* 仍是一个本质圆片, 且 $|P^* \cap F| \leqslant |P \cap F| - 1 < |P \cap F|$.

一个有限的归纳就完成了定理的证明. □

注记 3.5 (1) 定理 3.7 体现了不可压缩曲面的一个好处: 对于 M 中一个不可压缩曲面 F, 若 M 包含一个本质球面, 则 M 包含一个与 F 不交的本质球面; 若 M 包含一个本质圆片, 则 M 包含一个与 F 不交的本质圆片.

(2) 定理 3.7 证明中用到的"最内的"圆片论证方法是三维流形拓扑中的一种基本方法, 以后也还会经常用到.

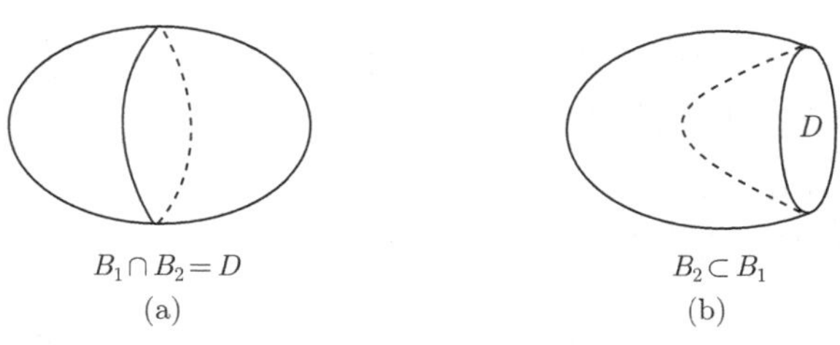

图 3.15 沿本质圆片对柄体做手术

我们将在第 6 章对包含不可压缩曲面的流形 (Haken 流形) 进行系统讨论.

3.4 Dehn 引理、环道定理与球面定理

Dehn 引理、环道定理和球面定理是三维流形组合拓扑理论中几个常用的基本定理. 它们的一个共同点是给出三维流形中"浸入"的圆片或球面 (具有二重点和三重点的奇异性) 能够转变成嵌入的圆片或球面的条件. 在 Dehn 引理中, 所涉及的圆片的边界不变, 在环道定理和球面定理中涉及的圆片是保持其边界的同伦类不变, 在球面定理中涉及的球面也是保持其同伦类不变. 它们的证明中涉及三维流形拓扑中处理二重曲线和三重点的技巧.

本节中我们只是陈述 Dehn 引理、环道定理和球面定理. 证明可在文献 [38] 或 [45] 中找到.

Max Dehn 是最早从三维流形角度研究纽结的拓扑学家之一. 他的目标之一是回答纽结理论的基本问题：如何判定 S^3 中的一个给定纽结 K 是平凡纽结 (即 K 界定 S^3 中的一个嵌入圆片). 1910 年, Dehn 在 [20] 中证明 K 是平凡纽结当且仅当其补的基本群 $\pi_1(M_K)$ 是交换群. Dehn 的证明依赖于一个引理. 这个引理自此被称为如下所述的"Dehn 引理"：

引理 3.1 (Dehn 引理) 设 M 是一个三维流形, D 是一个圆片, $f: D \to M$ 为连续映射, 满足 $f(\partial D) \subset \partial M$, 且存在 ∂D 的一个邻域 U, 使得 $f|_U : U \to M$ 为嵌入. 则存在嵌入映射 $g: D \to M$, 使得 $g|_{\partial D} = f|_{\partial D}$, 即 $g|_{\partial D}$ 可以扩充为一个嵌入.

注记 3.6 (1) Dehn 引理中的条件"存在 ∂D 的一个邻域 U, 使得 $f|_U : U \to M$ 为嵌入"也可以替换成"$f^{-1}(f(\partial D)) = \partial D$".

(2) Kneser 于 1929 年在 [56] 中指出, Dehn 引理证明中处理浸入圆片的二重曲线的过程是不完整的. Papakyriakopoulos 于 1957 年最终给出了 Dehn 引理的完整的证明, 参见 [81]. Papakyriakopoulos 在其证明中, 使用了他称为"塔式构造"的方法. Papakyriakopoulos 还进一步用"塔式构造"的方法证明了下面要介

绍的环道定理和球面定理.

下面的环道定理的一般形式是 Stallings 于 1960 年给出的 ([106]):

定理 3.8 (环道定理)　设 M 是一个三维流形, F 是 ∂M 中的一个连通曲面, D 是一个圆片. 若 $\pi_1(F)$ 有一个正规子群 N, 满足 $\mathrm{Ker}(\pi_1(F) \to \pi_1(M)) \setminus N \neq \varnothing$, 即存在连续映射 $f : D \to M$, 使得 $f(\partial D) \subset F$, 且 $[f|_{\partial D}] \notin N$, 则存在一个真嵌入 $g : (D, \partial D) \to (M, F)$, 使得 $[g|_{\partial D}] \notin N$.

环道定理用得较多的是如下的特例:

推论 3.1　设 M 是一个三维流形, F 是 ∂M 中的一个连通曲面, $K = \mathrm{Ker}(\pi_1(F) \to \pi_1(M))$. 若 $K \neq 1$, 则存在一个真嵌入 $g : (D, \partial D) \to (M, F)$, 使得 $[g|_{\partial D}] \in \pi_1(F)$ 是非平凡的.

利用环道定理可以直接给出三维流形 M 中一个非圆片非 2-球面的曲面不可压缩的一个等价的代数描述:

命题 3.2　设 F 为三维流形 M 中的一个曲面, F 是真嵌入的, 或者 $F \subset \partial M$, F 不是圆片, 也不是 2-球面. 则 F 在 M 中不可压缩当且仅当含入映射 $i : F \hookrightarrow M$ 诱导的同态 $i_* : \pi_1(F) \to \pi_1(M)$ 为单同态.

设 X 为拓扑空间, $x_0 \in X$, $[\gamma] \in \pi_1(X, x_0)$. $[\gamma]$ 以自然方式 (参见 [36]) 定义了一个自同构 $\beta_\gamma : \pi_n(X, x_0) \to \pi_n(X, x_0)$, 从而给出了 $\pi_n(X, x_0)$ 上的一个群作用, 称之为 $\pi_1(X, x_0)$ 在 $\pi_n(X, x_0)$ 上的作用. 若 $\pi_n(X, x_0)$ 的一个子群 N 在 $\pi_1(X, x_0)$ 的作用下不变, 则称 N 为一个 $\pi_1(X)$-不变的子群.

定理 3.9 (球面定理)　设 M 为一个可定向三维流形, N 是 $\pi_2(M)$ 的一个 $\pi_1(M)$-不变的子群. 若 $\pi_2(M) \setminus N \neq \varnothing$ (即存在连续映射 $f : S^2 \to M$, 使得 $[f] \notin N$), 则存在一个嵌入映射 $g : S^2 \to M$, 使得 $[g] \notin N$.

球面定理用得较多的是如下的特例:

推论 3.2　设 M 为一个可定向三维流形. 若 $\pi_2(M) \neq 0$ (即存在连续映射 $f : S^2 \to M$, 使得 $[f] \neq 0$), 则存在一个嵌入映射 $g : S^2 \to M$, 使得在 $\pi_2(M)$ 中, $[g] \neq 0$.

习　题

1. 证明命题 3.1.
2. 证明亏格为 g 的任意两个柄体是同胚的.

3. 设 F 是闭三维流形 M 中的一个真嵌入曲面. 证明 F 在 M 中不可压缩当且仅当 F 的每个分支在 M 中不可压缩.

4. 证明 S^3 中的每个环面都界定实心环体.

5. 设 M 是一个带边三维流形, S 是 $\mathrm{int}(M)$ 中的一个 2-球面, α 是 ∂M 上一条简单闭曲线. 证明 α 在 M 中界定圆片当且仅当 α 在 $M\backslash S$ 中界定圆片.

6. 设 F 是一个紧致连通的带边曲面, 证明 $F \times I$ 是一个亏格为 $1-\chi(F)$ 的柄体.

第 4 章　正则曲面理论

众所周知, 通过曲面中的曲线 (简单闭曲线、真嵌入简单弧) 来研究曲面是常见和行之有效的方法. 同样, 通过 3-流形中的曲面来研究 3-流形也是非常重要和有效的方法.

正则曲面的概念最早由 Kneser [56] 在 1929 年提出. Moise [73] 在 20 世纪 50 年代初证明了每个维数 $\leqslant 3$ 的流形都有唯一的单纯剖分结构. 这为从组合角度研究 3-流形奠定了理论基础.

Haken 是最早意识到从组合角度研究 3-流形的重要性的拓扑学家之一. 在 20 世纪 60 年代初, Haken 进一步发展了正则曲面理论, 引入了不可压缩曲面的概念, 证明了充分大 3-流形 (后来称为 Haken 流形) 中谱的存在性定理 (参见 [66]). Waldhausen [114] 在 20 世纪 60 年代后期证明了 Haken 流形的刚性定理.

正则曲面理论对于三维流形的算法拓扑研究毫无疑问是至关重要的. 涉及 3-流形算法拓扑的大多数工作都基于正则曲面理论或与之密切相关.

作为热身, 我们先来看看曲面上的正则曲线.

4.1　曲面上的正则曲线

4.1.1　正则曲线

设 F 是一个紧致曲面, Σ 是 F 的一个单纯剖分 (也称为三角剖分), 不妨设 $F=\bigcup_{\sigma\in\Sigma}\sigma$. 设 C 是由 F 上一组互不相交的简单闭曲线和真嵌入的简单弧构成的集合. 称 C 是一个曲线系统. 总可以在 F 上同痕移动 C, 使得 C 与 Σ 是处于一般位置, 即

(i) C 不过 Σ 的顶点;

(ii) C 与 Σ 的每个边 e 的内部横截相交.

这时, 对于 Σ 的一个 2-单形 σ, 若 $C\cap\sigma\neq\varnothing$, $C\cap\sigma$ 的一个分支 β 有如下三种可能性 (图 4.1):

(1) β 是 σ 上一个真嵌入的弧, $\partial\beta$ 分别落在 σ 的不同边上. 称这样的 β 为一个正则弧.

(2) β 是 σ 上一个真嵌入的弧, $\partial\beta$ 落在 σ 的同一条边上.

(3) β 是落在 σ 内部的一个闭圈.

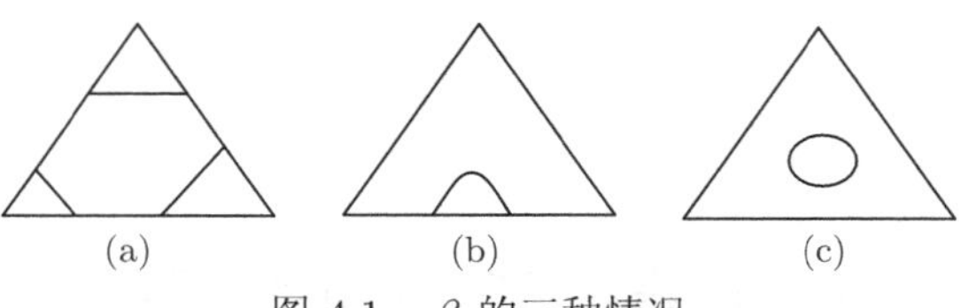

图 4.1　β 的三种情况

设 C 是曲面 F 上的一个曲线系统, 与 Σ 处于一般位置. 若 C 与 Σ 的每个 2-单形 σ 相交的每个分支都是 σ 上的一个端点落在 σ 的不同边上的真嵌入的弧, 则称 C 是一个正则曲线系统.

设 C 是 F 上的一个正则曲线系统. C 与 Σ 的所有边的交点的个数记作 $w(C)$, 称之为 C 的重量. 一个正则的简单闭曲线 C 的重量也称为 C 的长度.

设 C 是曲面 F 上一个曲线系统, 与 Σ 处于一般位置, σ 是 Σ 的一个 2-单形.

(1) 设 γ 是 $C\cap\sigma$ 的一个弧分支, $\partial\gamma$ 落在 σ 的同一个边 e 上, 且 $e\not\subseteq\partial F$. γ 从 σ 上切下一个圆片 D, $D\cap e$ 是 ∂D 上的一段弧 δ, $\partial D=\gamma\cup\delta$, 则在 D 的局部沿 D 同痕移动 C 得到 C', 使得 $D\cap C'=\varnothing$, 如图 4.2所示. 称这样一个操作为一个正则同痕.

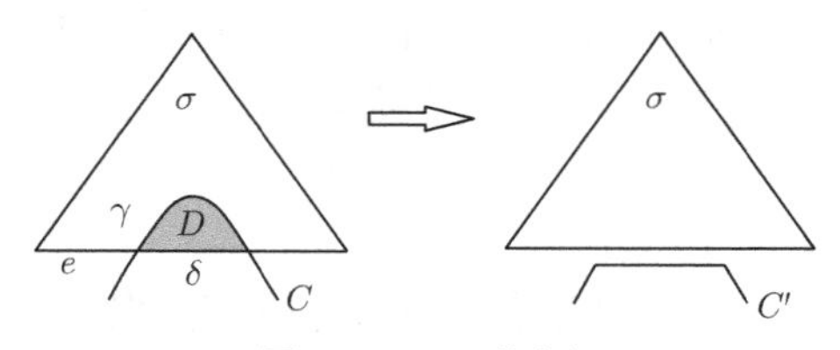

图 4.2　正则同痕

(2) 设 γ 是 $C\cap\sigma$ 的一个弧分支, $\partial\gamma$ 落在 σ 的同一个边 e 上, 且 $e\subset\partial F$. 从 C 中删除 γ 得到 C'. 称这样一个操作为一个正则删弧.

(3) 设 O 是 $C\cap\sigma$ 的一个闭圈分支. 从 C 中删除 O 得到 C'. 称这样一个操作为一个正则删圈.

设 C 是曲面 F 上的一个曲线系统, 与 Σ 处于一般位置. 正则同痕、正则删弧和正则删圈三种操作统称为 C 的正则化操作.

由上述定义可以直接得到下面的结论:

定理 4.1　设 C 是曲面 F 上的一个曲线系统, 与 F 的剖分 Σ 处于一般位置. 则可在 F 上做有限次正则化操作和同痕将 C 变至 C', 使得 C' 是曲面 F 上的一个正则曲线系统.

注记 4.1　(1) 正则化操作有可能使得一个曲线系统成为空集.

(2) 正则同痕和正则删弧操作均减少曲线系统的重量.

(3) 一个正则曲线有可能是平凡的. 如图 4.3 所示, F 内部的一个顶点的小的正则邻域的边界 α 是一条正则曲线. 可通过同痕将 α 移至一个 2-单形的内部, 再将其删除.

图 4.3　平凡的正则曲线

4.1.2　匹配方程组及其求解

下面介绍如何寻找曲面上的正则曲线.

设 n 为曲面 F 的三角剖分 Σ 的 2-单形的个数, C 为 F 上的一个正则曲线系统. 在 Σ 的每个 2-单形 Δ 上, $C\cap\Delta$ 至多有三种类型的弧, 每一种平行于 Δ 的一个边, 每种弧的个数分别记为 x_i, x_j, x_k. 设 $\Delta_1, \Delta_2 \in \Sigma$ 为两个有公共边 e 的 2-单形, Δ_1 上有一个端点在 e 上的 $C\cap\Delta_1$ 的两种弧的个数分别为 x_p, x_q, Δ_2 上有一个端点在 e 上的 $C\cap\Delta_2$ 的两种弧的个数分别为 x_r, x_s, 如图 4.4 所示, 则 x_p, x_q, x_r, x_s 满足如下的匹配方程:

$$x_p + x_q = x_r + x_s.$$

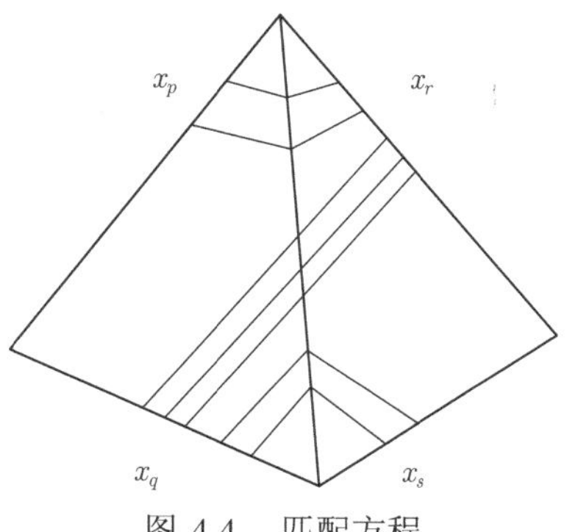

图 4.4　匹配方程

设 Σ 中为两个 2-单形公共边的边共有 m 个, 则 $m \leqslant \dfrac{3n}{2}$.

定义 4.1 匹配方程组

Σ 中每个为两个 2-单形公共边的边对应一个匹配方程, 共有 m 个匹配方程, 它们构成的方程组称为正则曲线系统 C 的匹配方程组, 记作 $\mathcal{ME}$.

定理 4.2 F 上所有正则曲线系统构成的集合与 $\mathcal{ME}$ 的所有非负整数解集合一一对应.

证明 显然, F 上的一个正则曲线系统给出了 $\mathcal{ME}$ 的一个非负整数解. 反之, 对于 $\mathcal{ME}$ 的一个非负整数解 $\mathcal{S}$, 设 $\Delta_1, \Delta_2 \in \Sigma$ 为两个 2-单形, 它们有公共边 e, 其对应的匹配方程的解满足 $x_p + x_q = x_r + x_s$. 在 Δ_1 上取从 e 的内部出发的两组类型不同的正则弧 $L_1 = \{l_1, \cdots, l_{x_p}\}$ 和 $K_1 = \{k_1, \cdots, k_{x_q}\}$, 在 Δ_2 上取从 e 的内部出发的两组类型不同的正则弧 $L_2 = \{l'_1, \cdots, l'_{x_r}\}$ 和 $K_2 = \{k'_1, \cdots, k'_{x_s}\}$, 使得 $(K_1 \cup L_1) \cap e = (K_2 \cup L_2) \cap e$, 如图 4.4 所示. 对 Σ 的所有两个 2-单形的公共边都取这样的弧. 则所有这些弧拼接起来就构成一个正则曲线系统 C, C 恰好与 $\mathcal{S}$ 对应. □

注记 4.2 紧致曲面的一个奇异三角剖分 Σ' 指的是 F 可以表示成有限多个 2-单形的并, 其中粘合只出现在这些 2-单形的成对的边上 (从而这里的 2-单形不必是嵌入的). 定理 4.2 对于奇异三角剖分的曲面同样成立.

例 4.1 图 4.5 是 Klein 瓶 $\mathbb{K}$ 的一个奇异的三角剖分, 它有两个三角形、三条边、一个顶点. 找出 $\mathbb{K}$ 上的所有本质简单闭曲线.

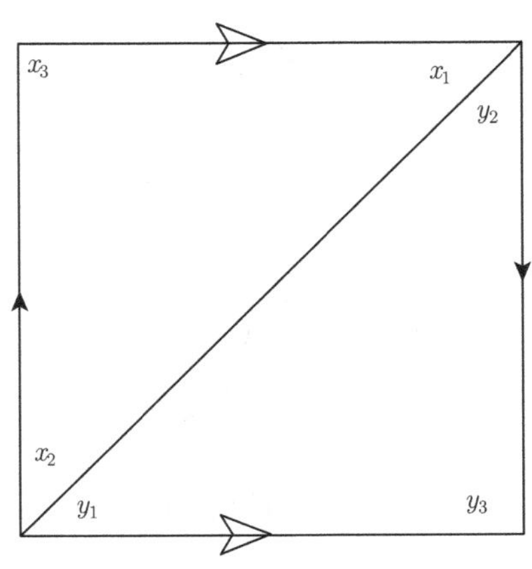

图 4.5 $\mathbb{K}$ 上的匹配方程中的变量

匹配方程组如下：

$$\begin{cases} x_1 + x_2 = y_1 + y_2, \\ x_2 + x_3 = y_2 + y_3, \\ x_3 + x_1 = y_3 + y_1. \end{cases}$$

很容易求出匹配方程组的一般解：

$$\begin{cases} x_1 = y_1 = a, \\ x_2 = y_2 = b, \\ x_3 = y_3 = c. \end{cases}$$

设 $C = C(a, b, c)$ 是对应于非负整数解 $X = (x_1, x_2, x_3, y_1, y_2, y_3)$ 的 $\mathbb{K}$ 上一条本质正则曲线. 则可以验证 (留作练习), C 为六种曲线之一：

$$C(0,0,1), \quad C(0,0,2), \quad C(0,1,0), \quad C(0,2,0), \quad C(1,0,0), \quad C(1,1,0).$$

可以进一步验证, $C(0,0,1)$ 与 $C(1,1,0)$ 同痕, $C(0,0,2)$ 与 $C(0,2,0)$ 同痕. 故 $\mathbb{K}$ 上共有四种本质简单闭曲线.

下面考虑如下的有 n 个变量的整系数齐次线性方程组：

$$AX = 0, \tag{$*$}$$

其中 A 为 $m \times n$ 型整数矩阵, $X = (x_1, \cdots, x_n)^{\mathrm{T}}$.

定义 4.2　基本解

若 $(*)$ 的一个非负整数解 X 不能表成 $X = Y + Z$ 的形式, 其中 Y 和 Z 都是 $(*)$ 的非平凡的非负整数解, 则称 X 是 $(*)$ 的一个基本解. 若存在 $(*)$ 的一个有限的基本解集合 $\mathcal{S}$, 使得 $(*)$ 的每个非负整数解都是 $\mathcal{S}$ 中若干成员的和, 则称 $\mathcal{S}$ 为方程组 $(*)$ 的 基本解集.

引理 4.1　对于整系数齐次线性方程组 $(*)$, 总存在 $(*)$ 的一个有限的基本解集 $\mathcal{S}$, 并且 $\mathcal{S}$ 是可构造的, 即存在一个算法, 使得任意给定一个 $m \times n$ 型整数矩阵 A, 都可通过有限步骤找出 $\mathcal{S}$.

引理的证明过程就是寻找基本解集的过程.

证明　令 $v_i \in \mathbb{R}^n$ 为第 i 个坐标为 1、其余为 0 的点, $1 \leqslant i \leqslant n$, σ 是以 $v_1, \cdots, v_n$ 为顶点的 $(n-1)$-单形, L 是 $\mathbb{R}^n$ 的包含 σ 的 $n-1$ 维超平面. 令 S 为 $(*)$ 的所有非负实数解构成的集合, $P = S \cap L$. 则 P 是 L 与式 $(*)$ 给出的超平面以及子空间 $x_i \geqslant 0$ 的交, 故 $P \subset \sigma$, 从而 P 是一个有界凸多面体, $\dim P = m \leqslant n-1$, 其每个顶点的坐标为非负有理点, 其和为 1.

对于 P 的一个顶点 v, 取最小的正整数 k_v, 使得 $k_v v$ 的坐标均为整数, 称之为 S 的一个顶点解. S 的所有顶点解集合记作 $\mathcal{V}$. 很显然, S 的每一个顶点解都是基本解.

P 为若干 m-单形之并. S 可看作从原点出发过 P 中 m-单形的所有锥之并. 只需证明每个这样的锥仅包含有限多个基本解. 设 δ 是 P 中一个 m-单形, 其对应的 $\mathcal{V}$ 的顶点解为 $V_0, V_1, \cdots, V_m$, S_δ 为过 δ 的锥.

S_δ 中的任一个整数点 X 可表成 $X = \sum_{i=0}^{m} \lambda_i V_i$ 的形式, 其中 $\lambda_i \geqslant 0$, $0 \leqslant i \leqslant m$. 若某个 $\lambda_1 > 1$, 则 $X = (X - V_i) + V_i$, X 不是基本解, 故 S_δ 中的基本解均包含在紧致子集

$$\left\{ \sum_{i=0}^{m} \lambda_i V_i \middle| 0 \leqslant \lambda_i \leqslant 1, 0 \leqslant i \leqslant m \right\},$$

从而有限. 令 $\mathcal{S}$ 为 P 的所有 m-单形 δ 对应的 S_δ 中的一个基本解集之并, 则 $\mathcal{S}$ 有限.

对于 $(*)$ 的一个非负整数解 $X = (x_1, \cdots, x_n)$, 将 X 分解为 $\mathcal{S}$ 中若干成员的和, 其中基本解的因子个数的上界为 $\sum_{i=1}^{n} x_i$, 故这个分解过程将在有限步骤内完成. □

注记 4.3　引理 4.1 中的若干齐次线性方程换成整系数一次齐次不等式, 结论仍然成立.

例 4.2　考虑

$$\begin{cases} -x + 4y \geqslant 0, \\ 3x - y \geqslant 0, \end{cases}$$

它的基本解集中恰有六个基本解, 如图 4.6 所示.

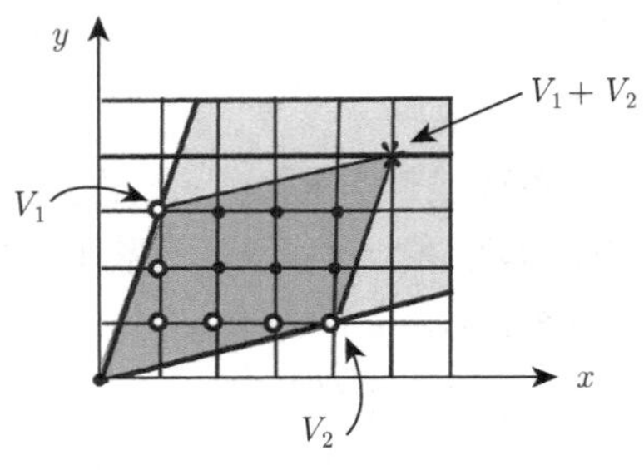

图 4.6　六个基本解

设 F 为一个剖分的曲面. 已知 F 上所有正则曲线构成的集合与 F 的匹配方程组 $\mathcal{ME}$ 的所有非负整数解集合一一对应. 另一方面, 匹配方程组的非负整数解集合对加法运算封闭, 这意味着 F 上的正则曲线也是可加的: 任意给定 F 上两

个正则曲线 $C_1, C_2, C_1 + C_2$ 是 C_1 和 C_2 对应解的和的几何实现. 如何从 C_1 和 C_2 出发来确定 $C_1 + C_2$ 呢?

首先通过正则同痕使得 C_1 和 C_2 与 F 的剖分处于一般位置, 即 C_1 和 C_2 在剖分 Σ 的每个三角形上的交线的端点不交, 两个交线若相交则交于一点.

定义 4.3 常规与非常规转变手术

(1) 在每个这样的交点的局部做如图 4.7(a) 所示的手术, 称之为常规转变手术;

(2) 在每个这样的交点的局部做如图 4.7(b) 所示的手术, 称之为非常规转变手术.

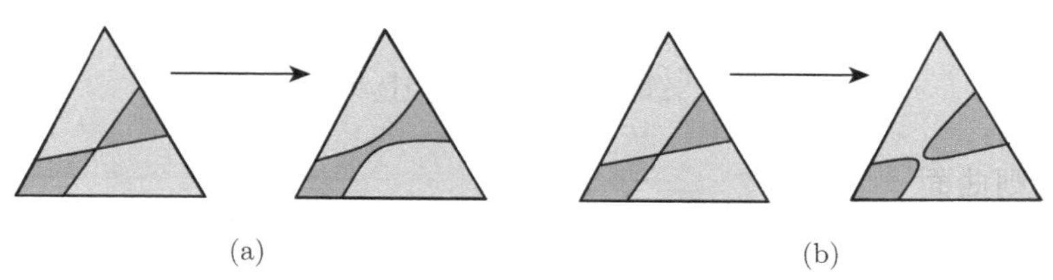

(a) (b)

图 4.7 常规与非常规转变手术

显见, 对两个交于一点的正则弧 β_1 和 β_2 做一次常规转变手术, 可以将它们变成两个不交的正则弧 β_1' 和 β_2', 且 β_1 与 β_1' 同类, β_2 与 β_2' 同类, $\partial(\beta_1 \cup \beta_2) = \partial(\beta_1' \cup \beta_2')$; 对两个交于一点的正则弧 β_1 和 β_2 做一次非常规转变手术, 则所得两个弧 β_1' 和 β_2' 中至少有一个不是正则弧. 从而有

定理 4.3 设 F 为一个剖分的曲面, C_1 和 C_2 是任意给定 F 上两个处于一般位置的正则曲线. 对于 C_1 和 C_2 的每个交叉点, 依次做常规转变手术, 则最后所得的曲线是正则曲线, 称之为 C_1 和 C_2 的几何和, 它是 $C_1 + C_2$ 的几何实现.

F 的匹配方程组 $\mathcal{ME}$ 的一个基本解集 $\mathcal{S}$ 的每个基本解对应一个正则曲线, 称之为 F 的基本曲线. 这些基本曲线构成了 F 的一个基本曲线集. 这样即有

定理 4.4 设 F 为一个剖分的曲面. 则 F 上的一个基本曲线集都可以从算法上构造出来. F 上的任一个正则曲线均可表示成 F 上的一个基本曲线集中基本曲线的和, 这个表示也是算法上可决定的.

定理 4.5 设 Λ 为一个四面体, Σ 是由 Λ 的四个顶点、六条边和四个面构

成的复形, $|\Sigma| \cong S^2$. 设 C 是 $|\Sigma|$ 上的一条正则简单闭曲线. 则 C 长度只能是 3, 4, 8, 见图 4.8.

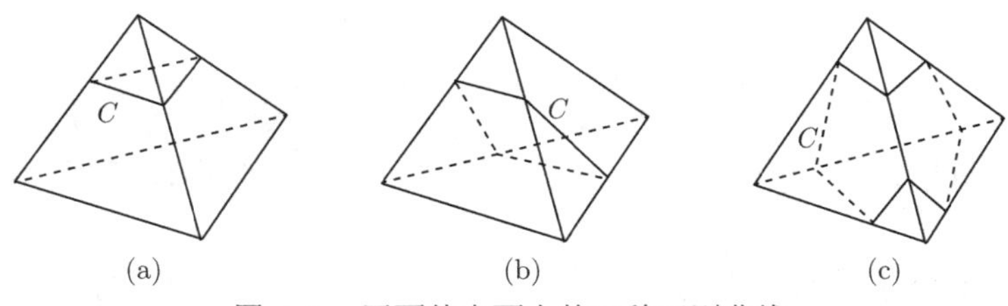

图 4.8　四面体表面上的三种正则曲线

定理 4.5 的证明留作练习.

4.2　三维流形中的正则曲面

4.2.1　正则曲面

设 M 是一个紧致连通三维流形, K 是 M 的一个单纯剖分, 即 $M = |K| = \bigcup_{\sigma \in K} \sigma$. 令 K^i 为 K 的 i-骨架 (由 K 中所有维数 $\leqslant i$ 的单形构成), $0 \leqslant i \leqslant 3$.

设 F 是 M 中一个嵌入的曲面 (不必连通). 通过 M 的一个同痕, 可使 F 与 K 中的每个单纯形要么不交, 要么横截相交, 即 F 与 K 处于一般位置. 这时有:

(1) $F \cap |K^0| = \varnothing$;

(2) $F \cap |K^1|$ 由有限多个 K 中 1-单形的内点组成;

(3) 对于 K 中的每一个 2-单形 Δ, $F \cap \Delta$ 由 Δ 上有限多个互不相交的简单闭曲线 (闭圈) 和端点在 $\partial\Delta$ 上 (非顶点) 的简单弧组成.

F 与 $|K^1|$ 的交点个数记为 $w(F) = |F \cap |K^1||$, 称之为 F(在剖分 K 下) 的重量. 在 M 中, 总有一个 F 的同痕类, 仍记为 F, F 与 K 处于一般位置, 且有最少的重量.

命题 4.1　设 F 是连通闭三维流形中的一个真嵌入的曲面, 与 M 的单纯剖分 K 处于一般位置, 且 $w(F)$ 取到最小. 则对于 K 中的每个 3-单形 Λ, $F \cap \partial\Lambda$ 的每一个分支 C 必为如下三种类型之一 (图 4.9):

(1) 类型 1 曲线 C: C 落在 Λ 的一个 2-面的内部. 这样的分支简称为平凡分支.

(2) 类型 2 曲线 C: C 由分别落在 Λ 的三个 2-面上的三段连接不同边的真嵌入的简单弧依次连接而得. 这样的分支简称为三角形分支.

(3) 类型 3 曲线 C: C 由分别落在 Λ 的四个 2-面上的四段连接不同边的真嵌入的简单弧依次连接而得. 这样的分支简称为四边形分支.

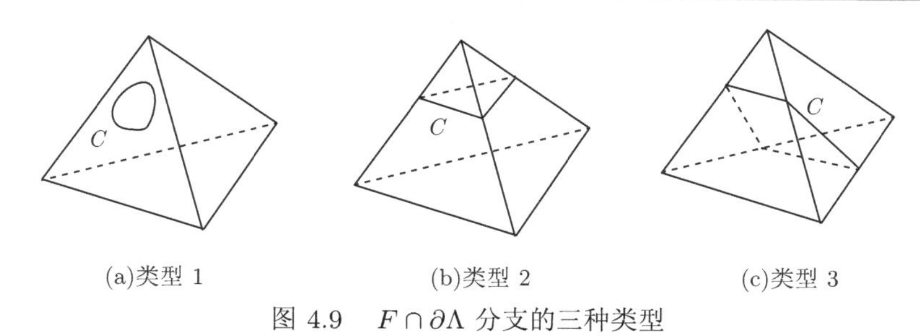

图 4.9 $F\cap\partial\Lambda$ 分支的三种类型

证明 因 F 与 K 处于一般位置, $F\cap\partial\Lambda$ 的每个分支 C 都是 $\partial\Lambda$ 上的简单闭折线. 由定理 4.5, 除了命题中的三种情况之外, 还有另外两种情况:

情况 1. C 在 Λ 的一个 2-面 σ 上有一个分支 α 的两个端点落在 Λ 的同一个边上. 这时 α 的两个端点在其所在的 σ 的边上界定一段弧 β, $\alpha\cup\beta$ 界定 σ 上的一个圆片 D, 如图 4.10 所示.

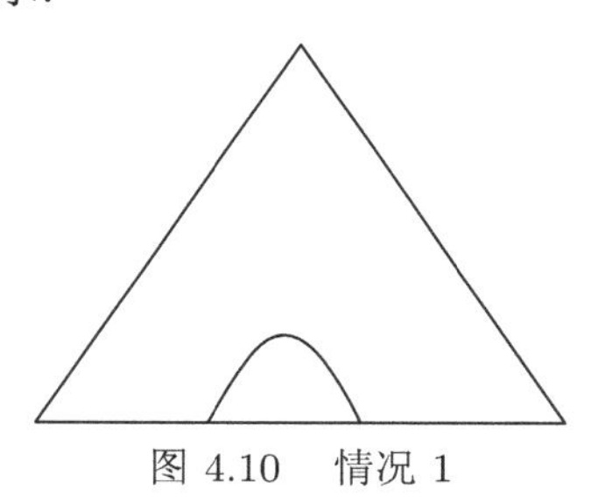

图 4.10 情况 1

情况 2. C 是由 8 条折线构成的闭圈, 如图 4.11 所示. 这时, 不妨设 C 是 $\partial\Lambda$ 上"最外的"一个闭圈. 则在 Λ 存在一个圆片 D, ∂D 上有一段弧落在 Λ 的一条边上, 另一段弧落在 $F\cap\Lambda$ 的该 8 边形所在的分支曲面上, 如图 4.11 所示.

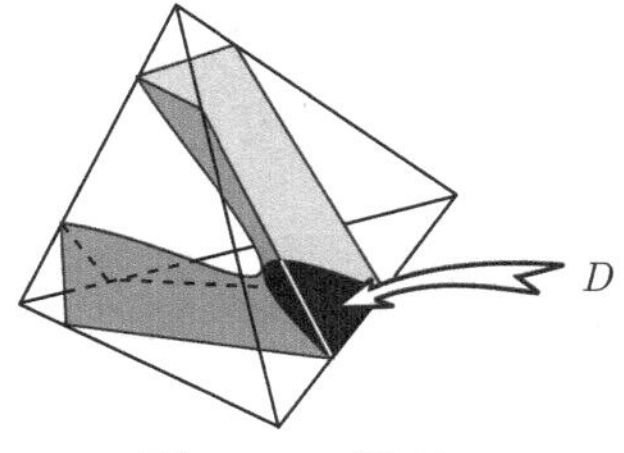

图 4.11 情况 2

在这两种情况下, 我们均可对曲面 F 在 D 的局部做如图 4.12 所示的同痕, 将曲面 F 变至 F'. 这时, $w(F')\leqslant w(F)-2$, 与 $w(F)$ 取到最少矛盾. □

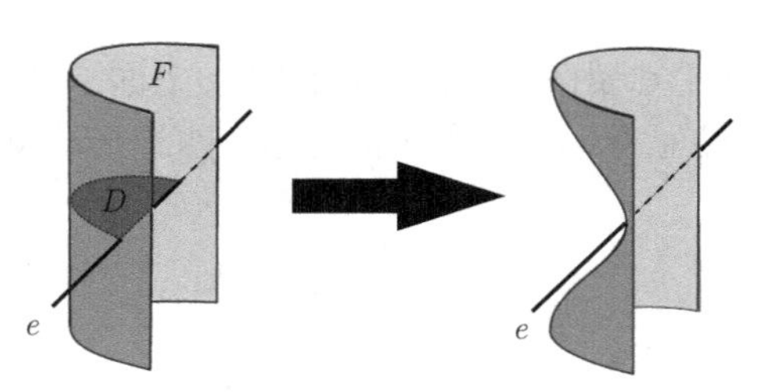

图 4.12　同痕将曲面 F 变至 F'

定义 4.4　正则曲面

设 M 是一个紧致连通三维流形, K 是 M 的一个单纯剖分, F 是 M 中一个嵌入的曲面 (不必连通). 若 F 还满足:

(1) F 与 K 的所有单纯形都横截相交;

(2) 对于 K 的每个 3-单形 Λ, $F\cap\Lambda$ 的每个分支都是一个圆片, 其边界或为三角形分支 (称为正则三角形), 或为四边形分支 (称为正则四边形), 如图 4.13 所示, 则称 F 为 M 中一个 (相对于 K 的) 正则曲面.

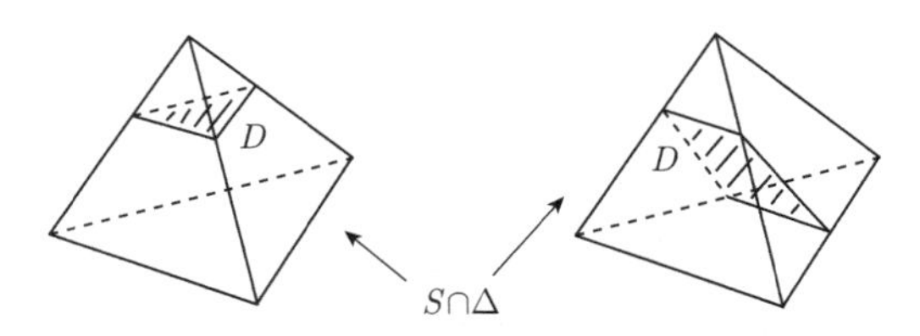

图 4.13　正则三角形与正则四边形

设 Δ^3 是一个四面体. 容易看到 (图 4.14):

(1) Δ^3 中的正则三角形共有四类, 其边界正则曲线分别记为 X_i, $1\leqslant i\leqslant 4$. 每个三角形与 Δ^3 中的三个面各交于一条边, 与另一个面不交.

(2) Δ^3 中的正则四边形共有三类, 其边界正则曲线分别记为 X_i, $5\leqslant i\leqslant 7$. 每个四边形与 Δ^3 中的四个面各交于一条边.

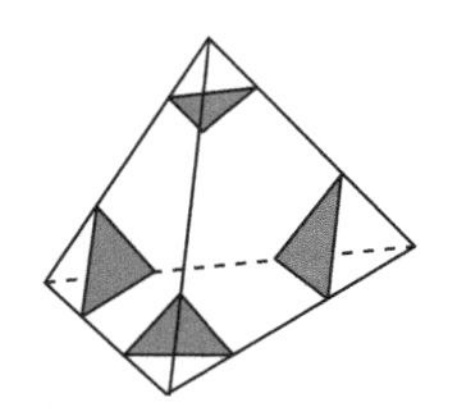
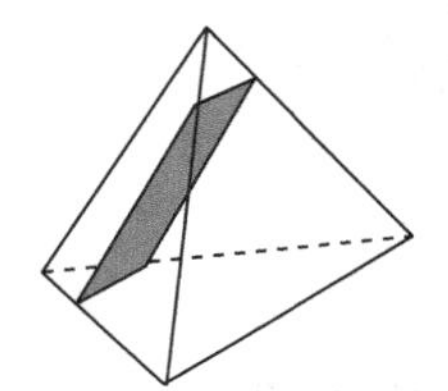
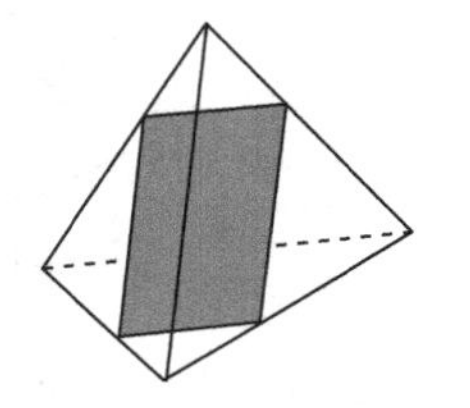
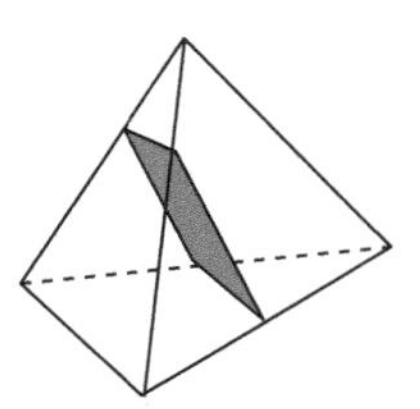

图 4.14　四面体中的正则三角形与正则四边形

(3) Δ^3 中的两个不同类型的正则四边形必相交, 如图 4.15 所示.

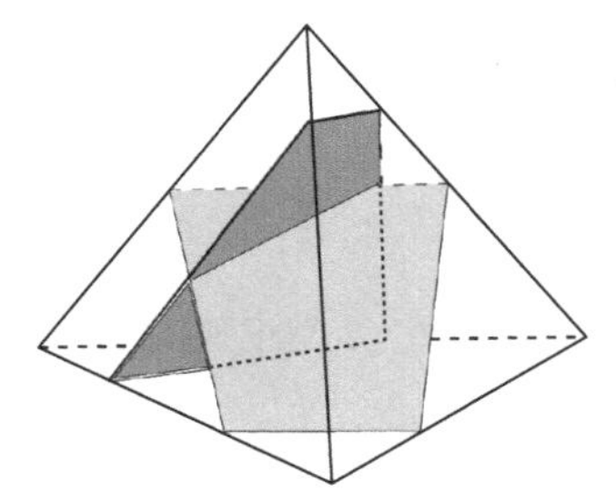

图 4.15 两个不同型的正则四边形

由上可知, 若 F 是 M 中的一个正则曲面, 则 F 与 M 的一个四面体 Δ^3 的交的分支至多有五类：四种正则三角形都出现, 出现一种正则四边形.

下面介绍闭 3-流形中的几种正则化操作. 设 F 是闭 3-流形 M 中的一个闭曲面, 与 M 的单纯剖分 K 处于一般位置.

(1) 1-型正则化操作: 若 K 的一个 2-单形 Δ 是 K 的两个 3-单形 Δ_1^3 和 Δ_2^3 的公共面, 曲面 F 与 Δ 的交有一个闭圈分支 α 落在 Δ 的内部, 不妨设 α 是最内的, 即 α 界定 Δ 上一个圆片 D, $\text{int}(D)\cap F=\varnothing$. 沿 D 对 F 做压缩手术得到 F'. 称 F' 是对 F 沿 D 作 1-型正则化操作所得的曲面, 如图 4.16 所示. 与 $F\cap K^2$ 相比, $F'\cap K^2$ 减少了一个分支 α.

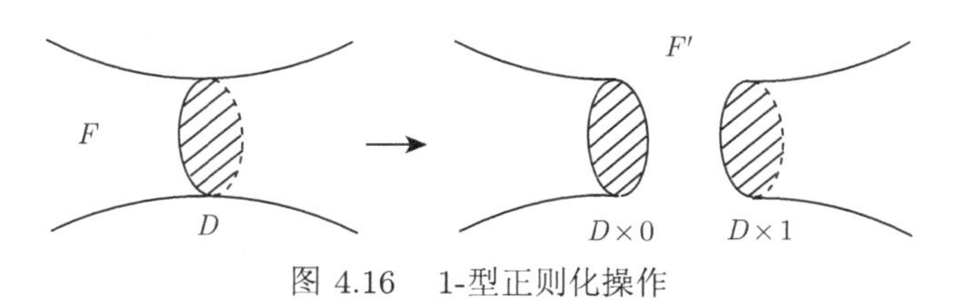

图 4.16 1-型正则化操作

(2) 2-型正则化操作: 在 K 的一个 3-单形 Δ^3 中存在一个圆片 D, ∂D 上有一段弧 β 落在 Δ^3 的一条边上, 另一段弧 γ 落在 $F\cap\Delta^3$ 的一个分支上, $\beta\cap\gamma=\partial\beta=\partial\gamma$, 则对 F 沿 D 同痕得到曲面 F', 如图 4.17 所示. 称该操作为 2-型正则化操作. 显见, 该操作可减少曲面的重量.

(3) 3-型正则化操作: 若 F 有一个 2-球面分支 S 落在 K 的一个 3-单形的内部, 则从 F 中删去 S. 称该操作为 3-型正则化操作.

(4) 4-型正则化操作: 存在 K 的一个 2-单形 Δ, $F\cap\Delta$ 有一个弧分支 β 从 Δ 上切下一个圆片 D, $\overline{\partial D\setminus\beta}=\gamma$ 落在 Δ 的一条边 e 上, $e\subset\partial M$. 则沿 D 对 F 做一个边界压缩得到曲面 F', 如图 4.18 所示. 称该操作为 4-型正则化操作. 显见, 该操作可减少曲面的重量.

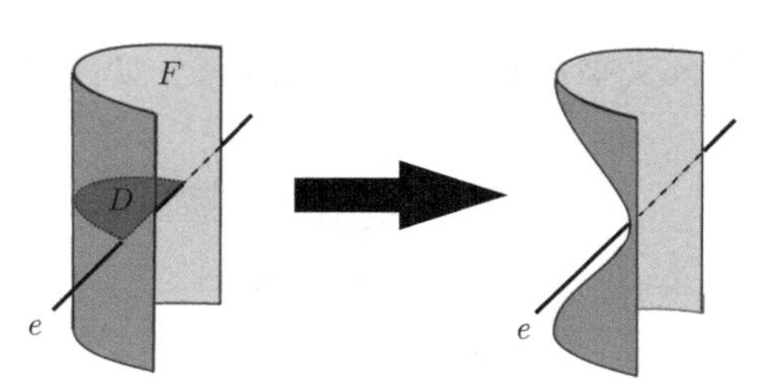

图 4.17　2-型正则化操作

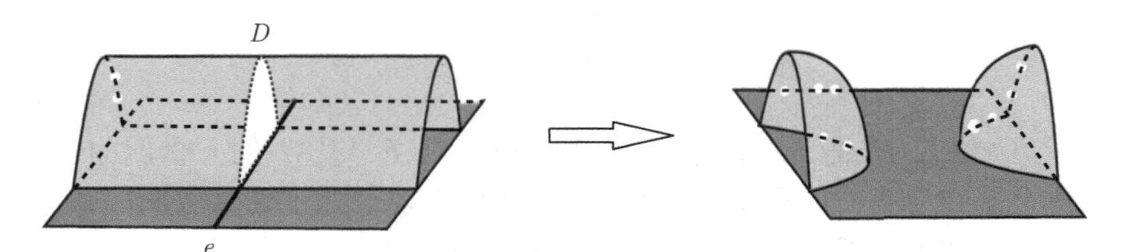

图 4.18　4-型正则化操作

(5) 5-型正则化操作: 若 F 有一个圆片分支 D 的内部落在 K 的一个 3-单形 Δ^3 的内部, ∂D 包含在 Δ^3 的一个面 σ 的内部, $\sigma \subset \partial M$, 则从 F 中删去 D. 称该操作为 5-型正则化操作.

定义 4.5　曲面的正则化操作

设 M 是一个紧致 3-流形, K 是 M 的一个单纯剖分, F 是 M 中的一个闭曲面, 与 K 处于一般位置. 上述 1—5 型操作统称为 F 的正则化操作.

定理 4.6　设 M 是一个紧致 3-流形, K 是 M 的一个单纯剖分, F 是 M 中的一个嵌入闭曲面, 与 K 处于一般位置. 则在 M 中可经过同痕和有限多个正则化操作, 将 F 变为 F', 使得 F' 是一个 (相对于 K 的) 正则曲面.

证明　假设经过同痕后, F 与 K 处于一般位置, 且 $w(F)$ 取到最小. 由命题 4.1, 对于 K 中的每个 3-单形 Σ, $F \cap \partial\Sigma$ 的每一个分支 C 必为如下三种类型之一: 类型 1 曲线 (闭圈分支), 或类型 2 曲线 (三角形分支), 或类型 3 曲线 (四边形分支).

若 C 为类型 1 曲线, C 落在 Σ 的一个 2-面 σ 的内部. 不妨设 C 是“最内的”, 即 C 界定 σ 上一个圆片 D, D 的内部与 F 不交. 沿 D 对 F 做 1-型正则化操作得到 F', 可消除分支 C. 经过有限次这样的操作, 可假定 F 与 K 的每个 2-单形的交都没有闭圈分支. 这时, $F \cap \partial\Sigma$ 的每一个分支为三角形分支, 或四边形分支.

下面假设对于 K 的某个 3-单形 Δ, $F\cap\Delta$ 的某个分支 S 不是圆片. 则 $F\cap\Delta$ 在 Δ 中是非平凡的可压缩曲面, 即存在 Δ 中一个圆片 E, $E\cap(F\cap\Delta)=\partial E\subset S$ 在 S 上是非平凡的. 沿 E 对 S 做 1-型正则化操作得到 S', 则 $\chi(S')=\chi(S)+2$. 有限次这样的操作后得到曲面 F'', 使得 F'' 与 K 的每 3-单形的交的每个分支都是圆片, 即或为三角形, 或为四边形, 从而 F'' 相对于 K 是正则的. □

4.2.2 正则曲面的匹配系统

设 t 为紧致 3-流形 M 的单纯剖分 K 的 3-单形的个数, F 为 M 中一个正则曲面. 在 K 的每个 3-单形 Δ^3 上, $F\cap\Delta^3$ 至多有 5 种类型的正则圆片. 设 $\Delta_1^3,\Delta_2^3\in K$ 为两个有公共面 Δ 的 3-单形. Δ 上共有三类边. 对于 Δ 上的一类边, 记其来自 $\Delta_1^3(\Delta_2^3)$ 的一类正则三角形的个数为 $x_p(x_r)$, 来自 $\Delta_1^3(\Delta_2^3)$ 的一类正则四边形的个数为 $x_q(x_s)$, 则 x_p,x_q,x_r,x_s 满足如下的匹配方程:

$$x_p+x_q=x_r+x_s.$$

每个这样的面对应三个匹配方程. 若 K 中为两个 3-单形公共面的面的个数为 m, 则共有 $3m$ 个匹配方程, $m\leqslant 2t$(当 M 为闭流形时, $m=2t$), 其中变量的个数为 $7t$.

定义 4.6 匹配系统

这 $3m$ 个匹配方程, 再加上 n 个不等式 $x_i\geqslant 0, 1\leqslant i\leqslant n$, 构成的线性系统

$$x_p+x_q=x_r+x_s,\quad x_i\geqslant 0,\quad 1\leqslant i\leqslant n,\qquad (\mathcal{MS})$$

称为正则曲面 F 的匹配系统, 记作 $\mathcal{MS}$.

对于每个正则曲面 F, 记 $X(F)=(x_1,\cdots,x_n)$. 则显然 $X(F)$ 是 $\mathcal{MS}$ 的一个非负整数解.

另外, 并非 $\mathcal{MS}$ 的所有非负整数解都对应一个正则曲面. 设 $X=(x_1,\cdots,x_n)$ 为 $\mathcal{MS}$ 的一个非负整数解. 若 K 的每个四面体中三种正则四边形的个数 x_i,x_j,x_k 中至多有一个为正整数, 则称 X 为 $\mathcal{MS}$ 的允许解.

对于 $\mathcal{MS}$ 的一个允许解, 显然可将所有有公共面的两个四面体中的正则三角形和正则四边形拼接起来, 构成 M 中的一个正则曲面. M 中的两个正则曲面是等价的, 若它们与 K 的每个四面体的交中的各类正则三角形和正则四边形的个数对应相等.

定理 4.7 M 上所有正则曲面的等价类构成的集合与 $\mathcal{MS}$ 的所有允许解集合是一一对应的.

证明留作练习.

如同在正则曲线情形, 由引理 4.1 可知, $\mathcal{MS}$ 只有有限多个基本解, 故也只有有限多个允许基本解, 记作 $\mathcal{S}$.

定义 4.7 基本曲面与基本曲面系统

$\mathcal{S}$ 中每个允许基本解对应的正则曲面称为基本曲面, $\mathcal{S}$ 中所有允许基本解对应的全体基本曲面构成的集合称为一个基本曲面系统.

类似于正则曲线情形, $\mathcal{MS}$ 的每个允许解都是若干基本解的和. 若两个解的和是允许的, 则每个因子都是允许的. 需要注意, 反之则不然, 即两个允许解的和不一定是一个允许解. 例如, 两个允许解在 K 的某个四面体中出现的四边形的类型不一样.

设 F_1 和 F_2 是 $\mathcal{MS}$ 的两个允许解 S_1 和 S_2 对应的正则曲面, 且 $S_1 + S_2$ 仍是一个允许解 (这时也称 F_1 和 F_2 是相容的). 下面考虑如何从设 F_1 和 F_2 出发构造 $S_1 + S_2$ 对应的正则曲面.

此时可以通过正则同痕使得 F_1 和 F_2 在每一个四面体 Δ^3 内的交的每个分支是端点落在面上的二重线, 且 Δ^3 内的两个正则圆片至多交于两条弧. 这是因为可以通过正则同痕使得 F_1 和 F_2 满足下面的条件:

(1) 每个曲面交 K 的每个 2-面的每个分支均为直线段;

(2) 每个四面体 Δ^3 中的正则三角形都是凸三角形;

(3) 每个四面体 Δ^3 中的正则四边形由两个交于一条公共边的凸三角形拼接而成;

(4) 对于四面体 Δ^3 中的 F_1 上的一个正则圆片 D 和 F_2 上的一个正则圆片 E,

$$D \cap E = \begin{cases} \varnothing \text{ 或一段弧}, & \text{若 } D \text{ 和 } E \text{ 之一为三角形}, \\ \varnothing \text{ 或一段弧, 或两段弧}, & \text{若 } D \text{ 和 } E \text{ 都是四边形}. \end{cases}$$

两个同型四边形交于两条弧的情况如图 4.19 所示.

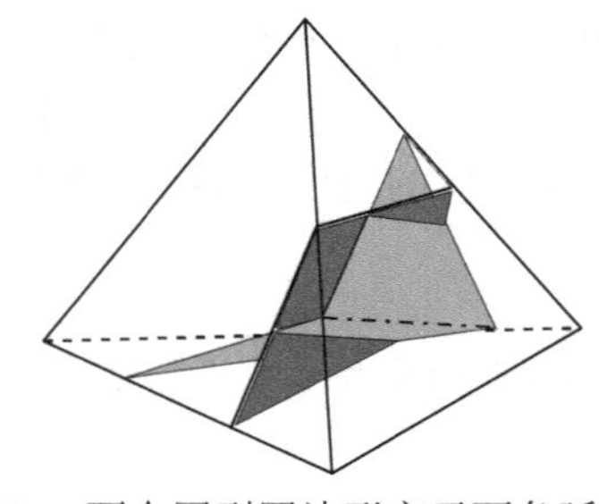

图 4.19 两个同型四边形交于两条弧的情况

定义 4.8 正则位置

称满足如上四个条件的两个正则曲面 F_1 和 F_2 是处于正则位置的.

定义 4.9 常规转变手术与非常规转变手术

设 M 中的两个正则曲面 F_1 和 F_2 处于正则位置. 对于 F_1 和 F_2 在四面体 Δ^3 中的一个交线 γ 的局部, 可做如下两种转变手术:

(1) 如图 4.20(a) 所示, 沿 γ 切开这两个圆片得到四个圆片, 将左侧的两个圆片沿 γ 粘合成一个新圆片, 同时将右侧的两个圆片沿 γ 粘合成一个新圆片, 再将这两个新圆片在 γ 附近同痕移动, 使其在 δ 的局部不交. 称这样一个操作为常规转变手术.

(2) 类似地可做如图 4.20(b) 所示的操作. 称这样一个操作为非常规转变手术.

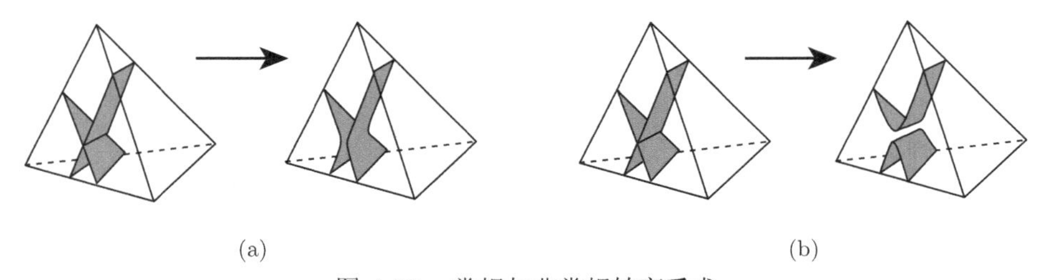

(a) (b)

图 4.20 常规与非常规转变手术

易见, 做一次常规转变手术所得的两个新圆片仍是正则的, 而做一次非常规转变手术所得的两个新圆片中, 下方的新圆片不是正则的.

定义 4.10 几何和

沿 F_1 和 F_2 在每个四面体中的交线依次做常规转变手术, 再把各个四面体中的所有正则圆片拼接起来, 就得到一个正则曲面 F, 称之为 F_1 和 F_2 的几何和.

易见, F 就是 $S_1 + S_2$ 的一个几何实现. 综上即得

定理 4.8 设 M 为一个紧致剖分三维流形. 则 M 的一个基本曲面集是有限的, 并且算法上是可构造的. M 中的任一个正则曲面均可表示为基本曲面的一个线性组合, 其表示系数为非负整数.

注记 4.4 由正则曲面几何和的构造方法可知:

(1) $w(F_1+F_2)=w(F_1)+w(F_2)$, 即其重量是可加的.

(2) $\chi(F_1+F_2)=\chi(F_1)+\chi(F_2)$, 即其欧拉示性数是可加的.

(3) 对一个四面体中的两个不同型的四边形做转变手术, 如图 4.21 所示, 转变手术总是非常规的.

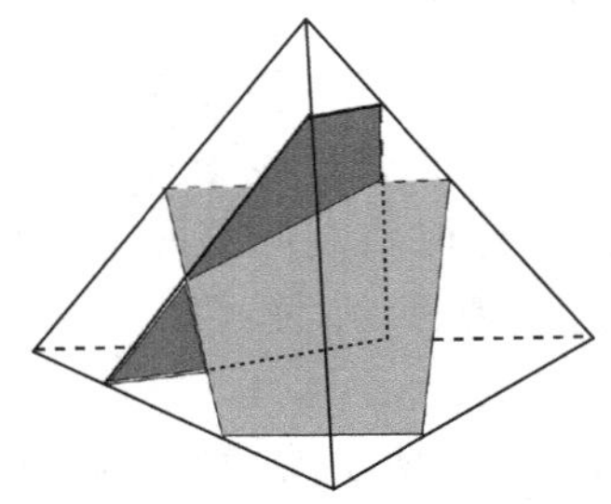

图 4.21 四面体中两个不同型的四边形做非常规的转变手术

(4) 如图 4.22 所示, 一个四面体中的常规转变手术满足结合律.

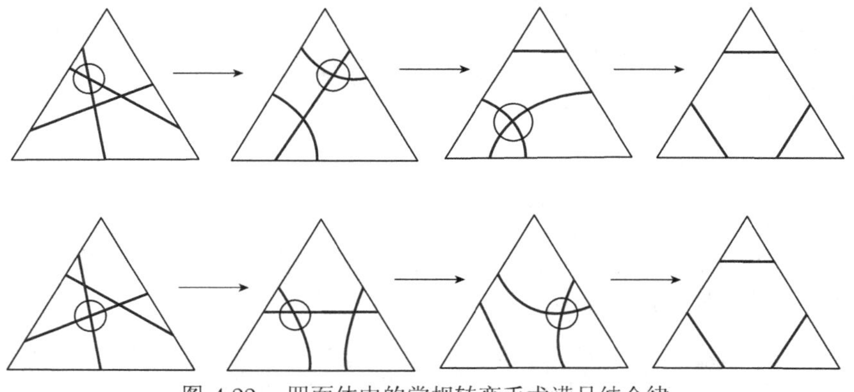

图 4.22 四面体中的常规转变手术满足结合律

4.3 不可压缩曲面与正则曲面——Haken 定理

若三维流形 M 中每个 2-球面都是平凡的 (即界定 M 中一个实心球), 则称 M 是不可约的.

与定理 4.6 的证明方法类似可证下面的定理 4.9, 证明留作练习.

定理 4.9 设 M 是不包含本质 2-球面的一个紧致 3-流形, F 是 M 中一个闭的不可压缩曲面, F 与 M 的单纯剖分 K 处于一般位置, 且 $w(F)$ 在 F 的同痕类中达到最小. 则 F 是一个正则曲面.

注记 4.5 定理 4.9 的逆一般不成立. 例如, 设 Λ 是 M 的一个单纯剖分, 取 M 内部的一个顶点 v 的一个小的正则邻域 $St(v,\Lambda')$, 则 $\partial|St(v,K')|=|Lk(v,\Lambda')|$ 是一个正则的平凡 2-球面.

定义 4.11 平行的曲面与分离的曲面

(1) 设 F_0 和 F_1 是三维流形 M 中两个互不相交的连通闭曲面. 如果存在 M 的一个子流形 $X\overset{h}{\cong}F_0\times I$, 使得 $h(F_0)=F_0\times 0$, $h(F_1)=F_0\times 1$, 则称 F_0 和 F_1 在 M 中是平行的, 或 F_0 平行于 F_1. 若 F_0 是 M 的一个边界分支, 则称 F_1 在 M 中是 ∂-平行的.

(2) 设 M 是一个连通可定向三维流形, F 为 M 中真嵌入的可定向曲面. 由定理 1.6, F 在 M 中的一个正则邻域 $\eta(F)$ 同胚于 $F\times I$. 若 $\overline{M\setminus\eta(F)}$ 是不连通的, 则称 F 在 M 中是分离的. 否则, 称 F 在 M 中是非分离的.

定义 4.12 I-丛

设 F 为一个闭 $(n-1)$-流形, M 为一个拓扑空间, $\rho:M\to F$ 是一个连续映射. 若对任意 $x\in F$, 存在 x 在 F 中的一个邻域 U 和同胚 $h_x:\rho^{-1}(U)\to U\times I$, 使得下列图表交换:

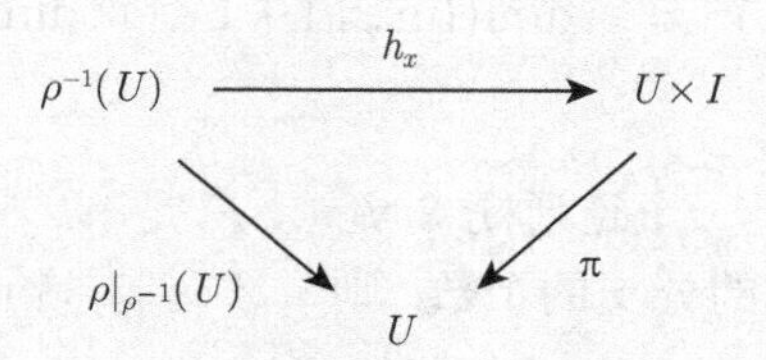

则称 M 是 F 上的一个 I-丛, ρ 为一个 I-丛映射.

由定义可知, M 是一个 n-流形, ∂M 是 F 上的一个 ∂I-丛, $\rho|_{\partial M}:\partial M\to F$ 是一个 2 重覆盖映射, M 是 $\rho|_{\partial M}:\partial M\to F$ 的一个映射柱.

假设 F 是连通的. 若 $|\partial M|=2$, 则 $M\cong F\times I$, 此时称 M 是一个平凡 I-丛. 若 $|\partial M|=1$, 则称 M 是一个扭的 I-丛.

若 M 是 F 上一个平凡 I-丛, 则显然有 F 可定向当且仅当 M 可定向. 若 M 是一个扭的 I-丛, 则 M 可定向蕴含 F 是不可定向的.

例 4.3 (1) 默比乌斯带是其中位线上的一个扭的 I-丛.

(2) $\mathbb{R}P^3 \setminus \mathrm{int}(B^3)$ 是 $\mathbb{R}P^2$ 上一个扭的 I-丛, 其中 B^3 是 $\mathbb{R}P^3$ 中一个实心球.

在陈述和证明 Haken 的不可压缩曲面有限性定理之前, 下面先证明几个引理.

引理 4.2 设 M 是闭曲面 F 上一个 I-丛. 则 $H_1(M, \partial M; \mathbb{Z}_2) \cong \mathbb{Z}_2$.

证明 取 $\mathbb{Z}_2$ 系数. 由 Poincaré-Lefschetz 对偶, $H_1(M, \partial M) \cong H^2(M)$. 再由泛系数定理, $H^2(M) \cong H_2(M)$. 因 M 是闭曲面 F 上一个 I-丛, 故 $H_2(M) \cong H_2(F) \cong \mathbb{Z}_2$. □

引理 4.3 设

$$0 \to V_1 \to V_2 \to \cdots \to V_n \to 0$$

是有限维向量空间的一个正合序列. 则

$$\sum_{i=1}^{n} (-1)^i \dim V_i = 0.$$

证明 设上述正合列中的同态为 $\varphi_i : V_i \to V_{i+1}$, $0 \leqslant i \leqslant n$, $V_0 = V_{n+1} = 0$, $\varphi_0 = \varphi_n = 0$. 由正合性, 有短正合列

$$0 \to \ker \varphi_i \cong \mathrm{Im}\, \varphi_{i-1} \to V_i \to \mathrm{Im}\, \varphi_i \to 0,$$

故有 $\dim V_i = \dim(\mathrm{Im}\, \varphi_{i-1}) + \dim(\mathrm{Im}\, \varphi_i)$, $1 \leqslant i \leqslant n$. 从而

$$\sum_{i=1}^{n} (-1)^i \dim V_i = -\dim(\mathrm{Im}\, \varphi_0) + (-1)^n \dim(\mathrm{Im}\, \varphi_n) = 0.$$ □

引理 4.4 设 M 是一个连通闭 3-流形, F 是 M 中的一个闭曲面. 令 p 是 $\overline{M \setminus F}$ 中不是扭的 I-丛的分支的个数. 则 $p \geqslant |F| - \dim H_1(M, \mathbb{Z}_2) + 1$.

证明 设 F 的分支分别为 $F_1, \cdots, F_n$, 不妨设 $\overline{M \setminus F}$ 所有扭的 I-丛的分支分别为 $X_1, \cdots, X_k$. 对于 $k+1 \leqslant i \leqslant n$, 令 X_i 为 F_i 在 M 中的一个正则邻域. 不失一般性, 假设 $\partial X_i = F_i \times \partial I$. 对于 $k+1 \leqslant i \leqslant n$, $X_i \cong F_i \times I$. 记 $X = \bigcup_{i=1}^{n} X_i$. 则 $\overline{M \setminus X}$ 是 $\overline{M \setminus F}$ 的那些不是扭的 I-丛的分支之并.

偶对 $(M, M \setminus X)$ 在 $\mathbb{Z}_2$ 系数下的同调正合序列给出了

$$\cdots \to H_1(M) \to H_1(M, M \setminus X) \to H_0(M \setminus X) \to H_0(M) \to 0.$$

现在, $H_1(M) = (\mathbb{Z}_2)^m$. 由切除定理, $H_1(M, M \setminus X) \cong H_1(X, \partial X)$. 再由引理 4.2, $H_1(X, \partial X) \cong (\mathbb{Z}_2)^n$, 其中 $n = |F|$. 又 $H_0(M) \cong \mathbb{Z}_2$, $H_0(M \setminus X) \cong (\mathbb{Z}_2)^p$. 由引理 4.3, $m \geqslant n - p + 1$, 从而 $p \geqslant n - m + 1$. □

注记 4.6 设 F 是连通 3-流形 M 中一个连通的闭曲面. 则 $M \setminus F$ 是连通的当且仅当 M 中存在一条简单闭曲线 α, 使得 α 与 F 横截相交于奇数个点. 这时, $[\alpha] \in H_1(M, \mathbb{Z}_2)$ 是 $H_1(M, \mathbb{Z}_2)$ 的一个基中的元素.

利用正则曲面我们可以证明下面的 Haken 关于三维流形不可压缩曲面的有限性定理:

定理 4.10 (Haken 定理) 设 M 是一个不可约的紧致 3-流形. 则存在一个常数 $h(M)$, 使得若 F 是 M 中的一个不可压缩曲面, F 的任意两个分支在 M 中是互不平行的, 必有 F 的分支个数小于 $h(M)$.

证明 设 K 是 M 的一个单纯剖分, $M = |K|$. 设 K 共有 t 个 3-单形. 由定理 4.6, 可假设 F 相对于 K 是正则的. 设 Δ 是 K 的一个 3-单形. 设 S 是沿 $F \cap \partial\Delta$ 切开 $\partial\Delta$ 所得曲面 S_Δ 的一个分支. 若 S 是一个平环且不含 Δ 的顶点, 则称 S 是好的. 如图 4.23 所示, S_Δ 最多有 6 个分支不是好的.

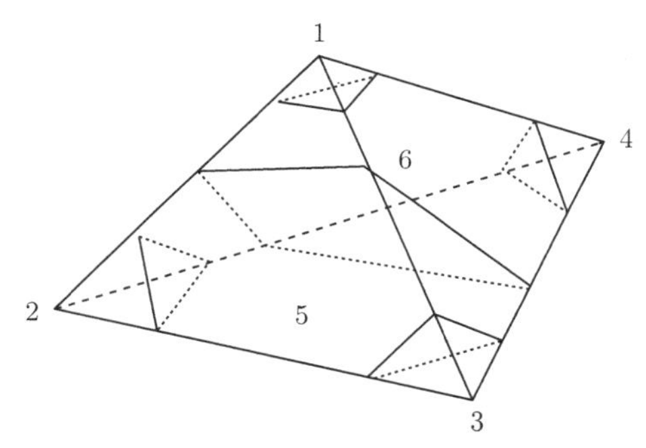

图 4.23 S_Δ 不好的分支至多 6 个

称沿 F 切开 M 所得的流形 $M(F)$ 的一个分支 X 是好的, 若对于 K 的每个 3-单形 Δ, $X \cap \partial\Delta$ 的每个分支都是好的. 很显然, $M(F)$ 最多有 $6t$ 个分支不是好的, 且 $M(F)$ 每个好的分支都是曲面上的不是扭的 I-丛. 记 $d = \dim H_1(M, \mathbb{Z}_2)$, $h(M) = 6t + \dim H_1(M, \mathbb{Z}_2) + 1$.

设 F 的分支数为 n. 假定 $n \geqslant h(M)$, 即 $n - 6t - d \geqslant 1$. 由引理 4.4, $M(F)$ 中不是扭的 I 丛的分支数 $\geqslant n - d + 1$, 其中至少有 $n - d + 1 - 6t \geqslant 1$ 个分支是好的. 设 X 是这样一个分支, 则 $X \cong F_j \times I$. 这意味着 F 有两个分支在 M 中是平行的. □

注记 4.7 也称定理 4.10 中的 $h(M)$ 为 M 的闭 Haken 数, 其意义在于, 若 $\{S_1, \cdots, S_k\}$ 是 M 中一组互不相交的闭的不可压缩曲面, 且 $k > h(M)$, 则至少有一对 S_i 和 S_j 是平行的, $i \neq j$.

习　　题

1. 说明在曲线系统的正则化操作中, 正则同痕和正则删弧操作均减少曲线系统的重量.

2. 设 C 是曲面 F 上的一个曲线系统. 同痕移动 C 使得 C 的重量最少, 证明 C 是正则的.

3. 设 $C = C(a, b, c)$ 是对应于非负整数解 $X = (x_1, x_2, x_3, y_1, y_2, y_3)$ 的 $\mathbb{K}$ 上的一条本质正则曲线. 说明 C 为下列六种曲线之一：

$$C(0,0,1),\quad C(0,0,2),\quad C(0,1,0),\quad C(0,2,0),\quad C(1,0,0),\quad C(1,1,0).$$

4. 证明定理 4.5.

5. 证明定理 4.7.

6. 证明定理 4.9.

第 5 章　三维流形的连通和素分解

在第 2 章对曲面的讨论中我们已看到, 曲面上的简单闭曲线对于确定曲面的拓扑结构发挥着至关重要的作用. 三维流形的情况更为复杂, 但三维流形中的本质曲面对于化简三维流形来说同样是不可或缺的. 在本章, 我们主要介绍三维流形中的本质球面在化简三维流形过程中所发挥的作用.

5.1　三维流形连通和分解的定义及基本性质

在曲面部分我们已看到, 曲面上的平凡曲线对于化简曲面不能发挥作用. 类似地, 三维流形中的平凡球面对于化简三维流形也发挥不了什么作用. 在本节, 我们主要考虑三维流形中的本质球面.

定义 5.1　可约三维流形与不可约三维流形

若三维流形 M 中存在本质球面, 则称 M 是可约的. 否则, 称 M 是不可约的.

由定义即知, M 是不可约的当且仅当 M 中每个 2-球面都界定 M 中一个实心球.

例 5.1　由定理 3.2 可知, $\mathbb{R}^3$, S^3 和 B^3 都是不可约的.

例 5.2　设 H_n 为 $\mathbb{R}^3$ 中的柄体, S 为 H_n 内部一个 2-球面. 由 Schönflies 定理, S 界定 $\mathbb{R}^3$ 中一个实心球 D^3. ∂H_n 在 $\mathbb{R}^3$ 中是分离的, 故 D^3 和 $\overline{\mathbb{R}^3 \setminus D^3}$ 之一包含于 H_n. 但 $\overline{\mathbb{R}^3 \setminus D^3}$ 是无界的, 只能 $D^3 \subset H_n$. 这样, H_n 是不可约的.

例 5.3　$S^2 \times I$ 的每个边界分支都是本质球面, 故 $S^2 \times I$ 是可约的. 任意 $p \in S^1$, 则 $S^2 \times p$ 是 $S^2 \times S^1$ 中的一个非分离的 2-球面, 从而是本质球面, 故 $S^2 \times S^1$ 也是可约的. 一般地, 包含非分离球面的三维流形都是可约的.

与曲面的情形类似, 下面要介绍的三维流形的连通和也是从已知三维流形构造新三维流形的一种常见方式.

定义 5.2　三维流形的连通和

设 M_i 是一个定向的连通三维流形, $i = 1, 2$. 从 M_1 和 M_2 的内部各挖

除一个实心球 D_1 和 D_2, 然后取闭包得到三维流形 $M_1' = \overline{M_1 \setminus D_1}$ 和 $M_2' = \overline{M_2 \setminus D_2}$. 设 M_1' 和 M_2' 的新产生的边界球面分支分别为 S_1 和 S_2, $h: S_1 \to S_2$ 为一个反向同胚. M_1' 和 M_2' 沿 S_1 和 S_2(通过 h) 粘合所得的定向三维流形就称为 M_1 和 M_2 的连通和, 记作 $M_1\#M_2$. 若 $M = M_1\#M_2$, 也称 $M_1\#M_2$ 为 M 的一个连通和分解, 称 M_1 和 M_2 为该连通和分解的因子.

注记 5.1　(1) 由定理 1.7 和定理 1.8 可知, $M_1\#M_2$ 的同胚型只与 M_1 和 M_2 有关, 与作连通和操作过程中挖除 3-实心球的选取和粘合同胚 (只需反向) 的选取无关. 在第 7 章将看到, 两个三维流形的连通和操作需要在定向范畴内操作才能保证结果唯一确定. 我们下面的讨论均限定在定向范畴内.

(2) 容易验证, 三维流形的连通和操作满足交换律和结合律, 即对任意三个定向的三维流形 M_1, M_2, M_3, $M_1\#M_2 = M_2\#M_1$, $(M_1\#M_2)\#M_3 = M_1\#(M_2\#M_3)$. 这样, n 个 (定向) 三维流形 $M_1, \cdots, M_n$ 作连通和可忽略操作次序而简单地记作 $M_1\#\cdots\#M_n$.

(3) 若 $M = M_1\#M_2$, 则 $\pi_1(M) \cong \pi_1(M_1) * \pi_1(M_2)$, 即 $\pi_1(M)$ 为 $\pi_1(M_1)$ 和 $\pi_1(M_2)$ 的自由积.

由定理 5.1, 对任意三维流形 M, $M\#S^3 \cong M$. 称这样的连通和分解为平凡分解.

定义 5.3　素流形

设 M 是一个三维流形. 如果 M 只有平凡的连通和分解, 即 $M = M_1\#M_2$ 蕴含 M_1 或 M_2 同胚于 S^3, 则称 M 是素流形.

由定义, 素流形只有平凡的连通和分解 (类似于素数的性质). 由定义还直接有

命题 5.1　三维流形 M 是素的当且仅当 M 中每一个分离的 2-球面都是平凡球面.

例 5.4　$\mathbb{R}^3$, S^3, B^3 和柄体等都是素流形. 一般地, 不可约三维流形是素的.

例 5.5　设 M 是一个紧致连通带边三维流形, M 有一个边界分支 S 是一个 2-球面. $\widehat{M(S)}$ 是往 M 上沿 S 加一个 3-把柄所得的流形. 则 $M = \widehat{M(S)}\#B^3$. 如果 M 本身是个实心球, 则 $\widehat{M(S)} \cong S^3$. 如果 M 不是实心球, 则 M 不是素的. 一般地, 若 M 共有 k 个球面边界分支 $\mathcal{S} = \{S_1, \cdots, S_k\}$, 则 $M = \widehat{M(\mathcal{S})}\#B^3\#\cdots\#B^3$, 其中 B^3 的因子个数为 k.

后面所考虑的三维流形均假设没有球面边界分支, 除非特别说明.

上面提到, 不可约三维流形是素的. 反之, 我们有

定理 5.1 一个闭的可定向素 3-流形或者不可约, 或者同胚于 $S^2 \times S^1$.

换句话说, $S^2 \times S^1$ 是唯一的素可约可定向闭 3-流形.

证明 设 M 是一个闭的可定向素 3-流形. 分两种情况考虑:

(1) M 中每一个 2-球面均是分离的. 任取 M 中一个 2-球面 S, 设 S 分离 M 为两个三维流形 M_1' 和 M_2', $\partial M_1' = S = \partial M_2'$. 令 $M_1 = \widehat{M_1'(S)}$, $M_2 = \widehat{M_2'(S)}$, 则 $M = M_1 \# M_2$. 由 M 的素性和 Schönflies 定理可知 M_1' 和 M_2' 中有一个是实心球, 从而知 M 是不可约的.

(2) M 中有一个非分离的 2-球面 S. 因 M 可定向, S 在 M 中有一个邻域同胚于 $S \times I$, 不妨设它就是 $S \times I$, $S = S \times \dfrac{1}{2}$. 分别记 $S \times I$ 的两个球面边界分支为 $S_0 = S \times 0$ 和 $S_1 = S \times 1$. 因 S 在 M 中是非分离的, 可以选取 M 中一条简单闭曲线 α, 使得 α 与 S 横截相交于一点 A, $\alpha \cap S \times I = A \times I = \alpha'$. 设 α' 的两个端点分别为 $A_0 \in S_0$ 和 $A_1 \in S_1$. 选取 α 在 M 中的一个正则邻域 T, 使得 $T \cap S = D$ 为一个圆片, $T = D \times \alpha$, $T \cap S \times I = D \times \alpha'$. 这样, $T \cap S_0 = D \times A_0 = D_0$, $T \cap S_1 = D \times A_1 = D_1$. $S \times I$, T 及其公共部分 $D \times \alpha'$ 如图 5.1 所示.

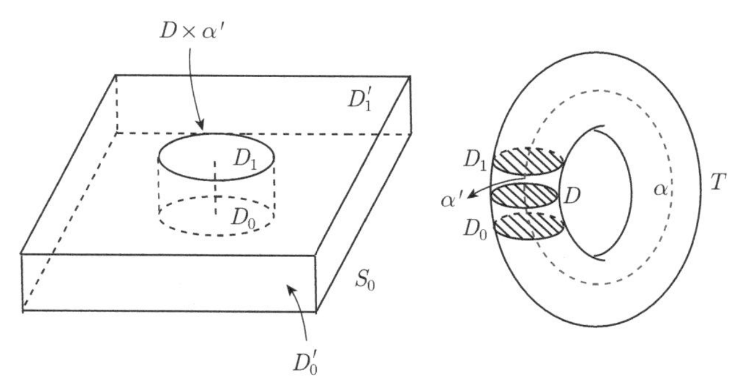

图 5.1 $S \times I, T$ 及其公共部分 $D \times \alpha'$

再记 $D' = \overline{S \setminus D}$, $D_0' = \overline{S_0 \setminus D_0}$, $D_1' = \overline{S_1 \setminus D_1}$, $\alpha'' = \overline{\alpha \setminus \alpha'}$, 则 D_0' 和 D_1' 都是圆片. 这样, $S' = D_0' \cup (\partial D \times \alpha'') \cup D_1'$ 是 M 中一个分离的 2-球面, 它把 M 分离成 $W = S \times I \cup T$ 和 W'. 注意到 W 包含一个非分离的 2-球面 S, 故 W 不是实心球. 因 M 是素的, 由命题 5.1, W' 是一个实心球. $W' \cong D' \times \alpha''$, 从而 $T' = (\overline{S \setminus D} \times \alpha') \cup W' \cong D' \times \alpha$ 是一个实心环体. 这样 (如同例 3.9(2)), $M \cong S \times \alpha \cong S^2 \times S^1$. □

由定理 5.1 的证明还可以进一步知道:

定理 5.2 若紧致可定向 3-流形 M 包含一个非分离的 2-球面, 则 M 有一

个连通和分解 $M = M_1\#(S^2 \times S^1)$.

推论 5.1 紧致可定向 3-流形 M 总有一个连通和分解 $M = M'\#(S^2 \times S^1)\#\cdots\#(S^2 \times S^1)$, 其中因子 $S^2 \times S^1$ 的个数有限, M' 中每个 2-球面都是分离的.

证明 若 M 中每个 2-球面都是分离的, 则 M 的任何连通和分解 $M = M_1\#M_2$ 中没有 $S^2 \times S^1$ 因子. 结论已经成立.

若 M 包含一个非分离的 2-球面 S_1^2, 由定理 5.2, M 有一个连通和分解 $M = M_1\#(S_1^2 \times S^1)$, 其中 $S_1^2 = S_1^2 \times a_1$, a_1 为 S^1 上一点. 类似地, 若 M_1 包含一个非分离的 2-球面 S_2^2, 则 M_1 有一个连通和分解 $M_1 = M_2\#(S_2^2 \times S_2')$, 其中 $S_2^2 = S_2^2 \times a_2$, a_2 为 S^1 上一点. 这样, $M = M_2\#(S_1^2 \times S^1)\#(S_2^2 \times S^1)$, 其中 S_1^2 和 S_2^2 是 M 中互不相交、互不平行的两个非分离的 2-球面. 一般地, 设 $M = M_n\#(S_1^2 \times S^1)\#\cdots\#(S_n^2 \times S^1)$, 其中 $S_1^2,\cdots,S_n^2$ 是 M 中 n 个互不相交、互不平行的非分离的 2-球面, 且 M_n 中仍有非分离的 2-球面 S_{n+1}^2, 则 $M = M_{n+1}\#(S_1^2 \times S^1)\#\cdots\#(S_{n+1}^2 \times S^1)$, 其中 $S_1^2,\cdots,S_{n+1}^2$ 是 M 中 $n+1$ 个互不相交、互不平行的非分离的 2-球面. 如果这样的过程有限步不能停止, 则 M 中存在一组可数无限多个互不相交、互不平行的非分离的 2-球面 $S = \mathcal{S} = \{S_n^2\}$. S 在 M 中是不可压缩的. 由定理 4.10, 当 $n \geqslant h(M)$ 时, $S_1^2,\cdots,S_n^2$ 中至少有两个在 M 中是平行的, 与 S 的性质矛盾. 结论得证. □

定理 5.3 设 M 为定向的闭 3-流形, S_1 和 S_2 为 M 内部的两个非分离的 2-球面. 则存在自同胚 $h: M \to M$, 使得 $h(S_1) = S_2$.

证明 不妨设 S_1 与 S_2 处于一般位置. 则 $S_1 \cap S_2$ 的每个分支都是简单闭曲线. 对 $S_1 \cap S_2$ 的分支数 $n = |S_1 \cap S_2|$ 归纳来证.

先考虑 $n = 0$ 的情况. 此时, S_1 与 S_2 不交. 分别选取 S_1 和 S_2 在 M 中不交的正则邻域 $N_1 = S_1 \times [-1,1]$ 和 $N_2 = S_2 \times [-1,1]$, 记 $X = \overline{M \setminus (N_1 \cup N_2)}$. 若 X 不连通, 不妨设 $S_1 \times i$ 和 $S_2 \times i$ 在 X 的同一个分支上, $i = 1, -1$. 由定理 1.8, 存在同胚 $\widehat{g}: \widehat{X} \to \widehat{X}$, 使得 $g = \widehat{g}|_X : X \to X$ 是一个同胚, 且 $g(S_1 \times i) = S_2 \times i$, $i = 1, -1$. 若 $g|_{S_1\times(-1)}$ 与 $g|_{S_1\times 1}$ 在 $S_2 \times I$ 上是同伦的, 则由定理 1.7, g 可以扩充为 M 的一个自同胚 $h: M \to M$, 使得 $h(S_1) = S_2$. 否则, 选取自同胚 $f: X \to X$, 使得 $f|_{S_1\times(-1)\cup S_2\times\{1,-1\}}$ 为恒等, $f|_{S_1\times 1} : S_1 \times 1 \to S_1 \times 1$ 为反向自同胚. 这样, $g \circ f$ 就可以扩充为 M 的一个自同胚 $h: M \to M$, 使得 $h(S_1) = S_2$.

假设结论对 M 中 $n = |S_1 \cap S_2| \leqslant k-1$ 的非分离球面 S_1 和 S_2 成立. 下面设 S_1 和 S_2 是 M 中的两个非分离球面, $|S_1 \cap S_2| = k$. 选取 $S_1 \cap S_2$ 的一个

分支 J, 使得 J 界定 S_2 上一个圆片 D, $\text{int}(D) \cap S_1 = \varnothing$. J 把 S_1 分成两个圆片 E' 和 E''. 令 $S_1' = D \cup E'$, $S_1'' = D \cup E''$, 则 S_1' 和 S_1'' 都是 M 中的 2-球面. S_1' 和 S_1'' 中至少有一个是非分离的. 否则, 设 S_1' 把 M 分离为 M_1' 和 M_2', S_1'' 把 M 分离为 M_1'' 和 M_2'', 不妨 $M_1' \cap M_1'' = D$, 则 S_1 把 M 分离为 $M_1' \cup M_1''$ 和 $M_2' \cap M_2'' = \overline{M \setminus (M_1' \cup M_1'')}$, 与 S_1 是非分离的矛盾. 不妨设 S_1' 是非分离的. 显然在 M 中可"稍微"同痕移动一下 S_1', 使得 $S_1' \cap S_1 = \varnothing$, $|S_1' \cap S_2| < |S_1 \cap S_2|$(至少减少了分支 J). 由归纳假设, 存在同胚 $h_1 : M \to M$, 使得 $h_1(S_1) = S_1'$; 存在同胚 $h_2 : M \to M$, 使得 $h_2(S_1') = S_2$. 令 $h = h_2 \circ h_1 : M \to M$, 则 h 为同胚, $h(S_1) = S_2$. □

5.2 连通和素分解存在唯一性定理

在上节我们已看到, 对于三维流形 M, $M\#S^3 \cong M$, 即 M 的一个平凡的连通和分解对于化简 M 是没有帮助的.

定义 5.4 素分解

设三维流形 M 有一个连通和分解, $M = M_1\# \cdots \#M_n$. 如果每个 M_i 都是素流形且不同胚于 S^3, $1 \leqslant i \leqslant n$, 则称该分解为素分解.

三维流形的连通和素分解类似于整数的素分解. 下面是三维流形的连通和素分解存在唯一定理:

定理 5.4 设 M 是一个连通的定向闭 3-流形. 则 $M = M_1\# \cdots \#M_n$, 其中每个因子 M_i 都是素的定向流形, 并且在不计次序和同胚意义下, 这个分解是唯一的.

证明 先证明 M 的连通和素分解的有限性. 如果 M 是素流形, 结论已经成立. 下设 M 是非素的, 且有连通和素分解 $M = M_1\# \cdots \#M_n$. 则 M 中有 $n-1$ 个互不相交的 2-球面 $S_1, \cdots, S_{n-1}$, 使得对于每个 i, $1 \leqslant i \leqslant n-1$, S_i 是 M 中分离的本质 2-球面, 且沿 $S_1, \cdots, S_{n-1}$ 切开 M 得到 n 个连通三维流形 $M_1', \cdots, M_n'$, 使得 $\widehat{M_i'} = M_i$, $1 \leqslant i \leqslant n$. 对任意 $1 \leqslant i \neq j \leqslant n-1$, S_i 和 S_j 在 M 中是不平行的, 否则必有某个 $M_k \cong S^3$, $1 \leqslant k \leqslant n$, 与 $M_1\# \cdots \#M_n$ 是素分解矛盾. 这样, $S = \{S_1, \cdots, S_{n-1}\}$ 是由 M 中 $n-1$ 个互不相交、互不平行的本质球面组成的不可压缩曲面.

另一方面, 若 $n \geqslant h(M)+1$, 由定理 4.10, $S_1, \cdots, S_{n-1}$ 中至少有两个在 M 中是平行的, 与 S 的性质矛盾. 故必有 $n < h(M)+1$. M 的连通和素分解的有限性得证.

下证唯一性. 同样, 若 M 是素流形, 结论已经成立. 假设结论对有 $m(m \geqslant 1)$ 个素因子的可定向闭流形成立.

下设 M 有连通和素分解 $M = M_1 \# \cdots \# M_{m+1}$, $m \geqslant 1$. 如上, M 中有 m 个互不相交的 2-球面 $S_1, \cdots, S_m$, 使得对于每个 i, $1 \leqslant i \leqslant m$, S_i 是 M 中分离的本质 2-球面, 且沿 $S_1, \cdots, S_m$ 切开 M 得到 $m+1$ 个连通三维流形 $M_1', \cdots, M_{m+1}'$, $\widehat{M_i'} = M_i$ 为素流形, $1 \leqslant i \leqslant m+1$. 记 $S = \{S_1, \cdots, S_m\}$. 称 S 为 M 的与连通和分解 $M_1 \# \cdots \# M_{m+1}$ 相关联的球面组.

断言 1　若 M 中存在非分离的 2-球面, 则某个 M_i 为 $S^2 \times S^1$, $1 \leqslant i \leqslant m+1$.

选取 M 中一个非分离的 2-球面 P, 使得 P 与 S 横截相交, 且对于 M 中所有这样的 2-球面来说, $P \cap S$ 的分支数最少. 则有 $P \cap S = \varnothing$. 事实上, 若 $P \cap S \neq \varnothing$, 选取 $P \cap S$ 的一个分支 J, 使得 J 界定 S 上一个圆片 D, $\operatorname{int}(D) \cap P = \varnothing$. J 把 P 分成两个圆片 E' 和 E''. 令 $P' = D \cup E'$, $P'' = D \cup E''$. 与定理 5.3 证明中的情形类似可知, P' 和 P'' 中至少有一个是非分离的, 不妨设 P' 是非分离的, 还可以在 M 中同痕移动 P', 使得 $|P' \cap S| < |P \cap S|$. 这与 P 的选取矛盾. 故 $P \cap S = \varnothing$.

这样, P 包含于某个 M_i 中, 且在 M_i 中仍是非分离的, $1 \leqslant i \leqslant m+1$, 从而 M_i 是可约的. M_i 还是素流形. 由定理 5.1 即知, M_i 为 $S^2 \times S^1$. 断言 1 得证.

假设还有 $M = N_1 \# \cdots \# N_{n+1}$, $n \geqslant m$. 分以下两种情况讨论:

(1) $M_1, \cdots, M_{m+1}$ 中之一为 $S^2 \times S^1$. 不妨设 $M_{m+1} = S^2 \times S^1$. 这时, M 中有非分离的 2-球面. 由断言 1, 某个 N_i 也是 $S^2 \times S^1$. 不妨设 $N_{n+1} = S^2 \times S^1$. 取 $S_1 = S^2 \times p \subset M_{m+1}$ 为 M_{m+1} 中 (从而也是 M 中) 的非分离球面, $S_2 = S^2 \times q \subset N_{n+1}$ 为 N_{n+1} 中 (从而也是 M 中) 的非分离球面. 由定理 5.3, 存在同胚 $h: M \to M$, 使得 $h(S_1) = S_2$. 令 $\eta(S_1) = S_1 \times [-1, 1]$ 为 S_1 在 M 中的一个正则邻域, 则 $h(\eta(S_1))$ 为 S_2 在 M 中的一个正则邻域. 记 $X = \overline{M \setminus \eta(S_1)}$, $Y = \overline{M \setminus h(\eta(S_1))}$, 则 $h|_X: X \to Y$ 为同胚, 且可扩张为同胚 $g: \widehat{X} \to \widehat{Y}$. 注意到 $\widehat{X} = M_1 \# \cdots \# M_m$, $\widehat{Y} = N_1 \# \cdots \# N_n$. 由归纳假设, $n = m$, 且可以重新排列 $N_1, \cdots, N_m$ 为 $N_{i_1}, \cdots, N_{i_m}$, 使得 $M_j \cong N_{i_j}$, $1 \leqslant j \leqslant m$. 结论得证.

(2) $M_1, \cdots, M_{m+1}$ 都不是 $S^2 \times S^1$. 这时, 由定理 5.1, $M_1, \cdots, M_{m+1}$ 都是不可约的. 取 M 的与连通和分解 $N_1 \# \cdots \# N_{n+1}$ 相关联的球面组 $F = \{F_1, \cdots, F_n\}$, 其中沿 F_1 切开 M 得到 N_1' 和 N_1'', $\widehat{N_1'} = N_1$, $\widehat{N_1''} = N_2 \# \cdots \# N_{n+1}$, $F_j \subset N_2''$, $2 \leqslant j \leqslant n$.

在 M 中同痕移动 F, 使得移动后的曲面仍记为 F, 使得 F 与 S 处于一般位置. 我们有

断言 2　若 $S \cap F \neq \varnothing$, 则存在 M 的与连通和分解 $M_1 \# \cdots \# M_{m+1}$ 相关联的球面组 S', 使得 $|S' \cap F| < |S \cap F|$.

$S \cap F \neq \varnothing$, $S \cap F$ 的每个分支都是简单闭曲线. 选取 $S \cap F$ 的一个分支 J, 使

得 J 界定 F 上一个圆片 D, $\text{int}(D)\cap S=\varnothing$. 沿 $S_1,\cdots,S_m$ 切开 M 得到 $m+1$ 个连通三维流形 $M_1',\cdots,M_{m+1}'$, 使得 $\widehat{M_i'}=M_i$, $1\leqslant i\leqslant n$. 不妨设 J 是 $S_1\cap F_q$ 的一个分支, $D\subset F_q$, $1\leqslant q\leqslant n$, $D\subset M_1'$. 记 $M_1^*=\widehat{M_1'(\partial M_1'\setminus S_1)}$, 则 $\partial M_1^*=S_1$, $\widehat{M_1^*}=M_1$. J 把 S_1 分成两个圆片 E' 和 E''. 令 $S_1'=D\cup E'$, $S_1''=D\cup E''$. D 是真嵌入于 M_1^* 中的圆片, D 把 M_1^* 切成两个流形 X 和 Y, $\partial X=S_1',\partial Y=S_1''$. X 和 Y 不能都是实心球, 否则 M_1^* 为实心球, $M_1\cong S^3$. X 和 Y 不能都不是实心球, 否则 M_1 是可约的. 不妨设 X 不是实心球, Y 是实心球. 在 M 中 D 的局部同痕移动一下 S_1' 使得 S_1' 移离 D. 则 $S'=\{S_1',S_2,\cdots,S_m\}$ 就仍是 M 的与连通和分解 $M_1\#\cdots\#M_{m+1}$ 相关联的球面组. 显然, $|S'\cap F|<|S\cap F|$.

由断言 2 即知, 存在 M 的与连通和分解 $M_1\#\cdots\#M_{m+1}$ 相关联的球面组 $S^*=\{S_1^*,\cdots,S_m^*\}$, 使得 $S^*\cap F=\varnothing$. 设沿 S^* 切开 M 所得的 $m+1$ 个流形仍记为 $M_1',\cdots,M_{m+1}'$, $\widehat{M_i'}=M_i$ 为素流形, $1\leqslant i\leqslant m+1$.

对于如上选取的 N_1', 若 N_1' 中包含 S^* 中的球面, 则只能包含 S^* 中的一个球面, 否则与 N_1 为素流形矛盾. 设某个 $S_i^*\subset N_1'$. 沿 S_i^* 切开 N_1' 得到两个流形 N_{11} 和 N_{12}, 其中 $\partial N_{11}=S_1^*$, $\partial N_{12}=S_1^*\cup F_1$. N_{11} 是沿 S_1^* 切开 M 所得流形的一个分支, 故 N_{11} 不是实心球. 现在 $N_1=\widehat{N_1'}=\widehat{N_{11}}\#\widehat{N_{12}}$, N_1 是不可约的, 故 $\widehat{N_{12}}\cong S^3$, 从而 $N_{12}\cong S^2\times I$. 设沿 S_i^* 切开 M 得到两个流形 M_{i1} 和 M_{i2}, $M_{i1}\subset N_1'$, 则 $\widehat{M_{i1}}$ 只能是 $M_1,\cdots,M_{n+1}$ 中的一个因子. 不妨设 $\widehat{M_{i1}}=M_1$. 则 $\widehat{\overline{M\setminus N_1'}}\cong\widehat{M_{i2}}$. $\widehat{\overline{M\setminus N_1'}}=N_2\#\cdots\#N_{n+1}$, $\widehat{M_{i2}}=M_2\#\cdots\#M_{m+1}$. 由归纳假设即知结论成立.

下设 N_1' 中不包含 S^* 中的任何球面. 则 N_1' 包含在某个 M_k' 中, $1\leqslant k\leqslant m+1$. 不妨设 $k=1$. 记 $W=\overline{M_1'\setminus N_1'}$. 由 $M_1=\widehat{M_1'}=\widehat{N_1'}\#\widehat{W}=N_1\#\widehat{W}$ 可知 $\widehat{W}\cong S^3$. 这样, $N_2\#\cdots\#N_{n+1}=\widehat{\overline{M\setminus N_1'}}=\widehat{W}\#\widehat{M_2'}\#\cdots\#\widehat{M_{m+1}'}\cong M_2\#\cdots\#M_{m+1}$. 再由归纳假设即知结论成立. □

注记 5.2 (1) 定理 5.4 的存在性由 Kneser[42] 在 20 世纪 30 年代给出, 唯一性则由 Milnor[123] 在 20 世纪 60 年代初期给出, 故也称定理 5.4为 Kneser-Milnor 定理.

(2) 定理 5.4 对于带边 3-流形和不可定向 3-流形也成立.

(3) Kneser-Milnor 定理告诉我们, 研究 3-流形, 只需从素 3-流形 (或不可约 3-流形) 着手即可, 如同研究整数只需从研究素数着手一样.

下面给出不可约 3-流形基本群的几个简单性质.

命题 5.2 设 M 为一个可定向不可约 3-流形, $\pi_1(M)$ 无限. 则 M 的泛覆盖空间是可缩的. 特别地, 对于 $i\geqslant 2$, $\pi_i(M)=0$.

证明 由定理 3.9(球面定理)可知, $\pi_2(M)=0$. 设 $\tilde{M}$ 为 M 的泛覆盖空间. 则由 Hurewicz 定理 (参见 [36]), $\pi_3(M)\cong\pi_3(\tilde{M})\cong H_3(\tilde{M})$. 因 $\pi_1(M)$ 无限, $\tilde{M}$ 为非紧的, 故 $H_3(\tilde{M})=0$. 从而 $\pi_3(M)=0$. 类似可证, $\pi_i(M)\cong\pi_i(\tilde{M})\cong H_i(\tilde{M})=0$, $i\geqslant 3$. 由 Whitehead 定理 (参见 [36]), $\tilde{M}$ 是可缩的. □

注记 5.3 具有如上性质的流形, 也被称作 $K(\pi,1)$ 流形, 或非球的 (aspherical) 流形.

推论 5.2 设 K 为 S^3 中一个纽结, $M_K=\overline{S^3\setminus\eta(K)}$ 为其补空间. 则 M_K 为一个 $K(\pi,1)$ 流形.

证明 K 为 S^3 中一个纽结, 可以证明 M_K 是不可约的 (作为练习). 又 $H_1(M_K)\cong\mathbb{Z}$, 故 $\pi_1(M_K)$ 无限. 由命题 5.2 即知结论成立. □

命题 5.3 设 M 为一个可定向不可约 3-流形, $\pi_1(M)$ 无限. 则 $\pi_1(M)$ 是无挠的, 即 $\pi_1(M)$ 不包含非平凡的有限阶元素.

证明概要 设 G 是 $\pi_1(M)$ 的一个循环子群, $\tilde{M}$ 为 M 的泛覆盖空间. 由命题 5.2, $\tilde{M}$ 是可缩的. 设 $\tilde{X}$ 是对应于子群 $G\subset\pi_1(M)$ 的 Eilenberg-Maclane 空间 $K(G,1)$(参见 [36]), 则除有限多个 i 之外, $H_i(\tilde{X},\mathbb{Z})\cong H_i(\tilde{M})=0$. 另一方面, 若 $G\cong\mathbb{Z}_p$, $p\geqslant 2$, 则由同调代数 (参见 [36]) 可知, $H_i(\tilde{X},\mathbb{Z})$ 在奇维数都是非平凡的, 矛盾. 故 G 只能是一个自由循环群.

习　题

1. 证明不可约的三维流形是素的.

2. 设 K 为 S^3 中一个纽结, $M_K=\overline{S^3\setminus\eta(K)}$ 为其补空间. 证明 M_K 是不可约的. 对于链环 $L\subset S^3$ 的情况呢?

3. 证明柄体是不可约的.

4. 设 F 是闭三维流形 M 中的一个双侧的不可压缩曲面. 证明 M 是不可约的当且仅当 $M\backslash F$ 是不可约的.

5. 设 $\tilde{M}$ 是三维流形 M 的一个覆盖空间. 证明:

   (1) 如果 M 是不可约的, 则 $\tilde{M}$ 也是不可约的.

   (2) 如果 $\tilde{M}$ 是不可约的, 则 M 也是不可约的.

   试给出一个 $\tilde{M}$ 是素的但 M 非素的例子.

6. 设 M 是一个闭三维流形, $S\subset M$ 是一个实现 M 的连通和分解 $M_1\#M_2$ 的 2-球面. 如果 $\pi_1(M_i)\neq 1$, $i=1,2$, 证明 $[S]\neq 0\in\pi_2(M)$.

第 6 章　压缩体与 Heegaard 图

在第 3 章我们介绍了柄体和压缩体的定义, 它们是 Heegaard 分解的基本块. 本章我们重点介绍柄体和压缩体上的完全圆片系统的性质、柄体与压缩体中的不可压缩曲面和 Heegaard 分解的伴随 Heegaard 图.

6.1　压缩体上的圆片系统

先来看柄体上的完全曲面系统.

设 D 为一个圆片, $H_1 = D \times S^1$ 为实心环体. 对于亏格为 n 的柄体 $H_n = H_1 \#_\partial H_1 \#_\partial \cdots \#_\partial H_1$($n$ 个 H_1 拷贝), 在每个 H_1 拷贝上选取一个纬圆片, 可以得到 H_n 上由 n 个互不相交的真嵌入的圆片构成的圆片组 $\mathcal{D} = \{D_1, \cdots, D_n\}$, 使得沿 $\mathcal{D}$ 切开 H_n 所得的流形是一个实心球.

命题 6.1　设 V 是一个可定向三维流形. 则 V 是一个柄体当且仅当存在 V 上由 n 个互不相交的真嵌入的圆片构成的圆片组 $\mathcal{E} = \{E_1, \cdots, E_n\}$, 使得沿 $\mathcal{E}$ 切开 V 所得的流形是一个实心球.

证明　必要性显然.

充分性. 只给出 $n = 1$ 的情形的证明. 一般情形类似可证. 设 D 是 H_1 的一个纬圆片, $N_1 = D \times [-1, 1]$ 是 D 在 H_1 中的一个正则邻域, $B_1 = \overline{H_1 \setminus N_1}$ 是一个实心球; E 是真嵌入于 V 中的一个圆片, $N_2 = E \times [-1, 1]$ 是 E 在 V 中的一个正则邻域, $B_2 = \overline{V \setminus N_2}$ 是一个实心球. 由定理 1.8, 存在同胚 $h' : B_1 \to B_2$, 使得 $h'(D \times i) = E \times i$, $i = 1, -1$. 因 H_1 和 V 都是可定向的, $h'|_{D\times(-1)}$ 与 $h'|_{D\times 1}$ 在 ∂B_2 是反向的. 这样由定理 1.7, h' 可以扩充为一个自同胚 $h : H_1 \to V$, 且使得 $h(D) = E$. □

定义 6.1　柄体上的完全圆片系统

设 V 是一个亏格为 n 的柄体, $\mathcal{D} = \{D_1, \cdots, D_n\}$ 是 V 上由 n 个互不相交的真嵌入的圆片构成的圆片组, 使得沿 $\mathcal{D}$ 切开 V 所得的流形是一个实心球. 则称 $\mathcal{D}$ 是 V 的一个完全圆片系统.

图 6.1是亏格为 2 的柄体上完全圆片系统的例子.

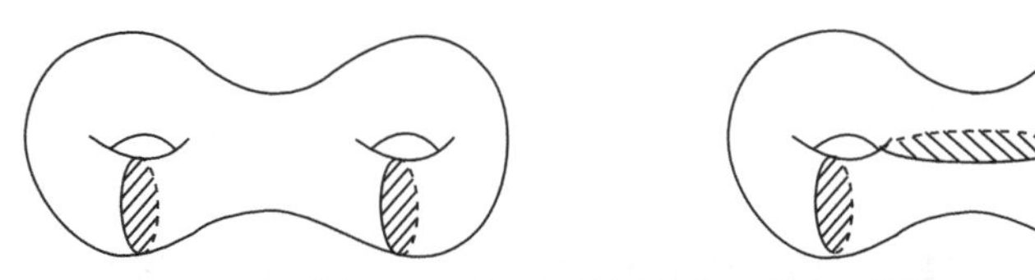

图 6.1　H_2 上的两个完全圆片系统

定义 6.2　曲面上不交曲线的带和

设 F 是一个亏格为 n 的可定向闭曲面, J_1 和 J_2 是 F 上两条互不相交的非平凡简单闭曲线. 设 γ 是 F 上的一个简单弧, γ 的一个端点在 J_1 上, 另一个端点在 J_2 上, $\mathrm{int}(\gamma)\cap(J_1\cup J_2)=\varnothing$. 令 $P=\eta(J_1\cup\gamma\cup J_2)$ 为 $J_1\cup\gamma\cup J_2$ 在 F 上的一个正则邻域. 记 $J_1\#_\gamma J_2=\partial P\setminus(J_1\cup J_2)$, 称 $J_1\#_\gamma J_2$ 为 J_1 和 J_2 沿 γ 的带和, 见图 6.2.

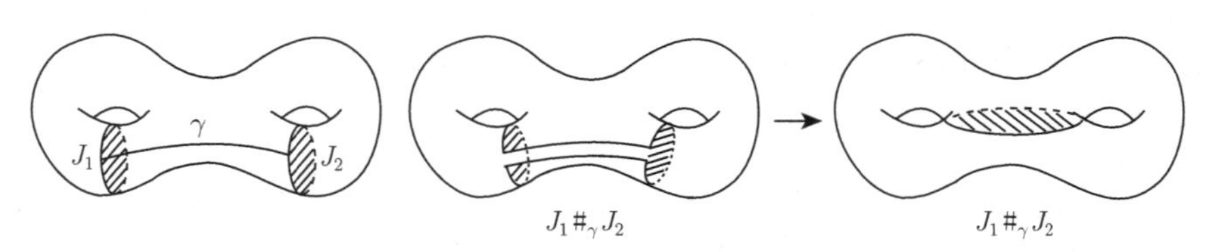

图 6.2　J_1 和 J_2 沿 γ 的带和 $J_1\#_\gamma J_2$

容易看到, $J_1\#_\gamma J_2$ 是 F 上的一条平凡曲线当且仅当 J_1 和 J_2 在 F 上是平行的, 且 γ 落在 J_1 和 J_2 所界定的 F 上的一个平环上.

在进一步讨论之前, 先介绍一下对三维流形中的曲面另一种常见的手术操作.

定义 6.3　边界不可压缩曲面

设 M 是一个紧致带边三维流形, F 是 M 中一个真嵌入的曲面. 若 F 不是一个圆片, 存在 M 中一个圆片 D, 使得 $D\cap F=\alpha$ 是 ∂D 上一段弧, $D\cap\partial M=\beta$ 是 ∂D 上一段弧, $\alpha\cap\beta=\partial\alpha=\partial\beta$, $\alpha\cup\beta=\partial D$, 且 α 在 F 上是本质的, 则称 F 在 M 中是边界可压缩的. 此时也称 D 是 F 在 M 中的一个边界压缩圆片.

作为特别约定, 也称 M 中一个平行于 ∂M 上一个圆片的圆片为平凡的边界可压缩曲面.

若 F 在 M 中不是边界可压缩的, 则称 F 在 M 中是边界不可压缩的. 见图 6.3.

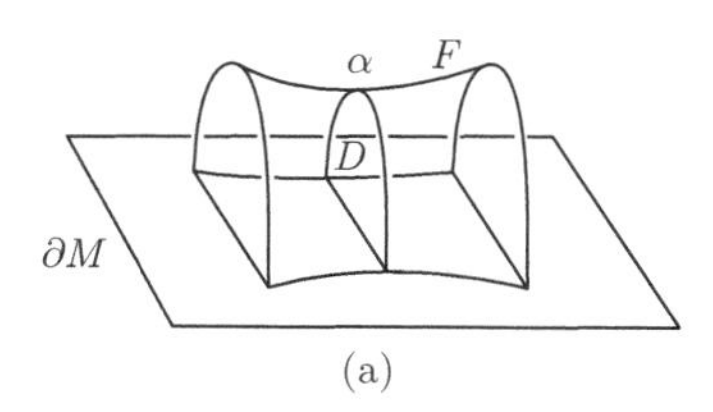

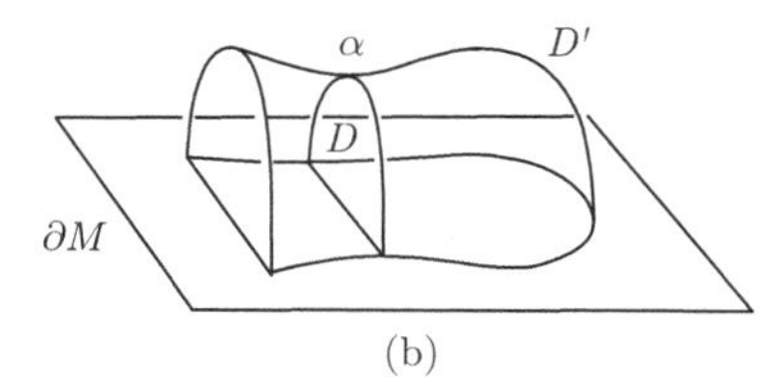

(a) (b)

图 6.3 边界可压缩曲面与边界不可压缩曲面

设 V 是一个亏格为 n 的柄体, $F=\partial V$, $\mathcal{D}=\{D_1,\cdots,D_n\}$ 是 V 的一个完全圆片系统, $J_k=\partial D_i$, $1\leqslant k\leqslant n$. 设 γ 是 F 上的一个简单弧, γ 的一个端点在 J_i 上, 另一个端点在 J_j 上, $1\leqslant i\neq j\leqslant n$, $\mathrm{int}(\gamma)\cap(\bigcup_{k=1}^n J_k)=\varnothing$. 可假定 $J_i\#_\gamma J_j\cap\bigcup_{k=1}^n J_k=\varnothing$. 则容易看到 (图 6.2), $J_i\#_\gamma J_j$ 界定 V 中一个与 $\mathcal{D}$ 不交的真嵌入圆片 D. 记 $\mathcal{D}^i=(\mathcal{D}\setminus\{D_i\})\cup\{D\}$, $\mathcal{D}^j=(\mathcal{D}\setminus\{D_j\})\cup\{D\}$.

命题 6.2 $\mathcal{D}^i$ 和 $\mathcal{D}^j$ 都是 V 的完全圆片系统.

证明 由定义, 设沿 $\{D_1,\cdots,D_n\}\setminus\{D_i\cup D_j\}$ 切开 V 所得的流形为亏格为 2 的柄体 W, 且 $\{D_i\cup D_j\}$ 为 W 的一个完全圆片系统. 沿 $\{D_i\cup D_j\}$ 切开 W 所得的流形为实心球 D^3. 记 D_k 在 $S=\partial D^3$ 上的两个切口分别为 D_k' 和 D_k'', $k=i,j$. D 是真嵌入于 D^3 的一个圆片, $J=J_i\#_\gamma J_j=\partial D\subset\partial D^3$ 与 D_k' 和 D_k'' 都不交, $k=i,j$. 设 J 把 S 切成两个圆片 S' 和 S''. 如图 6.4 所示, 不妨设 $D_i',D_j'\subset S'$, $D_i'',D_j''\subset S''$. 显见沿 $\{D_i\cup D\}$ 和 $\{D\cup D_j\}$ 切开 W 所得的流形均为实心球. 故它们都是 W 的完全圆片系统, 从而 $\mathcal{D}^i$ 和 $\mathcal{D}^j$ 都是 V 的完全圆片系统. □

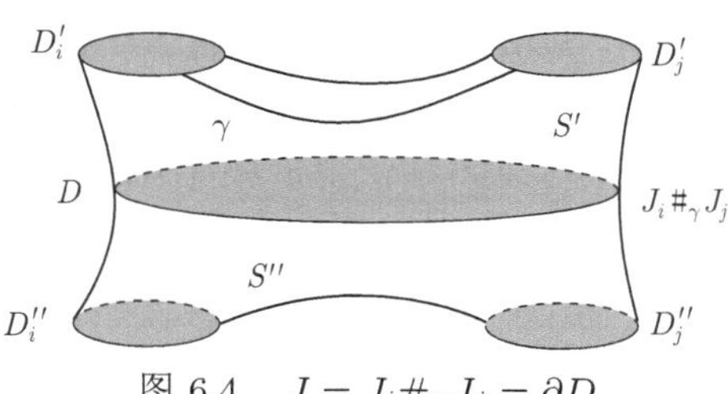

图 6.4 $J=J_i\#_\gamma J_j=\partial D$

定义 6.4 柄体上等价的完全圆片系统

称 V 上从完全圆片系统 $\mathcal{D}$ 到完全圆片系统 $\mathcal{D}^i$(或 $\mathcal{D}^j$) 的变换为 $\mathcal{D}$ 的一次带和初等变换.

设 $\mathcal{D}$ 和 $\mathcal{E}$ 是 V 的两个完全圆片系统, 若 $\mathcal{D}$ 可经有限次的带和初等变换和

同痕变为 $\mathcal{E}$, 则称 $\mathcal{D}$ 和 $\mathcal{E}$ 是带和等价的.

从图 6.5 可以看到, $\{J_1, J_1\#_\gamma J_2\}$ 也可以通过一次带和初等变换变为 $\{J_2\#_\delta(J_1\#_\gamma J_2), J_2\}$, 其中 $J_2\#_\delta(J_1\#_\gamma J_2) \sim J_1$.

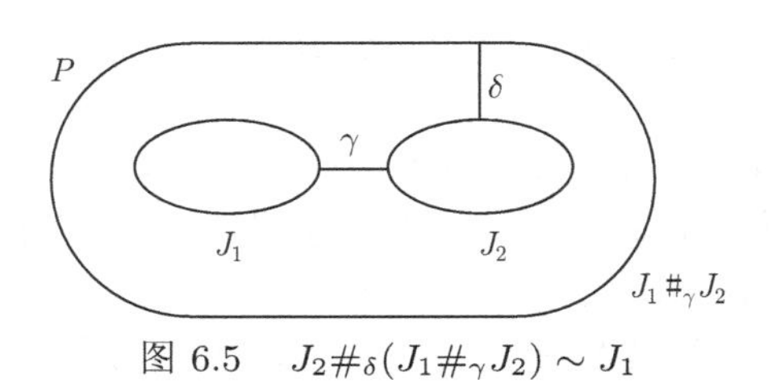

图 6.5 $J_2\#_\delta(J_1\#_\gamma J_2) \sim J_1$

定理 6.1 柄体 V 上任何两个完全圆片系统是带和等价的.

证明 设 V 是亏格为 n 的柄体, $n \geqslant 1$. 设 $\mathcal{D} = \{D_1, \cdots, D_n\}$ 和 $\mathcal{E} = \{E_1, \cdots, E_n\}$ 是 V 的两个完全圆片系统, $D = \bigcup_{D_i\in\mathcal{D}} D_i$, $E = \bigcup_{E_j\in\mathcal{E}} E_j$. 在 V 中同痕移动 E 使得 E 与 D 处于一般位置, 并且使得 E 与 D 的相交数在 E 的同痕类中达到最小.

首先考虑 $D \cap E = \varnothing$ 的情况. 对 V 的亏格 n 归纳. 当 $n = 1$ 时, 结论显然成立. 下面假设结论对亏格 $\leqslant n-1$ 的柄体成立. 对于亏格为 n 的柄体 V, $n \geqslant 2$. 记沿 D 切开 V 所得的实心球为 D^3, D_i 在 ∂D^3 上两个切口分别为 D_i' 和 D_i'', $J_i' = \partial D_i'$, $J_i'' = \partial D_i''$, $1 \leqslant i \leqslant n$. 则 E 是真嵌入于 D^3 中的 n 个不交圆片. 再记 $S = \overline{\partial D^3 \setminus \bigcup_{i=1}^n D_i' \cup D_i''}$. 则 S 是沿 ∂D 切开 ∂V 所得的曲面. 这时, ∂E 中每条曲线在 S 上都是分离的. 用 $S(m)$ 表示从 2-球面 S^2 上挖除 m 个互不相交开圆片所得的曲面, 则 $S = S(2n)$. 将 S 沿 ∂E 切开, 分以下两种情况讨论:

(1) 沿 ∂E 切开 S 所得的曲面有一个平环 $(S(2))$ 分支. 显然 $\partial S(2)$ 不能都在 ∂D 或 ∂E 中. 不妨设 $\partial S(2) = J_n \cup K_n$, $J_n = \partial D_n$, $K_n = \partial E_n$, 且 J_n 和 K_n 在 ∂V 上是平行的. 则 E_n 从 D^3 上切下一个实心球 X, $X \cap (D \cup E) = (\partial X) \cap (D \cup E) = D_n \cup E_n$, 从而在 V_n 上 D_n 和 E 是平行的. 在 V 上同痕移动 E_n 至 D_n. 沿 D_n 切开 V 得到一个亏格为 $n-1$ 的柄体 V', 而 $\mathcal{D}' = \{D_1, \cdots, D_{n-1}\}$ 和 $\mathcal{E}' = \{E_1, \cdots, E_{n-1}\}$ 是 V' 的两个完全圆片系统. 由归纳假设, $\mathcal{D}'$ 和 $\mathcal{E}'$ 在 V' 上是带和等价的, 从而 $\mathcal{D}$ 和 $\mathcal{E}$ 在 V 上是带和等价的.

(2) 沿 ∂E 切开 S 所得的曲面无平环 $(S(2))$ 分支. 选取一个 $K_j = \partial E_j$, 使得 K_j 从 S 上切下一个 $S(m)$, 且 $\partial S(m)$ 中除 K_j 外再无 ∂E 的其他曲线, 则 $3 \leqslant m < 2n$. 否则 K_j 与 ∂D 的一条曲线在 ∂V 上平行, 与所设矛盾. $\partial S(m)$ 必有一个分支, 不妨设为 J_i', 使得 $J_i' \notin \partial S(m)$. 否则, K_j 在 ∂V 上是分离的. 不妨

设 $\partial S(m)=\{K_j,J_i,L_1,\cdots,L_{m-2}\}$. 在 $S(m)$ 上选取 $m-2$ 条互不相交的真嵌入的简单弧 $\gamma_1,\cdots,\gamma_{m-2}$, 使得 γ_k 连接 J_i 与 L_k, $1\leqslant k\leqslant m-2$. 记

$$J_i^*=(\cdots(J_i\#_{\gamma_1}L_1)\#_{\gamma_2}\cdots)\#_{\gamma_{m-2}}L_{m-2}.$$

J_i^* 在 V 中界定一个圆片 D_i^*, 使得 $\mathcal{D}^*=(\mathcal{D}\setminus\{D_i\})\cup\{D_i^*\}$ 是 V 的一个完全圆片系统. 则 $\mathcal{D}^*$ 可由 $\mathcal{D}$ 经过 $m-2$ 次带和初等变换而得, 如图 6.6 所示. 显见, D_i^* 与 E_j 在 V 上是平行的. 由 (1), $\mathcal{D}^*$ 与 $\mathcal{E}$ 等价, 从而 $\mathcal{D}$ 与 $\mathcal{E}$ 等价.

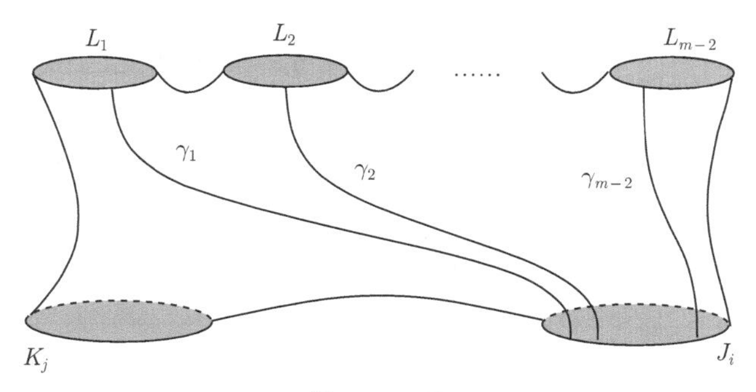

图 6.6 J_i^*

下面考虑 $D\cap E\neq\varnothing$ 的情况. 这时, $D\cap E$ 没有简单闭曲线分支. 否则, 选取 $D\cap E$ 的一个简单闭曲线分支 α, 使得 α 在 D 上是"最内的", 即 α 是 $D_i\cap E_j$ 的一个分支, α 界定 D_i 上一个圆片 Δ, $\mathrm{int}(\Delta)\cap E=\varnothing$. α 把 E_j 切成一个圆片 Δ' 和一个平环 A. 沿 Δ 对 E_j 做一次压缩手术得到 V 中一个圆片 E_j' 和一个 2-球面 S', $\partial E_j'=\partial E_j$. V 是不可约的, 故 S' 界定 V 中一个实心球 Y. 故 E_j' 在 V 中同痕于 E_j. 该同痕将 E 变为 E', 则 $E'\cap D$ 与 $E\cap D$ 相比至少减少一个分支 α. 这与 E 的假定矛盾. 故 $D\cap E$ 没有简单闭曲线分支. 这时 $D\cap E$ 的每个分支都是 D 上 (同时也是 E 上) 真嵌入的简单弧.

设 β 是 $D\cap E$ 的一个在 E 上"最外的"分支, 即 β 是 $D_i\cap E_j$ 的一个分支, β 从 E_j 上切下一个圆片 Δ, $\mathrm{int}(\Delta)\cap D=\varnothing$. β 把 D_i 切成两个圆片 Δ' 和 Δ''. 记 $D_{i1}=\Delta'\cup\Delta$, $D_{i2}=\Delta''\cup\Delta$. 在 V 上"稍微"同痕移动一下 D_{i1} 和 D_{i2}, 使得 D_{i1} 和 D_{i2} 不交, 且它们与 D 也不交. D_{i1} 和 D_{i2} 都是真嵌入于 V 中的圆片. D_{i1} 和 D_{i2} 中至少有一个, 不妨为 D_{i1}, 使得 D_{i1} 将 D^3 切成两个实心球 X 和 Y, D_i 的两个切口 D_i' 和 D_i'' 中有一个在 ∂X 上, 另一个在 ∂Y 上, 如图 6.7 所示. 这样, D_{i1} 在 V 中是非分离的. 令 $\mathcal{D}'=(\mathcal{D}\setminus\{D_i\})\cup\{D_{i1}\}$, 则沿 $\mathcal{D}'$ 切开 V 得到的是实心球 $X\cup_{D_i}Y$, 故 $\mathcal{D}'$ 是 V 的一个完全圆片系统. 与 (2) 的情形类似可知 $\mathcal{D}'$ 可由 $\mathcal{D}$ 经过有限次带和初等变换而得. 令 $D'=\bigcup_{D\in\mathcal{D}'}D$. 显见, $D'\cap E$ 与 $D\cap E$ 相比, 至少减少了分支 β.

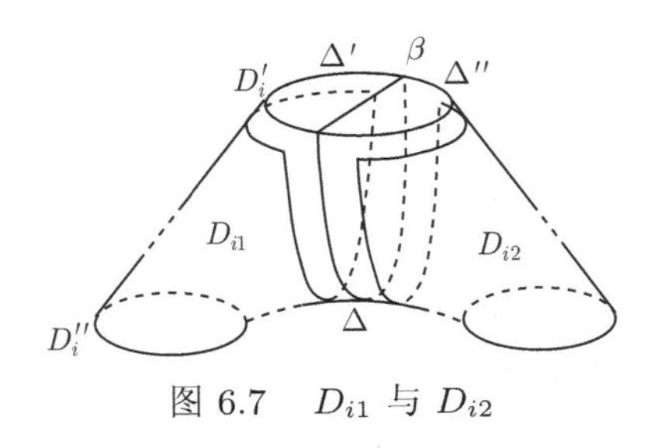

图 6.7　D_{i1} 与 D_{i2}

经过有限次的上述操作, 最后可以得到 V 的与 $\mathcal{D}$ 带和等价的完全圆片系统 $\mathcal{D}^*$, 使得 $D^* = \bigcup_{D\in\mathcal{D}^*} D$ 与 E 不交. 由 (1), $\mathcal{D}^*$ 与 $\mathcal{E}$ 带和等价, 从而 $\mathcal{D}$ 与 $\mathcal{E}$ 带和等价. □

注记 6.1　定理 6.1 中所用的 "最外弧" 方法也是处理 3-流形中曲面和一个圆片相交时常用的方法.

下面介绍柄体上一般的圆片系统.

定义 6.5　柄体上的圆片系统

设 V 是一个亏格为 n 的柄体, $\mathcal{D} = \{D_1, \cdots, D_k\}$ 是 V 上由 k 个互不相交的真嵌入的本质圆片构成的圆片组. 若沿 $\mathcal{D}$ 切开 V 所得的流形是一组实心球, 则称 $\mathcal{D}$ 是 V 的一个圆片系统; 若沿 $\mathcal{D}$ 切开 V 所得的流形是一个实心球, 则称 $\mathcal{D}$ 是 V 的一个极小圆片系统; 若沿 $\mathcal{D}$ 切开 V 所得的流形是一组实心球, 且每个实心球的边界上恰好有 $\mathcal{D}$ 的三个切口, 则称 $\mathcal{D}$ 是 V 的一个极大圆片系统.

显然, V 的一个极小圆片系统就是 V 的一个完全圆片系统, V 的一个圆片系统总是包含 V 的一个完全圆片系统. 图 6.8 是亏格为 2 的柄体 H_2 上两个不同的极大圆片系统.

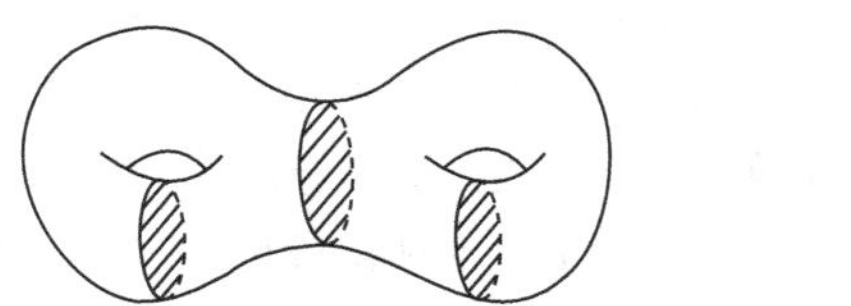
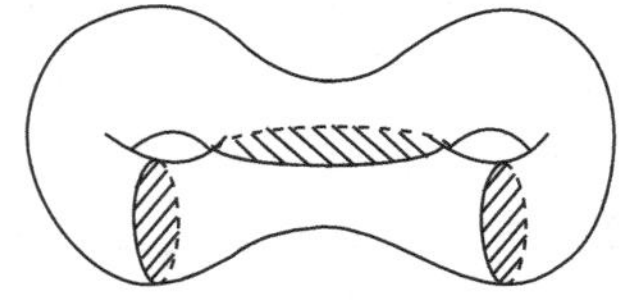

图 6.8　H_2 上两个不同的极大圆片系统

显然, 对于 V 的一个极大圆片系统 $\mathcal{D}$, 若 D 是 V 中一个与 $\mathcal{D}$ 不交的本质圆片, D 落在沿 $\mathcal{D}$ 切开 V 所得的流形的某一个实心球分支上, 从而 D 与 $\mathcal{D}$ 的某个分支是平行的. V 的一个极大圆片系统 $\mathcal{D}$ 必包含 V 的一个完全圆片系统. 实心环体 $B^2 \times S^1$ 上的一个极大圆片系统只包含一个纬圆片. 一般地, 我们有 (证明留作练习):

命题 6.3 设 V 是一个亏格为 n 的柄体, $n \geqslant 2$, $\mathcal{D}=\{D_1,\cdots,D_k\}$ 是 V 的一个极大圆片系统. 则 $k=3n-3$.

设 V 是一个亏格为 n 的柄体, $\mathcal{D}=\{D_1,\cdots,D_k\}$ 是 V 的一个圆片系统, Δ 是 V 中一个圆片, $\Delta\cap\partial V$ 是 $\partial\Delta$ 上一段弧 α, $\Delta\cap\bigcup_{D\in\mathcal{D}}D=\Delta\cap D_i=\beta$ 是 D_i 上一个真嵌入的简单弧, $\alpha\cap\beta=\partial\alpha=\partial\beta$, $\alpha\cup\beta=\partial\Delta$. β 把 D_i 切成两个圆片 Δ' 和 Δ''. 记 $D_{i1}=\Delta'\cup\Delta$, $D_{i2}=\Delta''\cup\Delta$. 在 V 上"稍微"同痕移动一下 D_{i1} 和 D_{i2}, 使得 D_{i1} 和 D_{i2} 不交, 且它们与 D 也不交. 令 $\mathcal{D}'=(\mathcal{D}\setminus\{D_i\})\cup\{D_{i1}\}$, $\mathcal{D}''=(\mathcal{D}\setminus\{D_i\})\cup\{D_{i2}\}$. 与定理 6.1 证明后部的论证类似地可以验证, $\mathcal{D}'$ 和 $\mathcal{D}''$ 中至少有一个仍是 V 的圆片系统, 不妨设为 $\mathcal{D}'$.

定义 6.6 柄体上滑动等价的圆片系统

称 V 中如上的从圆片系统 $\mathcal{D}$ 到圆片系统 $\mathcal{D}'$ 的变换为圆片系统的一个 (与 Δ 相关联的) 初等滑动变换.

设 $\mathcal{D}$ 和 $\mathcal{E}$ 是 V 的两个圆片系统. 若 $\mathcal{D}$ 可经有限次的初等滑动变换、插入或删除与系统中圆片平行的圆片和同痕变为 $\mathcal{E}$, 则称 $\mathcal{D}$ 和 $\mathcal{E}$ 是滑动等价的.

与定理 6.1 的证明类似可证:

定理 6.2 柄体 V 上任何两个圆片系统是滑动等价的.

前面我们已经看到, 压缩体是柄体的一种自然推广. 下面我们正式给出压缩体的定义.

定义 6.7 压缩体

设 S 是一个可定向闭曲面, $\mathcal{J}=\{J_1,\cdots,J_n\}$ 是 $S\times I$ 的边界分支 $S\times 0$ 上 n 条互不相交的本质简单闭曲线. 沿 $\mathcal{J}$ 中的每条简单闭曲线往 $S\times I$ 上各加一个 2-把柄, 所得的 2-球面分支, 再用 3-实心球填充, 称最后所得的三维流形 C 为一个压缩体. 在 C 中, 称边界分支 $S\times 1$ 为 C 的正边界, 记作 ∂_+C. 称 $\partial C\setminus\partial_+C$ 为 C 的负边界, 记作 ∂_-C.

把构造压缩体 C 的过程中的每个 2-把柄的一个核圆片在 $S\times I$ 中垂直延拓, 得到 C 中一组互不相交的真嵌入的圆片 $\mathcal{D}$. 则沿 $\mathcal{D}$ 切开 C 得到 $\partial_-C\times I$ 和若干实心球 (有可能为空集).

很显然, 当 $\partial_-C=\varnothing$ 时, 压缩体 C 就是一个柄体, 其亏格为 $g(S)$. 也称 $C=S\times I$ 为一个平凡的压缩体. 容易证明, 一个压缩体 C 是不可约的, ∂_-C 在 C 中是不可压缩的 (留作练习).

定义 6.8　压缩体上的圆片系统

设 C 是一个压缩体, $\mathcal{D}$ 是 C 中一组互不相交的真嵌入的本质圆片, 使得沿 $\mathcal{D}$ 切开 C 得到 $\partial_- C \times I$ 和若干实心球 (有可能为空集), 则称 $\mathcal{D}$ 是 C 的一个圆片系统. 当沿 $\mathcal{D}$ 切开 C 得到 $\partial_- C \times I$ 或一个实心球时, 则称 $\mathcal{D}$ 是 C 的一个完全圆片系统.

柄体上的完全圆片系统的带和等价性和圆片系统的滑动等价性可类似地推广到压缩体上, 并且也有类似如下的结论, 证明略.

定理 6.3　压缩体 C 上任何两个完全圆片系统是带和等价的. 压缩体 C 上任何两个圆片系统是滑动等价的.

定义 6.9　压缩体的脊

设 C 是一个压缩体, Γ 是 C 中的一个有限图, 满足若 Γ 中有边 e 交 $\partial_- C$ 不空, 则 e 与 $\partial_- C$ 横截相交. 设 $N = N(\Gamma \cup \partial_- C)$ 为 $\Gamma \cup \partial_- C$ 在 C 中的一个正则邻域, 使得 $\overline{C \setminus N} \cong \partial_+ C \times I$, 则称 Γ 是 C 的一个脊.

由定义即知, 每个柄体是它的脊的一个正则邻域. 图 6.9 中的黑线所表示的图是该压缩体的一个脊.

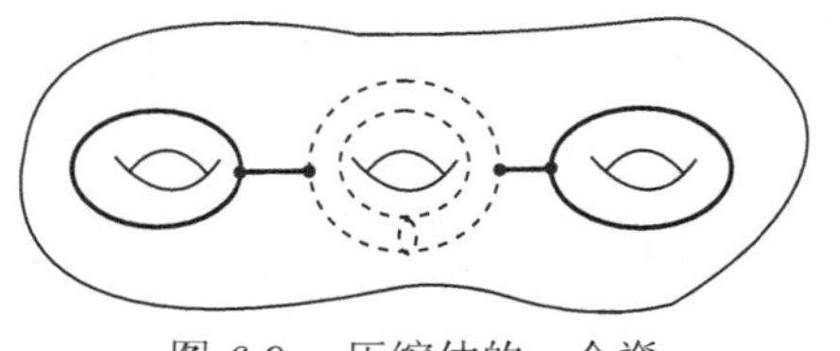

图 6.9　压缩体的一个脊

定义 6.10　压缩体上的扩展平环 (spanning annulus)

设 C 是一个压缩体, A 是 C 中一个真嵌入平环, 使得 A 的一个边界分支在 $\partial_+ C$ 上, 另一个边界分支在 $\partial_- C$ 上. 则称 A 是 C 的一个扩展平环.

定理 6.4　设 A 是压缩体 C 的一个不可压缩的扩展平环. 则存在 C 的一个圆片系统 $\mathcal{D}$, 使得 $A \cap \bigcup_{E \in \mathcal{D}} E = \varnothing$.

证明　选取 C 的一个圆片系统 $\mathcal{D}$, 使得 A 与 $\mathcal{D}$ 横截相交, 且 A 与 $\mathcal{D}$ 有最少的相交数. 记 $D = \bigcup_{E \in \mathcal{D}} E$. 下面证明 $A \cap D = \varnothing$. 反证. 假设 $A \cap D \neq \varnothing$. 分下面两种情况讨论:

(1) $A\cap D$ 有简单闭曲线分支. 设 α 是 $A\cap D$ 的一个在 D 上"最内的"简单闭曲线分支, 即 α 是 $D_i\cap A$ 的一个分支, $D_i\in\mathcal{D}$, α 界定 D_i 上一个圆片 Δ, $\text{int}(\Delta)\cap A=\varnothing$. 因 A 在 C 上是不可压缩的, 故 α 在 A 上界定一个圆片 Δ'. 再在 Δ' 内取 $A\cap D$ 的一个在 Δ' 上"最内"的简单闭曲线分支 β, 即 β 是 $D_j\cap A$ 的一个分支, $D_j\in\mathcal{D}$, β 界定 Δ' 上一个圆片 Δ'', $\text{int}(\Delta'')\cap D=\varnothing$. β 把 D_j 分成一个圆片 Σ 和一个平环 A'. $\Sigma\cup\Delta''$ 是 C 中一个 2-球面. C 是不可约的, 故 $\Sigma\cup\Delta''$ 界定 C 中一个实心球 X. 令 $D_j'=A'\cup\Delta''$. 在 C 中 $X\cup D_j$ 的一个邻域内同痕移动 D_j 至 D_j', 并进一步同痕使得 D_j' 移离 Δ''. 设该同痕将 $\mathcal{D}$ 变为 $\mathcal{D}'$, $D'=\bigcup_{E\in\mathcal{D}'}E$. 则 $D'\cap A$ 与 $D\cap A$ 相比至少减少一个分支 β. 这与 $\mathcal{D}$ 的选取矛盾. 故 $A\cap D$ 没有简单闭曲线分支.

(2) $A\cap D$ 只有简单弧分支. 这时 $A\cap D$ 的每个分支既是 D 上真嵌入的弧, 也是 A 上端点落在 $A\cap\partial_+C$ 的真嵌入的弧. 设 γ 是 $A\cap D$ 的一个在 A 上"最外的"分支, 即 γ 是 $A\cap D_i$ 的一个分支, γ 从 A 上切下一个圆片 Δ, $\text{int}(\Delta)\cap D=\varnothing$. 令 $\mathcal{D}'$ 是从圆片系统 $\mathcal{D}$ 经过一次与 Δ 相关联的圆片系统的滑动所得的圆片系统. 记 $D'=\bigcup_{E\in\mathcal{D}'}E$. 显见, $D'\cap A$ 与 $D\cap A$ 相比, 至少减少了分支 γ. 这又与 $\mathcal{D}$ 的选取矛盾. 故 $A\cap D$ 也没有简单弧分支. □

6.2 柄体与压缩体中的不可压缩曲面

显然, 实心球中不存在真嵌入不可压缩曲面.

命题 6.4 (1) 设 F 是实心环体 $T=D\times S^1$ 中一个真嵌入连通的双侧的不可压缩曲面. 则 F 或是一个本质圆片 (纬圆片), 或是一个边界平行的平环. 若 F 还是边界不可压缩的, 则 F 是一个本质圆片.

(2) 设 F 是柄体 $H_n(n\geqslant 2)$ 中一个连通的本质曲面. 则 F 或是 H_n 的一个本质圆片, 或是 H_n 的一个本质平环. 若 F 还是边界不可压缩的, F 是 H_n 的一个本质圆片.

证明 (1) 取 $D_0=D\times x_0, x_0\in S^1$. 在 T 中同痕移动 F(为简便, 结果仍记为 F), 使得 F 与 D_0 处于一般位置, 且 $F\cap D_0$ 有最少的分支. 沿 D_0 切开 T 得到一个实心柱体 $X=D\times I$, D_0 的两个切口分别记为 $D'=D\times 0$, $D''=D\times 1$. 下面分几种情况讨论:

1) $F\cap D_0=\varnothing$. 此时, 若 $\partial F=\varnothing$, 因 F 在 T 中是不可压缩的, 故 F 在 X 中也是不可压缩的, 但实心球 X 中没有不可压缩曲面, 矛盾. 故必有 $\partial F\neq\varnothing$. 这时, F 只能是真嵌入于 X 中的一个圆片, 且 $\partial F\subset\partial X\setminus(D'\cup D'')$, 从而, F 在 T 中平行于 D_0.

2) $F \cap D_0 \neq \varnothing$ 且有闭圈分支. 选取 $F \cap D_0$ 的一个“最内的”分支 α, α 界定 D_0 上一个圆片 Δ, Δ 内部与 F 不交. 因 F 是不可压缩的, $\partial\Delta$ 界定 F 上一个圆片 Δ'. $\Sigma = \Delta \cup \Delta'$ 是 T 中一个 2-球面. 由 T 的不可约性, Σ 界定 T 中一个实心球. 从而可在 T 中利用此实心球同痕移动 F 来消除 $F \cap D_0$ 的分支 α, 以及 Δ' 的内部存在的 $F \cap D_0$ 的分支, 这与 $F \cap D_0$ 有最少分支矛盾. 故这种情形不能出现.

3) $F \cap D_0 \neq \varnothing$ 且 $F \cap D_0$ 的每个分支都是简单弧. 设 β 是 $F \cap D$ 的在 D_0 上“最外的”一个分支, 即 β 从 D_0 上切下一个圆片 D', D' 的内部与 F 不交. 注意到 $\partial F \subset \partial T$ 是一组互相平行的本质曲线, 若 β 连接 ∂F 的两个不同的分支, 则沿 D' 对 F 作边界压缩所得的曲面 F' 有一个边界分支在 ∂T 上是平凡的. 这意味着 F' 是一个圆片, 否则, F 是可压缩的, 矛盾. 此时, 由 T 的不可约性, F 是一个边界平行的平环. 下面假设 β 的两个端点落在 F 的同一个边界分支上.

下面假设 β 的两个端点落在 F 的同一个边界分支 C 上. $\partial\beta$ 界定 C 上一个简单弧 γ, $\beta \cup \gamma$ 界定 F 上一个圆片 Δ. 设 β 将 ∂D_0 分为简单弧 β_1 和 β_2, 不妨设 $\partial D' = \beta \cup \beta_1$. 此时 $\beta_1 \cup \gamma$ 界定 ∂T 上一个圆片 Δ', Δ' 的内部与 F 不交. 这时, $\Sigma' = D' \cup \Delta \cup \Delta'$ 是 T 中的一个 2-球面, 由 T 的不可约性, Σ' 界定 T 中一个实心球 B. 在 T 中沿 B 同痕移动 F 可以减少 $F \cap D_0$ 的分支, 这与 $F \cap D_0$ 有最少分支矛盾. (1) 证毕. 如图 6.10 所示.

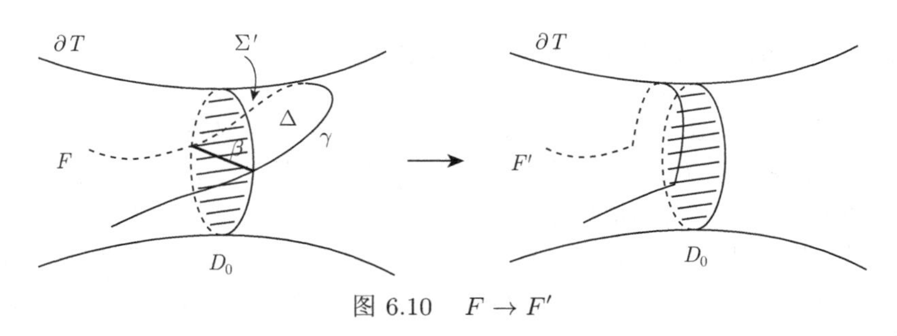

图 6.10 $F \to F'$

(2) 类似可证, 证明留作练习. □

定理 6.5 设 $M = S_g \times I$, $g \geqslant 1$, F 是 M 中一个连通的不可压缩和边界不可压缩的曲面. 则 F 或是一个本质扩展平环, 或同痕于 $S_g \times 0$.

证明 记 $S = S_g$. 选取 $p \in S$, 记 $l = p \times I$. 选取 S 上 $2g$ 条简单闭曲线 $\mathcal{J} = \{J_1, J_2, \cdots, J_{2g}\}$, 使得对于 $i \neq j$, $J_i \cap J_j = p$, 且沿 $\mathcal{J}$ 切开 S 所得的曲面是一个 $4g$ 边形的圆片 Σ, 如图 6.11(a) 所示. 不妨假设 F 与 l 处于一般位置, 且在 F 的同痕类中, F 与 l 的相交数最少. 取 p 在 S 上的一个圆片邻域 Δ, 使得 $J_i \cap \Delta$

是 J_i 上一段弧 k_i', $k_i = \overline{J_i \setminus k_i'}$(图 6.11(b)), $1 \leqslant i \leqslant 2g$, 且 l 的邻域 $N = \Delta \times I$ 或与 F 不交, 或 N 与 F 相交的每个分支恰为 $E_j = \Delta \times t_j$, $t_j \in I$, $1 \leqslant j \leqslant n$. 再记 $D_i = \overline{J_i \setminus k_i'} \times I$, $1 \leqslant i \leqslant 2g$, 则 $\mathcal{D} = \{D_1, D_2, \cdots, D_{2g}\}$ 是柄体 $V = \overline{M \setminus N}$ 的一个完全圆片系统. 记 $A = V \cap N = \partial\Delta \times I$, $F' = F \cap V$. 则 F' 是 V 中不可压缩的曲面. 可进一步假设, 在 M 中保持 $F \cap A$ 不动的 F 的同痕类中, F' 与 $\mathcal{D}$ 处于一般位置, 且 F' 与 $\mathcal{D}$ 有最少的相交分支数 m, 且 (n, m) 在字典排序下最小.

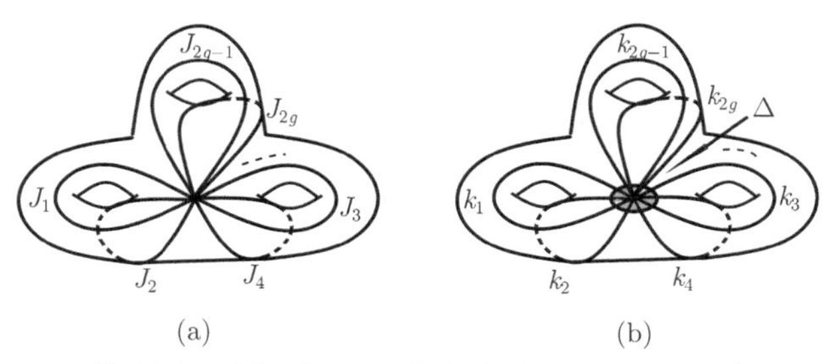

图 6.11 $\{J_1, J_2, \cdots, J_{2g}\}$ 与 $\{k_1, k_2, \cdots, k_{2g}\}$

下面分两种情况讨论:

(1) $F' \cap \bigcup_{D \in \mathcal{D}} D$ 有简单闭曲线分支. 由 F' 的不可压缩性和 V 的不可约性, 用定理 6.4 证明 (1) 中的方法可以通过同痕移动减少 F' 与 $\mathcal{D}$ 的分支数, 矛盾. 故这种情况不能出现.

(2) $F' \cap \bigcup_{D \in \mathcal{D}} D$ 只有简单弧分支.

对每个 i, $1 \leqslant i \leqslant 2g$, 记 $\partial D_i = l_i \cup \beta_i \cup l_i' \cup \beta_i'$, 其中 $D_i \cap A$ 由两段弧 l_i, l_i' 构成, $\beta_i = k_i \times 0$, $\beta_i' = k_i \times 1$, 如图 6.12(a) 所示.

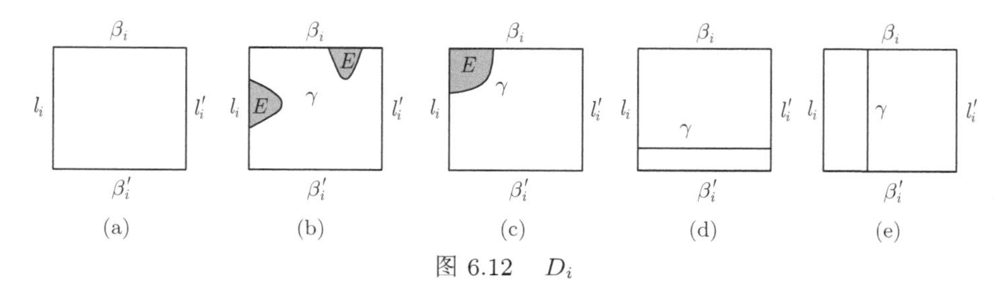

图 6.12 D_i

选取 $F' \cap \bigcup_{D \in \mathcal{D}} D$ 的一个简单弧分支 γ, γ 是 $F' \cap D_i$ 的一个在 D_i 上"最外的"分支, 即 γ 从 D_i 上切下一个圆片 E, $\text{int}(E) \cap F' = \varnothing$. 共有下面五种可能性:

(2.1) $E \cap \partial D_i \subset l_i$ 或 l_i', 如图 6.12(b) 所示. 不妨设 $E \cap \partial D_i = a \subset l_i$. 记 N 中与 γ 的两个端点相接的 $N \cap F$ 的两个圆片分支分别为 E_b 和 E_c, 沿 E_b

和 E_c 切开 N 所得的包含 a 的分支为 B_1. 令 B_2 为 V 中的一个实心球, 使得 $B_2 = E \times [-1,1]$, $E = E \times 0$, $B_2 \cap F = \gamma \times [-1,1]$, $B_2 \cap B_1 = a \times [-1,1]$. 则 $B_3 = B_1 \cup B_2$ 是 M 中一个实心球. 利用 B_3 在 M 中同痕移动 F, 可以减少 $F' \cap N_{D\in\mathcal{D}} D$ 的两个圆片分支 E_b 和 E_c 对应的一个孤分支 γ, 与假设矛盾. 故这种情况不能出现.

(2.2) $E \cap \partial D_i \subset \beta_i$ 或 β_i', 如图 6.12(b) 所示. 因 F 在 M 中是边界不可压缩的, 故 γ 从 F 上切下一个圆片 E', $E'' = E \cup E'$ 是真嵌入于 M 中的一个圆片. 因 ∂M 在 M 中是不可压缩的, 故 $\partial E''$ 也界定了 ∂M 上一个圆片 E'''. 由 M 的不可约性, 2-球面 $P = E'' \cup E'''$ 界定了 M 中的一个实心球 B. 利用 B 在 M 中同痕移动 F, 可以至少减少 $F' \cap \bigcup_{D\in\mathcal{D}} D$ 的一个弧分支 γ, 与假设矛盾. 故这种情况不能出现.

(2.3) γ 的一个端点在 β_i(或 β_i') 的内部, 另一个端点在 l_i(或 l_i') 的内部, 如图 6.12(c) 所示. 与 (2.1) 的情形类似, 可在 M 中同痕移动 F, 可以减少 $F' \cap N_{D\in\mathcal{D}} D$ 的一个弧分支, 与假设矛盾. 故这种情况不能出现.

(2.4) γ 的一个端点在 l_i 的内部, 另一个端点在 l_i' 的内部, 如图 6.12(d) 所示. 称这种类型的分支为 I-型分支. 此时, $F' \cap D_i$ 的每个分支都是这种类型的.

(2.5) γ 的一个端点在 β_i 的内部, 另一个端点在 β_i' 的内部, 如图 6.12(e) 所示. 称这种类型的分支为 II-型分支. 此时, $F' \cap D_i$ 的每个分支都是这种类型的.

设 $x \in \partial\Delta$, 称 $t \in I$ 为点 $(x,t) \in A$ 的高度. 对于情形 (2.4), 设 I-型分支 γ 的一个端点的高度为 t_0. 因 $\partial\Delta \times t_0$ 是 F' 的一个边界分支, 故 γ 的另一个端点的高度也为 t_0(这时, 称 t_0 为 γ 的高度), 且对每个 j, $1 \leqslant j \leqslant 2g$, $F' \cap D_j$ 都有一个高度为 t_0 的 I-型分支. 沿 $\mathcal{D}$ 切开 V 得到实心球 $B^3 = \Sigma \times I$. 记 $F'' = F' \cap B^3$. 则 F'' 是 B^3 中一个嵌入圆片, 根据命题 2.5, $F' = S_{g,1}$. 这样, $F = F' \cup \Delta \times t_0$ 在 M 中同痕于 $S \times 0$.

对于情形 (2.5), γ 为 II-型分支, 由上段的论证可知, $\mathcal{D} \cap F'$ 不能有任何 I-型分支, 故 $\mathcal{D} \cap F'$ 的每个分支都是 II-型分支, 且 $\mathcal{D} \cap F'$ 在每个 D_j 上若有分支, 则这些分支互相平行. 同样, 沿 $\mathcal{D}$ 切开 V 得到实心球 $B^3 = \Sigma \times I$. 记 $F'' = F' \cap B^3$. 则 F'' 是 B^3 中一组互不相交的嵌入圆片, 每个圆片的边界由四段首尾相连的弧接成, 其中有两段分别是 $\Sigma \times 0$ 和 $\Sigma \times 1$ 上的真嵌入的弧, 有两段是 $\partial\Sigma \times I$ 上的不交的扩展弧. 这些圆片在 M 中就拼接成一个扩展平环. 此时, $F \cap l = \varnothing$. □

定理 6.5 最早由 Haken[33] 给出. 类似可证下面的定理, 证明留作练习.

定理 6.6 设 C 是一个压缩体, F 是 C 中一个连通的不可压缩和边界不可压缩的曲面. 则 F 或是一个本质圆片, 或是一个本质扩展平环, 或平行于 $\partial_- C$ 的一个分支.

定理 6.7 设 C 是一个压缩体, F 是 C 中一个不可压缩的曲面 (不必连通). 则沿 F 切开 C 所得的每个分支都是压缩体.

证明 这里只就柄体情况给出证明, 压缩体的情形类似, 证明留作练习.

设 H 是一个亏格为 n 的柄体, F 是 C 中一个不可压缩的曲面. 若 $n=0$, H 是一个实心球, H 中没有不可压缩曲面. 下设 $n \geqslant 1$. 选取 H 的一个完全圆片系统 $\mathcal{D}=\{D_1,\cdots,D_n\}$, 使得 $\mathcal{D}$ 与 F 横截相交, 且 $\mathcal{D}$ 与 F 相交分支数在 H 的所有与 F 处于一般位置的完全圆片系统中最少. 则由 H 的不可约性和 F 的不可压缩性, 运用最内的闭圈分支方法可知, $\mathcal{D}$ 与 F 相交的每个分支都是 $\mathcal{D}$ 上的简单弧. 从而 $\mathcal{D}\setminus F$ 的每个分支都是圆片.

沿 $\mathcal{D}$ 切开 H 得到一个实心球 B^3. 则 $F\cap B^3$ 的每个分支都是圆片. 这些圆片把 B^3 切成若干实心球 $B_1^3,\cdots,B_m^3$. 现在 $\mathcal{D}\setminus F$ 的每个圆片分支的一对切口是 $\partial B_1^3,\cdots,\partial B_m^3$ 上的两个不交的圆片, $B_1^3,\cdots,B_m^3$ 沿所有这些成对的圆片粘合起来所得的流形就是沿 F 切开 H 所得的流形 $H\setminus F$. 由此即知, $H\setminus F$ 的每个分支都是一个柄体. □

6.3 Heegaard 图与三维流形群

设 M 是一个紧致连通可定向三维流形, $V\cup_S W$ 是 M 的一个 Heegaard 分解. 设 $\mathcal{D}=\{D_1,\cdots,D_k\}$ 是 V 的一个完全圆片系统, $\mathcal{E}=\{E_1,\cdots,E_l\}$ 是 W 的一个完全圆片系统. 记 $L_i=\partial D_i$, $K_j=\partial E_j$, $1\leqslant i\leqslant k$, $1\leqslant j\leqslant l$, $\mathcal{L}=\{L_1,\cdots,L_k\}$, $\mathcal{K}=\{K_1,\cdots,K_l\}$. 则 $\mathcal{L}$ 和 $\mathcal{K}$ 都是 S 上的互不相交的简单闭曲线组. 我们可以重构 M 如下:

(1) 令 $N=S\times[-1,1]$;

(2) 分别沿 $\mathcal{L}\times(-1)$ 和 $\mathcal{K}\times 1$ 中的曲线往 N 上加 2-把柄, 得到三维流形 N';

(3) 再将 N' 中的每个 2-球面边界分支用实心球填充, 即得到 M(即 $M=\widehat{N'}$).

这样, $(S;\mathcal{L},\mathcal{K})$ 按如上方式完全决定了 Heegaard 分解 $V\cup_S W$, 从而完全决定了三维流形 M, 其中的 $S\times 0=S$ 就是该 Heegaard 分解中的 Heegaard 曲面.

定义 6.11 Heegaard 图

沿用上面的记号. 称 $(S;\mathcal{L},\mathcal{K})$ 为 M 的 Heegaard 分解 $V\cup_S W$ 的一个 (伴随)Heegaard 图. 依据需要, 有时也称 $(V;\mathcal{K})$(或 $(V;K_1,\cdots,K_l)$) 或 $(W;\mathcal{L})$(或

$(W; L_1, \cdots, L_k)$) 为 M 的 Heegaard 分解 $V \cup_S W$ 的一个 (伴随)Heegaard 图.

一般来说, 一个 Heegaard 分解可以有很多 (伴随)Heegaard 图.

例 6.1　设图 6.13 中的 V 是亏格为 2 的柄体, 容易验证 (留作练习), 左侧的 Heegaard 图 $(V; K_1, K_2)$ 和右侧的 Heegaard 图 $(V; K_1', K_2')$ 决定了 S^3 的同一个亏格为 2 的 Heegaard 分解.

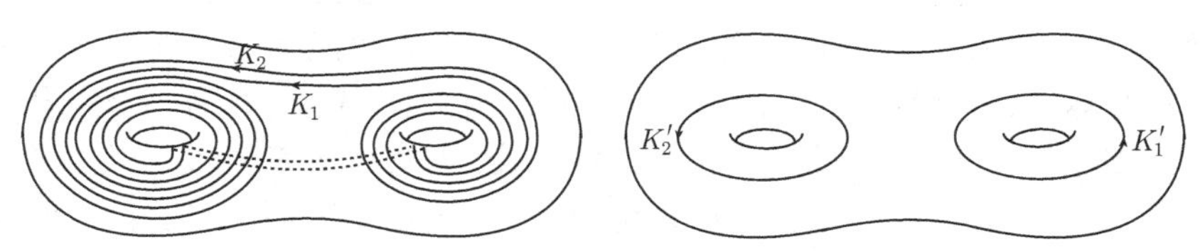

图 6.13　S^3 的亏格为 2 的 Heegaard 分解的两个伴随 Heegaard 图

例 6.2　在可定向闭三维流形 M 的 Heegaard 分解 $V \cup_S W$ 中, 设其 Heegaard 图为 $(S; \mathcal{L}, \mathcal{K})$, 将柄体 V 沿 $\mathcal{D}$ 切开, 与此同时, Heegaard 曲面 S 沿 $\mathcal{L}$ 切开得到一个穿 $2n$ 个孔的 2-球面 P, $\mathcal{K}$ 被切成 P 中的一些简单弧 $\alpha_1, \cdots, \alpha_t$. 此时也可用 $(P; \alpha_1, \cdots, \alpha_t)$ 来表示 Heegaard 图 $(S; \mathcal{L}, \mathcal{K})$. 图 6.14 表示的就是这样一个亏格为 2 的 Heegaard 图.

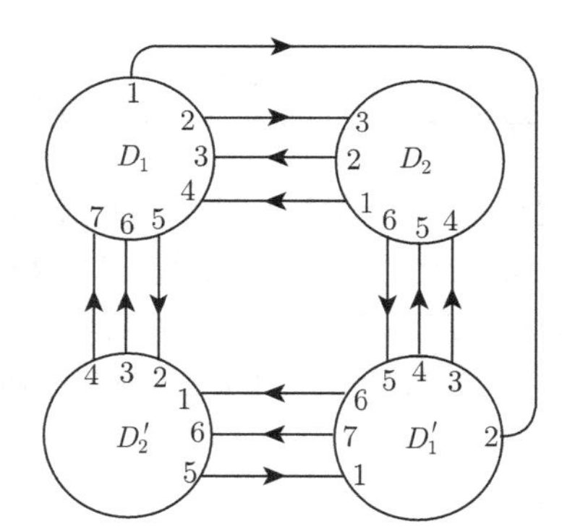

图 6.14　一个亏格为 2 的 Heegaard 图

下面假设读者熟悉有限表示群的基本性质 (不熟悉的读者可参见 [16]). 对于一个有限表示群 G, 设 $\langle x_1, \cdots, x_n; r_1, \cdots, r_m \rangle$ 为 G 的一个有限表示, 称 $n - m$ 为该表示的差. 定义 G 的差为 G 的所有有限表示的差的最大值, 记作 $d(G)$.

对于可定向闭三维流形 M, 设 $V \cup_S W$ 是 M 的一个亏格为 n 的 Heegaard 分解, $(V; K_1, \cdots, K_n)$ 是它的一个伴随 Heegaard 图. 如图 6.15(a) 所示, 选取一个基点 $y_0 \in S$, $\{D_1, \cdots, D_n\}$ 为 V 的一个完全圆片系统, $L_i = \partial D_i, 1 \leqslant i \leqslant n$, 并赋予 L_i 如图 6.15(a) 所示的定向. 选取如图 6.15(a) 所示的交于 y_0 的定向

简单闭曲线 $J_1, \cdots, J_n$, J_i 交 L_i 于一点, $J_i \cap L_j = \varnothing$, $1 \leqslant i \neq j \leqslant n$. 记 $x_i = [J_i] \in \pi_1(V, y_0)$, 则 $\pi_1(V) = \pi_1(V, y_0) = F(x_1, \cdots, x_n)$ 是由 $\{x_1, \cdots, x_n\}$ 生成的 n 个生成元的自由群. 对于每个 i, $1 \leqslant i \leqslant n$, 选取 K_i 上一点 b_i, $1 \leqslant i \leqslant n$, 并令 $\alpha_i : I \to S$ 为 S 上的闭路, $\alpha_i(I) = K_i$, $\alpha_i(0) = \alpha_i(1) = b_i$; 取定 S 上一个从 y_0 到 b_i 的道路 γ_i, 并记 $r_i = [\gamma_i \alpha_i \gamma_i^{-1}] \in \pi_1(V)$. 由 Van Kampen 定理 (参见 [36]), $\pi_1(M)$ 有如下的表示:

$$\pi_1(M) = \langle x_1, \cdots, x_n; r_1, \cdots, r_n \rangle. \tag{6.1}$$

$\pi_1(M)$ 的这个表示中, 生成元的个数和关系元的个数都是 n, 称之为 $\pi_1(M)$ 的伴随 (Heegaard 分解 $V \cup_S W$) 表示.

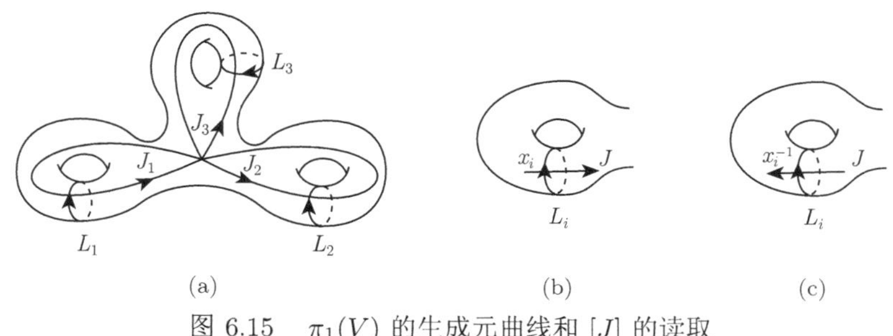

图 6.15 $\pi_1(V)$ 的生成元曲线和 $[J]$ 的读取

这样就有

命题 6.5 设 M 为一个可定向闭 3-流形. 则 $d(\pi_1(M)) \geqslant 0$.

由交换群理论可知 (参见 [22]):

命题 6.6 有限生成交换群中差非负的非平凡群只有 5 个, 即 $\mathbb{Z}$, $\mathbb{Z}^2$, $\mathbb{Z}^3$, $\mathbb{Z}_p$, $\mathbb{Z} \oplus \mathbb{Z}_p$, $p > 1$.

命题 6.7 设 M 为一个可定向的素的闭 3-流形. 若 $\pi_1(M)$ 为交换群, 则 $\pi_1(M) \cong \mathbb{Z}$, 或 $\mathbb{Z}^3$, 或 $\mathbb{Z}_p$, $p > 1$.

证明 由命题 6.5, $d(\pi_1(M)) \geqslant 0$. 由命题 6.6, $\pi_1(M)$ 只能是 $\mathbb{Z}$, $\mathbb{Z}^2$, $\mathbb{Z}^3$, $\mathbb{Z}_p$ 或 $\mathbb{Z} \oplus \mathbb{Z}_p$ 其中之一. 若 M 是不可约的且 $\pi_1(M)$ 无限, 则由命题 5.3, 可排除 $\mathbb{Z} \oplus \mathbb{Z}_p$. 注意到 $H_3(\mathbb{Z}^2) \neq H_3(M) = \mathbb{Z}$(参见 [38]), 可排除 $\mathbb{Z}^2$. 剩下三个可由具体流形实现, 即 $\pi_1(S^1 \times S^2) \cong \mathbb{Z}$, $\pi_1(S^1 \times S^1 \times S^1) \cong \mathbb{Z}^3$, $\pi_1(L(p, q)) \cong \mathbb{Z}_p$. □

对于 ∂V 上的定向简单闭曲线 J, 有如下一个简单方式读取 $[J]$ 在 $\pi_1(V, y_0)$ 的一个共轭类: 对于 J 与 L_i 的每个交点 $(1 \leqslant i \leqslant n)$, 当交点的局部相交如图

6.15(b) 所示时, 称 J 与 L_i 在该点正相交, 标记该交点为 x_i; 当 J 与 L_i 的局部相交如图 6.15(c) 所示时, 称 J 与 L_i 在该点负相交, 标记该交点为 x_i^{-1}. 从 J 上一点 P 出发 ($P \notin L_i, 1 \leqslant i \leqslant n$), 沿 J 的方向前行, 最后回到 P, 过程中顺次写下 J 与 $L = \{L_1, \cdots, L_n\}$ 的所有交点标记, 得到一个字 $r \in F(x_1, \cdots, x_n)$. 不难验证, r 就是 $[J]$ 在 $\pi_1(V, y_0)$ 的一个共轭类. 众所周知, 在群表示中, 关系元用其共轭类来替代并不影响表示结果.

例 6.3 在例 6.1 中, 图 6.13 左侧的 Heegaard 图 $(V; K_1, K_2)$ 对应的伴随表示为

$$\pi_1(M) = \langle x_1, x_2; x_1^2 x_2^3, x_1^3 x_2^4 \rangle,$$

图 6.13 右侧的 Heegaard 图 $(V; K_1', K_2')$ 对应的伴随表示为

$$\pi_1(M) = \langle x_1, x_2; x_1, x_2 \rangle.$$

例 6.4 设 $M = S^1 \times S^1 \times S^1$. 则 $\pi_1(M) = \mathbb{Z} \times \mathbb{Z} \times \mathbb{Z}$ 是三个生成元的自由交换群. 由代数学理论可知 (参见 [22]), $\pi_1(M)$ 的每个有限表示中的生成元集至少有三个元素, 从而 M 的每个 Heegaard 曲面的亏格至少是 3. 下面给出 M 的一个亏格为 3 的 Heegaard 分解. 这样即知, M 的 Heegaard 亏格是 3.

设 $T = S^1 \times S^1$, 取 S^1 上两个不同点 x, y, 它们把 S^1 分成两段简单弧 l_1 和 l_2, $\partial l_1 = \partial l_2 = \{x, y\}$. 记 $M_1 = T \times l_1$, $M_2 = T \times l_2$, $T_x = T \times x$, $T_y = T \times y$. 则 $T_x \cup T_y$ 把 M 切分成 M_1 和 M_2. 再取 T 上两个不交的圆片 D_1 和 D_2, 记 $N_1 = D_1 \times l_1 \subset M_1$, $N_2 = D_2 \times l_2 \subset M_2$. 令 $V_1 = \overline{M_1 \setminus N_1} \cup N_2$, $V_2 = \overline{M_2 \setminus N_2} \cup N_1$. 由命题 2.5, $\overline{M_1 \setminus N_1} = \overline{T \setminus D_1} \times l_1$ 是亏格为 2 的柄体, 而 V_1 是往 $\overline{M_1 \setminus N_1}$ 上加一个 1-把柄所得的流形, 故 V_1 是亏格为 3 的柄体. 同理, V_2 也是亏格为 3 的柄体. 注意到 $\partial V_1 = S = \partial V_2$, 故 $V_1 \cup_S V_2$ 是 M 的一个亏格为 3 的 Heegaard 分解.

$S^1 \times S^1 \times S^1$ 也可以看作一个正六面体按图 6.16 所示方式粘合六面体的三对对面, 中间曲面的商空间就是一个亏格为 3 的 Heegaard 曲面. 请读者自己验证. 另外, $\pi_1(M)$ 有表示 $\pi_1(M) = \langle x_1, x_2, x_3; [x_1, x_2], [x_1, x_3][x_2, x_3] \rangle$, 其中对于 $i \neq j$, $[x_i, x_j] = x_i x_j x_i^{-1} x_j^{-1}$. 代数上可以证明, 这是 $\pi_1(M) \cong \mathbb{Z}^3$ 的差最大的表示之一.

定理 6.8 设 $V \cup_S W$ 是闭三维流形 M 的一个亏格为 n 的 Heegaard 分解, $(V; J_1, \cdots, J_n)$ 是它的一个 Heegaard 图; $V \cup_S W'$ 是闭三维流形 M' 的一个亏格为 n 的 Heegaard 分解, $(V; J_1', \cdots, J_n')$ 是它的一个 Heegaard 图. 若存在同胚 $h: V \to V$, 使得 $h(J_i) = J_i'$, $1 \leqslant i \leqslant n$, 则 h 可扩张为一个同胚 $h_1: M \to M'$.

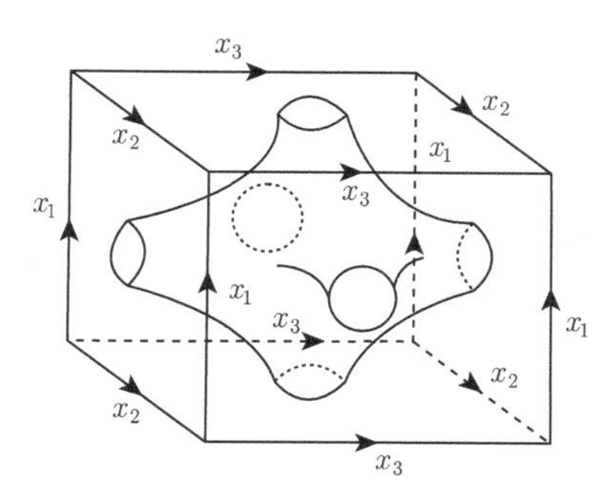

图 6.16　$S^1 \times S^1 \times S^1$ 一个亏格为 3 的 Heegaard 曲面

证明　设 N 为沿 $\{J_1, \cdots, J_n\}$ 往 V 上加 n 个 2-把柄所得的流形, N' 为沿 $\{J'_1, \cdots, J'_n\}$ 往 V 上加 n 个 2-把柄所得的流形. 由假设, 同胚 $h: V \to V$ 满足 $h(J_i) = J'_i$, $1 \leqslant i \leqslant n$, 则显见 h 可扩张为一个同胚 $h': N \to N'$. 再由定理 1.7, h' 可扩张为一个同胚 $h_1: M \to M'$. □

习　题

1. 证明命题 6.3.
2. 设 C 是一个压缩体, 证明 C 是不可约的, 并且 $\partial_- C$ 在 C 中是不可压缩的.
3. 证明命题 6.4(2).
4. 证明定理 6.6.
5. 证明定理 6.7 压缩体的情形.
6. 证明图 6.13 中两个 Heegaard 图决定了 S^3 的同一个亏格为 2 的 Heegaard 分解.
7. 设 F 是三维流形 M 中的一个真嵌入连通不可压缩曲面, 并且 ∂F 包含在 ∂M 的一个环面分支上. 证明：如果 F 不是一个平环, 则 F 在 M 中是边界不可压缩的.

第 7 章　有亏格为 1 的 Heegaard 分解的三维流形分类

前面我们已看到, 对于闭三维流形 M, $M \cong S^3$ 当且仅当 M 的 Heegaard 亏格 $g(M)=0$. 在本章, 我们将介绍有亏格为 1 的 Heegaard 分解的三维流形拓扑分类.

7.1　预备知识和两个特例

下面两个命题是曲面拓扑学熟知的结果 (可参见 [24]):

命题 7.1　设 J_1 和 J_2 是环面 $S^1 \times S^1$ 上两条定向的简单闭曲线. 则下列陈述等价:

(1) J_1 和 J_2 是同伦的;

(2) J_1 和 J_2 是同痕的;

(3) J_1 和 J_2 是同调的.

命题 7.2　设 $\mathbb{T} = S^1 \times S^1$. 则任意一个自同构 $f: H_1(\mathbb{T}) \to H_1(\mathbb{T})$ 均可由 $\mathbb{T}$ 的一个自同胚诱导.

设 $T = B^2 \times S^1$ 为标准实心环体, $\mathbb{T} = \partial T = S^1 \times S^1$. 把 S^1 看作复平面 $\mathbb{C}$ 上的以 $1 \in \mathbb{C}$ 为基点的单位圆周. 令 $\alpha, \beta: (I, \partial I) \to (\mathbb{T}, x_0)$, 其中 $x_0 = (1,1)$, $\alpha(t) = (e^{2\pi ti}, 1)$, $\beta(t) = (1, e^{2\pi ti})$, $t \in I$.

为简便起见, 在不致引起混淆的情况下, 我们常常把作为映射的道路和它的像用相同的符号表示. 比如, 上述 α 的像 $\alpha(I)$ 也用 α 表示. 对于曲面 S 上的定向简单闭曲线 α, 我们也常用 α 表示它在 $H_1(S)$ 中的同调类. 读者可根据上下文确定其具体含义.

β 界定了 T 中的纬圆片 $D = B^2 \times 1$, 故 β 是 T 的一条纬线. 如图 7.1 所示, α 与 β 横截交于 x_0, 故 α 是 T 的一条经线. 分别称 α 和 β 为 T 的标准经线和标准纬线.

$H_1(\mathbb{T}) = \pi_1(\mathbb{T}, x_0)$ 是秩为 2 的自由交换群 $\mathbb{Z} \oplus \mathbb{Z}$. $\{\alpha, \beta\}$ 是 $H_1(\mathbb{T})$ 的一个基. $\pi_1(T, x_0)$ 是秩为 1 的自由群, α 是它的一条生成元曲线. 对任意 $\lambda \in H_1(\mathbb{T})$, λ

可以唯一表示为 $\lambda = p\alpha + q\beta$, $p, q \in \mathbb{Z}$. 设 $h : \mathbb{T} \to \mathbb{T}$ 为自同胚, 则 $h_* : H_1(\mathbb{T}) \to H_1(\mathbb{T})$ 为自同构. 设 $h_*(\alpha) = p\alpha + q\beta$, $h_*(\beta) = r\alpha + s\beta$, 记 $A_{h_*} = \begin{pmatrix} p & q \\ r & s \end{pmatrix}$, 称 A_{h_*} 为 h(或 h_*) 的变换矩阵.

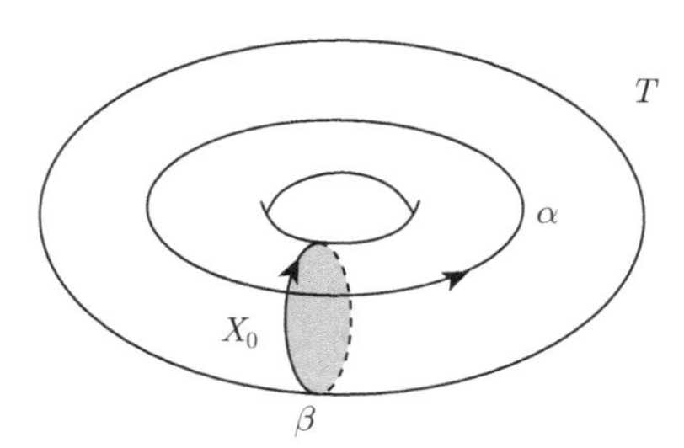

图 7.1 T 的标准经线 α 和标准纬线 β

命题 7.3 (1) T 上任意两个纬圆片都是同痕的.

(2) 一个自同胚 $h : \mathbb{T} \to \mathbb{T}$ 可以扩充为自同胚 $h' : T \to T$ 当且仅当 $h_*(\beta) = \pm\beta$.

证明留作练习.

命题 7.4 (1) 设 $\lambda \in H_1(\mathbb{T})$, $\lambda = p\alpha + q\beta \neq 0$. 则 λ 可由 $\mathbb{T}$ 上一条 (定向的) 简单闭曲线表示的充分必要条件是 p 和 q 互素.

(2) 设 $\lambda, \mu \in H_1(\mathbb{T})$, $\lambda = p\alpha + q\beta, \mu = r\alpha + s\beta$. 则 λ 和 μ 可由 $\mathbb{T}$ 上横截相交于一点的两条 (定向的) 简单闭曲线表示的充分必要条件是行列式 $\begin{vmatrix} p & q \\ r & s \end{vmatrix} = \pm 1$.

证明 (1) 设 $\lambda = p\alpha + q\beta$ 可由 $\mathbb{T}$ 上一条 (定向的) 简单闭曲线 J 表示, 即 $J = p\alpha + q\beta \in H_1(\mathbb{T})$. J 是 $\mathbb{T}$ 上的非平凡曲线, 故 J 是非分离的, 从而可取 $\mathbb{T}$ 上一条 (定向的) 简单闭曲线 K, 使得 J 和 K 横截相交于一点. 则存在自同胚 $h : \mathbb{T} \to \mathbb{T}$, 使得 $h(\alpha) = J$, $h(\beta) = K$. 故 $h_* : H_1(\mathbb{T}) \to H_1(\mathbb{T})$ 为自同构, $h_*(\alpha) = J = p\alpha + q\beta$, $h_*(\beta) = K = r\alpha + s\beta$. h_* 的变换矩阵为 $A_{h_*} = \begin{pmatrix} p & q \\ r & s \end{pmatrix}$. 因 h_* 为自同构, 故 $\det A_{h_*} = \pm 1$(h 为保向同胚时, 行列式取正号; h 为反向同胚时, 行列式取负号). 故 $ps - qr = \pm 1$, 即 p 和 q 互素.

反之, 若 p 和 q 互素, 令 $\gamma = \gamma_{(p,q)} : I \to \mathbb{T}$, $\gamma(t) = (e^{2\pi pti}, e^{2\pi qti})$. 则 γ 是 $\mathbb{T}$ 上的简单闭曲线, 且 $\gamma = p\alpha + q\beta$.

(2) 必要性如上. 对于充分性, 设 $\begin{vmatrix} p & q \\ r & s \end{vmatrix} = \pm 1$. 则 $\alpha \mapsto \lambda, \beta \mapsto \mu$ 可以线性扩张为一个自同构 $f : H_1(\mathbb{T}) \to H_1(\mathbb{T})$. 由命题 7.2, f 可由 $\mathbb{T}$ 的一个自同胚诱导. 再由命题 7.1 即知结论成立. □

注记 7.1　(1) 当 $p = 0$ 时, $q = \pm 1$, $\gamma_{(0,\pm 1)}$ 同痕于 $\beta^{\pm 1}$.

(2) 对于互素的 p 和 q, 当 $p < 0$ 时, 把 $\gamma_{(p,q)}$ 的定向反过来得到定向曲线 $\gamma_{(-p,-q)}$.

(3) 当 $p > 0$ 时, 对于互素的 p 和 q, 上述证明中的曲线 $\gamma_{(p,q)}$ 也可以这样直观得到: 对于水平放置的圆柱筒 $A = S^1 \times I$, 在 S^1 中选取 p 个点 $x_0, x_1, \cdots, x_{p-1}$ 将其进行 $p+1$ 等分. 记 $l_i = x_i \times I$, $0 \leqslant i \leqslant p-1$, 它们是 A 上互相平行的母线. 分别赋予它们从左到右的定向. 现在固定 A 的左端, 将右端扭转 $\dfrac{2\pi q}{p}$, 再将左端和右端对接上重新得到 $\mathbb{T}$(实现粘合的映射为同胚$h : S^1 \times 0 \to S^1 \times 1$, $(e^{2\pi t i}, 0) \mapsto (e^{(2\pi t + \theta) i}, 1)$, $\theta = \dfrac{2\pi q}{p}$, $t \in I$). 这时, 斜母线 l_0 的左端点与右端 x_0 转动 θ 角度后的点出发的斜母线相连, 依次类推, 最后这些斜母线连成一条定向的简单闭曲线就是 $\gamma_{(p,q)}$. 图 7.2 是 $\gamma_{(5,3)}$ 的情形.

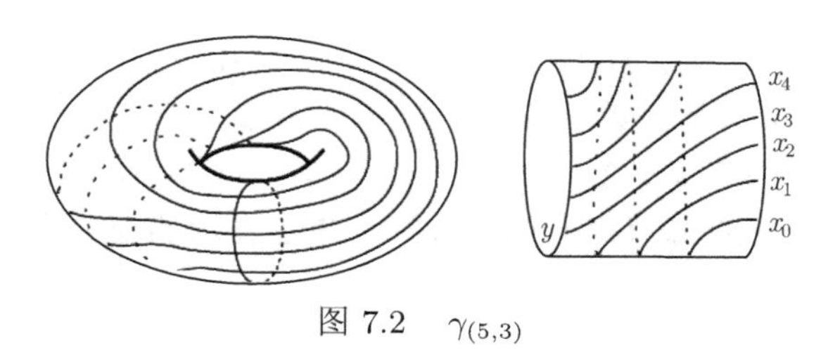

图 7.2　$\gamma_{(5,3)}$

命题 7.5　(1) 对于互素的 p 和 q, $p \neq 0$, 则存在同胚 $h_1 : T \to T$, 使得 $h_1(\gamma_{(p,q)}) = \gamma_{(p,-q)}$.

(2) 对于互素的 p 和 q, $p \neq 0$, $m \in \mathbb{Z}$, 则存在同胚 $h_2 : T \to T$, 且使得 $h_2(\gamma_{(p,q)}) = \gamma_{(p,q+mp)}$, $m \in \mathbb{Z}$.

(3) 对于互素的 p 与 q, p' 与 q', $p, p' > 0$, 存在同胚 $h : T \to T$ 使得 $h(\gamma_{(p,q)}) = \gamma_{(p',q')}$ 当且仅当 $p = p'$, $q \equiv \pm q' (\mathrm{mod}\ p)$.

证明　(1) S^1 上的点 y 用角坐标 ω 来表示, ω 为 y 的辐角, $0 \leqslant \omega \leqslant 2\pi$. 令 $h_1 : T \to T$, $h_1(x, \omega) = (x, -\omega)$, $\forall x \in B^2, \omega \in [0, 2\pi]$. 则 h_1 为同胚, 且 $h_1(\gamma_{(p,q)}) = \gamma_{(p,-q)}$.

(2) B^2 上的点 x 用坐标 (t,θ) 表示, 其中 t 为 x 到原点的距离, $t\in I$, θ 为 x 的辐角, $0\leqslant\theta\leqslant 2\pi$; S^1 上的点同上用角坐标 ω 来表示. 令 $h_2: T\to T$, $h_2(t,\theta,\omega)=(t,\theta+tm\omega,\omega)$. 则 h_2 为同胚, 且 $h_2(\gamma_{(p,q)})=\gamma_{(p,q+mp)}$, $m\in\mathbb{Z}$.

(3) 充分性由 (1) 和 (2) 即得. 下证必要性. 设有同胚 $h: T\to T$ 使得 $h(\gamma_{(p,q)})=\gamma_{(p',q')}$. 对于 T 的纬圆片 $D=B^2\times 1$, $D'=h(D)$ 也是 T 的一个纬圆片. 记 $h'=h|_{\mathbb{T}}$. 由命题 7.3(1), D 与 D' 在 T 上是同痕的, 故 $h'_*(\overline{\beta})=\pm\overline{\beta}$. α 与 β 横截相交于一点, 故 $h'(\alpha)$ 与 $h'(\beta)$ 也横截相交于一点. 设 $h'_*(\overline{\alpha})=r\alpha+s\beta$, r 与 s 互素. 由命题 7.4(2), $\begin{vmatrix}0 & \pm1\\ r & s\end{vmatrix}=\pm1$, 故 $r=\pm1$. 再由 $h'(\gamma_{(p,q)})=\gamma_{(p',q')}$ 知 $h'_*(\gamma_{(p,q)})=h'_*(p\alpha+q\beta)=ph'_*(\alpha)+qh'_*(\beta)=p(r\alpha+s\beta)\pm q\beta=pr\alpha+(ps\pm q)\beta=p'\alpha+q'\beta=\gamma_{(p',q')}$. 这样, $p'=pr$, $q'=ps\pm q$. 因 $p'>0$, 故 $p=p'$, $q\equiv\pm q' \pmod p$. □

注记 7.2 当 $p>0$ 时, 命题 7.5(2) 中的同胚 h_2 就是注记 7.1(3) 中用到的同胚.

设 $T\cup_S T'$ 是闭三维流形 M 的一个亏格为 1 的 Heegaard 分解, 其中 T' 是实心环 T 的一个拷贝, $S=\partial T=\partial T'$ 为环面. 如前, 设 α 和 β 分别为 T 的标准经线和标准纬线. 设 $\gamma=\gamma_{(p,q)}$ 为 T' 的一条纬线 (p 和 q 互素), 则 $(T;\gamma)$ 是 M 的一个的 Heegaard 图.

由注记 7.1(1), 当 $p=0$ 时, $q=\pm1$, $\gamma_{(0,\pm1)}=\beta^{\pm1}$. 此时, $M\cong S^2\times S^1$, $\pi_1(M)=\mathbb{Z}$, 是无限循环群.

由定理 6.8 和注记 7.1(2), 当 $p\neq 0$ 时, 我们总可以假定 $p\geqslant 1$.

当 $q=0$ 时, $p=1$, $\gamma=\alpha$. 此时, $M=S^3$, $\pi_1(M)=1$, 是平凡群. 由 Van Kampen 定理, 当 $p=1$ 时, $\pi_1(M)=1$, 是平凡群; 当 $p>1$ 时, $\pi_1(M)=\mathbb{Z}_p$ 是 p 阶循环群. 这样即有

定理 7.1 $(T;\gamma)$ 是 $S^2\times S^1$ 的一个 Heegaard 图当且仅当在 $\mathbb{T}$ 上 γ 与 β 是同痕的.

下面我们证明:

定理 7.2 $(T;\gamma)$ 是 S^3 的一个 Heegaard 图当且仅当在 $\mathbb{T}$ 上 γ 与 β 横截相交于一点, 即 $\gamma=\gamma_{(1,k)}$, $k\in\mathbb{Z}$.

证明 必要性. 设 $(T;\gamma_{(p,q)})$ 是 S^3 的一个 Heegaard 图. 由定理 7.1, $p>0$. 因 $\pi_1(S^3)=1$, 故只能 $p=1$. 因 $\begin{vmatrix}1 & q\\ 0 & 1\end{vmatrix}=1$, 由命题 7.4(2) 即知, γ 与 β 横截

相交于一点.

充分性. 设 $(V;\gamma)$ 是闭三维流形 M 的一个 Heegaard 图, 其中 γ 与 β 横截相交于一点. 再由命题 7.4(2), 可知 $p=1$. 由命题 7.5(2), 存在同胚 $h_2: T\to T$, 使得 $h_2(\gamma_{(1,q)})=\gamma_{(1,q+m)}=\gamma_{(1,0)}=\alpha$, 其中 $m=-q$. 而 $(V;\alpha)$ 是 S^3 的 Heegaard 图, 由定理 6.8, h_2 可扩充为同胚 $h: M\to S^3$. □

7.2 透镜空间的分类

本部分主要考虑 Heegaard 图 $(T;\gamma_{(p,q)})$, $p\geqslant 2$. 由定理 6.8、注记 7.1(2) 和命题 7.5(2)(3), 在下面的讨论中, 除非特别说明, 我们总可以假定 $0<q\leqslant \dfrac{p}{2}$. 下面给出透镜空间的定义.

定义 7.1 透镜空间

设 $T\cup_{\mathbb{T}}T'$ 是闭三维流形 M 的一个亏格为 1 的 Heegaard 分解, 其中 T' 是实心环 T 的一个拷贝, $\mathbb{T}=\partial T=\partial T'$ 为环面, α 和 β 分别为 T 的标准经线和标准纬线. 设 $\gamma=\gamma_{(p,q)}$ 为 T' 的一条纬线, 其中 $p\geqslant 2$, $0<q\leqslant\dfrac{p}{2}$, p 和 q 互素. 则称 M 为一个 (p,q) 型透镜空间, 记作 $L(p,q)$.

透镜空间的亏格为 1 的 Heegaard 曲面有如下的好性质, 其证明参见 [12].

引理 7.1 透镜空间 $L(p,q)$ 中任意两个亏格为 1 的 Heegaard 曲面都是同痕的.

下面是透镜空间的分类定理.

定理 7.3 $L(p,q)\cong L(p',q')$ 当且仅当 $p=p'$ 且

(1) $q\equiv\pm q'(\bmod p)$; 或

(2) $qq'\equiv\pm 1(\bmod p)$.

证明 必要性. 设 $L(p,q)=T\cup_f T'$ 有 Heegaard 图 $(T;\gamma_{(p,q)})$, $L(p',q')=T\cup_g T'$ 有 Heegaard 图 $(T;\gamma_{(p',q')})$, 其中 $f,g:\mathbb{T}\to\mathbb{T}$ 为粘合同胚. 设 $h: L(p,q)\to L(p',q')$ 为同胚. 则 $h_*:\pi_1(L(p,q))\to\pi_1(L(p',q'))$ 为同构. $\pi_1(L(p,q))\cong\mathbb{Z}_p$, $\pi_1(L(p',q'))\cong\mathbb{Z}_{p'}$, 故 $p=p'$.

$h(\mathbb{T})$ 和 $\mathbb{T}$ 都是 $L(p',q')$ 的 Heegaard 曲面. 由引理 7.1, $h(\mathbb{T})$ 和 $\mathbb{T}$ 在 $L(p',q')$ 中是同痕的, 故可设 $h(\mathbb{T})=\mathbb{T}$. 下面分两种情况讨论:

(1) $h(T)=T$, $h(T')=T'$. 这时, $h(\gamma_{(p,q)})$ 和 $\gamma_{(p',q')}$ 都是 T' 上的纬线, 不妨设 $h(\gamma_{(p,q)})=\gamma^{\pm1}_{(p',q')}$. 由命题 7.5(3) 即知, $q\equiv\pm q'(\bmod p)$.

(2) $h(T) = T'$, $h(T') = T$. 记自同胚 $h' = h|_{\mathbb{T}} : \mathbb{T} \to \mathbb{T}$. 则 $h'(\beta)$ 在 $\mathbb{T}$ 上同痕于 $\gamma_{(p',q')}$, $h'(\gamma_{(p,q)})$ 在 $\mathbb{T}$ 上同痕于 β. 不妨设

$$h'_*\begin{pmatrix} \alpha \\ \beta \end{pmatrix} = \begin{pmatrix} r & s \\ p' & q' \end{pmatrix}\begin{pmatrix} \alpha \\ \beta \end{pmatrix}, \quad \begin{vmatrix} r & s \\ p' & q' \end{vmatrix} = \pm 1.$$

因 $h'(\gamma_{(p,q)})$ 与 β 同痕, 故 $h'_*(\gamma_{(p,q)}) = h'_*(p\alpha + q\beta) = \pm\beta$, 故有 $ph'_*(\alpha) + qh'_*(\beta) = p(r\alpha + s\beta) + q(p'\alpha + q'\beta) = (pr + p'q)\alpha + (ps + qq')\beta = \pm\beta$, 从而 $ps + qq' = \pm 1$, 即 $qq' \equiv \pm 1(\bmod p)$.

充分性. 若 $p = p'$, $q \equiv \pm q'(\bmod p)$, 由命题 7.5(3), 存在同胚 $h : T \to T$, 使得 $h(\gamma_{(p,q)}) = \gamma_{(p',q')}$. 再由定理 6.8, h 可以扩张为一个同胚 $h' : L(p,q) \to L(p',q')$.

若 $p = p'$, $qq' \equiv \pm 1(\bmod p)$, $ps + qq' = \pm 1$, 令

$$f\begin{pmatrix} \alpha \\ \beta \end{pmatrix} = \begin{pmatrix} -q & s \\ p & q' \end{pmatrix}\begin{pmatrix} \alpha \\ \beta \end{pmatrix},$$

则因 $\begin{vmatrix} -q & s \\ p & q' \end{vmatrix} = \pm 1$, 故 f 可线性扩张为一个自同构 $f_* : H_1(\mathbb{T}) \to H_1(\mathbb{T})$. 由命题 7.2, f 可由一个同胚 $h : T \to T'$ 诱导, $h(\beta) = \gamma_{(p,q')}$. 因 $f(p\alpha + q\beta) = (p,q)f\begin{pmatrix} \alpha \\ \beta \end{pmatrix} = (p,q)\begin{pmatrix} -q & s \\ p & q' \end{pmatrix}\begin{pmatrix} \alpha \\ \beta \end{pmatrix} = \pm\beta$, 故 $h : T \to T'$ 可扩张为一个同胚 $h : L(p,q) \to L(p',q')$. □

定理 7.4 $L(p,q)$ 与 $L(p',q')$ 是同伦等价的当且仅当 $p = p'$ 且存在 $a \in \mathbb{Z}$, $\pm qq' \equiv a^2(\bmod p)$.

证明略. 读者可参见 [38].

7.3 透镜空间的连通和

对于定向的三维流形 M, 我们用 $-M$ 表示取与 M 的定向相反的定向所得的定向三维流形.

命题 7.6 设 M 为定向的素三维流形, M 上不存在反向自同胚. 则 $M\#M$ 与 $M\#(-M)$ 不同胚.

证明 反证. 假设存在同胚 $h: M\#M \to M\#(-M)$, 则由定理 5.4, 当 h 是保向同胚时,

$$h(M\#M, M, M) = (M\#(-M), M, -M);$$

当 h 是反向同胚时,

$$h(M\#M, M, M) = (-(M\#(-M)), -M, M) = ((-M)\#M, -M, M).$$

无论哪种情况, 都有从 M 到 $-M$ 的保向自同胚, 与假设矛盾. □

的确存在没有反向自同胚的三维流形. 沿用定理 7.3 的证明方法, 可以给出透镜空间上存在反向自同胚的一个特征:

定理 7.5 $L(p,q)$ 有反向自同胚当且仅当 $q^2 \equiv -1(\bmod p)$.

证明 设 $L(p,q)$ 的亏格为 1 的 Heegaard 分解为 $T \cup_{\mathbb{T}} T'$, 其中 T' 是实心环 T 的一个拷贝, $\mathbb{T} = \partial T = \partial T'$ 为环面. 如前, 设 α 和 β 分别为 T 的标准经线和标准纬线. 设 $\gamma = \gamma_{(p,q)}$ 为 T' 的一条纬线 (p 和 q 互素).

必要性. 设 $h: L(p,q) \to L(p,q)$ 为反向自同胚. 与定理 7.3 的证明类似, 可设 $h(\mathbb{T}) = \mathbb{T}$. 记自同胚 $h' = h|_{\mathbb{T}}: \mathbb{T} \to \mathbb{T}$. 下面分两种情况讨论:

(1) $h(T) = T$, $h(T') = T'$. 这时, $h(\beta)$ 和 β 都是 T 上的纬线. 不妨设

$$h'_*\begin{pmatrix}\alpha\\ \beta\end{pmatrix} = A\begin{pmatrix}\alpha\\ \beta\end{pmatrix}, \quad A = \begin{pmatrix} r & s\\ 0 & \pm 1\end{pmatrix}, \quad \det A = -1,$$

故

$$A = \begin{pmatrix}\varepsilon & s\\ 0 & -\varepsilon\end{pmatrix}, \quad \varepsilon = \pm 1.$$

另一方面, $\gamma_{(p,q)}$ 和 $h'(\gamma_{(p,q)})$ 都是 T' 上的纬线, 故

$$h'_*(p\alpha + q\beta) = \delta(p\alpha + q\beta), \quad \delta = \pm 1. \tag{7.1}$$

但

$$\begin{aligned} h'_*(p\alpha + q\beta) &= (p,q)\begin{pmatrix}\varepsilon & s\\ 0 & -\varepsilon\end{pmatrix}\begin{pmatrix}\alpha\\ \beta\end{pmatrix} = (\varepsilon p, ps - \varepsilon q)\begin{pmatrix}\alpha\\ \beta\end{pmatrix}\\ &= \varepsilon p\alpha + (ps - \varepsilon q)\beta. \end{aligned} \tag{7.2}$$

比较 (7.1) 和 (7.2) 即知, $\varepsilon = \delta$, $\delta q = ps - \varepsilon q$. 从而 $ps = 2\varepsilon q$, $0 < q < p$, 故 $|s| \leqslant 1$. $s \neq 0$. p 与 q 互素, 故只能 $p = 2, q = 1$. 从而结论成立.

(2) $h(T)=T'$, $h(T')=T$. 因 $h'(\beta)$ 在 $\mathbb{T}$ 上同痕于 $\gamma_{(p,q)}$, $h'(\gamma_{(p,q)})$ 同痕于 β, $h'_*(\beta)=\pm(p\alpha+q\beta)$, $h'_*(p\alpha+q\beta)=\pm\beta$. $h: L(p,q)\to L(p,q)$ 为反向自同胚, 故 $h'=h|_{\mathbb{T}}:\mathbb{T}\to\mathbb{T}$ 为保向自同胚. 不妨设

$$h'_*\begin{pmatrix}\alpha\\ \beta\end{pmatrix}=A\begin{pmatrix}\alpha\\ \beta\end{pmatrix},$$

其中$A=\begin{pmatrix} r & s\\ p & q\end{pmatrix}$, 或$\begin{pmatrix} -r & -s\\ -p & -q\end{pmatrix}$, $\det A=1$.

对于 $A=\begin{pmatrix} r & s\\ p & q\end{pmatrix}$, 则有 $h'_*(p\alpha+q\beta)=p(r\alpha+s\beta)+q(p\alpha+q\beta)=(pr+qp)\alpha+(ps+q^2)\beta=\pm\beta$, 故 $p(r+q)=0$. 但 $p\geqslant 2$, 从而 $r=-q$, $ps+q^2=ps-qr=-1$. 这时, $q^2\equiv -1(\mathrm{mod}\ p)$, $h'_*(p\alpha+q\beta)=-\beta$.

对于 $A=\begin{pmatrix} -r & -s\\ -p & -q\end{pmatrix}$, 同样可知 $q^2\equiv -1(\mathrm{mod}\ p)$, $h'_*(p\alpha+q\beta)=\beta$.

对于充分性, 按如上证明的条件构造自同构 $f: H_1(\mathbb{T})\to H_1(\mathbb{T})$, f 可以由一个保向自同胚 $h':\mathbb{T}\to\mathbb{T}$ 诱导, 且 h' 可以扩张为 $L(p,q)=T\cup_{\mathbb{T}}T'$ 的一个反向自同胚. 细节留作练习. □

例 7.1 对于 $M=L(7,2)$, 由定理 7.5 即知 M 不存在反向自同胚, 再由命题 7.6 可知, $M\#M$ 与 $M\#(-M)$ 不同胚.

习　题

1. 证明命题 7.3.
2. 证明 $\mathbb{R}P^3$ 同胚于 $L(2,1)$.
3. 给出定理 7.5 的完整证明.
4. 证明透镜空间 $L(p,q)$ 是不可约的.
5. 证明 $L(7,1)$ 和 $L(7,2)$ 是同伦等价的但它们不同胚.

第 8 章　Haken 流形

本章我们讨论 Haken 流形, 考虑将三维流形 M 沿其中的不可压缩曲面 F 切开, 使得有限步后, 得到若干实心球, 这是三维流形的谱. 8.1 节介绍三维流形谱的定义和性质. 8.2 节讨论 Haken 流形及其性质.

8.1　三维流形谱的定义和性质

从曲面拓扑学可知, 对于一个紧致曲面 F, 总可以沿着 F 上的本质简单闭曲线或本质弧来切开 F, 使得有限步后, 得到若干圆片. 一类三维流形也有类似性质, 其中与曲面中曲线相对应的是三维流形中的不可压缩曲面.

设 F 是真嵌入于连通 3-流形 M 的一个曲面. 若沿 F 切开 M 所得的流形中有一个分支同胚于 $F \times I$, $F = F \times 0$, 则称 F 是边界平行的.

定义 8.1　三维流形的偏谱与谱

(1) 设 M 为一个紧致 3-流形. M 的一个偏谱指的是一个有限或无限的偶对序列:

$$(M_1, F_1), (M_2, F_2), \cdots, (M_n, F_n), \cdots,$$

其中, $M_1 = M$, F_n 为 M_n 中一个双侧的非边界平行的不可压缩曲面, M_{n+1} 为沿 F_n 切开 M_n 所得的 3-流形, $n = 1, 2, \cdots$. 也称 F_n 为该偏谱中 M_n 里的切割曲面.

(2) 若对于某个 n, M_{n+1} 的每个分支都是 3-实心球, 则称 3-流形 M 的一个如上的偏谱为 M 的谱. 这时, 称 n 为该谱的长度.

例 8.1　设 M 是亏格为 2 的柄体. M 有如图 8.1 所示的长度为 2 的谱.

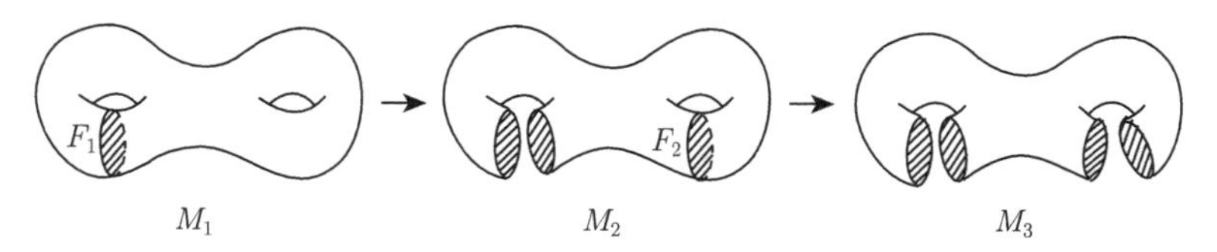

图 8.1　亏格为 2 的柄体的长度为 2 的谱

也可以选取 F 为 M 的一个完全圆片系统. 则 (M,F) 为 M 的长度为 1 的谱. 实际上, 每个正亏格的柄体都有长度为 1 的谱. 反之, 容易验证, 有长度为 1 的谱的连通三维流形一定是柄体.

例 8.2 设 $M_1 = S_g \times I$, 其中 S_g 是亏格为 $g > 0$ 的可定向闭曲面. 任取 S_g 上一条非分离的简单闭曲线 C, 令 $F_1 = C \times I$, 则 F_1 是真嵌入 M_1 中的一个非分离的双侧不可压缩平环. 沿 F_1 切开 M_1 得到 3-流形 $M_2 = S_{g-1,2} \times I$, 则 M_2 是一个亏格为 $2g-1$ 的柄体. 选取 M_2 的一个完全圆片系统 $F_2 = \{D_1, \cdots, D_{2g-1}\}$, 则 M_1 有个长度为 2 的谱: (M_1, F_1), (M_2, F_2). 类似可知, 每个非平凡压缩体有一个长度为 3 的谱.

例 8.3 设 M 是亏格为 2 的柄体. $M \cong S \times I$, 其中 S 为一次穿孔的环面. 设 J 为 S 上一条非分离的简单闭曲线.

令 $M_1 = M$, $h_1 : S \times I \to M_1$ 为一个同胚, $F_1 = h_1(J \times I)$. 对于 $n \geqslant 1$, 定义 M_{n+1} 为沿 F_n 切开 M_n 所得的流形. 容易看到, M_{n+1} 仍是亏格为 2 的柄体, 故有同胚 $h_{n+1} : S \times I \to M_{n+1}$. 令 $F_{n+1} = h_{n+1}(J \times I)$. 如此下去, 可以得到一个偏谱

$$(M_1, F_1), (M_2, F_2), \cdots, (M_n, F_n), \cdots,$$

如图 8.2 所示.

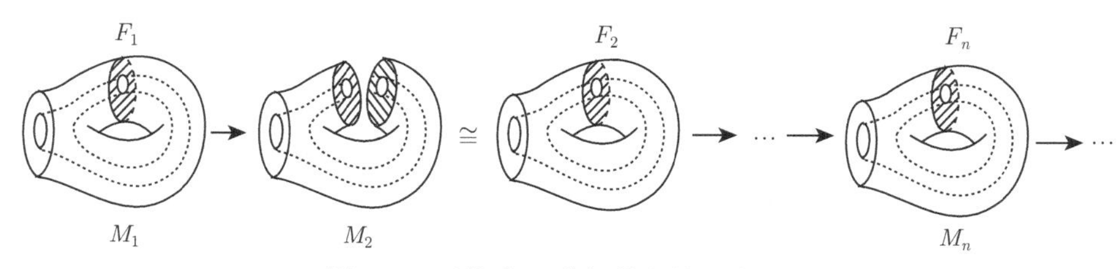

图 8.2 亏格为 2 的柄体上的一个偏谱

上述偏谱中的每个 M_n 都还是亏格为 2 的柄体, 每个 F_n 都是一个平环. 这是个无限偏谱, 其中的 3-流形同胚型不变.

注记 8.1 还可以从亏格为 2 的柄体 H_2 出发构造一个无限偏谱

$$(M_1, F_1), (M_2, F_2), \cdots, (M_n, F_n), \cdots,$$

其中 M_n 是亏格为 $(2^{n-1}+1)$ 的柄体, F_n 是真嵌入于 M_n 中的双侧的非分离的不可压缩曲面, 其欧拉示性数为 -2^{n-1}, 详见 [45].

下面的定理表明, 如果 M 的一个偏谱中的切割曲面有圆片, 则可以得到 M 的一个新偏谱, 使得其中的圆片可以尽可能延后出现.

定理 8.1 设 M 为一个紧致 3-流形. $(M_1, F_1), (M_2, F_2), \cdots, (M_n, F_n), \cdots$ 为 M 的一个偏谱. 若对于某个 n, $F_1, \cdots, F_n$ 至少有 k 个切割曲面不是圆片. 则 M 有一个偏谱 $(M_1', F_1'), (M_2', F_2'), \cdots, (M_k', F_k'), \cdots$, 使得对于 $1 \leqslant j \leqslant k$, F_j' 都不是圆片.

证明 假设对某个 n, F_n 是一个圆片, 沿 F_n 切开 M_n 得到 M_{n+1}, F_{n+1} 是 M_{n+1} 中双侧的真嵌入的不可压缩曲面, 且 F_{n+1} 不是圆片. 因 F_n 的两个切口落在 M_{n+1} 的边界上, 在 M_{n+1} 中简单同痕移动 F_{n+1} 后, 可假定 F_{n+1} 与 F_n 的两个切口在 M_{n+1} 中不交. 从而在 M_n 中, F_{n+1} 与 F_n 也不交.

这样, 可以构造 M 的一个新偏谱

$$(M_1, F_1), \cdots, (M_{n-1}, F_{n-1}), (M_n', F_n'), (M_{n+1}', F_{n+1}'), (M_{n+2}, F_{n+2}), \cdots,$$

其中 $(M_n', F_n') = (M_n, F_{n+1})$, $F_n' = F_{n+1}$, $F_{n+1}' = F_n$, M_{n+1}' 是沿 F_n' 切开 M_n' 所得的流形.

由归纳即知定理结论成立. □

8.2 Haken 流形及其性质

先考虑一类三维流形中的谱的存在性.

定理 8.2 (谱的存在性定理) 设 M 为一个紧致连通带边可定向不可约 3-流形. 则 M 总有一个谱 $(M_1, F_1), (M_2, F_2), \cdots, (M_n, F_n)$.

证明 设 M 为一个紧致连通带边可定向不可约 3-流形. 按照如下步骤确定 M 中的一个可定向的非边界平行的双侧的不可压缩曲面 F 有闭分支:

(1) M 是一个压缩体, 由例 8.2, M 有一个长度至多为 3 的谱. 特别地, 若 ∂M 有 2-球面分支, 由 M 的不可约性可知 M 就是 3-实心球, 结论已经成立. 下设 ∂M 没有 2-球面分支, 且不是压缩体.

(2) ∂M 在 M 中是可压缩的. 设 S 是 M 的一个边界分支, S 在 M 中是可压缩的. 设 $\mathcal{D}$ 为 S 在 M 中的一个互不相交的压缩圆片组, 使得在沿 $\mathcal{D}$ 切开 M 所得的流形 M' 中, 新产生的边界分支没有 2-球面, 且在 M' 中是不可压缩的. 设 N 为 $S \cup \mathcal{D}$ 在 M 中的一个正则邻域. 则 N 是一个非平凡压缩体, 使得 $\partial_+ N = S$, 且 $\partial_- N$ 在 M 中是不可压缩的. 因 M 不是压缩体, $\partial_- N \neq \varnothing$, 且 $\partial_- N$ 在 M 中是非边界平行的. 令 $F = \partial_- N$.

(3) ∂M 在 M 中是不可压缩的. 由定理 3.6, M 中存在双侧的非分离的连通的不可压缩曲面 F'(特别地, F' 在 M 中是非边界平行的). 若 F' 是闭曲面, 令 $F=F'$. 若 F' 是带边曲面, 记 S' 为 ∂M 的所有与 $\partial F'$ 交不空的分支之并. 令 N 为 $S'\cup F'$ 在 M 中的一个正则邻域. 则 N 是不可约的, 有不可压缩的边界, 且沿 F' 切开 N 所得的流形同胚于 $E\times I$(证明留作练习), 其中 $E=\partial N\setminus S'$. 取 E 的一个分支 E'. 若 E' 在 $M'=\overline{M\setminus N}$ 中是不可压缩的, 则令 $F=F'\cup E'$. 若 E' 在 M' 中是可压缩的, 且 M' 是压缩体, 则如 (1), 显见 M 有一个长度至多为 4 的谱. 若 E' 在 M' 中是可压缩的, 且 M' 不是压缩体, 则按 (2) 的方式找到 M' 中的一个闭的非边界平行的双侧不可压缩曲面 E. 此时, E 也是 M 中的不可压缩曲面. 令 $F=F'\cup E$.

在以上几种情况中, 若 M 不是压缩体, 则 M 中总有非边界平行的双侧不可压缩曲面 F, 使得沿 F 切开 M 所得的每个分支或是一个压缩体, 或是一个非压缩体的不可约的带边三维流形, 且 F 至少有一个分支是闭曲面.

记 $M_1=M$, $F_1=F$, M_2 为沿 F_1 切开 M_1 所得的流形. 若 M_2 有分支不是压缩体, 则如上选取 M_2 中的非边界平行的双侧不可压缩曲面 F_2. 记 M_3 为沿 F_2 切开 M_2 所得的流形.

一般地, 若已有 M_k, M_k 有分支不是压缩体, 则如上选取 M_k 中的非边界平行的双侧不可压缩曲面 F_k. 记 M_{k+1} 为沿 F_k 切开 M_k 所得的流形. 则 M_{k+1} 每个分支或是一个压缩体, 或是一个非压缩体的不可约的带边三维流形, 且 F_k 至少有一个分支是闭曲面 F_k^*.

如果对某个 k, M_k 的每个分支都是压缩体, 则显然 M 有一个谱. 否则, 有 M 的一个偏谱 $(M_1,F_1),(M_2,F_2),\cdots,(M_n,F_n),\cdots$. 由此即知 M 中包含一组互不相交的双侧不可压缩闭曲面 $F_1^*,F_2^*,\cdots,F_n^*,\cdots$. 由定理 4.10, 必有 i,j, $i<j$, 所得 F_i^* 和 F_j^* 在 M 中是平行的. 但由我们的选取, F_j^* 含于 M_j 的内部, 不平行于 M_j 的边界分支, 从而不能平行于 F_i^*, 矛盾. 故有对某个 k, M_k 的每个分支都是压缩体. □

注记 8.2 (1) 三维流形 M 的闭 Haken 数 $h(M)$ 在其谱的存在性证明中发挥了至关重要的作用.

(2) 从定理证明中可以看出, 在构造 M 的谱 $(M_1,F_1),(M_2,F_2),\cdots,(M_n,F_n)$ 时, 可要求 $\partial F_i\cap\partial M_i\neq\varnothing$, $1\leqslant i\leqslant n$.

(3) 并非每个三维流形中都有不可压缩曲面, 如 S^3、透镜空间 $L(p,q)$ 等.

推论 8.1 设 M 为一个可定向不可约闭 3-流形, M 包含一个双侧不可压缩曲面. 则 M 总有一个谱.

证明 设 F_0 为 $M_0=M$ 中一个双侧不可压缩曲面, M_1 为沿 F_0 切开

M_0 所得的流形. 则 M_1 为可定向不可约带边 3-流形. 由定理 8.2, M_1 有谱 $(M_1, F_1), (M_2, F_2), \cdots, (M_n, F_n)$, 从而 M 有谱 $(M_0, F_0), (M_1, F_1), (M_2, F_2), \cdots,$ (M_n, F_n). □

例 8.3 等例子表明, 像柄体这样的三维流形都有无限的偏谱. 注意到这些无限偏谱中的切割曲面都是边界可压缩的. 下面的定理表明, 若还要求偏谱中每个切割曲面都是边界不可压缩的, 则该偏谱必为谱, 即它是有限的.

定理 8.3　设 M 为一个紧致可定向 3-流形. $(M_1, F_1), (M_2, F_2), \cdots, (M_n, F_n), \cdots$ 为 M 的一个偏谱, 使得对每个 n, F_n 在 M_n 中都是不可压缩和边界不可压缩的. 则存在至多 $3h(M)$ 个整数 n, 使得 F_n 不是圆片.

上述定理的证明方法与定理 8.2的类似, 详情可参见 [45].

下面给出 Haken 流形的定义.

定义 8.2　Haken 流形

设 M 为一个紧致的可定向的不可约的 3-流形. 若 M 包含一个双侧的不可压缩曲面, 则称 M 为一个 Haken 流形.

例 8.4　(1) 3-实心球是个 Haken 流形 (作为特例), 每个柄体也是 Haken 流形.

(2) 设 K 为 S^3 中一个纽结, $M_K = \overline{S^3 \setminus \eta(K)}$ 为纽结 K 的补空间. 则 M_K 为 Haken 流形.

(3) S^3, $S^2 \times I$, $S^2 \times S^1$ 和透镜空间 $L(p, q)$ 都不是 Haken 流形.

注记 8.3　Haken 流形是 $K(\pi, 1)$ 流形.

注意到若 M 是一个 Haken 流形, $(M_1, F_1), (M_2, F_2), \cdots, (M_n, F_n), \cdots$ 为 M 的一个偏谱, 则易知其中每个 M_n 均为 Haken 流形. 若 M 不是柄体, 则 M 中包含一个双侧的不可压缩和边界不可压缩的非圆片非边界平行的曲面. 由此, 立即可有

定理 8.4　Haken 流形 M 总是有一个谱 $(M_1, F_1), (M_2, F_2), \cdots, (M_n, F_n)$, 其中每个 M_i 都是 Haken 流形, $1 \leqslant i \leqslant n+1$.

定理 8.5　设 M 为一个 Haken 流形. 若不限制 M 的一个谱中的曲面是连通的, 则 M 有一个长度为 4 的谱 $(M_1, F_1), (M_2, F_2), (M_3, F_3), (M_4, F_4)$.

证明 令 $M_1 = M$, F_1 为 M_1 中一个互不相交、互不平行的非边界平行的闭的不可压缩曲面的极大组 (即若 F 是 M_1 中一个非边界平行的闭的不可压缩曲面, F 与 F_1 不交, 则在 M_1 中 F 平行于 F_1 的一个分支). 令 M_2 为沿 F_1 切开 M_1 所得的 3-流形. 若 $F_1 = \varnothing$, 直接令 $M_2 = M_1$. 则 M_2 的每个分支都是 Haken 流形, 从而包含一个非边界平行的不可压缩曲面. 否则, M_2 的某个分支是实心球, 从而 M 为实心球.

设 F_2 为 M_2 中一组互不相交的非边界平行的不可压缩曲面, 且 F_2 与 M_2 的每个边界分支都相交.

令 M_3 为沿 F_2 切开 M_2 所得的 3-流形. 则 M_3 的每一个分支是柄体与若干闭曲面增厚的边界连通和. 如确有闭曲面增厚出现, 则在每个这样的闭曲面增厚中选取一个扩展本质平环构成 F_3.

令 M_4 为沿 F_3 切开 M_3 所得的 3-流形. 则 M_4 的每个分支为柄体. □

Haken 流形是被人们了解得非常透彻的一类 3-流形. 如同剪切和粘贴技术在为研究 2-流形时完全有效, 尽管增加一个维度确实增加了困难, 但 Haken 流形中的谱在解决 Haken 的拓扑分类问题中也获得了圆满成功. 下面是 Haken 流形的两个重要性质, 其证明可参见 [33, 114].

定理 8.6 (Waldhausen 定理) 同伦等价的闭 Haken 3-流形是同胚的.

定理 8.7 (Haken 流形的刚性定理) 两个闭 Haken 3-流形是同胚的当且仅当它们有同构的基本群.

注记 8.4 Virtual Haken 猜想: 设 M 为紧致可定向不可约 3-流形, M 有无限基本群. 则 M 有一个有限覆盖是 Haken 流形.

在 Perelman 证明 Thurston 的几何化猜想后, Virtual Haken 猜想曾被认为是 3-流形拓扑中未被解决的最具挑战性的问题之一.

通常认为这个猜想是 Friedhelm Waldhausen 在 1968 年的一篇论文中最先提到的, 虽然他未在文中正式写出. 著名的 Kirby 的问题集 [124] 将这个猜想正式列为问题 3.2. 在 Perelman 证明 Thurston 的几何化猜想后 (参见 [76]), Virtual Haken 猜想只剩下双曲 3-流形的情形待证.

2012 年 3 月, Agol [2] 给出了 Virtual Haken 猜想的肯定证明. 他的证明是基于 Kahn 和 Markovic 在文献 [52] 中关于曲面子群猜想的证明、Wise [116] 在证明判规特商定理时得到的结果以及 Bergeron 和 Wise [8] 的关于群的方块剖分的结果. 2013 年, Agol 因此获几何与拓扑的最高奖——Veblen 奖.

习 题

1. 设 $T^3 = S^1 \times S^1 \times S^1$ 是 3-环面, 给出 T^3 的一个谱.
2. 设 S_g 是亏格为 $g > 0$ 的可定向闭曲面, 给出 $S_g \times S^1$ 的一个谱.
3. 设 K 为 S^3 中一个纽结, 证明 K 的补空间 $M_K = \overline{S^3 \setminus \eta(K)}$ 为 Haken 流形.
4. 试给出一个闭三维流形 M 的例子, 使得 $\pi_1(M)$ 有限并且 M 包含一个不可压缩曲面.

第 9 章　曲面和三维流形上的莫尔斯函数

到目前为止, 我们一直在分片线性范畴内研究曲面和三维流形. 我们注意到, 关于 Heegaard 分解的存在性的证明依赖于三维流形有一个单纯剖分, 闭 Haken 数 $h(M)$ 的存在性的证明也依赖于 M 的一个单纯剖分, 我们已经广泛使用的正则邻域也来自流形的一个单纯剖分的二重重心重分.

在本章, 我们将从微分结构的角度来研究三维流形的组合结构. 通过在三维流形上引入莫尔斯 (Morse) 函数, 我们给出三维流形的胞腔分解结构以及与之对应的一般的 Heegaard 分解结构, 特别地, 我们可以给出三维流形上都存在 Heegaard 分解结构的另一种证明.

9.1　微分流形上的莫尔斯理论概论

关于一般微分流形上的莫尔斯理论的系统介绍, 读者可参见 [40]. 本节将主要介绍相关的基本定义和后面要用到的主要结果.

设 M 是 m 维光滑流形, N 是 n 维光滑流形, $f: M \to N$. 若对于任意 $x \in M$, 存在 M 的一个图卡 (U, φ) 和 N 的一个图卡 (V, ψ), 使得 $x \in U$, $f(U) \subset V$, 且 $\psi \circ f \circ \varphi^{-1}: \mathbb{R}^m \to \mathbb{R}^n$ 为光滑映射, 则称 f 为光滑映射. 特别地, 当 N 为欧氏直线 $\mathbb{R}$ 时, 称 f 为光滑函数.

设 M 是一个 n 维光滑流形, $f: M \to \mathbb{R}$ 为光滑函数, $p \in M$, U 是包含 p 的一个开集, (U, φ) 是 M 的一个图卡, 其中 $\varphi: U \to \mathbb{R}^n$ 为同胚, $\varphi(p) = x = (x_1, \cdots, x_n)$. 记 $f_U = f \circ \varphi^{-1}: \mathbb{R}^n \to \mathbb{R}$.

定义 9.1　梯度

f_U 在 x 处的梯度记作$\nabla_x f_U = \left(\dfrac{\partial f_U}{\partial x_1}(x), \cdots, \dfrac{\partial f_U}{\partial x_n}(x)\right)$. 如果 $\nabla_x f_U = 0$, 则可以验证, 对于 M 的包含 p 的任何图卡 (V, ψ), $y = \psi(p)$, 均有 $\nabla_y f_V = 0$. 此时, 记 $\nabla_p f = 0$, 称 p 为 f 的一个临界点, 称 $f(p)$ 为 f 的一个临界值. 对于 $a \in \mathbb{R}$, 若 $f^{-1}(a)$ 不包含 f 的任何临界点, 则称 a 是 f 的一个正则值.

定义 9.2　Hessian 矩阵

令

$$H_x(f_U)=\begin{pmatrix} \dfrac{\partial^2 f_U}{\partial x_1^2} & \dfrac{\partial^2 f_U}{\partial x_1\partial x_2} & \cdots & \dfrac{\partial^2 f_U}{\partial x_1\partial x_n} \\ \vdots & \vdots & & \vdots \\ \dfrac{\partial^2 f_U}{\partial x_n\partial x_1} & \dfrac{\partial^2 f_U}{\partial x_n\partial x_2} & \cdots & \dfrac{\partial^2 f_U}{\partial x_n^2} \end{pmatrix},$$

称之为 f_U 在 x 点的 Hessian 矩阵. 当 $\nabla_p f=0$ 时, 可以验证, $\det(H_x(f_U))=0$ 当且仅当对于 M 的包含 p 的任何图卡 (V,ψ), $y=\psi(p)$, $\det(H_y(f_V))=0$. 此时, 称 p 为 f 的一个退化的临界点. 否则, 称 p 为 f 的一个非退化的临界点.

例 9.1　设 $f_1(x,y)=x^2+y^2$, $f_2(x,y)=x^2-y^2$, $f_3(x,y)=-x^2-y^2$, $f_4(x,y)=xy$, $(x,y)\in\mathbb{R}^2$. 则原点是 f_i 的非退化临界点, $1\leqslant i\leqslant 4$.

定理 9.1 (Morse 定理)　设 M 是一个 n 维光滑流形, $f:M\to\mathbb{R}$ 为光滑函数. 若 $p\in M$ 为 f 的一个非退化临界点, 则存在 M 的一个图卡 (U,φ), $p\in U$, $\varphi(p)=O$(原点), 使得对任意 $x=(x_1,\cdots,x_n)\in\mathbb{R}^n$,

$$f_U(x)=\pm x_1^2\pm x_2^2\pm\cdots\pm x_n^2+f(p).$$

若 $p\in M$ 不是 f 的临界点, 则存在 M 的一个图卡 (V,ψ), $p\in V$, $\psi(p)=O$(原点), 使得 $f_V(x)=x_1+f(p)$.

若 $p\in M$ 为 f 的一个非退化临界点 (非临界点), 称上述定理中包含 p 的坐标卡 $(U,\varphi)((V,\psi))$ 为伴随坐标卡. 对于 f 的一个非退化临界点 $p\in M$, 我们可以重排其伴随坐标卡中的坐标顺序, 使得

$$f_U(x)=x_1^2+\cdots+x_k^2-x_{k+1}^2-\cdots-x_n^2+f(p),$$

称 $n-k$(负项的个数) 为非退化临界点 p 的指标.

命题 9.1　设 f 是紧致光滑流形 M 上的光滑函数, 且 f 的每个临界点都是非退化的. 则 f 只有有限多个临界点, 且对于 f 的每个临界点 p, p 有一个邻域 U, 使得除 p 外, U 不包含 f 的其他临界点.

也称光滑流形 M 上的光滑函数 f 的一个临界值为临界高度.

定义 9.3 莫尔斯函数

设 f 是光滑流形 M 上的光滑函数. 若 f 的每一个临界高度上均只有一个临界点, 且该临界点是非退化的, 则称 f 是 M 上的一个莫尔斯函数.

下面的定理表明光滑流形 M 上的一个光滑函数总可以由莫尔斯函数来任意逼近.

定理 9.2 设 f 是光滑流形 M 上的光滑函数. 则任给 $\varepsilon>0$, 存在 M 上的一个莫尔斯函数 $g: M\to\mathbb{R}$, 使得对于任意 $x\in M$, $|g(x)-f(x)|<\varepsilon$.

设 f 是光滑流形 M 上的一个莫尔斯函数. 对于 $x\in\mathbb{R}$, 称 $f_x=f^{-1}(x)\subset M$ 为高度是 x 的水平集.

定理 9.3 设 M 为一个 n 维光滑流形, f 是 M 上的一个莫尔斯函数, x 是 f 的一个正则值. 则 f_x 是 M 的一个 $n-1$ 维闭子流形.

定理 9.4 设 M 为一个 n 维光滑流形, f 是 M 上的一个莫尔斯函数, $a,b\in\mathbb{R}$ 是 f 的正则值, $a<b, N=f^{-1}(a)$, $[a,b]$ 中无 f 的临界值. 则 $f^{-1}([a,b])\cong N\times[a,b]$.

设 M 为一个 n 维光滑流形, f 是 M 上的一个莫尔斯函数, $x\in\mathbb{R}$. 记 $f_x^-=f^{-1}((-\infty,x])$. 若 f_x 是个正则水平集, 则 f_x^- 为 M 的一个 n 维子流形; 若 M 是闭流形, 则 $f_x=\partial f_x^-$.

定理 9.5 设 M 为一个 n 维光滑流形, f 是 M 上的一个莫尔斯函数, $a,b\in\mathbb{R}$, $a<b$, $[a,b]$ 中无 f 的临界值. 则存在 M 的一个同痕把 f_a^- 送到 f_b^-.

定义 9.4 n-流形中的 k-把柄; 加 k-把柄操作

(1) 对于 n 维流形来说, 称 $D^k\times D^{n-k}$ 为一个 k-把柄, $0\leqslant k\leqslant n$.

(2) 设 M 为一个 n 维带边流形, $h=D^k\times D^{n-k}$ 为一个 k-把柄, $\phi:\partial D^k\times D^{n-k}\to\partial M$ 为一个嵌入映射. 记 $M'=M\bigcup_\phi h$, 称 M' 是往 M 上添加一个 k-把柄 h 所得的流形, 也称这样的操作为加 k-把柄操作.

例 9.2 对于紧致曲面来说, 加 1-把柄就是注记 2.2 中的加带操作, 加 2-把柄就是用圆片填充该曲面的一个边界分支加. 对于三维流形来说, 加 1-把柄和加 2-

把柄则如例 3.6 和例 3.7 所示, 加 3-把柄就是用 3-实心球填充该流形的一个 2-球面边界分支.

定理 9.6 设 M 为一个 n 维光滑流形, f 是 M 上的一个莫尔斯函数, $a, b \in \mathbb{R}$, $a < b$. 假设 $[a, b]$ 中只有 f 的一个临界值, 含于其内部, 且对应临界值的指标为 k. 则 f_b^- 同胚于往 f_a^- 上加一个 k-把柄所得的流形.

9.2 曲面上的莫尔斯理论与 Alexander 定理的证明

9.2.1 曲面上的莫尔斯理论

对于曲面上的莫尔斯函数来说, 其临界点的指标共有三种: 0, 1, 2. 直观上, 这三种临界点局部可分别由高度函数 $f(x, y, z) = z$ 来定义, 其中

(1) 指标 0, $f(x, y, z) = z = x^2 + y^2$, 临界点为原点 O, 称之为一个极小点, 如图 9.1(a) 所示;

(2) 指标 1, $f(x, y, z) = z = x^2 - y^2$, 临界点为原点 O, 称之为一个鞍点, 如图 9.1(b) 所示;

(3) 指标 2, $f(x, y, z) = z = -x^2 - y^2$, 临界点为原点 O, 称之为一个极大点, 如图 9.1(c) 所示.

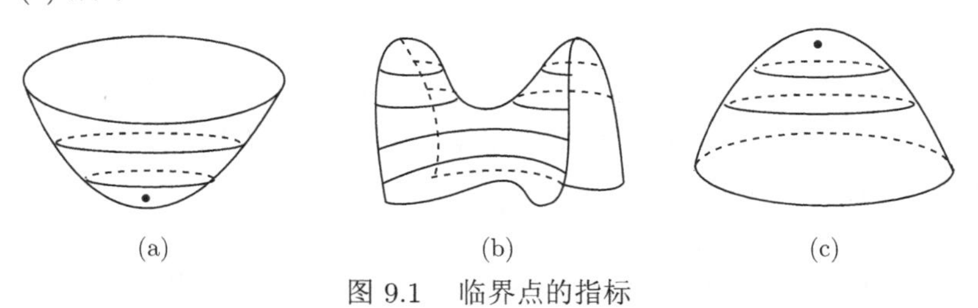

图 9.1 临界点的指标

在一个闭曲面 F 上, 一个莫尔斯函数的正则水平集是一组简单闭曲线, 一个临界水平集至多包含一个临界点, 并且若其中的临界点指标为 0 或 2, 其水平集由一组简单闭曲线 (可能空) 和一点构成; 若其中的临界点指标为 1, 其水平集由一个 ∞ (两个简单闭曲线的一点并) 和一组简单闭曲线 (可能空) 构成.

定理 9.7 设 f 是闭曲面 F 上的一个莫尔斯函数. 则对每个正则高度 x, 存在一个胞腔复形嵌入在 f_x^- 中, 满足

(1) 每个 k-胞腔中恰包含一个指标为 k 的临界点;

(2) 该胞腔复形在 f_x^- 中的补是 $f^{-1}(x)(f_x^-$ 的边界) 的一个邻域, 同胚于

$f^{-1}(x)\times[0,1]$.

定理 9.7 的证明可参见 [69]. 用定理 9.7 可以证明下面的定理.

定理 9.8 设 f 是闭曲面 F 上的一个莫尔斯函数. 则存在 F 的一个胞腔分解, 使得每个 k-胞腔恰包含一个临界点, 且该临界点的指标为 k.

定理 9.8 的逆也成立. 我们通过如下例子来说明.

例 9.3 图 9.2 是嵌入于 $\mathbb{R}^3$ 的环面 $\mathbb{T}$, 高度函数 $f(x,y,z)$ 在 $\mathbb{T}$ 上的限制是 $\mathbb{T}$ 上的一个莫尔斯函数, 0, 2, 4, 6 是四个临界高度, 1, 3, 5 是三个正则高度, 其水平集如图 9.2 所示.

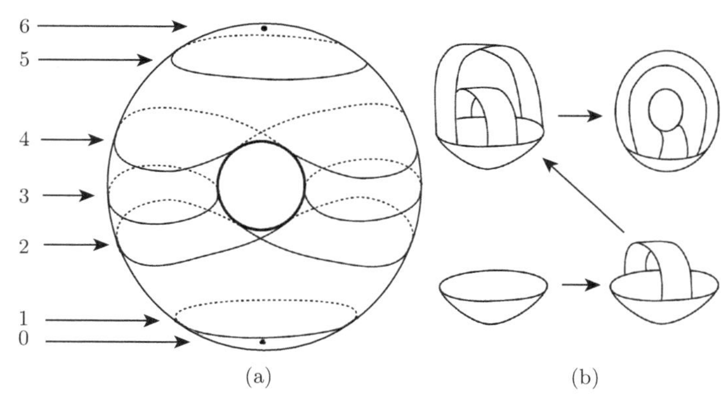

图 9.2 $\mathbb{R}^3$ 中标准环面 $\mathbb{T}$ 的高度函数定义了一个莫尔斯函数

高度 0 为环面上高度的最小值, 它对应了一个零指标临界点. 高度 2 是指标为 1 的一个临界值, 它对应了环面上的一个鞍点. 高度介于 0 和 2 之间 (如高度 1) 的水平集都是一条简单闭曲线. 随着高度接近 2, 水平集 (一条简单闭曲线) 上的两点逐渐接近融为一点, 将水平集变成一个 8 字形的图. 在高度介于 2 和 4 之间 (如高度 3), 水平集又分成两个闭圈. 随着高度接近 4, 水平集上两个闭圈上的两点又逐渐接近融为一点 (鞍点), 水平集又变成一个 8 字形的图. 在高度刚刚大于 4 时, 8 字形的图又变成一个闭圈, 一直到高度 6, 这些闭圈收缩成一点 (极大点, 指标为 2 的临界点).

高度 1, 3, 5 都是正则高度. 高度 1 之下的水平集是个圆片 (0-把柄). 高度 3 之下的水平集是个圆柱筒, 它由往 0-把柄上粘一个 1-把柄而得. 高度 5 之下的水平集是个一次穿孔的环面, 它由往圆柱筒上再粘一个 1-把柄而得. 高度 7 之下的水平集就是整个环面, 它由往一次穿孔环面上粘合一个 2-把柄而得. 中间流程如图 9.2(b) 所示.

以上讨论的都是闭曲面上的莫尔斯函数. 在带边曲面上定义莫尔斯函数时要非常小心. 定义带边曲面上的莫尔斯函数通常有如下两种方式.

定义 9.5 恰当莫尔斯函数

设 S 是一个紧致带边曲面, $f: S \to \mathbb{R}$ 连续. 若 f 在 ∂S 上是常值, f 限制在 S 的内部是一个莫尔斯函数, 且边界附近的水平集都是在 S 上平行于边界 ∂S 的简单闭圈, 则称 f 是 S 上的一个恰当莫尔斯函数.

设 S 是一个紧致带边曲面, $\mathrm{id}: \partial S \to \partial S$ 为恒等映射. 称曲面 $S \bigcup_{\mathrm{id}} S$ 为 S 的加倍, 并记为 S^d. 显然, 当 S 连通时, S^d 是一个连通闭曲面.

定义 9.6 非恰当莫尔斯函数

设 S 是一个紧致带边曲面, $f: S \to \mathbb{R}$ 是一个莫尔斯函数, 则可自然诱导一个连续函数 $f^d: S^d \to \mathbb{R}$. 若 $f|_{\partial S}: \partial S \to \mathbb{R}$ 和 $f^d: S^d \to \mathbb{R}$ 都是莫尔斯函数, 则称 f 是 S 上的一个非恰当莫尔斯函数.

引理 9.1 设 S 是一个紧致带边曲面, $f: S \to \mathbb{R}$ 是 S 上的一个非恰当莫尔斯函数. 则 1 维莫尔斯函数 $f|_{\partial S}: \partial S \to \mathbb{R}$ 的一个临界点对应于 2 维莫尔斯函数 $f^d: S^d \to \mathbb{R}$ 的一个临界点.

证明 设 p 为 ∂S 上一点. 则存在 p 在 S 上的一个邻域 N, N 同胚于 $\mathbb{R}^2$ 的上半平面 $\mathbb{R}^2_+$. 从而在 S^d 中, 存在 p 的一个领域 N^d 和同胚 $h: N^d \to \mathbb{R}^2$, h 映 $N^d \cap \partial S$ 到 $\mathbb{R}^2$ 上的水平 x-轴.

诱导函数 f^d 关于水平 x-轴是对称的, 故 ∇f^d 在竖直方向的分量均为 0. 当 p 是 1 维莫尔斯函数 $f|_{\partial S}: \partial S \to \mathbb{R}$ 的一个临界点时, $\nabla_p f^d$ 在水平方向的分量也均为 0. 从而 p 也是 2 维莫尔斯函数 $f^d: S^d \to \mathbb{R}$ 的一个临界点. □

9.2.2 Alexander 定理的证明

下面是著名的 Alexander 定理.

定理 9.9 (Alexander 定理) $\mathbb{R}^3$ 中每个嵌入的光滑 2-球面均界定一个 3-实心球.

Alexander [4] 于 20 世纪 20 年代在分片线性的范畴里证明了这个定理. Schönflies 后来证明了微分范畴版本的类似结果, 通常称为 Schönflies 定理. 这两者是等价的. 下面的证明是基于莫尔斯理论给出的.

证明 设 S 是嵌入于 $\mathbb{R}^3$ 中的一个光滑 2-球面, $h': S \to \mathbb{R}$ 为高度函数, 即对任意 $(x,y,z) \in S, h'(x,y,z) = z$. 由定理 9.2, 任给 $\varepsilon > 0$, 存在 S 上的一个莫尔斯函数 $h: S \to \mathbb{R}$, 使得对于任意 $x \in S$, $|h(x) - h'(x)| < \varepsilon$. 显见, h 和 h' 是同伦的 (可通过道路同伦实现). 保持坐标 x 和 y 不变, 该同伦也给出 S 在 $\mathbb{R}^3$ 中的一个同伦. 因 S 在 $\mathbb{R}^3$ 中的所有光滑嵌入在 S 到 $\mathbb{R}^3$ 中所有光滑映射构成的空间 (带有光滑拓扑) 中是开集, 故当 ε 充分小时, h 到 h' 的这个同伦就是一个同痕. 还可以进一步假设, h 总共有 $n+1$ 个临界值 $z_1 < z_2 < \cdots < z_{n+1}$, 每个临界值恰好对应一个非退化的临界点 (极大点、极小点或鞍点). 将对 h 的鞍点个数 s 归纳来证.

如果 $s = 0$, S 只有一个极大点和一个极小点. 这时易见 S 在 $\mathbb{R}^3$ 中界定一个 3-实心球.

如果 $s = 1$, S 有两个极大点和一个极小点 (或两个极小点和一个极大点, 证明类似). 如图 9.3 所示, 这时有两种可能性, 易见在每一种情形, S 在 $\mathbb{R}^3$ 中均界定一个 3-实心球.

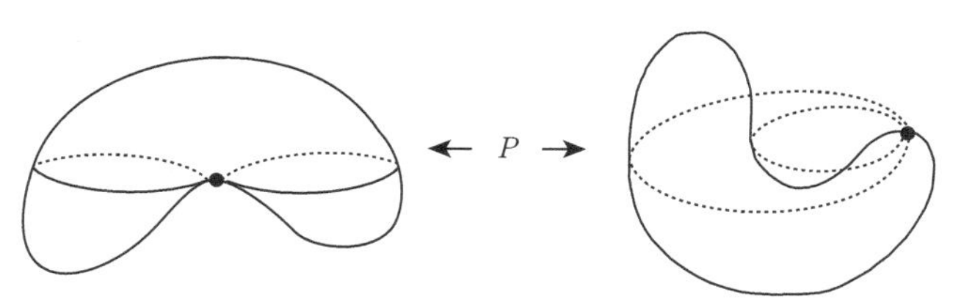

图 9.3 一个鞍点的情况

下面设 $s \geqslant 2$, 并假定 $\mathbb{R}^3$ 中每个鞍点个数少于 s 的光滑 2-球面都界定 $\mathbb{R}^3$ 中一个 3-实心球. 则存在一个正则值 a, 其高度平面 $P(z = a)$ 上没有临界点, 且 P 的上下两面都有鞍点. $h^{-1}(a)$ 是有限个互不相交的光滑简单闭曲线的并. 取 $h^{-1}(a)$ 的一个分支 C, 使之在 P 上是最内的, 即 C 界定 P 上一个圆片 D, $S \cap D = \partial D = C$. C 把 S 分成两个 2-圆片 E' 和 E''. 令 $S' = E' \cup D$, $S'' = E'' \cup D$, 则在接口处稍作光滑处理后, S' 和 S'' 均是 $\mathbb{R}^3$ 中的嵌入光滑球面. 有两种情况, 分别如图 9.4 所示.

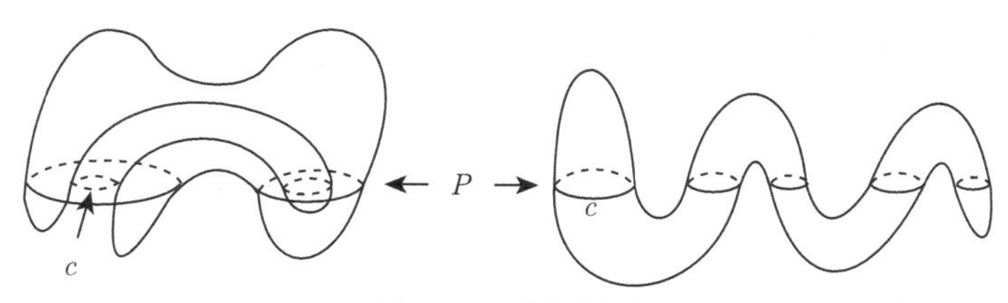

图 9.4 两种情况

情况 1. S' 和 S'' 上分别有 s' 和 s'' 个鞍点, $s', s'' \geqslant 1, s' + s'' = s$. 由归纳假设, S' 和 S'' 在 $\mathbb{R}^3$ 中均界定一个 3-实心球. 再由定理 1.10, S 在 $\mathbb{R}^3$ 中界定一个 3-实心球.

情况 2. 若 S' 无鞍点, S' 在 $\mathbb{R}^3$ 中界定一个实心球. 这样, S 在 $\mathbb{R}^3$ 中界定一个实心球当且仅当 S'' 在 $\mathbb{R}^3$ 中界定一个实心球. 在 $\mathbb{R}^3$ 中 D 附近稍微同痕一下 S'', 使得 S'' 在 D 附近与 P 不交, 则 $S'' \cap P$ 与 $S \cap P$ 相比少一个分支 (即 C). 选 S'' 的一个在 P 上最内的分支, 重复上述过程. 因 P 分离 S 的鞍点, 有限步后我们会最终归结到情况 1, 从而完成证明. □

用同样的方法我们可以证明下面的定理, 证明留作练习.

定理 9.10 (Alexander 定理) S^3 中每个嵌入的光滑 (或 PL) 环面均界定 S^3 中一个实心环体 ($\cong D^2 \times S^1$).

9.3 三维流形上的莫尔斯理论

与曲面上的莫尔斯函数不同, 三维流形上的莫尔斯函数不能直接视为高度函数. 我们在三维流形中的一个实心球内观察该莫尔斯函数的水平集.

一个三维莫尔斯函数中共有四种类型的临界点, 分别由以下的多项式函数定义:

(1) 指标 0, $f(x, y, z) = x^2 + y^2 + z^2 + f(0)$, 临界点为原点, 如图 9.5(a) 所示;

(2) 指标 1, $f(x, y, z) = x^2 + y^2 - z^2 + f(0)$, 临界点为原点, 如图 9.5(c) 所示;

(3) 指标 2, $f(x, y, z) = x^2 - y^2 - z^2 + f(0)$, 临界点为原点, 如图 9.5(b) 所示;

(4) 指标 3, $f(x, y, z) = -x^2 - y^2 - z^2 + f(0)$, 临界点为原点, 如图 9.5(d) 所示.

定理 9.11 设 $f : M \to \mathbb{R}$ 是闭三维流形 M 上的一个莫尔斯函数. 假设 a 是 f 的一个正则值, 且 f 在水平集 $f^{-1}((-\infty, a])$ 中的所有临界点的指标为 0 或 1. 则 $f^{-1}((-\infty, a])$ 的每个分支均是一个柄体.

证明 设 $p_1, \cdots, p_n$ 是 f 的在 a 以下的所有临界值, $p_1 < p_2 < \cdots < p_n$. 取 f 的正则值 $x_1, \cdots, x_{n-1}, x_n$, 使得 $p_i < x_i < p_{i+1}$, $1 \leqslant i \leqslant n-1$, $x_n = a$. 因 M 是闭流形, p_1 以下的水平集为空集. 由定理 9.6, 对每个 $i, 1 \leqslant i \leqslant n-1$, $f^-_{x_{i+1}}$ 是往 $f^-_{x_i}$ 上粘一个 0-把柄或 1-把柄所得的三维流形.

显然, $f^-_{x_1}$ 是一个三维实心球. 当 p_2 的指标为 0 时, $f^-_{x_2}$ 是两个三维实心球的无交并; 当 p_2 的指标为 1 时, $f^-_{x_2}$ 是一个实心环体 ($\cong D^2 \times S^1$). 一般地, 假设 $f^-_{x_k}$ 是若干三维实心球和若干柄体的无交并, 则在三维情形, 往 $f^-_{x_k}$ 上粘一个 0-把柄的结果等价于 $f^-_{x_k}$ 与一个三维实心球做一个无交并, 往 $f^-_{x_k}$ 上粘一个 1-把柄的结果仍然是若干三维实心球和若干柄体的无交并. 由此即知, $f^{-1}((-\infty,a])$ 的每个分支均是一个柄体. □

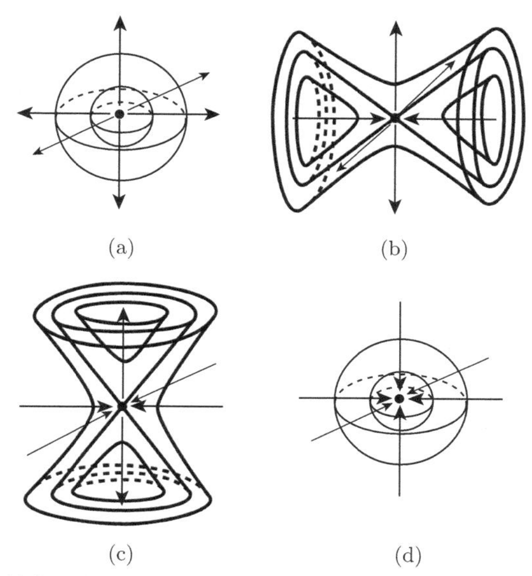

图 9.5 三维流形上的莫尔斯函数的四种临界点的水平集, 其中箭头表示函数值增加的方向

设 $f:M\to\mathbb{R}$ 是闭三维流形 M 上的一个莫尔斯函数. 显然, 若 p 是 f 的指标为 0 或 1 的临界值, 则 p 是 $-f$ 的指标为 3 或 2 的临界值. 故定理 9.11 有如下直接的推论.

推论 9.1 设 $f:M\to\mathbb{R}$ 是连通闭三维流形 M 上的一个莫尔斯函数. 假设 a 是 f 的一个正则值, 且 f 在水平集 $f^{-1}((-\infty,a])$ 中的所有临界点的指标为 2 或 3. 则 $f^{-1}((-\infty,a])$ 的每个分支均是一个柄体.

结合定理 9.11 和推论 9.1, 即有

定理 9.12 设 $f:M\to\mathbb{R}$ 是连通闭三维流形 M 上的一个莫尔斯函数. 假设 a 是 f 的一个正则值, 且 f 在水平集 $f_a=f^{-1}(a)$ 之下的所有临界点的指标为 0 或 1, 在水平集 f_a 之上的所有临界点的指标为 2 或 3. 则曲面 f_a 是 M 的一个 Heegaard 曲面.

证明 由定理 9.11, 水平集 $H_1=f_a^-$ 的每个分支为一个柄体; 由推论 9.1, $H_2=f^{-1}([a,+\infty))$ 的每个分支为一个柄体. 记 $\Sigma=f^{-1}(a)$. 对于 Σ 的一个分支 Σ', Σ' 是 H_1 的一个柄体分支的边界, 同时也是 H_2 的一个柄体分支的边界. M 是连通的, 故 Σ 必是连通的, 从而 $H_1\cup_\Sigma H_2$ 是 M 的一个 Heegaard 分解. □

定理 9.12 告诉我们, 连通闭三维流形上的一个莫尔斯函数对应着该流形的一个 Heegaard 分解. 该定理的逆也成立.

定义 9.7 真莫尔斯函数

设 M 是一个连通紧致带边三维流形, $f: M \to \mathbb{R}$ 连续. 若 f 在 ∂M 上为常值, f 在 $\mathrm{int}(M)$ 上为莫尔斯函数, 且在 ∂M 邻近, f 的水平集是平行于 ∂M 的曲面, 则称 f 是 M 上的一个真莫尔斯函数.

定理 9.13 设 H 是一个光滑的柄体. 则存在一个真莫尔斯函数 $f: H \to \mathbb{R}$, 使得 f 的临界点的指标为 0 或 1.

定理 9.13 和下述的定理 9.14—定理 9.17 的证明可参见 [69].

定理 9.14 设 M 是一个紧致连通可定向三维流形 (可能 $\partial M \neq \varnothing$), $f: M \to \mathbb{R}$ 是 M 上一个 (真) 莫尔斯函数. 设 a 和 b 是 M 的两个正则值, $a < b$, 且水平集 $f^{-1}([a, b])$ 中的临界点的指标为 0 或 1. 则 $H = f^{-1}([a, b])$ 的每个分支均为一个压缩体, 且 $\partial_+ H = f_b$, $\partial_- H = f_a$.

定理 9.15 设 $f: M \to \mathbb{R}$ 是紧致带边三维流形 M 上的一个真莫尔斯函数. 假设 a 是 f 的一个正则值, 且 f 在水平集 $f^{-1}((-\infty, a])$ 中的所有临界点的指标为 0 或 1. 则 $f^{-1}((-\infty, a])$ 的每个分支均是一个压缩体.

定理 9.16 设 $f: M \to \mathbb{R}$ 是紧致连通带边三维流形 M 上的一个真莫尔斯函数. 假设 a 是 f 的一个正则值, 且 f 在水平集 $f_a = f^{-1}(a)$ 之下的所有临界点的指标为 0 或 1, 在水平集 f_a 之上的所有临界点的指标为 2 或 3. 则曲面 f_a 是 M 的一个 Heegaard 曲面.

定理 9.17 设 M 是一个紧致连通可定向三维流形 (可能 $\partial M \neq \varnothing$). 则 M 有一个 Heegaard 分解 $V \cup_F W$ 当且仅当 M 上有一个 (真) 莫尔斯函数 $f: M \to \mathbb{R}$, 使得存在 f 的一个正则值 a, 且 f 在水平集 $f_a = f^{-1}(a)$ 之下的所有临界点的指标为 0 或 1, 在水平集 f_a 之上的所有临界点的指标为 2 或 3, 且 $f_a = F$.

第 10 章　Heegaard 分解的结构

在本章, 我们转向讨论一般亏格的 Heegaard 分解, 前半部分介绍稳定化的 Heegaard 分解、可约的 Heegaard 分解、弱可约的 Heegaard 分解及其基本性质. 后半部分介绍广义 Heegaard 分解与 Heegaard 分解的融合、瘦身的广义 Heegaard 分解、曲面上的曲线复形及其在 Heegaard 分解中的应用.

10.1　稳定化的 Heegaard 分解

稳定化的 Heegaard 分解是被最早研究的一类 Heegaard 分解. 下面先给出其定义.

定义 10.1　稳定化的 Heegaard 分解

设 $V_1 \cup_S V_2$ 是三维流形 M 的一个亏格为 g 的 Heegaard 分解. 若存在本质圆片 $D_1 \subset V_1$, $D_2 \subset V_2$, 使得 ∂D_1 和 ∂D_2 在 S 上横截相交于一点, 则称 Heegaard 分解 $V_1 \cup_S V_2$ 是稳定化的.

图 10.1 给出了稳定化的 Heegaard 分解的示意图.

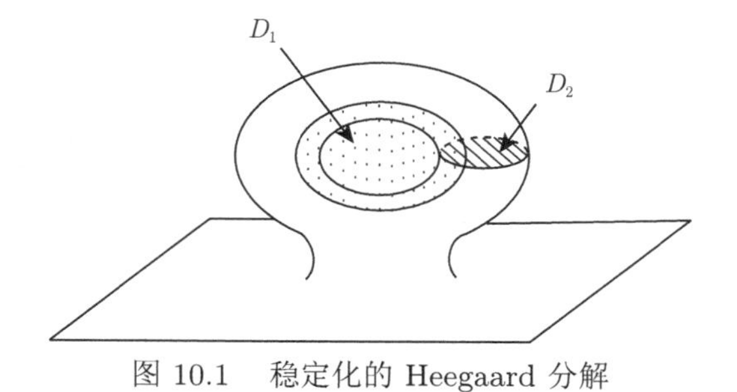

图 10.1　稳定化的 Heegaard 分解

定理 10.1　设 $V_1 \cup_S V_2$ 是三维流形 M 的一个亏格为 g 的 Heegaard 分解. 若 $V_1 \cup_S V_2$ 是稳定化的, 则 M 有一个亏格为 $g-1$ 的 Heegaard 分解.

证明　由假设条件, 存在本质圆片 $D_1 \subset V_1$, $D_2 \subset V_2$, 使得 ∂D_1 和 ∂D_2 在 S 上横截相交于一点. 设 $B_i = D_i \times [-1, 1]$ 是 D_i 在 V_i 中的一个正则邻域, $i = 1, 2$,

且 $F=(\partial D_1)\times[-1,1]\cup(\partial D_2)\times[-1,1]$ 是 $\partial D_1\cup\partial D_2$ 在 S 上的一个正则邻域. 则 $F\subset S$ 是一个一次穿孔环面, $\partial F=\alpha$, 如图 10.2 所示.

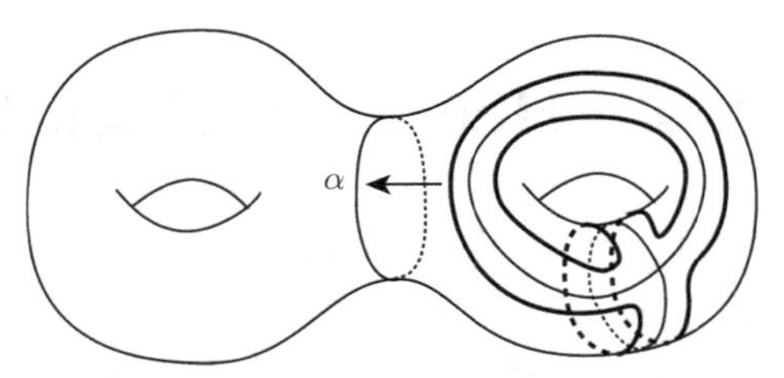

图 10.2 稳定化的 Heegaard 分解

令 $E_i=(F\setminus(\partial D_i)\times[-1,1])\cup D_i\times 1\cup D_i\times(-1)$, 则 E_i 是 V_i 中的圆片, $\partial E_i=\alpha$, $i=1,2$. 在 V_i 中同痕移动一下 E_i 使得它是一个 V_i 中真嵌入的圆片, E_i 把 V_i 切分成一个实心环体 T_i 和一个压缩体 W_i, 使得 D_i 是 T_i 的一个纬圆片, $i=1,2$, 且 $T_1\cap T_2=F$. 令 $B=T_1\cup_F T_2$. 由定理 7.2, B 是一个 3-实心球. $B\cap W_i=E_i$, $i=1,2$. 令 $W_2'=W_2\cup_{E_2}B$, $S'=S\setminus F\cup E_2$. 则 W_2' 仍是压缩体, $W_1\cup_{S'}W_2'$ 是 M 的一个 Heegaard 分解, 且 $g(S')=g(S)-1$. □

注记 10.1 在定理 10.1 的证明中, B 是沿 ∂D_1 往 T_2 上加一个 2-把柄 h 所得的流形. 设 h 的余核曲线为 α, 则 α 是真嵌入于 $B(W_2')$ 中的简单弧, α 与 $\partial B(\partial W_2')$ 上的一段弧之并界定 $B(W_2')$ 中的一个圆片 (这样的 α 称为是平凡的). 如果令 $W_1'=W_1\cup_{E_1}B$, $S''=S\setminus F\cup E_1$. 则 W_1' 仍是压缩体, $W_1'\cup_{S''}W_2$ 仍是 M 的一个 Heegaard 分解, 且显然 S' 与 S'' 同痕. V_1 可看作从 W_1 中挖除一个与端点在 ∂_+V_1 的真嵌入的平凡弧所得的流形.

例 10.1 由定理 7.2, S^3 的亏格为 1 的 Heegaard 分解总是稳定化的.

定理 10.2 给定三维流形 M 的一个亏格为 g 的 Heegaard 分解 $V_1\cup_S V_2$. 设 α 是真嵌入于 V_1(或 V_2) 中的一个简单弧, 且存在 V_1(或 V_2) 中一个圆片 Δ, 使得 $\Delta\cap S=\partial\Delta\cap S=\beta$ 是 $\partial\Delta$ 上一段弧, $\partial\beta=\partial\alpha$, $\alpha\cup\beta=\partial\Delta$. 设 $N(\alpha)$ 是 α 在 V_1(或 V_2) 中的一个正则邻域. 记 $V_1'=\overline{V_1\setminus N(\alpha)}$, $V_2'=V_2\cup N(\alpha)$(或 $V_2'=\overline{V_2\setminus N(\alpha)}$, $V_1'=V_1\cup N(\alpha)$), $S'=V_1'\cap V_2'$. 则 $V_1'\cup_{S'}V_2'$ 是 M 的一个亏格为 $g+1$ 的稳定化的 Heegaard 分解.

证明 就 $\alpha\subset V_1$ 中来证明. V_2' 是往压缩体 V_2 上加一个 1-把柄 h_1, 且该 1-把柄的终端落在 ∂_+V_2 上, 故 V_2' 仍是一个压缩体. 而 $\Delta'=\Delta\cap V_1'$ 是真嵌入于 V_1' 中的一个本质圆片, 沿 Δ' 切开 V_1' 得到的流形同痕于 V_1, 从而 V_1' 也相当于是往压缩体 V_1 上加一个 1-把柄 h_2, 且 h_2 的终端落在 ∂_+V_1 上, 故 V_1' 也是一个压缩体. 又 $S'=V_1'\cap V_2'$. 这样, $V_1'\cup_{S'}V_2'$ 是 M 的一个 Heegaard 分解. 显然,

$g(S') = g+1$. 设 1-把柄 h_1 的一个余核圆片为 Σ. 如图 10.3 所示, $\partial\Delta$ 和 $\partial\Sigma$ 在 S' 上横截相交于一点. 从而 $V'_1 \cup_{S'} V'_2$ 是稳定化的. □

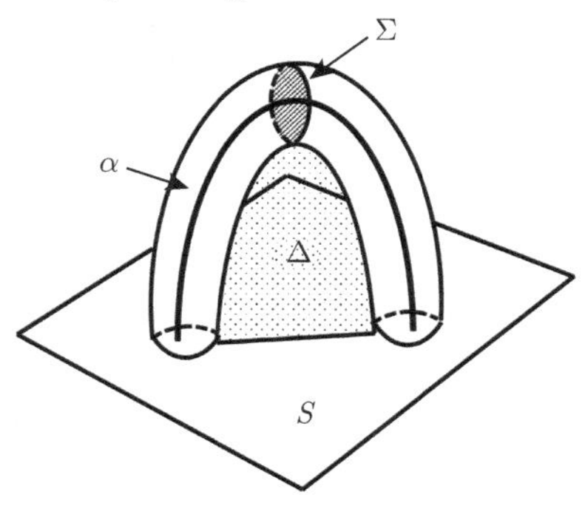

图 10.3 稳定化的 Heegaard 分解

定义 10.2 Heegaard 分解的连通和

设 $V_i \cup_{S_i} W_i$ 是三维流形 M_i 的一个亏格为 g_i 的 Heegaard 分解, B_i 为 M_i 中一个实心球, $B_i \cap V_i = D_{i1}$ 为一个实心球, $B_i \cap W_i = D_{i2}$ 为一个实心球, $B_i \cap S_i = \Delta_i$ 为一个圆片, $i=1,2$, 如图 10.4 所示. 设 $h: D_{11} \cup D_{12} \to D_{21} \cup D_{22}$ 是一个同胚, $h(D_{11}) = D_{21}$, $h(D_{12}) = D_{22}$. 记

$$V = \overline{V_1 \setminus (B_1 \cap V_1)} \bigcup_{h|_{D_{11}}} \overline{V_2 \setminus (B_2 \cap V_2)},$$

$$W = \overline{W_1 \setminus (B_1 \cap W_1)} \bigcup_{h|_{D_{12}}} \overline{W_2 \setminus (B_2 \cap W_2)},$$

$$S = \overline{S_1 \setminus (B_1 \cap S_1)} \bigcup_{h|_{\partial(B_1 \cap S_1)}} \overline{S_2 \setminus (B_2 \cap S_2)}.$$

则 $V \cup_S W$ 是 $M_1 \# M_2$ 的一个 Heegaard 分解. 称 $V \cup_S W$ 是 $V_1 \cup_{S_1} W_1$ 和 $V_2 \cup_{S_2} W_2$ 的连通和, 记作 $(V_1 \cup_{S_1} W_1) \# (V_2 \cup_{S_2} W_2)$.

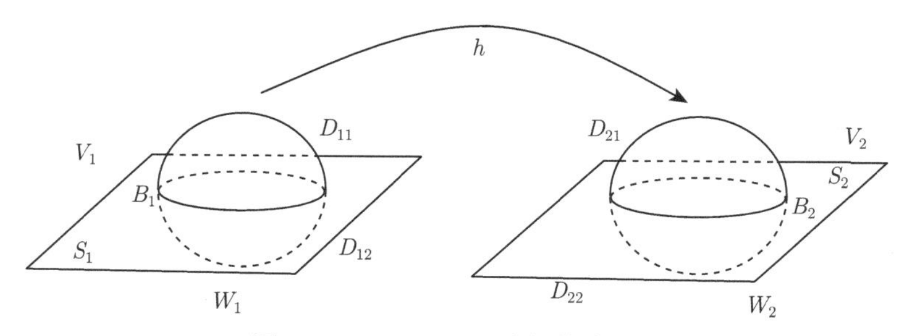

图 10.4 Heegaard 分解的连通和

显然, S 是 S_1 和 S_2 的连通和. 下面是定理 10.2 的直接推论:

推论 10.1 设 Heegaard 分解 $V' \cup_{S'} W'$ 是 $V \cup_S W$ 经过一次初等稳定化所得的 Heegaard 分解, $g(S') \geqslant 1$. 则 $V' \cup_{S'} W' = (V \cup_S W)\#(T \cup_{\mathbb{T}} T')$, 其中 $T \cup_{\mathbb{T}} T'$ 是 S^3 的亏格为 1 的 Heegaard 分解.

定义 10.3 Heegaard 分解的等价性

(1) 对于定理 10.2 中的 Heegaard 分解 $V_1 \cup_S V_2$ 和 $V_1' \cup_{S'} V_2'$, 称从 $V_1 \cup_S V_2$ 到 $V_1' \cup_{S'} V_2'$ 的操作为 $V_1 \cup_S V_2$ 的一次初等稳定化, 称从 $V_1' \cup_{S'} V_2'$ 回到 $V_1 \cup_S V_2$ 的操作为 $V_1' \cup_{S'} V_2'$ 的一次初等稳定退化. 称 α 为该初等稳定化的一个定义弧.

(2) 对于三维流形 M 的两个 Heegaard 分解 $V_1 \cup_S V_2$ 和 $V_1^* \cup_{S^*} V_2^*$, 若 S 和 S^* 在 M 中是同痕的, 则称 $V_1 \cup_S V_2$ 和 $V_1^* \cup_{S^*} V_2^*$ 是等价的.

(3) 若三维流形 M 的两个 Heegaard 分解 $V_1 \cup_S V_2$ 和 $W_1 \cup_F W_2$ 都可以通过有限次初等稳定化和同痕变到 M 的同一个 Heegaard 分解, 则称 $V_1 \cup_S V_2$ 和 $W_1 \cup_F W_2$ 是稳定等价的.

我们已经看到, 一个三维流形可以有很多 Heegaard 分解. 由定理 10.2, 我们可以从 M 的一个 Heegaard 分解出发, 通过有限次的初等稳定化操作, 构造出 M 的任意充分大亏格的 Heegaard 分解. 一个自然的问题是, M 的 Heegaard 分解之间有什么联系?

定理 10.3 设 M 有 Heegaard 分解 $V_1 \cup_S V_2$, $V_1' \cup_{S'} V_2'$ 和 $V_1'' \cup_{S''} V_2''$ 都是 $V_1 \cup_S V_2$ 的一次初等稳定化. 则 S' 和 S'' 是同痕的.

证明 设 α' 是从 $V_1 \cup_S V_2$ 到 $V_1' \cup_{S'} V_2'$ 的定义弧, α'' 是从 $V_1 \cup_S V_2$ 到 $V_1'' \cup_{S''} V_2''$ 的定义弧. 由注记 10.1, 可不妨假设 α' 和 α'' 都是真嵌入于 V_1 中的弧. 则存在 V_1 中的圆片 Δ', 使得 $\Delta' \cap S = \partial\Delta' \cap S = \beta'$ 是 $\partial\Delta'$ 上一段弧, $\partial\beta' = \partial\alpha'$, $\alpha' \cup \beta' = \partial\Delta'$, $\Delta' \cap V_1' = D'$ 是 V_1' 的一个本质圆片; 存在 V_1 中的圆片 Δ'', 使得 $\Delta'' \cap S = \partial\Delta'' \cap S = \beta''$ 是 $\partial\Delta''$ 上一段弧, $\partial\beta'' = \partial\alpha''$, $\alpha'' \cup \beta'' = \partial\Delta''$, $\Delta'' \cap V_1'' = D''$ 是 V_1'' 的一个本质圆片. 令 B' 是 Δ' 在 V_1 中的一个正则邻域, 使得 $B' \cap S = \partial B' \cap S = E'$ 是一个圆片, $B' \cap V_1'$ 是 D' 在 V_1' 中的一个正则邻域; B'' 是 Δ'' 在 V_1 中的一个正则邻域, 使得 $B'' \cap S = \partial B'' \cap S = E''$ 是一个圆片, $B'' \cap V_1''$ 是 D'' 在 V_1'' 中的一个正则邻域. 由定理 1.8, 存在同痕于恒等映射的自同胚 $h: S \to S$, 使得 $h(E') = E''$. h 可以扩张为 M 的一个自同胚 $h': M \to M$, h' 同痕于 M 的恒等映射, 使得 $h'(B' \cap V_1') = B'' \cap V_1''$, $h'(B') = B''$, $h'(S') = S''$. 从而 S' 和 S'' 是同痕的. □

下面是定理 10.3 的直接推论:

推论 10.2 设 M 有 Heegaard 分解 $V_1 \cup_S V_2$, $V_1' \cup_{S'} V_2'$ 和 $V_1'' \cup_{S''} V_2''$ 都是 $V_1 \cup_S V_2$ 经过 k 次初等稳定化所得的 Heegaard 分解, $k \geqslant 1$. 则 S' 和 S'' 是同痕的.

注记 10.2 定理 10.3 的逆不成立, 即若 Heegaard 分解 $V_1 \cup_S V_2$ 既是 $V_1' \cup_{S'} V_2'$ 的一次初等稳定化, 也是 $V_1'' \cup_{S''} V_2''$ 的一次初等稳定化, 但 $V_1' \cup_{S'} V_2'$ 和 $V_1'' \cup_{S''} V_2''$ 未必等价.

关于同一 3-流形的两个 Heegaard 分解, 我们有 Heegaard 分解稳定等价定理 (Reidemeister-Singer 定理): 设 M 是一个可定向闭 3-流形. 则 M 的任意两个 Heegaard 分解都是稳定等价的. 我们将在 11.3 节证明这个定理.

10.2 可约的 Heegaard 分解与 Haken 引理及其应用

10.2.1 可约的 Heegaard 分解

下面先给出可约的 Heegaard 分解定义.

定义 10.4 可约的 Heegaard 分解

设 $V_1 \cup_F V_2$ 是三维流形 M 的一个 Heegaard 分解.

(1) 若存在本质圆片 $D_1 \subset V_1$, $D_2 \subset V_2$, 使得 $\partial D_1 = \partial D_2$, 则称 Heegaard 分解 $V_1 \cup_S V_2$ 是可约的. 否则, 称 Heegaard 分解 $V_1 \cup_S V_2$ 是不可约的.

(2) 若存在本质圆片 $D_1 \subset V_1$, $D_2 \subset V_2$, 使得 $\partial D_1 \cap \partial D_2 = \varnothing$, 则称 Heegaard 分解 $V_1 \cup_S V_2$ 是弱可约的. 否则, 称 Heegaard 分解 $V_1 \cup_S V_2$ 是强不可约的.

(3) 若存在 M 中真嵌入本质圆片 D, 使得 $D \cap F$ 为 F 上一条本质简单闭曲线, 则称 Heegaard 分解 $V_1 \cup_S V_2$ 是 ∂-可约的. 否则, 称 Heegaard 分解 $V_1 \cup_S V_2$ 是 ∂-不可约的.

显然, 三维流形 M 的一个 Heegaard 分解 $V_1 \cup_F V_2$ 是可约的当且仅当存在 M 中一个 2-球面 S, 使得 S 与分解曲面 F 交于一条简单闭曲线 α, 且 α 在 F 上是本质的. 可约的 Heegaard 分解也是弱可约的.

定理 10.1 的证明实际上也给出了下述定理的证明:

定理 10.4 设 $V_1 \cup_S V_2$ 是三维流形 M 的一个亏格为 g 的 Heegaard 分解.

若 $V_1 \cup_S V_2$ 是稳定化的, 则 $V_1 \cup_S V_2$ 或者是可约的, 或者是 S^3 的亏格为 1 的 Heegaard 分解.

定义 10.5 平凡的 Heegaard 分解

设 $(C_1, C_2; F)$ 是 $(M; \partial_1 M, \partial_2 M)$ 的一个 Heegaard 分解. 若 $M \ncong S^3$, 且 C_1 和 C_2 之一为平凡的压缩体, 则称 Heegaard 分解 $(C_1, C_2; F)$ 是平凡的.

显见, 若 $M \ncong S^3$, 且 C_i 为平凡的压缩体, 则 M 是压缩体, $M \cong C_j$, 且 $\partial_+ M = \partial_i M$, $\partial_- M = \partial_j M$, $(i, j) = (1, 2)$ 或 $(2, 1)$.

命题 10.1 设 $(C_1, C_2; F)$ 是 $(M; \partial_1 M, \partial_2 M)$ 的一个非平凡的 Heegaard 分解. 若 $(C_1, C_2; F)$ 是 ∂-可约的, 则 $(C_1, C_2; F)$ 是弱可约的.

证明 由假设 $(C_1, C_2; F)$ 是 ∂-可约的可知, 存在 M 中的一个真嵌入本质圆片 D, 使得 $D \cap F$ 为 F 上一条本质简单闭曲线. 不妨设 $\partial D \subset \partial_1 M$. 记 $A = D \cap C_1$, $E = D \cap C_2$. 则 A 是 C_1 中一个本质扩展平环, E 是 C_2 中一个本质圆片. 因设 $(C_1, C_2; F)$ 是非平凡的 Heegaard 分解, 故 C_1 不是平凡的压缩体. 由定理 6.4, 存在 C_1 的一个本质圆片 E', 使得 $E' \cap A = \varnothing$. 从而 $\partial E' \cap \partial E = \varnothing$, 即 $(C_1, C_2; F)$ 是弱可约的. □

10.2.2 Haken 引理及其推广

Haken [33] 在 1968 年发现了可约三维流形与其 Heegaard 分解的可约性的相关性. 在叙述和证明 Haken 引理之前, 我们先介绍 A 型同痕.

定义 10.6 A 型同痕

设 M 是一个三维流形, S 是 M 中一个真嵌入的曲面, 分离 M 为 M' 和 M''. 设 F 是 M 中的一个曲面, 与 S 处于一般位置. 记 $F' = F \cap M'$. 假设在 M' 中存在 M 中的一个圆片 D, 使得 $D \cap F'$ 是 ∂D 上一段弧 α, $D \cap S$ 是 ∂D 上另一段弧 β, 满足 $\alpha \cap \beta = \partial\alpha = \partial\beta$, $\alpha \cup \beta = \partial D$. 在 M 中延拓 D 至圆片 D', $D \subset D'$, $D' \cap M'' = \overline{D' \setminus D}$ 是 M'' 中的圆片, 且 $D' \cap F = \alpha'$ 是 $\partial D'$ 上一段弧, $\alpha \subset \mathrm{int}(\alpha')$, $D' \cap S = \beta$, 如图 10.5(a) 所示. 取实心球 $N(D') = D' \times [-1, 1] \subset M$, 使得 $N(D') \cap F = \alpha' \times [-1, 1]$, $N(D) \cap S = \beta \times [-1, 1]$. 令 $F^* = F \setminus \alpha' \times [-1, 1] \cup \overline{((\partial N(D')) \setminus \alpha' \times [-1, 1])}$, 如图 10.5(b) 所示. 在 M 中 F 同痕于 F^*. 称从 F 到 F^* 的同痕为沿 D 的 A 型同痕.

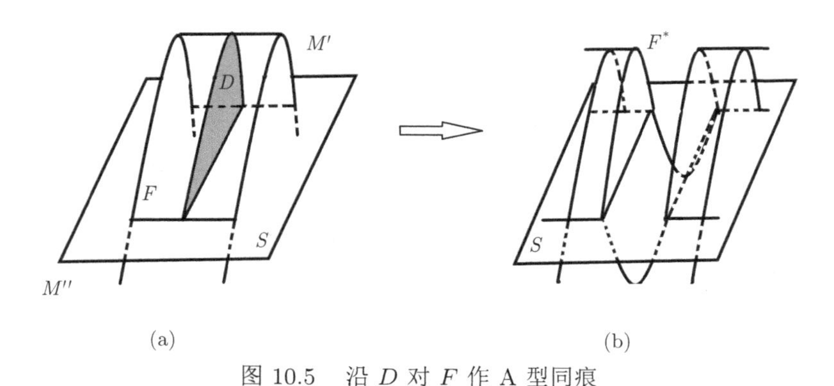

图 10.5 沿 D 对 F 作 A 型同痕

注记 10.3 对于上述 A 型同痕, 若 β 连接 $F\cap S$ 的不同分支 J_1 和 J_2, 则经过这个同痕后, J_1 和 J_2 的带和为 $F^*\cap S$ 的一个新的分支 $J_1\#_\beta J_2$. 若 β 连接的是 $F\cap S$ 的同一分支 J, 则经过这个同痕后, J 变为 J_1 和 J_2, J_1 和 J_2 是 $J\cup\beta$ 在 S 上的一个正则邻域上不同痕于 J 的另外两个边界曲线.

下面的定理就是著名的 Haken 引理.

定理 10.5 (Haken 引理) 设 M 是一个紧致连通可定向 3-流形, $V\cup_F W$ 是 M 的一个 Heegaard 分解. 如果 M 是可约的, 则 M 中存在本质 2-球面 S, 使得 $S\cap F$ 是 F 上一条本质的简单闭曲线. 特别地, $V\cup_F W$ 是可约的.

证明 我们仅对 M 是闭流形的情形给出证明, 带边流形的情形类似可证.

M 是可约的, M 中存在一个本质 2-球面 S. 设 G 是柄体 W 的一个脊. 不妨设 G 与 S 在 M 中处于一般位置, 此时 G 的顶点均不在 S 上. 因 S 是本质球面, 故 $S\cap W\neq\varnothing$. 因 W 是 G 在 M 中的一个正则邻域, 故可在 M 中同痕移动 S, 使得移动后 $S\cap W$ 的每一个分支都是圆片. 类似地, 也可以在 M 中同痕移动 S, 使得移动后 $S\cap V$ 的每一个分支都是一个圆片. 令

$$\mathcal{S}=\{S|S\cap V\text{或}S\cap W\text{的每个分支都是圆片}\},$$

则 $\mathcal{S}\neq\varnothing$. 选取 $S\in\mathcal{S}$ 中一个球面, 使得 $S\cap F$ 的分支数对于 $\mathcal{S}$ 中所有球面来说达到最少. 不妨设 $S\cap W$ 的每一个分支都是圆片. 记 $P=S\cap V$, 则 P 是一个连通的平面曲面. 下证 P 是一个圆片, 从而定理得证. 否则, 假设 P 的边界多于一个分支, 即 $|\partial P|=n\geqslant 2$.

P 在 V 中是不可压缩的. 若不然, 存在圆片 $D\subset V$, 使得 $D\cap P=\partial D$, 且 D 把 P 分成两个分支, 每一个都不是圆片. ∂D 把 S 分成两个圆片 D', D''. 令 $S'=D\cup D'$, $S''=D\cup D''$. 若 S' 和 S'' 都在 M 中界定实心球, 则容易验证 S

也在 M 中界定实心球, 与 S 是本质球面矛盾. 不妨设 S' 是本质球面, 则 $S' \in \mathcal{S}$. 但 $|S' \cap F| < |S \cap F|$, 这与 S 的选取矛盾.

由命题 6.4(2), P 在 V 中是边界可压缩的. 设 D_1 是 P 在 V 中的一个边界压缩圆片, $D_1 \cap P = l_1$. 在 M 中沿 D_1 对 S 作一个 A 型合痕得到球面 S_1, $P_1 = S_1 \cap V$, 则 P_1 在 V 中仍是不可压缩的. 如果 P_1 中有分支不是圆片, 则 P_1 在 V 中还是边界可压缩的, 重复上述操作, 相应地得到球面 S_2 和 $P_2 = S_2 \cap V$. 设经过 k 次这样的同痕移动后, 得到一个与 S 同痕的 2-球面 S^*, $S^* \cap V$ 的每一个分支都是 V 中的本质圆片. 每次边界压缩都对应着 P 上一个真嵌入的本质弧 l_i, $1 \leqslant i \leqslant k$. $L = \{l_i : 1 \leqslant i \leqslant k\}$ 是 P 上一组互不相交、互不平行的真嵌入的本质弧, L 把 P 分离成 m 个圆片. 由推论 2.3 可知, $m \leqslant n-1$. 这又与 S 的选取矛盾. □

定理 10.6　设 M 是一个紧致连通可定向 3-流形, $V \cup_F W$ 是 M 的一个 Heegaard 分解. 如果 M 是 ∂-可约的, 则 Heegaard 分解 $V \cup_F W$ 是 ∂-可约的.

上面是 Haken 引理在圆片时的版本, 最早由 Casson 和 Gordon 给出 (见 [17]). 我们可用定理 10.5 证明的类似方法证明. 下面给出概要证明.

证明　由假设, M 中存在 ∂M 的一个压缩圆片. 不妨设 D 是这样一个压缩圆片, $\partial D \subset \partial_- V = S$, $D \cap W$ 的每一个分支都是圆片, 且在所有的这样边界落在 S 上的压缩圆片中, $|D \cap W|$ 最少. 记 $P = D \cap V$, 则 P 是一个连通的不可压缩的平面曲面. 下证 P 是一个平环, 从而定理得证. 否则, $m = |\partial P| > 2$.

P 在 V 中是边界可压缩的. 若 V 是平凡的压缩体, 结论显然成立. 下设 V 是非平凡的压缩体. 设 $\mathcal{D}$ 是 V 的一个完全圆片系统, 与 P 处于一般位置. 如同在定理 10.5 证明中那样, 依次从 $\mathcal{D} \cap P$ 的分支中取出真嵌入于 P 上的本质的互不相交的简单弧 $L = \{l_i : 1 \leqslant i \leqslant k\}$, 沿这些弧对应的边界压缩圆片对 D 依次做 A-型同痕后, P 变成 P', P' 由 V 中一组圆片和一个平环构成, 它们互不相交, $m' = |\partial P'|$; 而 $D \cap W$ 则变成了一个连通的平面曲面 Q, 其边界分支数为 m'. 显然, L 中再添加一个弧就成为 P 的一个一般的完全弧系统. 由推论 2.3 可知, $m' \leqslant m + 1 - 1 = m$.

若 $m' = 1$, 结论已经成立. 下设 $m' \geqslant 2$. 现在 $\partial Q \subset M$, 可如同在定理 10.5 证明中那样, 对 Q 做若干次边界压缩将 Q 变成 m'' 个互不相交的圆片, 再由推论 2.3, $m'' \leqslant m' - 1$. 此时, P' 变成 P'', P'' 是一个连通的平面曲面, $P'' \cup Q'$ 在 M 中相对于边界同痕于 D. 这与 $|D \cap F|$ 是最小的矛盾. □

定理 10.5 的证明直接蕴含下面的推论:

推论 10.3 设 M 是一个紧致连通可定向 3-流形, $V \cup_F W$ 是 M 的一个 Heegaard 分解. 如果 M 中包含一个分离的本质球面, 则 M 中存在一个分离的本质 2-球面 S, 使得 $S \cap F$ 是 F 上一条非平凡的简单闭曲线.

10.2.3 Heegaard 亏格在连通和下的可加性与 Jaco 加柄定理

下面介绍定理 10.5(Haken 引理) 和定理 10.6 的两个应用.

定理 10.7 设 M 有连通和分解 $M = M_1 \# M_2$. 则 $g(M) = g(M_1) + g(M_2)$.

证明 不妨假设 M_1 和 M_2 都是闭的素流形. 对连通和素分解的因子个数归纳可证一般情形下结论也成立.

设 $V_i \cup_{F_i} W_i$ 是 M_i 的一个 Heegaard 分解, $g(F_i) = g(M_i)$, $i = 1, 2$. 构造 M 的一个 Heegaard 分解如下: 设 X_i 是 M_i 中的一个实心球, $\Delta_i = X_i \cap F_i$ 为真嵌入于 X_i 中的一个圆片, Δ_i 把 X_i 分成两个实心球 $X_i' \subset V_i$ 和 $X_i'' \subset W_i$, $\partial X_i \cap V_i = D_i$, $\partial X_i \cap W_i = E_i$, $i = 1, 2$. 设 $h: \partial X_1 \to \partial X_2$ 是一个同胚, 使得 $h(D_1) = D_2$, $h(E_1) = E_2$. 则

$$M_1 \# M_2 = \overline{M_1 \setminus X_1} \cup_h \overline{M_2 \setminus X_2} = V \cup_F W,$$

其中 $V = \overline{V_1 \setminus X_1'} \cup_{h|_{D_1}} \overline{V_2 \setminus X_2'}$ 和 $W = \overline{W_1 \setminus X_1''} \cup_{h|_{E_1}} \overline{W_2 \setminus X_2''}$ 都是柄体, $F = \overline{F_1 \setminus \Delta_1} \cup_\partial \overline{F_2 \setminus \Delta_2} = F_1 \# F_2 = \partial V = \partial W$, $g(F) = g(F_1) + g(F_2)$. $V \cup_F W$ 是 $M_1 \# M_2$ 的一个 Heegaard 分解, 称为 Heegaard 分解 $V_1 \cup_{F_1} W_1$ 和 $V_2 \cup_{F_2} W_2$ 的连通和. 这样, $g(M_1 \# M_2) \leqslant g(M_1) + g(M_2)$.

另一方面, 设 $V \bigcup_F W$ 是 $M = M_1 \# M_2$ 的一个 Heegaard 分解, $g(F) = g(M)$. M 中有分离的本质球面, 由推论 10.3, M 中存在一个分离的本质 2-球面 S, 使得 $S \cap F$ 是 F 上一条非平凡的简单闭曲线. 设 S 把 M 分离成 M_1' 和 M_2', $S \cap F$ 把 F 分离成 F_1' 和 F_2'. 则 F_i' 在 M_i' 中可自然延拓为 $\widehat{M_i'}$ 的一个 Heegaard 曲面 F_i, $g(F_i) = g(F_i')$, 从而 $g(\widehat{M_i'}) \leqslant g(F_i)$, $i = 1, 2$. S 在 M 中是本质球面, 故 $\widehat{M_i'}$ 不同胚于 S^3. 由定理 5.4, 可不妨设 $M_i \cong \widehat{M_i'}$, $i = 1, 2$. 这样即有 $g(M_1) + g(M_2) \leqslant g(M_1 \# M_2)$. □

注记 10.4 定理 10.7 表明三维流形的 Heegaard 亏格在连通和下是可加的. 定理 10.7 也蕴含一个三维流形的连通和素分解的因子个数是有限的. 事实上, 若 M 有一个亏格为 n 的 Heegaard 分解 $V \cup_F W$, 由定理 10.7, $V \cup_F W$ 至多是 n 个 Heegaard 分解的连通和.

定理 10.8 (Jaco 加柄定理)　设 3-流形 M 是不可约的和 ∂-可约的, J 是 ∂M 上一条本质简单闭曲线, $\partial M \setminus J$ 在 M 中是不可压缩的. 设 M_J 是沿 J 往 M 加一个 2-把柄所得的 3-流形. 则或者 M_J 是 ∂-不可约的, 或者 M 是一个实心环, J 是 M 的一条经线.

证明　设 J 所在的 M 的边界分支为 S. 由假设, S 在 M 中是可压缩的, $S \setminus J$ 在 M 中是不可压缩的. 取 S 在 M 中的一个极大的互不相交的压缩圆片组 $\mathcal{D}$. 令 V' 是 $S \cup \mathcal{D}$ 在 M 中的一个正则邻域. 若 $\partial V'$ 有 2-球面分支, 由 M 的不可约性, 该球面界定 M 中一个实心球. 对 V' 的每个 2-球面分支都用它界定的 M 中实心球填充得到一个压缩体 V, 则或者 $F = \partial_- V = \varnothing$, 此时 V 是一个正亏格的柄体, 或者 F 在 M 中是不可压缩的.

若 M 是一个实心环, J 是 M 的一条经线, 结论已然成立.

若 M_J 是 ∂-可约的, 设 D 是 ∂M_J 的一个压缩圆片. 由定理 3.7(2), 可不妨假设 $D \cap F = \varnothing$. 因 $\partial M \setminus J$ 在 M 中是不可压缩的, 故 $D \subset V_J$. 这时, $g(S) \geqslant 2$. 在 V 的内部取一个与 S 平行的曲面 S^*, 则 S^* 把 V_J 分成两个压缩体 $V^* \cong V$ 和 W^*, 其中 $W^* \cong (S \times I)_J$. 故 V_J 有 Heegaard 分解 $V^* \cup_{S^*} W^*$. 由定理 10.6, $V^* \cup_{S^*} W^*$ 是 ∂-可约的, 即存在 V_J 的一个本质圆片 P, 使得 $P \cap S^*$ 是 S^* 上一条本质曲线. 因 F 是不可压缩的, 故 $\partial P \subset \partial_- W^*$. 则 $P \cap W^* = A$ 是 W^* 中一个本质扩展平环, $P \cap V^* = D$ 是 V^* 中一个本质圆片. 由定理 6.4, 存在 W^* 的一个完全圆片系统 $\mathcal{E}$, 使得 $A \cap \bigcup_{E \in \mathcal{E}} E = \varnothing$.

注意到 W^* 是只加了一个 2-把柄的压缩体. $\mathcal{E}$ 至多包含 2 个圆片, 其中之一为所加 2-把柄的一个核圆片 E. 现在 ∂P 在 $\partial_+ W^*$ 上是本质的, 故 ∂P 在 $S \setminus J$ 上也不能界定一个圆片. 这意味着 P 也是 $\partial M \setminus J$ 在 M 中的一个压缩圆片, 与假设矛盾. □

注记 10.5　加柄定理最早由 Przytycki 于 1983 年在 M 是柄体的情形给出 ([83]), 他的证明方法是代数的. Jaco [46] 于 1984 年推广到一般情形, 得到了上述著名的加柄定理, 其证明方法则是纯组合拓扑的. 加柄定理在处理与不可压缩曲面相关的很多问题时发挥了重要的作用. 加柄定理也有很多形式的推广, 可参见 [84, 17, 60, 59].

10.3　广义 Heegaard 分解与 Heegaard 分解的融合

给定三维流形 M 上的一个莫尔斯函数, 一般不能期望如定理 9.12 的假设那样, 所有指标为 0 和 1 的临界点均位于指标为 2 和 3 的临界点之上. 但我们总是可以将高度划分为一些区间, 使得在一个区间内只包含指标为 0 和 1 的临界点,或只包含指标为 2 和 3 的临界点. 由定理 9.14, 每个这样区间对应的水平集是一个压缩体. 由此可以导出该流形的一个与 Heegaard 分解密切相关的新结构, 即所谓的广义 Heegaard 分解. 这个想法是由 Scharlemann 和 Thompson [94] 首次提出的, 并由 Schultens [97] 进一步扩展.

设 M 为一个紧致连通可定向三维流形. 回想 M 的一个 Heegaard 分解 $V \cup_S W$ 指的是 M 中存在一个可定向连通闭曲面 S, S 把 M 分成两个压缩体 V 和 W, 使得 $\partial_+ V = S = \partial_+ W$. 通常, 一个压缩体的负边界不含有球面分支. 在本章, 为讨论方便, 我们允许部分压缩体的负边界可以包含 2-球面分支.

设 $\mathcal{V} = \{V_1, \cdots, V_m\}$ 是 m 个互不相交的压缩体的集合, 则记 $\partial_+ \mathcal{V} = \bigcup_{i=1}^m \partial_+ V_i$, $\partial_- \mathcal{V} = \bigcup_{i=1}^m \partial_- V_i$. 下面的广义 Heegaard 分解是 Heegaard 分解的一个自然推广.

定义 10.7 广义 Heegaard 分解

设 M 为一个紧致连通可定向三维流形. 假设存在 M 中的压缩体集合 V_i 和 W_i, $1 \leqslant i \leqslant k$, 使得所有这些压缩体的内部不交, $\partial_- V_1 \cup \partial_- W_k = \partial M$, 且对于 $1 \leqslant i \leqslant k$, $\partial_+ V_i = S_i = \partial_+ W_i$, 对于 $2 \leqslant i \leqslant k$, $\partial_- W_{i-1} = F_{i-1} = \partial_- V_i$. 记 $\mathcal{S} = \{S_1, \cdots, S_k\}$, $\mathcal{F} = \{F_1, \cdots, F_{k-1}\}$, $\mathcal{V} = \{V_1, \cdots, V_k\}$, $\mathcal{W} = \{W_1, \cdots, W_k\}$. 称四元组 $(\mathcal{S}, \mathcal{F}, \mathcal{V}, \mathcal{W})$ 为 M 的一个广义 Heegaard 分解, 称 k 为该广义 Heegaard 分解的长度.

当 $k \geqslant 2$ 时, 对于 $1 \leqslant i \leqslant k-1$, 我们允许 F_i 中包含 2-球面分支.

显然, $k = 1$ 对应的情形就是 M 的一个 Heegaard 分解. 图 10.6(b) 是广义 Heegaard 分解 $k = 2$ 情形的一个示意图, 其中竖线代表流形中的曲面, 最左侧线、最右侧线表示流形的边界 (可能为空集), 中间的每个梯形代表压缩体 ($k > 2$ 时有可能是多个压缩体), 梯形的水平长边代表其正边界, 短边代表其负边界. 通常, F_i 的分支的亏格之和不会超过 S_i 的分支的亏格之和, 故也把每个 F_i 称为窄曲面, 把每个 S_i 称为宽曲面.

由广义 Heegaard 分解的定义可知, 所有窄曲面 $\bigcup_{i=1}^{k-1} F_i$ 把流形 M 切分成若干带边三维流形, 而宽曲面 S_i 恰是这些带边三维流形的一个 Heegaard 分解曲面. 下面的命题蕴含 M 的一个广义 Heegaard 分解, 也给出 M 上的一个莫尔斯函数的组合模型.

命题 10.2 设 M 为一个紧致连通可定向三维流形, $f: M \to \mathbb{R}$ 是一个莫尔斯函数. 则存在 M 的一个广义 Heegaard 分解 $(\mathcal{S}, \mathcal{F}, \mathcal{V}, \mathcal{W})$, 使得 $\mathcal{S}$ 中的每个 S_i 和 $\mathcal{F}$ 中的每个 F_i 都是 f 的正则值的水平集.

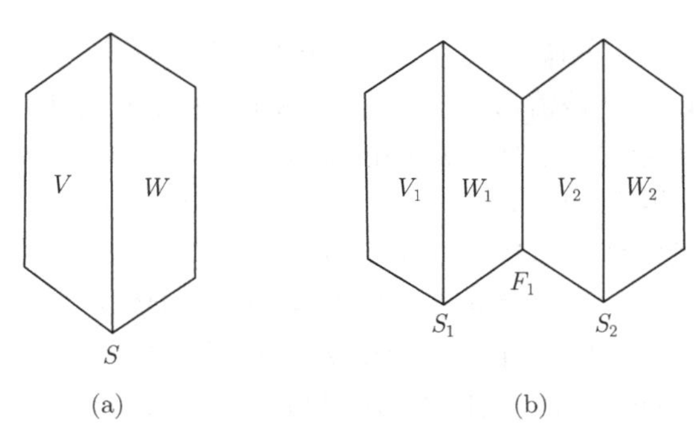

图 10.6　Heegaard 分解 ($k=1$) 与广义 Heegaard 分解 ($k=2$) 的示意图

证明　对于 M 上的莫尔斯函数 $f: M \to \mathbb{R}$, 存在正则高度 $t_1, \cdots, t_k$ 和 $s_1, \cdots, s_{k-1}$, 使得 $t_i < s_i < t_{i+1}, 1 \leqslant i \leqslant k-1$, 且在 t_i 和 s_i 之间只有 0 指标和 1 指标的临界点, 在 s_i 和 t_{i+1} 之间只有 2 指标和 3 指标的临界点. 由定理 9.14, 每个 $f^{-1}[t_i, s_i]$ 是一个压缩体集合; 将定理 9.14 应用到 $-f$, 可知每个 $f^{-1}[s_i, t_{i+1}]$ 也是一个压缩体集合. 对于 $1 \leqslant i \leqslant k-2$, 令 $F_i = f^{-1}(t_{i+1})$; 对于 $1 \leqslant i \leqslant k-1$, 令 $S_i = f^{-1}(s_i)$, $\mathcal{V}_i = \{f^{-1}[t_i, s_i]\}$, $\mathcal{W}_i = \{f^{-1}[s_i, t_{i+1}]\}$, $\mathcal{V} = \{\mathrm{V}_1, \cdots, \mathrm{V}_{k-1}\}$, $\mathcal{W} = \{W_1, \cdots, W_{k-1}\}$. 则容易验证, $(\mathcal{S}, \mathcal{F}, \mathcal{V}, \mathcal{W})$ 是 M 的一个广义 Heegaard 分解. □

设 $(\mathcal{S}, \mathcal{F}, \mathcal{V}, \mathcal{W})$ 是 M 的一个长度为 2 的广义 Heegaard 分解, $\mathcal{V} = \{V_1, V_2\}$, $\mathcal{W} = \{W_1, W_2\}$, $\mathcal{S} = \{S_1, S_2\}$, $\mathcal{F} = \{F_1\}$, 如图 10.6(b) 所示. 不妨假设 V_i 和 W_j 都是非平凡的压缩体, $1 \leqslant i, j \leqslant 2$.

当 $\partial_- V_1 \neq \varnothing$ 时, V_1 可由沿 $(\partial_- V_1) \times I$ 的一侧 $(\partial_- V_1) \times 1$ 添加若干个 1-把柄 $\{h_i^1, 1 \leqslant k_1\}$, 即 $V_1 = (\partial_- V_1) \times I \cup \bigcup_{i=1}^{k_1} h_i^1$. $V_1 \cup_{S_1} W_1$ 可由沿 $\partial_+ V_1$ 上一组互不相交的简单闭曲线往 V_1 上添加一些 2-把柄 $\{h_i^2, 1 \leqslant l_1\}$, 再用若干实心球 B_1 填充那些在 M 中界定 3-把柄的 2-球面分支, 即

$$V_1 \cup_{S_1} W_1 = (\partial_- V_1) \times I \cup \bigcup_{i=1}^{k_1} h_i^1 \cup \bigcup_{i=1}^{l_1} h_i^2 \cup B_1.$$

类似地, 有

$$V_2 \cup_{S_2} W_2 = (\partial_- V_2) \times I \cup \bigcup_{i=k_1+1}^{k_2} h_i^1 \cup \bigcup_{i=l_1+1}^{l_2} h_i^2 \cup B_2,$$

其中, $\partial_- W_1 = F_1 = \partial_- V_2$, 1-把柄 $\{h_i^1, k_1+1 \leqslant i \leqslant k_2\}$ 可以看作直接加在 $V_1 \cup_{S_1} W_1$ 上.

注意到 $\{h_i^1, k_1+1 \leqslant i \leqslant k_2\}$ 与 F_1 的交集是 F_1 上一组互不相交的圆片, 它们可在加 2-把柄 $\{h_i^2, 1 \leqslant l_1\}$ 之前就加到 $(\partial_- V_2) \times I$ 上, 这样就有

$$
\begin{aligned}
M &= (V_1 \cup_{S_1} W_1) \cup_{F_1} (V_2 \cup_{S_2} W_2) \\
&= \left\{ (\partial_- V_1) \times I \cup \bigcup_{i=1}^{k_1} h_i^1 \cup \bigcup_{i=1}^{l_1} h_i^2 \cup B_1 \right\} \\
&\quad \cup_{F_1} \left\{ (\partial_- V_2) \times I \cup \bigcup_{i=k_1+1}^{k_2} h_i^1 \cup \bigcup_{i=l_1+1}^{l_2} h_i^2 \cup B_2 \right\} \\
&= (\partial_- V_1) \times I \cup \bigcup_{i=1}^{k_2} h_i^1 \cup \bigcup_{i=1}^{l_2} h_i^2 \cup B',
\end{aligned}
$$

其中 B' 是加完所有 2-把柄 $\{h_i^2, 1 \leqslant l_2\}$ 填充所产生的 2-球面分支所需要的若干实心球.

上述重构过程给出 M 的一个 Heegaard 分解如下: 将压缩体 $(\partial_- V_1) \times I \cup \bigcup_{i=1}^{k_2} h_i^1$ 的正边界同痕推至其内部得到的闭曲面记作 S, 则 S 把 M 分成两个压缩体 V 和 W, 其中 $V \cong (\partial_- V_1) \times I \cup \bigcup_{i=1}^{k_2} h_i^1$, $W = \overline{M \setminus V}$. $V \cup_S W$ 是 M 的一个 Heegaard 分解.

当 $\partial_- V_1 = \varnothing$ 时, V_1 由往一个实心球上添加若干 1-把柄而得, 其余类似, 也可得到 M 的一个 Heegaard 分解 $V \cup_S W$.

称 $V \cup_S W$ 为 Heegaard 分解 $V_1 \cup_{S_1} W_1$ 和 $V_2 \cup_{S_2} W_2$ 沿 F_1 的一个融合.

设 $V_1 \cup_{S_1} W_1$ 和 $V_2 \cup_{S_2} W_2$ 分别为三维流形 M_1 和 M_2 的 Heegaard 分解, F_1 为 $\partial_- W_1$ 的一个分支, F_2 为 $\partial_- V_2$ 的一个分支, 且有同胚 $h: F_1 \to F_2$. 则与上述方法类似地可以得到三维流形 $M_1 \cup_h M_2$ 的一个 Heegaard 分解 $V \cup_S W$, 也称之为 Heegaard 分解 $V_1 \cup_{S_1} W_1$ 和 $V_2 \cup_{S_2} W_2$ 沿 $F_1 = F_2$ 的一个融合.

命题 10.3 设 $V_i \cup_{S_i} W_i$ 为三维流形 M_i 的一个 Heegaard 分解, $i = 1, 2$. 设 F_1 为 $\partial_- W_1$ 的一个分支, F_2 为 $\partial_- V_2$ 的一个分支, 且有同胚 $h: F_1 \to F_2$. 记 $g_1 = g(S_1)$, $g_2 = g(S_2)$, $g = g(F_1) = g(F_2)$, $M = M_1 \cup_h M_2$. 则 $g(M) \leqslant g_1 + g_2 - g$.

直接计算一下 S 的欧拉示性数即得, 细节留作练习.

定义 10.8 广义 Heegaard 分解的融合

设 M 为一个紧致连通可定向三维流形, 设 $(\mathcal{S}, \mathcal{F}, \mathcal{V}, \mathcal{W})$ 为 M 的一个长度

为 k 的广义 Heegaard 分解. 从该分解出发, 按照两个 Heegaard 分解的如上融合方式, 通过有限归纳, 可以得到 M 的一个 Heegaard 分解 $V \cup_S W$, 称 $V \cup_S W$ 为广义 Heegaard 分解 $(\mathcal{S}, \mathcal{F}, \mathcal{V}, \mathcal{W})$ 的融合, 也称 $(\mathcal{S}, \mathcal{F}, \mathcal{V}, \mathcal{W})$ 为 Heegaard 分解 $V \cup_S W$ 的一个展开, 见图 10.7.

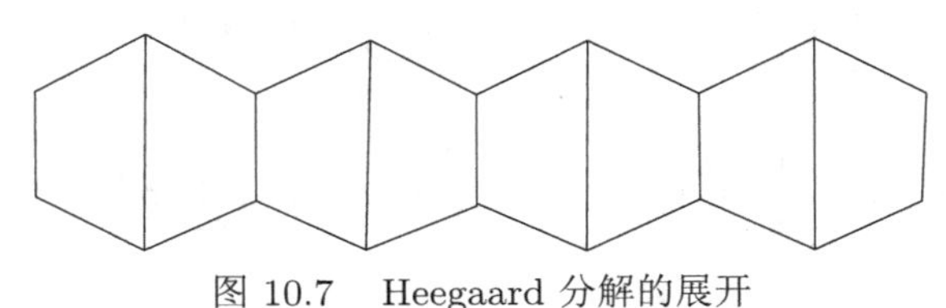

图 10.7 Heegaard 分解的展开

10.4 瘦身的广义 Heegaard 分解与 Casson-Gordon 定理

沿用上节的记号, 在本节, 我们用

$$\Sigma = (V_1 \cup_{S_1} W_1) \cup_{F_1} (V_2 \cup_{S_2} W_2) \cup_{F_2} \cdots \cup_{F_{k-1}} (V_k \cup_{S_k} W_k)$$

来表示一个广义 Heegaard 分解, 其中 $V_i \cup_{S_i} W_i$ 是 3-流形 M(可能不连通) 的分支流形 M_i 的 Heegaard 分解之并, 每个 S_i 为其宽曲面, $1 \leqslant i \leqslant k$; 对每个 $1 \leqslant i \leqslant k-1$, $\partial_- W_i = F_i = \partial_- V_{i+1}$, $F_0 = \partial_- V_1$, $F_k = \partial_- W_k$, 每个 F_i 为该分解的窄曲面, $0 \leqslant i \leqslant k$. 注意, F_i 可以有 2-球面分支, 但从该分解确定的莫尔斯函数角度看, 这样的球面分支既不是 0-把柄的边界, 也不是 3-把柄的边界.

对于 $1 \leqslant i \leqslant k-1$, 若 F_i 的某个分支在第 $i+1$ 步加 1-把柄或 2-把柄时没有受到波及, 则称该分支为 F_i 的非活跃分支; 否则, 称该分支为 F_i 的活跃分支. 需要注意, F_i 的非活跃分支仍然是 F_{i+1} 的分支, 可在 M 中看作是平行延伸为 F_{i+1} 的分支. 若 P 是 F_i 的一个活跃的分支, 则也称 P 所在的 Heegaard 分解 $V_{i+1} \cup_{S_{i+1}} W_{i+1}$ 中的 Heegaard 曲面 S_{i+1} 是活跃的.

在本节, 我们介绍一种简化广义 Heegaard 分解的方法, 即所谓"瘦身的"广义 Heegaard 分解. 该方法最早由 Scharlemann 和 Thompson 在 [94] 中引入, 后来成为应用广义 Heegaard 分解的一种重要方法.

定义 10.9 曲面的复杂度

设 S_g 为一个亏格为 g 的可定向闭曲面, 令

$$c(S_g) = \begin{cases} 2g-1, & g \geqslant 1, \\ 0, & g = 0, \end{cases}$$

称 $c(S_g)$ 为 S_g 的复杂度.

若 S 是由有限个可定向闭曲面构成的集合, 令 $c(S)$ 为 S 的所有分支的复杂度之和, 称 $c(S)$ 为 S 的复杂度.

定义 10.10 广义 Heegaard 分解的宽度与瘦身的分解

设 $\Sigma = (V_1 \cup_{S_1} W_1) \cup_{F_1} (V_2 \cup_{S_2} W_2) \cup_{F_2} \cdots \cup_{F_{k-1}} (V_k \cup_{S_k} W_k)$ 为 3-流形 M 的一个广义 Heegaard 分解. 记 $\mathcal{S} = \{S_1, \cdots, S_k\}$ 为 S 的所有宽曲面构成的集合, $C(\Sigma) = \{c(S_1), \cdots, c(S_k)\}$ 为多重集合 (允许元素重复出现). 称 $C(\Sigma)$ 为广义 Heegaard 分解 Σ 的宽度.

对于 M 的两个广义 Heegaard 分解 Σ 和 Σ', 设 $C(\Sigma) = \{a_1, \cdots, a_k\}$, $C(\Sigma') = \{a'_1, \cdots, a'_{k'}\}$, 按如下方式规定它们的大小: 首先按单调不增的方式给 $C(\Sigma)$ 和 $C(\Sigma')$ 的元素分别排序, 得到 $a_{i_1}, \cdots, a_{i_k}$ 和 $a'_{j_1}, \cdots, a'_{j_{k'}}$. 若 $a_{i_1} < a'_{j_1}$, 规定 $C(\Sigma) < C(\Sigma')$; 对于 $1 \leqslant p \leqslant \min\{k, k'\}$, $a_{i_q} = a'_{j_q}$, $1 \leqslant q \leqslant p-1$, 且 $a_{i_p} < a'_{j_p}$, 规定 $C(\Sigma) < C(\Sigma')$; 若 $k < k'$, 且 $a_{i_p} = a'_{j_p}$, $1 \leqslant p \leqslant k$, 规定 $C(\Sigma) < C(\Sigma')$. $C(\Sigma) < C(\Sigma')$ 时, 称 Σ 比 Σ' 瘦.

记

$$\omega(M) = \min\{C(\Sigma) : \Sigma \text{ 是 } M \text{ 的一个广义 Heegaard 分解}\},$$

称 $\omega(M)$ 为 M 的宽度.

若 M 的广义 Heegaard 分解 Σ 满足 $C(\Sigma) = \omega(M)$, 则称 Σ 处于瘦身位置, 或称 Σ 是瘦身的.

例 10.2 设 M 是两个透镜空间 L_1 和 L_2 的连通和, $\Sigma = V \cup_S W$ 是 M 的一个亏格为 2 的 Heegaard 分解, 则 $C(\Sigma) = 3$. 另一方面, 设 $V_i \cup_{S_i} W_i$ 是 L_i 的一个亏格为 1 的 Heegaard 分解, $i = 1, 2$, $\Sigma' = (V_1 \cup_{S_1} W_1) \cup_F (V_2 \cup_{S_2} W_2)$ 为它们的融合, 其中 F 为一个 2-球面. 这时,

$$\begin{aligned} M = &\{\text{一个 0-把柄}\} \cup \{\text{一个 1-把柄}\} \cup \{\text{一个 2-把柄}\} \cup \{\text{一个 1-把柄}\} \\ &\cup \{\text{一个 2-把柄}\} \cup \{\text{一个 3-把柄}\}, \end{aligned}$$

则 $C(\Sigma') = \{1, 1\}$. 不难验证, $\omega(M) = C(\Sigma')$, 即 Σ' 是瘦身的.

一般地, 可直接验证, 3-流形的宽度在连通和下是可加的, 即 $\omega(M_1 \# M_2) = \omega(M_1) \cup \omega(M_2)$.

设 $V \cup_S W$ 是 3-流形 M 的一个 Heegaard 分解, 设 $\Sigma = (V_1 \cup_{S_1} W_1) \cup_{F_1} (V_2 \cup_{S_2} W_2) \cup_{F_2} \cdots \cup_{F_{k-1}} (V_k \cup_{S_k} W_k)$ 是 M 的一个瘦身的广义 Heegaard 分解,

或者 Σ 是一个在 $V \cup_S W$ 的所有展开中最瘦的广义 Heegaard 分解. 则 Σ 有下列性质:

命题 10.4　对于每个 $1 \leqslant i \leqslant k-1$, F_i 中的每个 2-球面都是 M 中的本质球面.

证明　不然, 不妨就设 P 是 F_i 的一个活跃的分支, P 是一个非本质的 2-球面. 由假定, P 不是 0-把柄和 3-把柄的边界, P 来自于之前在某个 F_j 的一个分支上添加若干 1-把柄和 2-把柄所得的曲面. 删除这些 1-把柄和 2-把柄, 仍然得到 M 的一个广义 Heegaard 分解 Σ'. 显然, $C(\Sigma') < C(\Sigma)$, 与 Σ 的假设矛盾. □

命题 10.5　对于每个 $1 \leqslant i \leqslant k-1$, F_i 中的每个分支要么是非活跃分支, 要么同时有 1-把柄和 2-把柄加到该分支上.

证明　不然, 设 Q 是 F_i 的这样一个活跃分支. 若在 Q 中只添加了若干 1-把柄而没有添加任何 2-把柄, 则可以延后添加这些 1-把柄, 直到后面添加某些 2-把柄之前必须添加这些 1-把柄. 对应的广义 Heegaard 分解记为 Σ'. 容易看到, $\omega(\Sigma') < \omega(\Sigma)$, 与 Σ 是瘦身的矛盾. 若在 Q 中只添加了若干 2-把柄而没有添加任何 1-把柄, 则这些 2-把柄在 F_i 之前就可以添加, 对应的广义 Heegaard 分解记为 Σ''. 同样, $C(\Sigma'') < C(\Sigma)$, 与 Σ 的假设矛盾. □

回想一个 Heegaard 分解 $X \cup_P Y$ 是弱可约的, 若存在 X 中的本质圆片 D 和 Y 中的本质圆片 E, 使得 $\partial D \cap \partial E = \varnothing$. 否则, 称 $X \cup_P Y$ 是强不可约的.

命题 10.6　对于每个 $1 \leqslant i \leqslant k-1$, $V_i \cup_{S_i} W_i$ 中的每个 Heegaard 分解都是强不可约的.

证明　设 $V_i \cup_{S_i} W_i$ 中有一个 Heegaard 分解 $X \cup_P Y$ 是弱可约的, 即存在 X 中的本质圆片 D 和 Y 中的本质圆片 E, 使得 $\partial D \cap \partial E = \varnothing$. 重新选取定义 X 的 1-把柄系统 $\{h_1^1, h_2^1, \cdots, h_{n_1}^1\}$ 和定义 Y 的 2-把柄系统 $\{h_1^2, h_2^2, \cdots, h_{n_2}^2\}$, 使得 D 是 h_1^1 的余核圆片, E 是 h_1^2 的核圆片. 设 $X_1 \cup_{P_1} Y_1$ 是往 $\partial_- X \times I$ 上先加 1-把柄 $\{h_2^1, \cdots, h_{n_1}^1\}$ 然后再加 2-把柄 $\{h_1^2\}$ 所得的一个 Heegaard 分解, $X_2 \cup_{P_2} Y_2$ 往 $\partial_- Y_1 \times I$ 上先加 1-把柄 $\{h_1^1\}$ 然后再加 2-把柄 $\{h_2^2, \cdots, h_{n_2}^2\}$ 所得的一个 Heegaard 分解, 则 $X \cup_P Y = (X_1 \cup_{P_1} Y_1) \cup (X_2 \cup_{P_2} Y_2)$, 即 $X \cup_P Y$ 是 $X_1 \cup_{P_1} Y_1$ 和 $X_2 \cup_{P_2} Y_2$ 的融合. 这给出 M 的一个新的广义 Heegaard 分解 Σ'. 记 $S_i' = (S_1 \setminus \partial_- X) \cup \{P_1\}$, $S_i'' = (S_1 \setminus \partial_- X) \cup \{P_2\}$. 则 $C(\Sigma') = \{C(S_1), \cdots, C(S_{i-1}), C(S_i'), C(S_i''), C(S_{i+1}), \cdots, C(S_k)\}$. 显然, $C(\Sigma') < C(\Sigma)$, 与 Σ 的假设矛盾. □

由命题 10.6 可以直接得到

推论 10.4 设 3-流形 M 的 Heegaard 分解 $V \cup_S W$ 是弱可约的. 则 Σ 的长度至少是 2, 且 $\omega(M) < C(S)$.

若从 F_i 出发, 加一个 1-把柄涉及 F_i 的两个分支 P 和 P', 即该 1-把柄的两个端圆片分别落在 P 和 P' 上, 则称 P 和 P' 是同一类分支.

命题 10.7 对于每个 $0 \leqslant i \leqslant k-1$, 每个 F_i 只有一个活跃分支类.

证明 否则, F_i 包含至少两个活跃分支类. 由命题 10.5, 这两个分支类上都有 1-把柄和 2-把柄添加, 其对应的 Heegaard 分解分别为 $X_1 \cup_{P_1} Y_1$ 和 $X_2 \cup_{P_2} Y_2$. 则 $V_{i+1} \cup_{S_{i+1}} W_{i+1} = (X_1 \cup_{P_1} Y_1) \cup (X_2 \cup_{P_2} Y_2) \cup \cdots$. 据此显然按命题 10.6 的证明方法可以对 $V_{i+1} \cup_{S_{i+1}} W_{i+1}$ 进一步瘦身, 矛盾. □

命题 10.8 对于每个 $1 \leqslant i \leqslant k$, $M_i = V_i \cup_{S_i} W_i$ 有不可压缩的边界.

证明 否则, M_i 的一个分支 M_i' 有可压缩的边界, 其对应的 Heegaard 分解为 $X \cup_P Y$. 由命题 10.5, $X \cup_P Y$ 中有 1-把柄和 2-把柄添加, 即 X 和 Y 都是非平凡的压缩体. 由定理 10.6, $X \cup_P Y$ 是 ∂-可约的, 再由定理 6.4, $X \cup_P Y$ 是弱可约的, 与命题 10.6 矛盾. □

由命题 10.8 可以直接得到

推论 10.5 对于 $1 \leqslant i \leqslant k-1$, F_i 是 M 中的分离的不可压缩曲面, 且 $g(F_i) < g(S_{i+1})$.

推论 10.6 (Casson-Gordon 定理) 设 $V \cup_S W$ 是 3-流形 M 的一个弱可约的 Heegaard 分解. 则或者 $V \cup_S W$ 是可约的, 或者 M 包含一个正亏格的双侧的不可压缩闭曲面.

证明 $V \cup_S W$ 是弱可约的. 由命题 10.6, $V \cup_S W$ 不是瘦身的, Σ 的长度至少是 2. 对于 $1 \leqslant i \leqslant k-1$, 若 F_i 有 2-球面分支 P, 由命题 10.4, P 是 M 中的本质球面. 由定理 10.5, $V \cup_S W$ 是可约的. 否则, 由推论 10.5, F_i 的每个分支都是 M 中的正亏格的双侧的不可压缩闭曲面. □

注记 10.6 Casson-Gordon 定理最早由 Casson 和 Gordon 在 [17] 中给出. Casson-Gordon 定理搭建了流形的 Heegaard 分解与其中的不可压缩曲面之间联系的桥梁, 后来在处理 3-流形拓扑中的很多问题时都发挥了非常重要的作用.

设 P 是 3-流形 M 中的一个分离的可定向曲面. 若 P 在 M 中两侧的压缩圆片的边界都相交, 则称 P 是弱不可压缩的.

命题 10.9 对于每个 $1 \leqslant i \leqslant k$, S_i 在 M 中是弱不可压缩的.

证明 由推论 10.5, 对于 $1 \leqslant i \leqslant k-1$, F_i 在 M 中是不可压缩的. 故我们可以假设 S_i 的每个压缩圆片就包含在 $M_i = V_i \cup_{S_i} W_i$ 中. 若 S 不是弱不可压缩的, 则 $V_i \cup_{S_i} W_i$ 中有一个 Heegaard 分解是弱可约的, 与由命题 10.6 矛盾. □

命题 10.10 设 M 是一个不可约的 3-流形, M 不是一个透镜空间. 则对于每个 $1 \leqslant i \leqslant k$, S_i 的每个分支都不是环面. 特别地, $\omega(M) = C(\Sigma)$ 中的每个数至少是 3.

证明 假设 T 是 S_i 的一个环面分支, $X \cup_T Y$ 是 $V_i \cup_{S_i} W_i$ 的包含 T 的 Heegaard 分解. 因 M 不是透镜空间, $k \geqslant 2$. 不失一般性, 假设 T 是 S_i 的一个活跃分支, $X \cup_T Y$ 是 T 所在的 $V_{i+1} \cup_{S_{i+1}} W_{i+1}$ 中包含 T 的 Heegaard 分解. 设 $N = X \cup_T Y$. 因 $k \geqslant 2$, ∂N 至少有一个分支是 2-球面 P. 由命题 10.4 可知 P 在 M 中是本质的, 与 M 的不可约性矛盾. □

命题 10.11 设不可约 3-流形 M 的 Heegaard 亏格为 g, M 不包含亏格小于 g 的不可压缩曲面. 则 M 的一个最小亏格的 Heegaard 分解是瘦身的, 即 $\omega(M) = \{2g-1\}$. 特别地, 上述结论对一个不可约的非 Haken 流形也成立.

证明 设 $V \cup_S W$ 是 M 的一个最小亏格的 Heegaard 分解. $V \cup_S W$ 没有长度大于 1 的展开. 否则, 在 $V \cup_S W$ 的所有长度大于 1 的展开中, 取一个最瘦的广义 Heegaard 分解 $\Sigma = (\mathrm{V}_1 \cup_{S_1} \mathrm{W}_1) \cup_{F_1} (\mathrm{V}_2 \cup_{S_2} \mathrm{W}_2) \cup_{F_2} \cdots \cup_{F_{k-1}} (\mathrm{V}_k \cup_{S_k} \mathrm{W}_k)$. 由推论 10.5, 对于 $1 \leqslant i \leqslant k-1$, F_i 的每个分支 Q 是 M 中的分离的不可压缩曲面, 且 $g(Q) < g(S) = g$, 与假设矛盾. □

一般说来, 3-流形宽度的确定是困难的. 下面给出计算 3-流形宽度的一个具体例子.

例 10.3 设 Q 为亏格是 3 的可定向闭曲面, $M = Q \times S^1$. 则 $\omega(M) = \{3,3,3,3,3,3\}$.

(1) 存在 M 的一个广义 Heegaard 分解 Σ, $C(\Sigma) = \{3,3,3,3,3,3\}$.

在 Q 上取如图 10.8 所示的 8 条简单闭曲线, 它们把 Q 切成两个平环 A_1, A_2 和四个三次穿孔的球面 P_1, P_2, P_3, P_4, 其中 A_1 的两个边界分支分别与 P_1 的两个边界分支相接, P_1 的另一个边界分支与 P_2 的一个边界分支相接, P_2 的另两个边

界分支分别与 P_3 的两个边界分支相接, P_3 的另一个边界分支与 P_4 的一个边界分支相接, P_4 的另两个边界分支分别与 A_2 的两个边界分支相接.

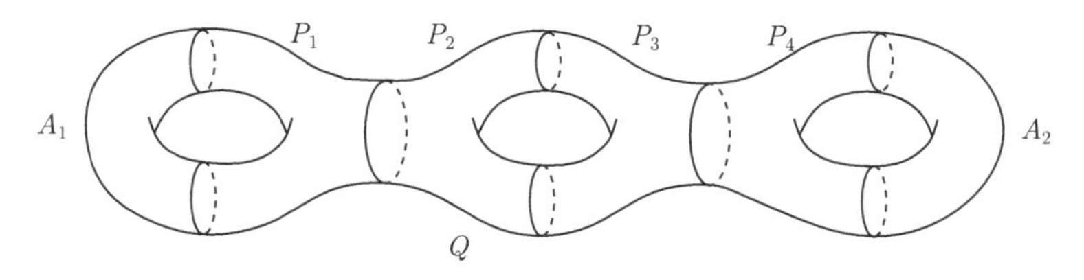

图 10.8 Q 的切分

设 A 是个平环, $N = A \times S^1 = I \times S^1 \times S^1 = I \times T$, $T = S^1 \times S^1$ 是个环面. 设 $x \in T$, $\gamma = I \times \{x\}$. 取 $\partial N \cup \gamma$ 在 N 中的一个正则邻域 V, 记 $H = \overline{N \setminus V}$. 则 H 是一个亏格为 2 的柄体, V 是一个压缩体, $H \cap V = \partial H = \partial_+ V = S$, $H \cup_S V$ 是 N 的一个亏格为 2 的 Heegaard 分解.

设 P 为三次穿孔的球面, $\partial P = \{C_1, C_2, C_3\}$, $N' = P \times S^1$. 在 P 上取一个真嵌入的简单弧 β 连接 C_1 和 C_2. 在 N' 中取 $(C_1 \cup C_2) \times S^1 \cup \beta$ 的一个正则邻域 X, 并记 $Y = \overline{N' \setminus X}$. 则容易验证, X 是一个压缩体, $\partial_- X = (C_1 \cup C_2) \times S^1$, Y 也是一个压缩体, $\partial_- Y = C_3 \times S^1$, $\partial_+ X = \partial_+ Y = S'$ 是个亏格为 2 的可定向闭曲面, $X \cup_{S'} Y$ 是 N' 的一个亏格为 2 的 Heegaard 分解.

分别取 $A_1 \times S^1, A_2 \times S^1, P_1 \times S^1, P_2 \times S^1, P_3 \times S^1, P_4 \times S^1$ 的如上的 Heegaard 分解 $H_1 \cup_{S_1} V_1, V_2 \cup_{S_2} H_2, X_1 \cup_{S_1'} Y_1, Y_2 \cup_{S_2'} X_2, X_3 \cup_{S_3'} Y_3, Y_4 \cup_{S_4'} X_4$. 则 M 有一个如下的广义 Heegaard 分解 Σ:

$$\begin{aligned} M &= Q \times S^1 = A_1 \times S^1 \cup P_1 \times S^1 \cup P_2 \times S^1 \cup P_3 \times S^1 \cup P_4 \times S^1 \cup A_2 \times S^1 \\ &= H_1 \cup_{S_1} V_1 \cup X_1 \cup_{S_1'} Y_1 \cup Y_2 \cup_{S_2'} X_2 \cup X_3 \cup_{S_3'} Y_3 \cup Y_4 \cup_{S_4'} X_4 \cup V_2 \cup_{S_2} H_2. \end{aligned}$$

显然, $C(\Sigma) = \{3, 3, 3, 3, 3, 3\}$.

(2) 下证 M 没有比 Σ 更瘦的广义 Heegaard 分解.

设 Σ' 是 M 的一个瘦身的广义 Heegaard 分解. 由命题 10.10, $\omega(M)$ 中的每个数都 $\geqslant 3$, 再由 (1) 可知 $\omega(M)$ 中的每个数都是 3. 假设 $\omega(M)$ 中共有 r 个 3. 再由命题 10.10, 每个 S_i 就是一个单个的亏格为 2 的可定向闭曲面, $1 \leqslant i \leqslant r$. 故 $\Sigma' = (V_1 \cup_{S_1} W_1) \cup_{F_1} \cdots \cup_{F_{r-1}} (V_r \cup_{S_r} W_r)$, 其中 $V_i \cup_{S_i} W_i$ 是一个非平凡的亏格为 2 的 Heegaard 分解, $1 \leqslant i \leqslant r$, V_1 和 W_r 是亏格为 2 的柄体. 因 M 是不可约的, 对于 $1 \leqslant i \leqslant r-1$, F_i 没有球面分支. 对于 $2 \leqslant i \leqslant r$, V_i 中恰包含一个 1-把柄, 故 Σ' 可融合成一个亏格为 $r+1$ 的 Heegaard 分解. 另一方面, $H_1(M)$ 的秩为 $2 \times 3 + 1 = 7$, 故 $r + 1 \geqslant 7$, 即 $r \geqslant 6$. 由此即知, 前面的 Σ 是 M 的一个瘦身

的广义 Heegaard 分解.

同理可知, 若 S_g 为亏格为 $g \geqslant 1$ 的可定向闭曲面, $M = S_g \times S^1$. 则 $\omega(M) = \{3, 3, \cdots, 3\}$, 其中 3 的个数为 $2g$.

10.5 曲线复形与 Lickorish-Wallace 定理的一个证明

10.5.1 曲线复形

在 [34] 中, Harvey 在研究 Teichmuller 空间时引入了曲面上曲线复形的概念. Masur 和 Minsky 研究了曲线复形作为度量空间的几何结构, 见 [64] 和 [65]. 2001 年, Hempel 将曲线复形引入到三维流形的 Heegaard 分解理论, 见 [39].

定义 10.11 曲线复形

设 $S = S_{g,b}$ 是一个亏格为 g 边界分支数为 b 的可定向曲面, 将此曲面的复杂度记为 $c(S) = 3g + b - 4$.

当 $c(S) > 0$ 时, S 上的曲线复形, 记为 $C(S)$, 定义如下: $C(S)$ 的顶点集是由 S 上本质简单闭曲线的同痕类组成的. 如果 $C(S)$ 的 2 个不同的顶点 $\{\alpha_0, \alpha_1\}$ 具有互不相交的代表元, 则 $[\alpha_0, \alpha_1]$ 确定 $C(S)$ 中一条边. 如果 $C(S)$ 的 $k+1$ 个不同的顶点 $\{\alpha_0, \cdots, \alpha_k\}$ 中, 任意两个顶点有一条边连接, 则 $[\alpha_0, \cdots, \alpha_k]$ 确定 $C(S)$ 的一个 k-单形. 记 $C(S)$ 的 k-骨架为 $C_k(S)$.

注记 10.7 对于 $c(S) < 0$ 的情况, 上述定义给出的是不连通的复形. 对于 $S_{0,b}$, 当 $b \leqslant 3$ 时, 复形是空集. 对于环面 $S_{1,0}$ 和 $S_{1,1}$, 以及穿 4 孔球面 $S_{0,4}$, S 上任意两条不同痕的曲线一定相交. 在这些情况, 曲线复形中边的定义稍有不同: 如果顶点 v 和 w 具有相交一次 (环面情形) 或者两次 (球面情形) 的代表元, 则 $[v, w]$ 是 $C(S)$ 中一条边.

在不产生歧义的情况下, 我们对曲线复形中的顶点、曲面上的本质简单闭曲线以及其同痕类不做区分.

下面介绍曲线复形上距离的定义:

定义 10.12 曲线复形上的距离

假设 S 是一个紧致可定向曲面, 对于 $C(S)$ 上的任意两个顶点 α, β, 如果存在一个集合 $\{\alpha = \alpha_0, \alpha_1, \cdots, \alpha_n = \beta\}$ 满足每一个元素是 $C(S)$ 中的一个顶点, 且任意两个相邻元素确定 $C(S)$ 上的一条边, 则称 $\{\alpha = \alpha_0, \alpha_1, \cdots, \alpha_n = \beta\}$ 为连接 α 和 β 的一条道路, 记 n 为这条道路的长度; 所有连接 α 和 β 的道路中

最短道路的长度称为 α 和 β 之间的距离, 记为 $d(\alpha,\beta)$. 称连接 α 和 β 的最短道路为 $C(S)$ 中的一条测地线.

$C(S)$ 顶点集的两个子集合 $\mathcal{A},\mathcal{B}$ 之间的距离定义为 $d(\mathcal{A},\mathcal{B})=\min\{d(x,y)|x\in\mathcal{A},y\in\mathcal{B}\}$.

集合 $\mathcal{A}$ 的直径定义为 $\operatorname{diam}(\mathcal{A})=\max\{d(x,y)|x,y\in\mathcal{A}\}$.

定义 10.13 几何相交数

设 α,β 是曲面 S 上两条简单闭曲线. 称 α 和 β 在同痕意义下的最小相交数为 α 和 β 的几何相交数, 记为 $\iota(\alpha,\beta)$.

引理 10.1 假设 S 是一个曲面并且 $c(S)>0$, α,β 是 $C(S)$ 上的两个顶点, 满足 $\iota(\alpha,\beta)>0$, 则

$$d(\alpha,\beta)\leqslant 2\log_2\iota(\alpha,\beta)+2.$$

证明 用归纳法. 假设 α 和 β 实现最小相交数. 如果 $\iota(\alpha,\beta)=1$, 则 $\alpha\cup\beta$ 的正则邻域是一个穿孔环面, 其边界曲线记为 γ. 由于 $c(S)>0$, γ 在 S 上一定是本质的. 因为 γ 与 α 和 β 都不交, 故 $d(\alpha,\beta)=2$, 结论成立.

下面假设 $\iota(\alpha,\beta)\geqslant 2$, 考虑 α 上的子弧段 a, 使得 a 的端点是 $\alpha\cup\beta$ 中在 α 上相邻的两点. a 的端点将 β 分为两段弧, 记为 b_1,b_2. 不妨设 b_1 与 α 的相交数不多于 b_2 与 α 的相交数. 将 $a\cup b_1$ 稍微同痕一下, 所得简单闭曲线记为 δ. 根据构造, δ 与 β 相交至多一次, δ 与 α 相交至多 $\dfrac{1}{2}\iota(\alpha,\beta)$ 次. 由归纳假设, 可知

$$\begin{aligned}
d(\alpha,\beta)&\leqslant d(\alpha,\delta)+d(\delta,\beta)\leqslant(2\log_2\iota(\alpha,\delta)+2)+2\\
&\leqslant 2\log_2\left(\frac{1}{2}\iota(\alpha,\beta)\right)+4=2(-1+\log_2\iota(\alpha,\beta))+4\\
&=2\log_2\iota(\alpha,\beta)+2.
\end{aligned}$$

得证. □

由引理 10.1, 可得

定理 10.9 假设 S 是一个紧致可定向曲面并且 $c(S)>0$, 则曲线复形 $C(S)$ 的 1-骨架 $C_1(S)$ 是连通的.

定理 10.10 (Masur-Minsky) 假设 S 是一个紧致可定向曲面并且 $\chi(S) \leqslant -2$, 则曲线复形 $C(S)$ 的直径是无界的.

定理 10.10 的证明参见 [64].

定义 10.14 Heegaard 分解的距离

设 $V \cup_S W$ 是三维流形 M 的一个 Heegaard 分解. 令 $\mathcal{D}_V$ 表示 V 中本质圆片的边界所在同痕类组成的集合, $\mathcal{D}_W$ 表示 W 中本质圆片的边界所在同痕类组成的集合. 则 $\mathcal{D}_V, \mathcal{D}_W$ 是 $C(S)$ 顶点集的两个子集合, 称它们在 $C(S)$ 上的距离 $d(\mathcal{D}_V, \mathcal{D}_W)$ 为 Heegaard 分解 $V \cup_S W$ 的距离, 记为 $d(S)$.

注记 10.8 由 Heegaard 分解距离的定义可知有如下性质:
(1) Heegaard 分解 $V \cup_S W$ 是可约的当且仅当 $d(S) = 0$;
(2) Heegaard 分解 $V \cup_S W$ 是弱可约的当且仅当 $d(S) \leqslant 1$;
(3) Heegaard 分解 $V \cup_S W$ 是强不可约的当且仅当 $d(S) \geqslant 2$.

定理 10.11 (Hempel) 对任意的整数 $g > 1$ 和 $n > 1$, 存在可定向的闭三维流形 M, 它有一个亏格为 g 距离至少为 n 的 Heegaard 分解.

定理 10.11 的证明参见 [39].

10.5.2 Heegaard 分解的稳定化距离与 Lickorish-Wallace 定理的一个证明

在本部分, 我们引入闭三维流形的 Heegaard 分解的稳定化距离的概念. 这个定义与 Hempel 提出的 Heegaard 分解距离的定义比较相似. 这里为了区分两个定义, 我们记 Heegaard 分解的距离为 Heegaard 距离 [39]. 两者的区别在于: Heegaard 距离中相邻的曲线是不相交的, 而在稳定化距离定义中, 相邻的曲线横截相交于一点.

定义 10.15 稳定化距离

设 M 是一个闭的三维流形. $V \cup_F W$ 是 M 的一个 Heegaard 分解, 其中 $g(F) \geqslant 1$. F 上的两条非分离简单的闭曲线 α, β 的稳定化距离记为 $s(\alpha, \beta)$, 定义为最小的正整数 $m \geqslant 1$, 使得存在 F 上的一列本质的简单闭曲线 $\alpha = \alpha_0, \alpha_1, \cdots, \alpha_m = \beta$, 满足 α_{i-1} 与 α_i 横截相交于一个点, $1 \leqslant i \leqslant m$.

Heegaard 分解 $V \cup_F W$ 的稳定化距离, 记为 $s(F) = \min\{s(\alpha, \beta)\}$, 其中 α 在 V 中界定本质圆片, β 在 W 中界定本质圆片.

注记 10.9 稳定化距离最小值为 1 而不是 0, 因此稳定化距离不满足通常度量空间的性质. 设 a 是 F 上的任意一条非分离的简单闭曲线, 因为总是存在非分离的简单闭曲线 b 满足 $|a \cap b| = 1$, 那么 $s(a, a) = 2$, 因此, 如果 T 是 $S^2 \times S^1$ 亏格为 1 的 Heegaard 分解曲面, 那么 $s(T) = 2$.

定义 10.16 测地稳定化道路

设 M 是一个闭的三维流形. $V \cup_F W$ 是 M 的一个 Heegaard 分解, 称 F 上的一列本质的简单闭曲线 $\alpha = \alpha_0, \alpha_1, \cdots, \alpha_m = \beta$ 为 F 上的一条稳定化道路, 若满足 α_{i-1} 与 α_i 横截相交于一个点, $1 \leqslant i \leqslant m$, 其中 α 在 V 中界定本质圆片, β 在 W 中界定本质圆片. 如果 $m = s(F)$, 即当稳定化道路是实现 Heegaard 分解的稳定化距离的道路时, 我们称 $\alpha = \alpha_0, \alpha_1, \cdots, \alpha_m = \beta$ 是 Heegaard 分解的测地稳定化道路.

定理 10.12 设 M 是一个闭的三维流形. $V \cup_F W$ 是 M 的一个 Heegaard 分解, 其中 $g(F) \geqslant 1$. 则 $s(F)$ 存在并且是有限的正整数. 当 $g(F) = 1$ 时, $s(F) = d(F)$. 当 $g(F) > 1$ 时, 若 $d(F) = 0$, 则 $s(F) \leqslant 2$; 否则 $\frac{1}{2}d(F) + 1 \leqslant s(F) \leqslant 2d(F)$.

证明 如果 $g(F) = 1$, 此时 M 是透镜空间, Heegaard 距离与稳定化距离的定义相同. 如果 $g(F) > 1$ 并且 $d(F) = 0$, 则 $V \cup_F W$ 是可约的 Heegaard 分解. 如果 $V \cup_F W$ 是稳定化的, 那么 $s(F) = 1$, 否则 $s(F) = 2$. 如果 $g(F) > 1$ 并且 $d(F) > 0$, 则 F 中存在一列本质简单闭曲线 $\{\alpha_0, \alpha_1, \cdots, \alpha_n\}$, α_0 在 V 中界定圆片, α_n 在 W 中界定圆片, 并且 α_{i-1} 与 α_i 不交, 对每个 $1 \leqslant i \leqslant n$. 我们可以进一步假设每一个 α_i 在 F 上都是非分离的.

对每一对不交曲线 α_i 和 α_{i+1}, 都存在一条简单闭曲线 β_i 使得 $|\alpha_i \cap \beta_i| = |\beta_i \cap \alpha_{i+1}| = 1$ 对每个 $0 \leqslant i \leqslant n-1$ 都成立. 因此, 我们有如下的一列闭曲线:

$$\alpha_0, \beta_0, \alpha_1, \beta_1, \cdots, \alpha_i, \beta_i, \cdots, \alpha_{n-1}, \beta_{n-1}, \alpha_n,$$

注意到 α_0 在 V 中界定圆片, α_n 在 W 中界定圆片, 因此这列曲线构成了 F 上的一条稳定化道路, 于是 $s(F) \leqslant s(\alpha_0, \alpha_n) \leqslant 2n = 2d(F)$.

由于任意一个 Heegaard 分解的 Heegaard 距离都是有限的, 因此任意一个 Heegaard 分解稳定化距离也是有限的. 因此测地的稳定化道路是存在的. 假设 $s(F) = m$, 选取测地稳定化道路 $\{c_0, c_1, \cdots, c_m\}$. 由于对每个 $0 \leqslant i \leqslant m-1$, $|c_i \cap c_{i+1}| = 1$, 因此 $N(c_i \cup c_{i+1}) \subset F$ 是一个穿 1 孔环面, 记为 T_i. 因为 $g(F) > 1$,

∂T_i 在 F 上是本质的, 并且与 $c_i \cup c_{i+1}$ 不交. 于是我们得到如下的一列本质简单闭曲线:

$$c_0, \partial T_0, c_1, \partial T_1, \cdots, \partial T_{m-1}, c_m,$$

其中 ∂T_0 在 V 中界定圆片, ∂T_{m-1} 在 W 中界定圆片, 并且 $|c_i \cap \partial T_i| = |\partial T_i \cap c_{i+1}| = \varnothing$. 我们得到 $d(F) \leqslant d(\partial T_0, \partial T_{m-1}) \leqslant 2m-2 = 2s(F)-2$. 即: $s(F) \geqslant \frac{1}{2}d(F)+1$. □

推论 10.7　对任意的整数 $g \geqslant 2$ 和 $m \geqslant 2$, 存在闭的三维流形 M, 它具有亏格为 g, 稳定化距离至少为 m 的 Heegaard 分解.

证明　由定理 10.11, 对任意的整数 $g \geqslant 2$ 和 $n \geqslant 2$, 都存在闭的三维流形, 它具有亏格为 g, 距离至少为 n 的 Heegaard 分解. 由定理 10.12, $s(F) \geqslant \frac{1}{2}n+1$. 由 n 的任意性, 可知推论成立. □

在原有三维流形中沿有限分支的链环做 Dehn 手术是构造新三维流形的一种基本方法. 下面我们给出 Heegaard 分解的稳定化距离与 Dehn 手术之间的关系: 如果 M 存在亏格为 g 的最小亏格的 Heegaard 分解, 即 $g(M)=g$, 若其稳定化距离为 m, 则对流形 M 至多需要做 $(m-1)$ 次 Dehn 手术可以得到一个新流形 M', 满足 $g(M')<g$.

定义 10.17　本原的简单闭曲线

设 H 是一个柄体, c 为 H 的边界曲面 ∂H 上的一条简单闭曲线, 如果存在 ∂H 的一个压缩圆片 D, 使得 $|c \cap \partial D| = 1$, 则称 c 为本原的.

命题 10.12　设 c 是柄体 H 边界上的本原曲线, 将 c 同痕移动到 H 的内部, 记为 c', 在 H 中做关于 c' 的沿任意曲线的 Dehn 手术得到的流形都是柄体.

证明　H 的一个压缩圆片 D 满足 $|c \cap \partial D| = 1$. D 的两个拷贝沿着 c 做带连得到一个分离的压缩圆片 D', $\eta(c')$ 是 c' 的正则领域 D' 将 $H \setminus \eta(c')$ 切割成一个 $T \times I$ 以及一个亏格减小 1 的柄体 H', 其中 T 是一个环面. 沿着 $T \times I$ 的边界粘上一个实心环体得到的仍是一个实心环体, 这个实心环体再沿着 D' 与柄体 H' 做边界连通和得到的仍是一个柄体. □

定义 10.18　P-M 手术

设 c 是柄体 H 边界上的本原曲线, 将 c 同痕移动到 H 的内部, 记为 c', 平

环 A 是压缩体 $H\setminus i(c')$ 内的一个扩展平环, 其中在正边界上的边界曲线为 c, 在负边界上的边界曲线, 记为 c''. 由此可见, c' 与 c'' 都是由 c 确定的. 特别地, 我们称在 H 中做关于 c' 的, 沿 c'' 的 Dehn 手术, 为在 H 中做关于 c 的 P-M 手术见图 10.9. 设 $M=V\cup_F W$ 以及 $M'=V'\cup_F W$, 若 V' 是由 V 做 1 次 P-M 手术得到, 我们称 M' 是由 M 做 1 次 P-M 手术得到的.

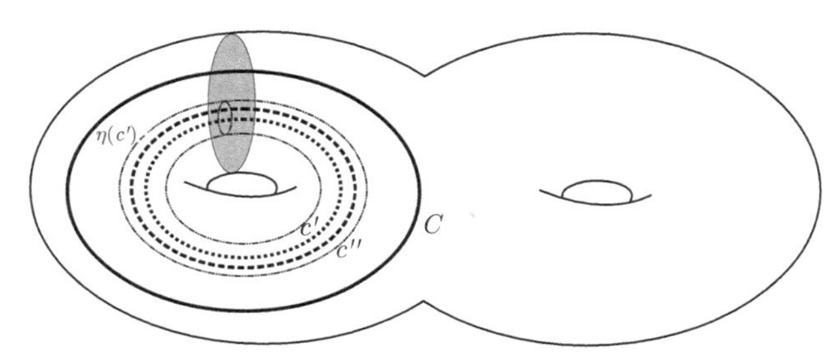

图 10.9 关于 c 的 P-M 手术: 关于 c' 的, 沿 c'' 的 Dehn 手术

由命题 10.12 , 在 H 中做关于本原曲线 c 的 P-M 手术, 得到的仍是柄体, 记为 H'. 由 Dehn 手术的定义, c'' 在 H' 中界定圆片, 记为 D^*, 因此 c 在 H' 界定压缩圆片 $A\cup D^*$. 因此 P-M 手术将一条本原曲线改变为一条标准纬线.

定理 10.13 设 M 是一个闭的三维流形, 具有亏格为 g, 稳定化距离为 m 的 Heegaard 分解. 则 M 中存在一个 $(m-1)$ 个分支的链环 L, 每一个分支都可以同痕到 Heegaard 曲面上. 在 M 中做关于 L 的 Dehn 手术可以得到一个新的三维流形, 记为 M', M' 具有亏格为 g 的稳定化 Heegaard 分解.

证明 设 $V\cup_F W$ 是 M 的 Heegaard 分解, 满足 $g(F)=g$ 以及 $s(F)=m$. 设 $\{\alpha_0,\alpha_1,\cdots,\alpha_m\}$ 是 F 的一条测地稳定化道路. 因此 α_0 界定 V 中本质圆片, α_m 界定 W 中的本质圆片, 并且 $|\alpha_i\cap\alpha_{i-1}|=1$. 对每个 $1\leqslant i\leqslant m-1$, 记 V_0 为 V, 并记 V_i 为在 V_{i-1} 中做 α_i 上的 P-M 手术得到的柄体. 由于在柄体中做本原曲线上的 P-M 手术得到的仍是柄体, 只是将本原曲线改变为标准纬线. 每一个 V_i 都是一个柄体, 因此这个手术可以依次做下去, 直至我们得到 $M'=V_{m-1}\cup_F W$. 我们可以把 V 看成 $(F\times I)\cup V'$, 其中 V' 是 V 的拷贝, $\partial V=F=F\times\{1\}$. 我们将 α_i 同痕移动到 V 中, 使得 α_i' 嵌入在曲面 $F\times\{i/n\}$ 上, 其中 n 是充分大的整数, 此时 $\{\alpha_i'\}$ 是不交的, M' 是在 M 中做关于 $\alpha_1'\cup\alpha_2'...\cup\alpha_{m-1}'$ 的 Dehn 手术得到的. 由于 α_{m-1} 在 V_{m-1} 中界定圆片, α_m 在 W 中界定圆片并且 $|\alpha_{m-1}\cap\alpha_m|=1$, 因此 $V_{m-1}\cup_F W$ 是亏格为 g 的稳定化的 Heegaard 分解. □

推论 10.8　设 $V \cup_F W$ 为 M 的最小亏格的 Heegaard 分解. 则在 M 中做至多 $s(F)-1$ 次 P-M 手术可以得到三维流形 M' 满足 $g(M') < g(M)$.

证明　由于 $V \cup_F W$ 为 M 的最小亏格的 Heegaard 分解, $g(M) = g(F)$. 由于 M' 具有亏格为 g 的稳定化的 Heegaard 分解, $g(M') < g(F)$, 因此 $g(M') < g(F) = g(M)$. □

定理 10.14　每一个紧致的、连通的、可定向的、闭的三维流形都可以从 S^3 中做关于有限个分支的链环 L^* 的 Dehn 手术得到.

定理 10.14 又被称为 Dehn 手术理论的基本定理. 这个定理曾分别被 Lickorish [61] 和 Wallace [115] 证明. 下面我们基于定理 10.13 给出这个定理的一种更直接的证明 (参见 [23]). 令 L 为 L^* 的对偶链环, 定理 10.14 可以等价的叙述为:

定理 10.15　每一个紧致的, 连通的, 可定向的, 闭的三维流形都存在有限分支的链环 L, 使得对此流形做关于链环 L 的 Dehn 手术可以得到 S^3.

证明　我们对三维流形 M 的 Heegaard 亏格做归纳证明. 当 $g(M) = 0$ 时, $M \cong S^3$, 此时定理是平凡的. 假设对所有 Heegaard 亏格小于 g 的三维流形, 定理是成立的, 我们证明当 $g(M) = g$ 时定理仍然成立. 由推论 10.8, 存在链环 L, 使得在 M 中做关于 L 的 Dehn 手术可以得到一个 Heegaard 亏格小于 $g(M)$ 的流形 M'. 由归纳假设, M' 中存在有限分支的链环 L', 使得对 M' 做关于 L' 的 Dehn 手术可以得到 S^3, 我们可以同痕使得 L 与 L' 的全部分支在 M 中是不交的, 因此 M 做关于链环 $L \cup L'$ 的 Dehn 手术, 可以得到 S^3. □

习　题

1. 证明命题 10.3.
2. 证明 $T^3 = S^1 \times S^1 \times S^1$ 标准的亏格为 3 的 Heegaard 分解是弱可约的.
3. 证明不可约流形的可约 Heegaard 分解是稳定化的.
4. 利用 Haken 引理证明三维流形的连通和素分解的存在性.

第 11 章 横扫函数及应用

三维流形上的 Heegaard 分解结构与其上的横扫函数也存在着一一对应关系. 我们首先在 11.1 节介绍三维流形上的横扫函数的定义和性质, 然后在 11.2 节用横扫函数证明 Waldhausen 的 S^3 的 Heegaard 分解的唯一性定理. 作为 Waldhausen 定理的推论, 我们在 11.3 节给出柄体的 Heegaard 分解的唯一性, 并在此基础上给出 Heegaard 分解稳定等价定理的一个简单证明. 最后, 在 11.4 节, 我们证明透镜空间的任意两个亏格为 1 的 Heegaard 曲面是同痕的, 并指出透镜空间的任一个亏格大于 1 的 Heegaard 分解都是其亏格为 1 的 Heegaard 分解的稳定化, 即透镜空间的 Heegaard 分解也是唯一的.

11.1 横扫函数

在本节, 我们将介绍闭三维流形上横扫的定义及相关性质.

定义 11.1 横扫函数

设 M 是一个连通闭三维流形, $f: M \to I$ 连续. 若 f 满足如下条件:

(1) 对任意 $a \in (0,1)$, $f^{-1}(a)$ 是真嵌入于 M 中的一个闭曲面 S;

(2) $f^{-1}(0)$ 和 $f^{-1}(1)$ 都是嵌入于 M 中的图;

(3) 对于任意 $a, b \in (0,1)$, $a < b$, $f^{-1}([a,b])$ 同胚于 $S \times [a,b]$;

(4) 对于任意 $a \in (0,1)$, $f^{-1}([0,a])$ 和 $f^{-1}([a,1])$ 都是柄体,

则称 f 为 M 上的一个横扫函数, 或简称为横扫.

由横扫的定义立即可知下述命题成立:

命题 11.1 设 f 是连通闭 3-流形 M 上的一个横扫.

(1) 对于任意 $a, b \in (0,1)$, $f^{-1}(a)$ 和 $f^{-1}(b)$ 是 M 中同胚和同痕的曲面.

(2) 对于任意 $a \in (0,1)$, 记 $F = f^{-1}(a)$, $V = f^{-1}([0,a])$, $W = f^{-1}([a,1])$. 则 $V \cup_F W$ 是 M 的一个 Heegaard 分解.

下面的定理说明反之亦然:

定理 11.1 设 $V\cup_F W$ 是连通 3-闭流形 M 的一个 Heegaard 分解. 则存在 M 上的一个横扫 $f:M\to[0,1]$, 使得 $f^{-1}\left(\dfrac{1}{2}\right)=F$.

证明 设 Γ 是 V 的一个脊. 则存在同胚 $f':V\backslash\Gamma\to F\times\left[\dfrac{1}{2},1\right)$, $f'(F)=F\times\dfrac{1}{2}$. 令 $p':F\times[0,1)\to[0,1)$ 为到第二个因子的投射, 即任意 $(x,t)\in F\times\left[\dfrac{1}{2},1\right)$, $p'(x,t)=t$. 则 $f_1=p'\circ f':V\setminus\Gamma\to\left[\dfrac{1}{2},1\right)$ 连续, 且任意 $t\in\left[\dfrac{1}{2},1\right)$ 的原像是一个同胚于 F 的曲面.

类似地, 存在连续函数 $f_2:W\setminus\Sigma\to\left(0,\dfrac{1}{2}\right]$, 其中 Σ 是 W 的一个脊, 且任意 $t\in\left(0,\dfrac{1}{2}\right]$ 的原像是一个同胚于 F 的曲面. 令 $f:M\to[0,1]$, 使得对任意 $x\in M$,

$$f(x)=\begin{cases}f_1(x), & x\in V\setminus\Gamma,\\ 1, & x\in\Gamma,\\ f_2(x), & x\in W\setminus\Sigma,\\ 0, & x\in\Sigma,\end{cases}$$

则容易验证, f 是 M 上的一个横扫, 使得 $f^{-1}\left(\dfrac{1}{2}\right)=F$. □

称定理 11.1 中的 f 是 Heegaard 分解 $V\cup_F W$ 的伴随横扫函数. 下面的引理在后面的讨论中将被用到, 其证明已超出本书的范围, 有兴趣的读者可参见 [57].

引理 11.1 设 $f:M\to I$ 为光滑连通闭三维流形上的一个光滑横扫映射, F 是 M 中一个光滑的嵌入曲面. 则存在 F 的一个同痕, 使得在同痕后, $f|_F$ 是 F 上一个莫尔斯函数.

注记 11.1 横扫函数在脊之外与莫尔斯函数在临界点之外非常相似, 两者局部看起来都像是曲面与一个区间的乘积. 另一方面, 这两种函数在某些方面的行为是相反的. 实际上, 如果我们考虑的横扫函数也是光滑的, 则其临界点集合将是 $f^{-1}(0)$ 和 $f^{-1}(1)$(即两个脊) 的并集. 所以, 不像一个莫尔斯函数只有有限多个临界点, 横扫函数有不可数无限多个临界点, 但所有这些都是退化的.

下面介绍 Rubinstein-Scharlemann 图.

对于一个实心球 B, 取 B 的内部一点为其脊; 对于一个实心环 T, 取其一个核曲线为其脊; 对于一个亏格为 g 的柄体 H, 取 H 的脊为 H 中一个价为 3 的图. 如图 11.1 所示.

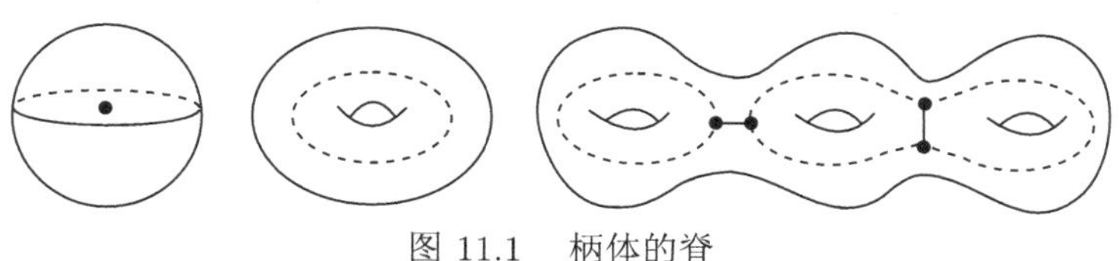

图 11.1 柄体的脊

设 $A\cup_P B$ 和 $X\cup_Q Y$ 是闭 3-流形 M 的两个 Heegaard 分解, 其伴随横扫函数分别为 $f,g:M\to I$. 设 A, B, X, Y 的脊分别为 Σ_A, Σ_B, Σ_X, Σ_Y. 对于 $s,t\in I$, 我们用 $P_s=f^{-1}(s)$ 表示 f 在高度 s 的水平集, 用 $Q_t=g^{-1}(t)$ 表示 g 在高度 t 的水平集.

定义 11.2 处于一般位置的横扫

设 $f,g:M\to I$ 如上. 若 $(\Sigma_A\cup\Sigma_B)\cap(\Sigma_X\cup\Sigma_Y)=\varnothing$, f 与 $\Sigma_X\cup\Sigma_Y$ 处于一般位置, 且 g 与 $\Sigma_A\cup\Sigma_B$ 处于一般位置, 则称 f 和 g 是处于一般位置的.

对于 M 上的两个横扫函数 $f,g:M\to I$, 由 Cerf[18] 理论 (也可参见 [57]), 总可以通过 M 中的一个同痕之后, 使得 f 和 g 是处于一般位置的.

对于 M 的两个处于一般位置的横扫函数 f 和 g, 如上, $g_t^{-1}(s)$ 就是 $P_s\cap Q_t$. 由 Cerf 理论 (参见 [18]), $I\times I$ 中的点可分为四类:

(1) 区域: 由这样的点 $(s,t)\in I\times I$ 构成, P_s 与 Q_t 横截相交. 所有这样的点构成了 $\mathrm{int}(I\times I)$ 的一个开子集, 称其每个分支为一个区域.

(2) 边: 由这样的点 $(s,t)\in I\times I$ 构成, P_s 与 Q_t 除了在一个单一的非退化切点相切之外, 在其他地方都横截相交. 切点可以是一个中心点, 也可以是一个鞍点. 所有这样的点构成了 $\mathrm{int}(I\times I)$ 的一个 1 维子集, 称其每个分支为一个边. 每个边或是单调上升的或是单调下降的, 如图 11.2 所示.

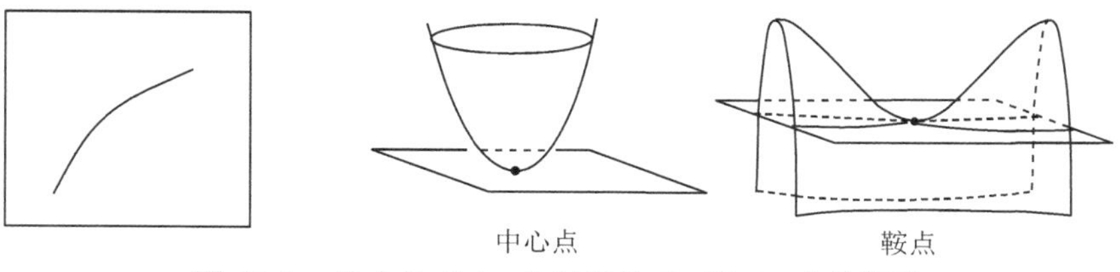

图 11.2 边上的点 (s,t) 对应的 P_s 和 Q_t 上的情形

(3) 交叉点: 由这样的点 $(s,t)\in I\times I$ 构成, P_s 与 Q_t 恰在两个非退化的临界点相切, 在其他地方都横截相交. 所有这样的点在 $I\times I$ 上都是孤立的. 称每个这样的点为一个交叉点. 在一个交叉点的"小"邻域内, 可把这个点看成是两条"直边" l_1 和 l_2 的交点, l_1 和 l_2 的斜率可以异号, 如图 11.3 所示, 也可以同号, 如图 11.4 所示.

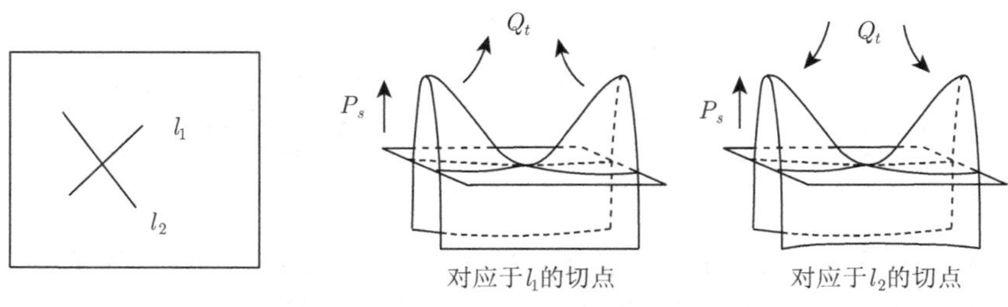

图 11.3　l_1 和 l_2 的斜率异号对应的 P_s 和 Q_t 上的情形

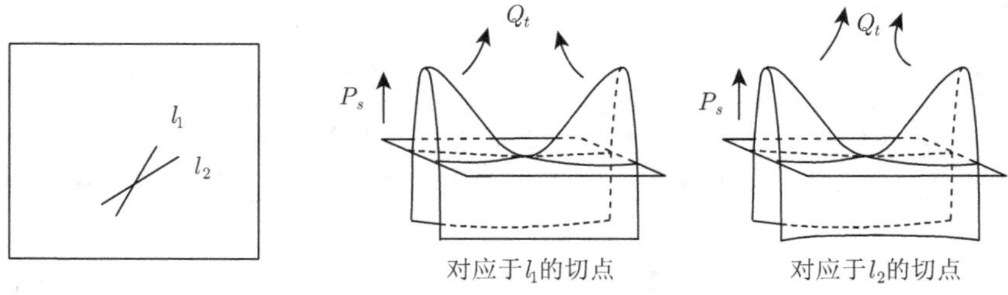

图 11.4　l_1 和 l_2 的斜率同号对应的 P_s 和 Q_t 上的情形

(4) 生死点: 由这样的点 $(s,t) \in I \times I$ 构成, P_s 与 Q_t 恰在一个退化的临界点相切, 在其他地方横截相交. 称每个这样的点为一个生死点. 可对一个生死点 (s,t) 的局部做参数化 (λ,μ), 使得 $P_s = \{(x,y,z)|z=0\}$, $Q_t = \{(x,y,z)|z = x^2+\lambda x+\mu y+y^2\}$. 生死点在 $\text{int}(I\times I)$ 上是孤立的. 在一个生死点 (s,t) 的局部, 从 (s,t) 出发有两条边 l_1 和 l_2, 其中之一来自一个鞍切点, 另一条来自一个中心切点, 如图 11.5 所示.

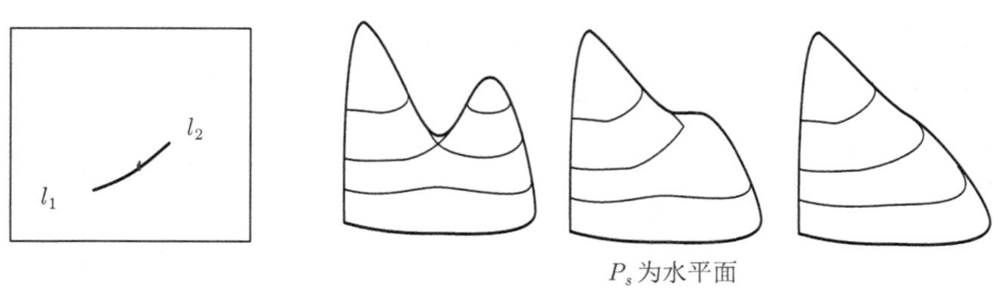

图 11.5　生死点对应的 P_s 和 Q_t 上的情形

对于 $I \times I$ 的边 $0 \times I$ 上的内点 $(0,t)$, 由于 g 与 Σ_A 处于一般位置, 故对于小的 $\varepsilon > 0$, 除了在 $g|_{\Sigma_A}$ 的局部极大、局部极小和 Σ_A 的顶点的高度之外, 在其他所有高度 t, $Q_t \cap f^{-1}([0,\varepsilon])$(可能为空) 的每个分支都是柄体 $f^{-1}([0,\varepsilon])$ 的一个纬圆片. 若 Q_t 与 Σ_A 在 $f^{-1}([0,\varepsilon])$ 处相切, 易见存在 t 附近的两个值 t_+ 和 t_-, $t_- < t < t_+$, 使得 $Q_{t_\pm}$ 与 P_ε 相切, 如图 11.6(a) 所示. 若 Q_t 过 Σ_A 的一个顶点,

则对 t 附近的 t_+ 和 t_-, $t_- < t < t_+$, $Q_{t_+} \cap P_\varepsilon$ 与 $Q_{t_-} \cap P_\varepsilon$ 的圆片分支数相差 ± 1, 如图 11.6(b) 所示. 在 $I \times I$ 的其他边的内点以及 $I \times I$ 的四个角上的情形也是类似的. 故上述所有边和所有顶点的闭包构成了真嵌入于 $I \times I$ 中的一个图, 记作 $\Gamma(f, g)$.

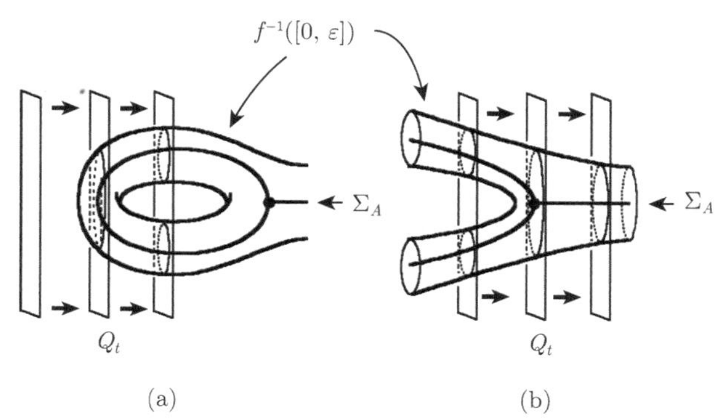

图 11.6 $I \times I$ 的边上对应的 Σ_A 的切点和顶点的情形

定义 11.3 R-S 图

设 $f, g: M \to [-1, 1]$ 是 M 上两个处于一般位置的横扫函数. 称 $\Gamma(f, g)$ 为 f 和 g 的 Rubinstein-Scharlemann 图, 简称为 R-S 图. 称 $I \times I \setminus \Gamma(f, g)$ 的每个分支为 $\Gamma(f, g)$ 的一个区域.

由 R-S 图的定义可知, $(t, s) \in \Gamma(f, g) \Leftrightarrow P_s$ 与 Q_t 在某一个或某两个点相切, 在其他地方横截相交. 对于 $(s, t) \in (I \times I) \setminus \Gamma(f, g)$, P_s 与 Q_t 横截相交.

注记 11.2 上述 R-S 图 $\Gamma(f, g)$ 是 Rubinstein 和 Scharlemann [91] 根据 Cerf 理论 [18] 引入的, 用来分析同一个闭 3-流形中的两个 Heegaard 曲面如何相交. 后来就称 $\Gamma(f, g)$ 为 Rubinstein-Scharlemann 图.

Rubinstein 和 Scharlemann 在文献 [91] 中证明了下述定理:

定理 11.2 (Rubinstein-Scharlemann 定理) 设 $A \cup_P B$ 和 $X \cup_Q Y$ 是可定向闭 3-流形 M 的两个强不可约的 Heegaard 分解, M 不是 S^3. 则可在 M 中同痕移动 P 和 Q, 使得 P 和 Q 横截相交, $P \cap Q \neq \varnothing$, 且 $P \cap Q$ 的每个分支在 P 和 Q 上都是本质的.

一个莫尔斯函数要求它的每个临界点都是非退化的, 并且不同的两个临界点的高度也不同. 对莫尔斯函数的条件稍作放松, 两个横扫函数处于一般位置也可以换成一个等价的说法.

定义 11.4 近莫尔斯函数

设 $h: F \to \mathbb{R}$ 为曲面 F 上的一个光滑函数. 若 h 在某一个高度有单一一个退化的临界点或有两个非退化的临界点, 在其他高度的每个临界点都是非退化的, 并且不同的两个临界点的高度也不同, 则称 h 为一个近莫尔斯函数.

设 $f, g: M \to I$ 是可定向闭 3-流形 M 上的两个横扫函数. 对于 $s, t \in I$, 我们用 $P_t = f^{-1}(t)$ 表示 f 在高度 t 的水平集, 用 $Q_s = g^{-1}(s)$ 表示 g 在高度 s 的水平集, 用 $g_t = g|_{f^{-1}_{(t)}}$ 表示 g 在 P_t 上的限制.

定义 11.5 处于好位置的横扫

设 $f, g: M \to [-1, 1]$ 是可定向闭 3-流形 M 上的两个横扫函数. 若存在有限多个高度 $t_1, \cdots, t_n \in (-1, 1)$, 使得 g_{t_i} 都是 P_{t_i} 上的近莫尔斯函数, 而在所有的其他高度 t, g_t 都是 P_t 上的莫尔斯函数, 则称 f 和 g 是处于好位置的.

下面的定理表明, 我们总可以假定两个给定的横扫函数是处于好位置的. 该定理由 Cerf [18] 最先给出, 也可参见 [57].

定理 11.3 设 $f, g: M \to [-1, 1]$ 是可定向闭 3-流形 M 上的两个横扫函数. 则可通过 M 中的一个同痕之后, f 和 g 是处于好位置的.

11.2 S^3 的 Heegaard 分解唯一性定理的证明

我们已经知道, S^3 的 Heegaard 亏格为 0, S^3 的每个亏格为 1 的 Heegaard 分解都是稳定化的 (即它是 S^3 亏格为 0 的 Heegaard 分解的稳定化, 见定理 7.2). 本节我们将讨论 S^3 的亏格大于 1 的 Heegaard 分解. 为此, 先证明几个引理.

引理 11.2 设 $A \cup_P B$ 是 3-流形 M 的一个 Heegaard 分解, S 是 M 中一个 2-球面, S 与 P 横截相交, 且 $S \cap P$ 至少有一个分支在 P 上是本质的. 则存在 $S \cap P$ 的一个在 P 上是本质的分支 α, α 界定 A 或 B 中一个本质圆片.

证明 对 $|S \cap P|$ 进行归纳. 若 $|S \cap P| = 1$, 结论已经成立. 假设结论对于满足要求且 $|S \cap P| \leqslant k (k \geqslant 1)$ 的球面 S 都成立. 下设 S 是 M 中一个 2-球面, S 与 P 横截相交, $|S \cap P| = k + 1$, 且 $S \cap P$ 至少有一个分支在 P 上是本质的. 取 $S \cap P$ 的一个在 S 上最内的分支 β, 即 β 界定 S 上一个圆片 D. 不妨设 $D \subset A$. 若 β 在 P 上是本质的, 则 $D \subset A$, 结论已经成立. 下设 β 在 P 上是平凡的, 即 β 界定了 P 上一个圆片 E. 记 $F = D \cup E$. 因 A 是不可约的, F 界

定了 A 中一个实心球 D^3. 用 D^3 可将 S 同痕移动至 S', S' 与 P 横截相交, 且 $S' \cap P = S \cap P \setminus S \cap E$, 故 $|S' \cap P| \leqslant |S \cap P| - 1 = k$. 因 $S \cap E$ 的每个分支在 E 上都是平凡的, 故 $S' \cap P$ 至少有一个分支在 P 上是本质的. 由归纳假设, 存在 $S' \cap P$ 的一个在 P 上是本质的分支 α, α 界定 A 或 B 中一个本质圆片 D'. 显然可要求 $D' \cap D^3 = \varnothing$, 结论得证. □

定义 11.6　正则分支

设 P 是一个连通可定向闭曲面, $f: P \to \mathbb{R}$ 是 P 上的一个莫尔斯函数或近莫尔斯函数. 对任意 $t \in \mathbb{R}$, 若 c 是水平集 $f^{-1}(t)$ 上的一个分支, 且 c 上不含 f 的临界点, 则称 c 是 f 的一个正则分支.

引理 11.3　设 P 是一个连通可定向闭曲面, $g: P \to \mathbb{R}$ 是 P 上的一个莫尔斯函数或近莫尔斯函数. 若 g 的每个正则分支在 P 上都是平凡的, 则 P 是一个球面或环面.

证明　若 g 是 P 上的一个莫尔斯函数, 可仿照定理 9.9 的方法证明 P 是一个球面. 证明留作练习.

下设 g 是 P 上一个近莫尔斯函数, g 有一个退化的临界点, 则如图 11.5 中右 3 图所示. 这时, 可将 g 同痕为一个莫尔斯函数 g', 如图 11.5 中右 4 图所示. 这时, g' 的每个正则分支恰是 g 的正则分支. 由上, P 是一个球面.

若 g 在高度 t 有两个 (非退化) 的临界点, 则 $g^{-1}(t)$ 上包含这两个临界点的分支构成了一个图 G, G 有两个价为 4 的顶点, 如图 11.7(a) 或 (b) 所示.

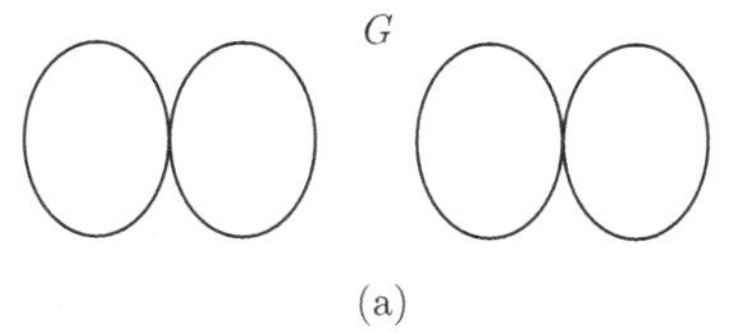

(a)

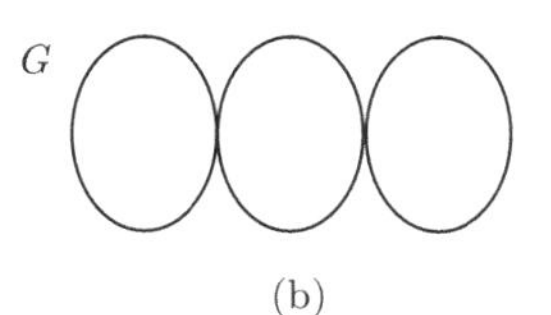

(b)

图 11.7　图 G

g 在 G 的补 $P \setminus G$ 上的限制定义了一个莫尔斯函数 g', g' 没有本质的水平集, 故 $P \setminus G$ 由若干圆片构成. 这样, G 决定了 P 的一个胞腔分解结构: 2 个顶点, 4 条边, n 个面 ($n \geqslant 1$). 因 P 是可定向的连通闭曲面, 故可排除图 11.7中 (a) 的情形. P 的欧拉示性数 $\chi(P) = 2 - 4 + n = n - 2$, 又 $\chi(P)$ 是偶数且非负, 故只能 $n = 2$ 或 4, 即 P 是一个环面或球面. □

设 $A \cup_P B$ 是 S^3 的一个亏格为 n 的 Heegaard 分解, 其伴随横扫函数为 $f: S^3 \to I$; $X \cup_Q Y$ 是 S^3 的亏格为 0 的 Heegaard 分解, 其伴随横扫函数为

$g: S^3 \to I$. 由定理 11.3, 可假设 f 与 g 处于好的位置.

对于每个 $t \in I$, 规定 t 的标号规则如下: 若 g_t 的某个水平集有一个在 P_t 上本质的正则分支界定了 $f^{-1}([0,t])$ 中一个圆片, 则给 t 标号 1; 若 g_t 的某个水平集有一个在 P_t 上本质的正则分支界定了 $f^{-1}([t,1])$ 中一个圆片, 则给 t 标号 2.

I 中的点可以同时有两个标号, 也可以一个标号也没有.

对于 $s \in (0,1)$, Q_s 为 S^3 中一个球面; 对于 $t \in (0,1)$, P_t 为 S^3 的一个 Heegaard 曲面. 当 P_t 与 Q_s 横截相交时, 若 $P_t \cap Q_s$ 有在 f_t 上本质的分支, 则由引理 11.2, $P_t \cap Q_s$ 有一个在 P_t 上本质的分支界定了 $f^{-1}([0,t])$ 中或 $f^{-1}([t,1])$ 中一个圆片. 此时, 给 t 标号 1 或 2. 如果 $P_t \cap Q_s$ 的每个分支在 P_t 上都是平凡的, 则 t 不能标号. 特别地, 0 和 1 都不能标号.

P_t 上两个不同的正则分支是不交的. 若 t 同时有标号 1 和 2, 因 P 同痕于 P_t, 则 Heegaard 分解 $A \cup_P B$ 是弱可约的.

引理 11.4 S^3 的每个亏格大于 1 的 Heegaard 分解都是弱可约的.

证明 设 $A \cup_P B$ 是 S^3 的一个亏格为 n 的 Heegaard 分解, $n \geqslant 2$, 其伴随横扫函数为 $f: S^3 \to I$; $X \cup_Q Y$ 是 S^3 的亏格为 0 的 Heegaard 分解, 其伴随横扫函数为 $g: S^3 \to I$. 由定理 11.3, 可假设 f 与 g 处于好的位置. 假设 $A \cup_P B$ 是强不可约的.

对于固定的 $s \in (0,1)$ 和充分邻近 0 的 t, 柄体 $f^{-1}([0,t])$ 与 Q_s 的交是一组纬圆片, 这样的 t 有标号 1; 同样, 充分邻近 1 的 t 有标号 2.

设 $t_1, \cdots, t_k \in I$ 是使得 g_t 为近莫尔斯函数而非莫尔斯函数的所有值. 因 g_t 的水平集上分支的同痕类只有在 g_t 通过高度 $t_i (1 \leqslant i \leqslant k)$ 时才可能发生改变, 故对于 $I \setminus \{t_1, \cdots, t_k\}$ 的一个分支中的任意两点 t, t' 以及 $s \in (0,1)$, t 和 t' 有相同的标号, 或者同时不能标号.

对于 $I \setminus \{t_1, \cdots, t_k\}$ 的一个分支中的任意一点 t 和 $s \in (0,1)$, P_t 与 Q_s 横截相交, 若 $P_t \cap Q_s$ 有在 P_t 上本质的分支, 则由引理 11.2, $P_t \cap Q_s$ 有一个在 P_t 上本质的分支界定了 $f^{-1}([0,t])$ 中或 $f^{-1}([t,1])$ 中一个圆片, 此时 t 可以标号 1 或 2.

因 $A \cup_P B$ 是强不可约的, 故每个 $t \in (0.1)$ 不能同时标号 1 和 2. 能标号 1 的所有 $t \in (0,1)$ 构成了 $(0,1)$ 的开集 U, 能标号 2 的所有 $t \in (0,1)$ 构成了 $(0,1)$ 的开集 V. $U, V \neq \varnothing$. 因 $(0,1)$ 是连通的, 故 $(0,1) \neq U \cup V$. 故存在 $t \in (0,1)$, 使得 t 不能标号. 这意味着 $P_t \cap Q_s$ 的每个分支在 P_t 上都是平凡的. 由引理 11.3, P 是一个球面或环面, 与 $n \geqslant 2$ 矛盾.

这样, $A \cup_P B$ 是弱可约的. □

有了这些准备工作, 下面我们可以证明本节的主要定理:

定理 11.4 (Waldhausen 定理) S^3 的每个正亏格的 Heegaard 分解都是稳定化的.

证明 设 $H_1 \cup_S H_2$ 是 S^3 的一个 Heegaard 分解, $g = g(S) \geqslant 1$. 由定理 7.2 可知结论在 $g = 1$ 时成立. 假设结论对 S^3 的亏格为 $k \geqslant 1$ 的 Heegaard 分解都成立. 考虑 S^3 的一个亏格为 $g = k+1$ 的 Heegaard 分解 $H_1 \cup_S H_2$.

由引理 11.4, $H_1 \cup_S H_2$ 是弱可约的. 因 S^3 中不含闭的不可压缩曲面, 由推论 10.6, $H_1 \cup_S H_2$ 是可约的, 即存在球面 $P \subset S^3$, 使得 $P \cap S$ 为 S 上一条本质简单闭曲线. 注意到 P 在 S^3 中是分离的, 故 P 给出了 $H_1 \cup_S H_2$ 的一个连通和分解 $H_1 \cup_S H_2 = (H_1' \cup_{S_1} H_2')\#(H_1'' \cup_{S_2} H_2'')$, 其中 $H_1' \cup_{S_1} H_2'$ 和 $H_1'' \cup_{S_2} H_2''$ 都是 S^3 的 Heegaard 分解, $g(S_1), g(S_2) < g(S) = k+1$, $g(S_1) + g(S_2) = g(S)$. 由归纳假设, $H_1' \cup_{S_1} H_2'$ 是稳定化的, 从而 $H_1 \cup_S H_2$ 是稳定化的. □

下面是 Waldhausen 定理的直接推论:

推论 11.1 设 $H_1 \cup_S H_2$ 是 S^3 的一个 Heegaard 分解, $g = g(S) \geqslant 2$, $T \cup_{\mathbb{T}} T'$ 是 S^3 的一个亏格为 1 的 Heegaard 分解. 则 $H_1 \cup_S H_2 = (T \cup_{\mathbb{T}} T')\# \cdots (T \cup_{\mathbb{T}} T')$, 其中因子的个数为 $g-1$. 特别地, S^3 的每个亏格大于 1 的 Heegaard 分解都是可约的.

推论 11.2 设 $H_1 \cup_S H_2$ 是 S^3 的一个 Heegaard 分解, $g = g(S) \geqslant 1$. 则 $H_1 \cup_S H_2$ 有一个伴随 Heegaard 图 $(S; \{\alpha_1, \cdots, \alpha_g\}, \{\beta_1, \cdots, \beta_g\})$, 其中对于 $1 \leqslant i \neq j \leqslant g$, $\alpha_i \cap \beta_j = \varnothing$, $|\alpha_i \cap \beta_i| = 1$.

推论 11.2 中给出的 S^3 的 Heegaard 图称为 S^3 的标准 Heegaard 图, 如图 11.8 所示.

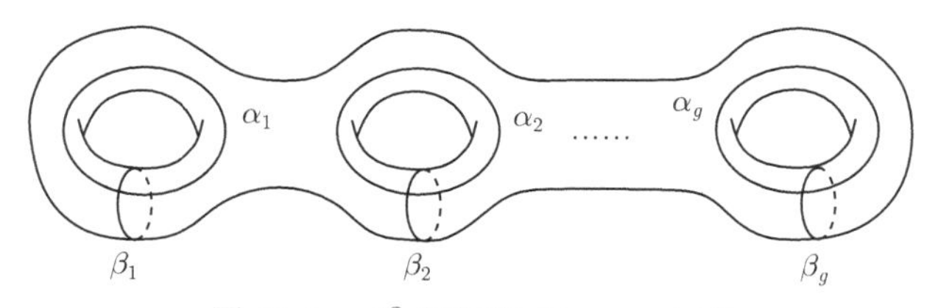

图 11.8 S^3 的标准 Heegaard 图

11.3 Heegaard 分解稳定等价定理的一个简单证明

本节我们利用 Waldhausen 定理先给出一个柄体的 Heegaard 分解的唯一性证明, 在此基础上再给出可定向闭 3-流形 Heegaard 分解稳定等价定理的一个简单证明.

定义 11.7 柄体的标准 Heegaard 分解

设 H 是一个亏格为 g 的柄体, $S \subset \text{int}(H)$ 是平行于 ∂H 的一个闭曲面, 它把 H 分离成 $V_0 = S \times I$ 和 $W_0 = \overline{H \setminus V_0} \cong H$, $V_0 \cup_S W_0$ 是 H 的一个平凡的 Heegaard 分解. 若 H 的一个 Heegaard 分解 $V \cup_F W$ 是由 H 的平凡的 Heegaard 分解 $V_0 \cup_S W_0$ 经过有限次的初等稳定化和同痕而得, 则称 $V \cup_S W$ 是 H 的一个标准的 Heegard 分解.

由推论 10.2, 若 $V' \cup_{F'} W'$ 和 $V'' \cup_{F''} W''$ 是柄体 H 的两个标准的 Heegard 分解, $g(F') = g(F'')$, 则 F' 和 F'' 在 H 中是同痕的.

由 Waldhausen 定理 (定理 11.4) 和定理 10.6 我们可以证明下面的定理:

定理 11.5 设 H_g 为一个亏格为 g 的柄体, $V \cup_F W$ 是 H_g 的一个亏格为 n 的 Heegaard 分解. 则 $V \cup_F W$ 是标准的.

证明 只需证明 $V \cup_F W$ 是稳定化的. 对 H_g 的亏格 g 归纳来证. $g = 0$, 即 H_0 是一个实心球, 则由 Waldhausen 定理可知结论成立. 下面假设结论对亏格为 $g = k - 1 (k \geqslant 1)$ 的柄体成立. 设 $V \cup_F W$ 是 H_k 的一个亏格为 n 的 Heegaard 分解, 其中 W 是一个亏格为 n 的柄体, F 不平行于 ∂H_k, $g(F) = n > g$. H_k 是 ∂-可约的, 由定理 10.6, $V \cup_F W$ 是 ∂-可约的, 即存在 ∂H_k 的一个压缩圆片 D, 使得 $D \cap F = \alpha$ 为 F 上一条本质简单闭曲线.

若 D 在 H_k 中是分离的, 沿 D 切开 H_k 得到两个柄体 H' 和 H'', 沿 α 切开 F 得到两个曲面 $F' \subset H'$ 和 $F'' \subset H''$. 沿 D 的一个切口 $D_1 \subset \partial H'$ 粘上一个实心球 B_1 得到柄体 $H_{g_1} \cong H'$, F' 自然延拓为 H_{g_1} 的一个 Heegaard 曲面 F_1. 这时, $0 < g(F_1) < g(F)$, $g_1 < g$. 由归纳假设, $(H_{g_1}; F_1)$ 是稳定化的, 从而 $V \cup_F W$ 是稳定化的.

若 D 在 H_k 中是非分离的, 则 α 在 F 上也是非分离的. 沿 D 切开 H_k 得到一个亏格为 $g-1$ 的柄体 H', 沿 α 切开 F 得到一个亏格为 $g-1$ 且有两个边界分支的曲面 F'. 沿 D 的两个切口 $D_1, D_2 \subset \partial H'$ 各粘上一个实心球得到柄体 $H_{g-1} \cong H'$. F' 自然延拓为 H_{g-1} 的一个 Heegaard 曲面 F_1, $g(F_1) = n - 1$. 由归纳假设, $(H_{g-1}; F_1)$ 是稳定化的, 从而 $V \cup_F W$ 是稳定化的. □

下面的定理是 Heegaard 分解理论的一个经典结果, 最早由 Reidemeister [87] 和 Singer [104] 于 1933 年各自独立证明, 现称为 Reidemeister-Singer 定理或 Heegaard 分解稳定等价定理. 利用定理 11.5, 我们在下面给出一个简短证明.

定理 11.6 (Reidemeister-Singer 定理) 可定向闭 3-流形 M 的任意两个 Heegaard 分解都是稳定等价的.

证明 若 $M \cong S^3$, 则结论由定理 11.4 可得. 下设 $M \ncong S^3$.

设 $V \cup_F W$ 和 $V' \cup_{F'} W'$ 是 M 的两个正亏格的 Heegaard 分解. 分别取柄体 W 和 V' 的脊 $\Gamma \subset W$ 和 $\Lambda \subset V'$. 则 W 是 Γ 在 M 中的一个正则邻域, V' 是 Λ 在 M 中的一个正则邻域. 在 M 中通过同痕, 使得 $\Gamma \cap \Lambda = \varnothing$, 且 $W \cap V' = \varnothing$. 这样, $V' \subset \mathrm{int}(V)$, $W \subset \mathrm{int}(W')$. 记 $X = \overline{V \setminus V'} = \overline{W' \setminus W}$, 则 $\partial X = F \cup F'$. 设 $Y \cup_S Y'$ 是 X 的一个 Heegaard 分解. 下面分两种情况讨论.

(1) Y 和 Y' 都不是柄体. 不妨设 $\partial_- Y = F$, $\partial_- Y' = F'$. 记 $Z = Y \cup W$, 则 Z 是沿 F 往压缩体 Y 上粘合一个柄体 W, 故 Z 是一个柄体. 同理, $Z' = Y' \cup V'$ 也是一个柄体. 从而 $Z \cup_S Z'$ 是 M 的一个 Heegaard 分解. 因 $Y \cup_S Z'$ 是柄体 V 的一个 Heegaard 分解, 由定理 11.5, $Y \cup_S Z'$ 由 V 的平凡的 Heegaard 分解经过有限次初等稳定化和同痕而得, 从而 $Z \cup_S Z'$ 是 $V \cup_F W$ 的一个稳定化. 同理, $Z \cup_S Z'$ 也是 $V' \cup_{F'} W'$ 的一个稳定化.

(2) Y 是柄体, Y' 是压缩体 (或 Y' 是柄体, Y 是压缩体, 同理). 这时, $\partial_- Y' = F \cup F'$. 在 Y' 中取一个从 F 到 $\partial_+ Y' = S$ 的一个竖直简单弧 α, α 与定义压缩体 Y' 的 2-把柄不交. 令 N 是 $F \cup \alpha$ 在 Y' 中的一个正则邻域. 记 $Q = Y \cup N$, $Q' = \overline{Y' \setminus N}$, $S' = Q \cap Q'$. 则容易看到, Q 和 Q' 都是压缩体, $\partial_- Q = F$, $\partial_- Q' = F'$, 且 $Q \cup_{S'} Q'$ 是 X 的一个 Heegaard 分解. 由 (1) 即知, $Q \cup_{S'} Q'$ 是 $V \cup_F W$ 和 $V' \cup_{F'} W'$ 的一个共同的稳定化. □

注记 11.3 (1) 定理 11.6 的上述证明依赖于 Waldhausen 定理 (定理 11.4). Waldhausen 关于定理 11.4 的原来的证明中用到了 Heegaard 分解稳定等价定理 (定理 11.6). 注意到定理 11.4 的两个新证明 (参见 [94, 91]) 逻辑上都不依赖于定理 11.6, 故定理 11.6 的上述证明逻辑上是行得通的.

(2) 定理 11.6 的上述证明源自 [58].

11.4 透镜空间 Heegaard 分解的唯一性

本节假设 $M = L(p,q)$ 为一个透镜空间, $p > 1$, M 不是 $S^2 \times S^1$. 我们将利用莫尔斯函数和横扫函数的性质证明透镜空间的任意两个亏格为 1 的 Heegaard 曲面是同痕的, 从而完成透镜空间分类定理的证明. 下面的定理最早由 Bonahon 和 Otal [12] 给出, 这里的证明是基于 Schultens 在 [98] 中使用的技巧.

定理 11.7 $M = L(p,q)$ 为一个透镜空间, $p > 1$, S 和 S' 是 M 的两个亏

格为 1 的 Heegaard 曲面. 则 S 和 S' 在 M 中是同痕的.

证明　设 $M = T_1 \cup_S T_2$, 其中 $T_1 = S^1 \times D_1$ 和 $T_2 = S^1 \times D_2$ 均为实心环, $\partial T_1 = S = \partial T_2$. 令 D 为 T_2 的一个纬圆片. 不妨设 D_1 是平面上的单位圆片, 圆心为 O. 令 $h: \{0\} \times D_1 \to \{1\} \times D_1$, $\forall(\theta, t) \in D_1, h(0, \theta, t) = (1, \theta + 2q\pi/p, t)$. T_1 可看成将用 h 粘合实心柱体 $I \times D_1$ 的两端所得的商空间, 商映射记为 $f: I \times D_1 \to T_1$, 如图 11.9 所示. 这时, ∂D 是 $I \times D_1$ 侧边上 p 条互不相交的母线 $l_1, \cdots, l_p$ 之并在 f 下的像. 设 $l = I \times \{O\}$, $\Sigma = S^1 \times \{O\} = f(l)$ 为 T_1 的一条核曲线. l_i 在 $\{0\} \times D_1$ 上的端点记为 A_i, l_i 在 $\{1\} \times D_1$ 上的端点记为 B_i, $1 \leqslant i \leqslant p$. 再记 $\{0\} \times D_1$ 的圆心为 A, $\{1\} \times D_1$ 的圆心为 B. 每个简单闭曲线 $l \cup [B, B_i] \cup l_i \cup [A_i, A]$ 界定了 $I \times D_1$ 中的一个圆片 E_i, $\mathrm{int}(E_i) \subset \mathrm{int}(I \times D_1)$, $1 \leqslant i \leqslant p$. 对于 $i \neq j$, 不妨 $E_i \cap E_j = l$. 再记 $\Delta = D \cup \bigcup_{i=1}^{p} f(E_i) \subset M$. 则 Δ 是 M 中的一个奇异圆片, $\partial\Delta$ 为奇异点集, 且每个奇异点的重数为 p, 如图 11.9 所示. 通过收缩 T_1 至 Σ 诱导了自然的商映射 $\varphi: D \to \Delta$.

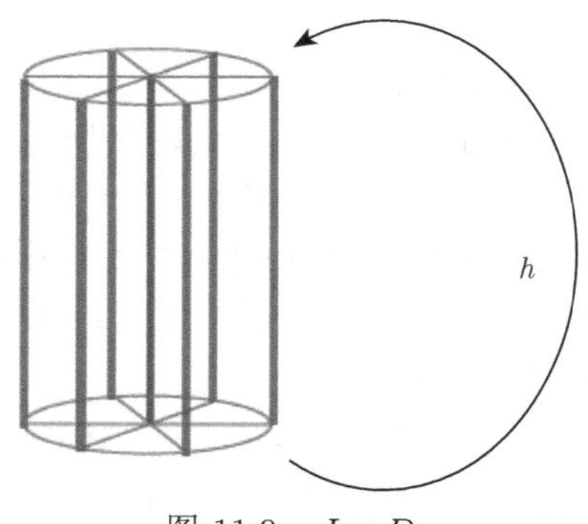

图 11.9　$I \times D_1$

设 $T_1' \cup_{S'} T_2'$ 是 M 的另一个亏格为 1 的 Heegaard 分解, S' 定义的横扫函数为 $g: M \to [-1, 1]$, $g^{-1}(1) = \gamma$ 和 $g^{-1}(-1) = \delta$ 分别是 T_1' 和 T_2' 的核曲线, 对于 $t \in (-1, 1)$, $g^{-1}(t) = S_t'$ 是 M 中与 $S' = g^{-1}(0)$ 平行的 Heegaard 曲面. 由引理 11.1, 可在 M 中同痕移动 Σ, 使得 Σ 与 $\gamma \cup \delta$ 不交, 且 $g|_\Sigma$ 是 Σ 上一个莫尔斯函数, 其所有临界点均在不同的高度. 通过在 M 中 Σ 的一个局部极大点的小邻域内同痕使得 Δ 的 p 个分层都在 Σ"之上", 如图 11.10 所示. 类似地, 在 $g|_\Sigma$ 的一个局部极小点附近, Δ 的 p 个分层都在 Σ"之下".

在 M 中 Σ 的一个小的领域内进一步同痕移动 Δ, 使得 Δ 与 $\gamma \cup \delta$ 处于一般位置, 在 $\gamma \cup \delta$ 之外, $g|_{\Delta - \Sigma}$ 是一个莫尔斯函数, 且其所有鞍点的高度互不相同, 它们与 $g|_\Sigma$ 的所有临界点的高度也互不相同. 记 $f = g \circ \varphi: D \to [-1, 1]$. 则 f 是 D 上的一个莫尔斯函数. f 在 D 上的临界点可分为下面三种情况:

(1) 在 D 的内部的中心点 x, $g|_{\Delta\backslash\Sigma}$ 在 x 取到局部极大值或局部极小值;
(2) 在 D 的内部的鞍点;
(3) 在 ∂D 上的局部极大或局部极小点.

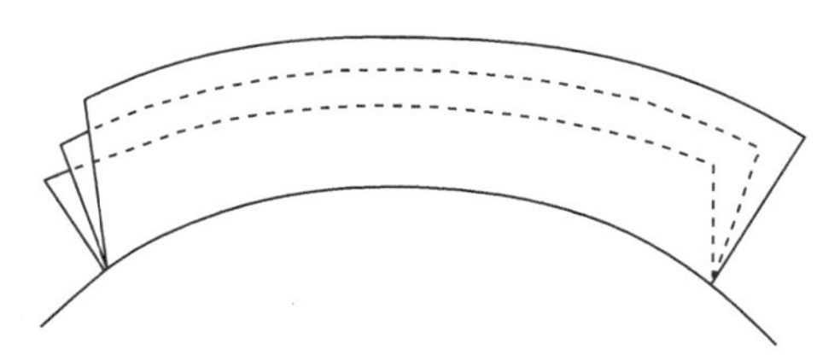

图 11.10 在 $g|_\Sigma$ 的局部极大点附近, Δ 的 p 个分层都在 Σ “之上”

情况 (1) 和 (3) 中的临界点可同痕消去. 对情况 (2), 设 s 是 f 在 D 的内部的一个鞍点, 其高度为 t. 水平集 $\Gamma_s = f^{-1}(t)$ 是 D 上一个图, s 是 Γ_s 的一个 4 价顶点. 因在高度 t 上, f 只有唯一一个临界点, 故 Γ_s 上从 s 出发的一条边或是一个以 s 为基点的闭圈, 或是 D 上一条简单弧, 其另一端点落在 ∂D 上; Γ_s 上不过 s 的分支或是 D 内部的一个闭圈, 或是真嵌入于 D 上的一个简单弧, 忽略它们. 这样, 在 Δ 上看 Γ_s, 可能情形共有 6 种, 分别如图 11.11 所示.

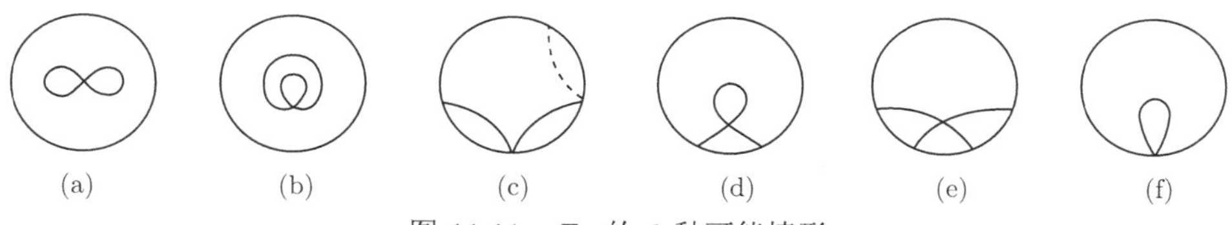

图 11.11 Γ_s 的 6 种可能情形

情形 (a) 和 (b): Γ_s 由两个交于 s 的闭圈构成. 若是情形 (a), 对 D 做如图 11.12 所示的同痕, 则可以减少 D 的内部的一个极大点 (或极小点) 和鞍点 s.

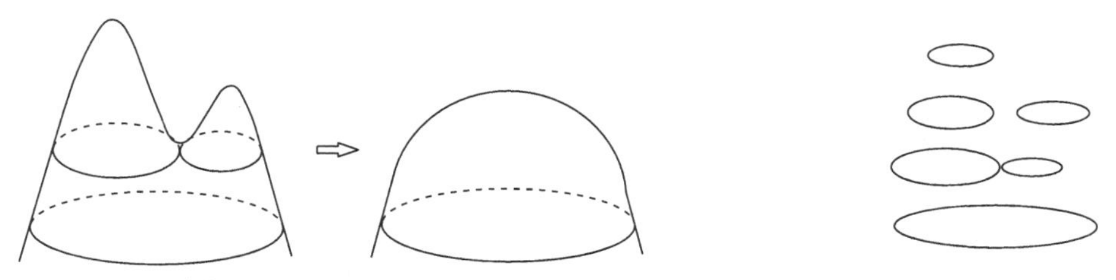

图 11.12 情况 (1) 的同痕和在高度 s 附近交线的变化情况

若是情形 (b), 对 D 做如图 11.13 所示的同痕, 则可以减少 D 的内部的一个极大点 (或极小点) 和鞍点 s.

下面假定在满足前述条件的前提下, 在 M 中同痕移动 Δ, 使得 $g|_\Sigma$ 的临界点的个数最少. 则 (a),(b) 两种情况都不能出现.

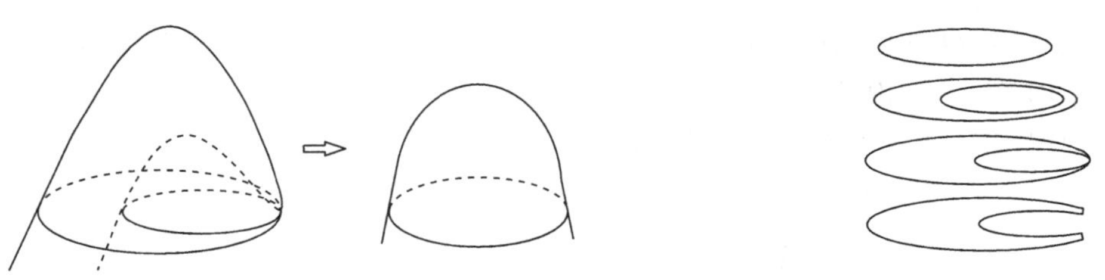

图 11.13　情况 (2) 的同痕和在高度 s 附近交线的变化情况

情形 (c): 在这种情形, 取 Γ_s 的一个弧段 β, β 的一个顶点 B_1 是 Γ_s 的一个 1 价弧段, β 的一个另一个顶点 B_2 是 Γ_s 的一个 2 价弧段, β 和 ∂D 的一段弧 ν 界定了 D 上一个圆片 Δ_1. 不妨设 Δ_1 是"最外的"的, Δ_1 上无鞍点, 且在 β 附近, Δ_1 在 β 之上, 这时, B_2 是 g_Σ 的一个局部极小点. 因 $g|_\Sigma$ 至少有两个临界点, 投射 $\gamma\to\Sigma$ 是嵌入. ν 的两个端点在同一高度, 从而 ν 上只有 g_Σ 的局部极大点 x_0. 当我们沿着 ν 的两端上移, 一直到 x_0 所在的高度, β 的两端合并称为一个闭圈 $\hat{\beta}$, $\hat{\beta}$ 界定 D 的一个极大圆片, 如图 11.14 所示. 此时, 可以沿 Δ_1 同痕移动 ν 至 β, 再向下一点, 如图中虚线所示, 这时 $g|_\Sigma$ 减少了两个临界点, 与假设矛盾. 故这种情况不能出现.

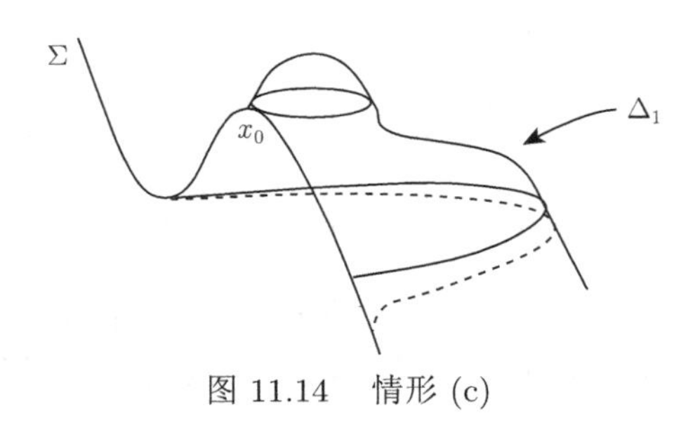

图 11.14　情形 (c)

情形 (d) 和 (e): 在这两种情形, s 为 D 的内部的一个鞍点.

取 Γ_s 的两个弧段 β_1 和 β_2, β_1 和 β_2 有一个共同的顶点 s, 它们的另外一个顶点 B_1 和 B_2 分别在 ∂D 上, β_1 和 β_2 与 ∂D 的一段弧 ν 的并界定了 D 上一个圆片 Δ_1. 在情形 (e), Δ_1 是"最外的"的. 进一步假设 Δ_1 上无鞍点, 且在 β_1 和 β_2 附近, Δ_1 在 $\beta_1\cup\beta_2$ 之上. 与情形 (c) 类似, 这时情形 (d) 和 (e) 如图 11.15 所示. 此时, 可以沿 D_1 同痕移动 ν 至 β_1 和 β_2, 再向下一点, 如图中虚线所示, 这时 $g|_\Sigma$ 减少了一个临界点, 与假设矛盾. 故这两种情况也都不能出现.

情形 (f): Γ_s 由一个交于 s 的闭圈 β 构成, $s\in\partial D$. 由前面对于 $g|_\Sigma$ 在 s 取到局部极大值或局部极小值的假设, 此时不妨设 $g|_\Sigma$ 在 s 取到局部极大值, 则 β 界定 D 上一个极大圆片 (包含 g 的一个局部极大点), 如图 11.16 所示.

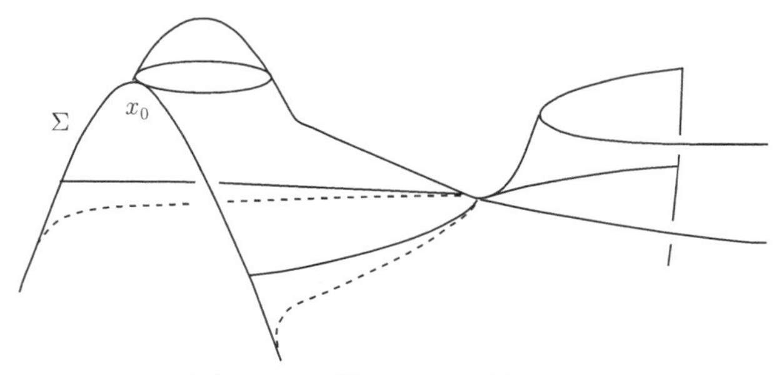

图 11.15 情形 (d) 和情形 (e)

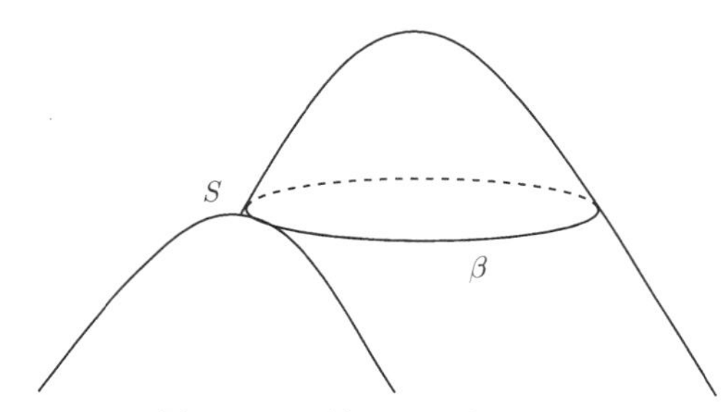

图 11.16 情形 (f) 的局部图

注意到 $g|_\Delta$ 在 Δ 上的鞍点和半鞍点都处在不同的高度, 在 $g|_\Sigma$ 上一个局部极大点或极小点给出了 p 个 D 上的半鞍点, 它们处在同一高度, 故端点都是 s. 从 D 上切下的 p 个极大圆片如图 11.17 所示. 这表明, Σ 可以通过这些圆片同痕到 $g^{-1}(t)=S'_t$ 上, 为简便起见, 不妨就设 $\Sigma\subset S'=S'_t$. 因 Σ 是 $\pi_1(M)=\mathbb{Z}_p$ 的生成元, $p>1$, 故 Σ 在 S' 上是非平凡的.

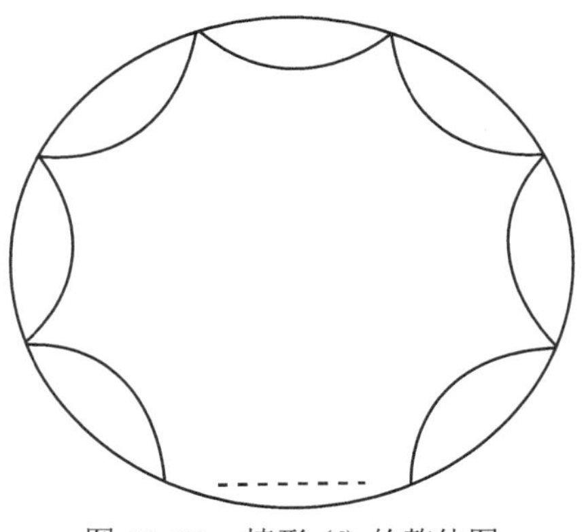

图 11.17 情形 (f) 的整体图

在 M 中适当同痕 T_1, 使得 $S'\cap T_1=A'_1$ 是 T_1 中一个真嵌入的平环, A'_1 在

T_1 中平行于 $\partial A_1'$ 界定的 ∂T_1 上的两个平环 A_1 和 A_2. 记 $A_2' = S' \setminus A_1'$, A_2' 将 T_2 分为 X 和 Y, 如图所示 11.18 所示.

注意到 A_2' 的一个边界分支在 M 中同痕于 Σ, 故 A_2' 在 M 中是不可压缩的, 从而在 T_2 中是不可压缩的. 由命题 6.4(2), A_2' 在 T_2 中是边界可压缩的. 不妨设 A_2' 在 T_2 中的一个边界压缩圆片落在 X 中. 则显见 A_1 和 A_2' 在 X 中是平行的. 这样, $A_2 \cup A_1 = S$ 和 $A_1' \cup A_2' = S'$ 在 $T_1 \cup X$ 中是同痕的. □

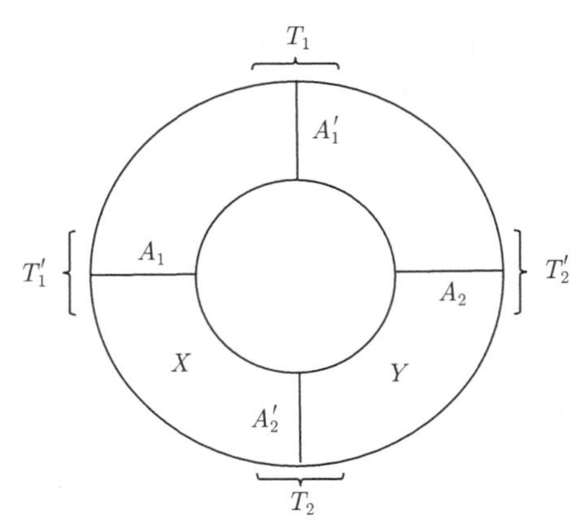

图 11.18　$S \cup S'$ 切分 M 的情况

注记 11.4　Bonahon 和 Otal [12] 还进一步证明了透镜空间的一个不可约的 Heegaard 分解的亏格为 1(也可参见 [94] 或 [33]), 再由定理 11.7 即知, 透镜空间的 Heegaard 分解是标准的, 即透镜空间的任一个亏格为 g 的 Heegaard 分解都同痕于它的亏格为 1 的 Heegaard 分解的 $g-1$ 次初等稳定化.

习　题

1. 设 P 是一个连通可定向闭曲面, $g: P \to \mathbb{R}$ 是 P 上的一个莫尔斯函数. 若 g 的每个正则分支在 P 上都是平凡的, 证明 P 是一个球面.

2. 证明 $S^2 \times S^1$ 的 Heegaard 分解是唯一的.

3. 证明 S^3 的任一个亏格大于 1 的 Heegaard 分解是弱可约的.

4. 设 C 是一个压缩体, (S_1, S_2) 是 ∂C 的一个分划. 不妨设 $S = \partial_+ C$ 是 S_1 的一个分支. C 可这样得到: 沿 $S \times 1$ 上一组互不相交的简单闭曲线 $\mathcal{J}$ 中的每条曲线分别往 $S \times [0,1]$ 上加 2-把柄, 然后将所得流形的每个 2-球面边界分支用 3-把柄填充. 对于 $x \in S$, $x \notin \cup_{J \in \mathcal{J}} J$, 称 $\alpha = x \times I$ 为 C 中一个竖直弧. 对于 S_1 中的每个非 S 的分支 S', 取 C 中一个竖直弧 $\alpha_{S'}$ 连接 S 和 S'. 令 $V_0 = \eta(S_1 \cup_{S' \in S_1 \setminus S} \alpha_{S'})$ 为 $S_1 \cup_{S' \in S_1 \setminus S} \alpha_{S'}$ 在 C 中的一个正则邻域, $W_0 = \overline{C - V_0}$, $F_0 = V_0 \cap W_0$.

(1) 证明 V_0 和 W_0 都是压缩体, 且 $V_0 \cup_{F_0} W_0$ 是 C 的一个 Heegaard 分解, 其中 $\partial_- V_0 = S_1$, $\partial_- W_0 = S_2$.

(2) 称 $V_0 \cup_{F_0} W_0$ 为 $(C; S_1, S_2)$ 的一个平凡的 Heegaard 分解. 若 $(C; S_1, S_2)$ 的一个 Heegaard 分解 $V' \cup_{S'} W'$ 是其平凡 Heegaard 分解的稳定化, 则称 $V' \cup_{S'} W'$ 是标准的. 证明 C 的每个 Heegaard 分解都是标准的. 特别地, $S \times I$ 的每个 Heegaard 分解都是标准的.

第 12 章 Seifert 流形

Seifert 3-流形是一类重要的 3-流形, 它可以表示成一组互不相交的圆周之并. Seifert 流形是一类分类很早就清楚的 3-流形, 参见 [101, 102]. Seifert 流形可以以自然的方式投射到二维“底空间”. 这个事实使 Seifert 流形的特征易于刻画, 从而方便地进行分类.

12.1 Seifert 流形的定义和例子

设 D 为单位圆盘. 构造商空间 $D \times I/(x,0) \sim (x,1), \forall x \in D$ (直观上, 将 $D \times I$(图 12.1) 的上底绕圆心扭转角度 $2q\pi$(q 为一个整数), 然后与下底对应地粘起来). 则商空间是实心环体 $D \times S^1 = T$, 并且 $\forall x \in D$, $\{x\} \times I$ 在实心环体 T 中的像是一个圆周. 显然, T 恰是所有这样圆周的无交并. 称 T 的一个这样的表示为$(1,q)$-型纤维化, 或称 T 为$(1,q)$-型纤维化的实心环.

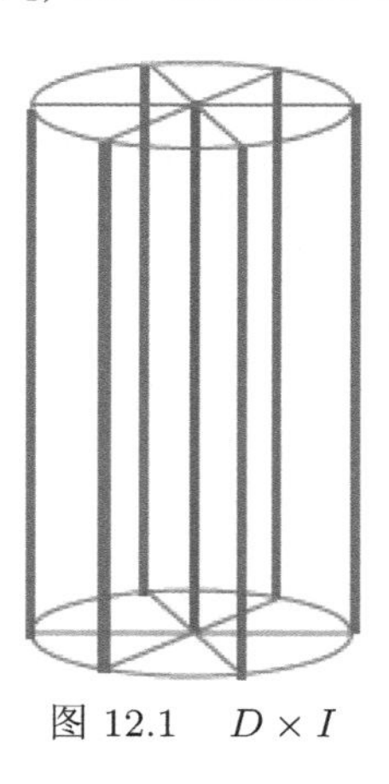

图 12.1 $D \times I$

一般地, 我们有

定义 12.1 (p,q)-型纤维化的实心环

设 D 为平面上的单位圆盘, p, q 为一对互素的整数, $p > 0$. 将 $D \times I$ 的上底绕圆心扭转角度 $2\pi q/p$, 然后与下底对应地粘起来, 所得的商空间仍是一个实心环, 记作$T_{(p,q)}$, 称之为一个标准的(p,q)-型纤维化的实心环.

当 $p>1$ 时, 圆柱体侧面的角度为 0 的母线, 角度为 $2\pi q/p$ 的母线, 角度为 $2\pi 2q/p$ 的母线, $\cdots$, 角度为 $2\pi(p-1)q/p$ 的母线在商空间中恰好连成一个圆周 (称为一个 S^1 纤维). 易见, 非圆心点的情况也都是这样. 而对于圆心点 x_0, $\{x_0\}\times I$ 在实心环体 $T_{(p,q)}$ 中的像是一个圆周 (称为一个 S^1 纤维). $T_{(p,q)}$ 恰是所有这些纤维的无交并.

对于 (p,q)-型纤维化实心环 $T_{(p,q)}$, 若 $p>1$, 则 D 的圆心对应的纤维称为奇异的, 称 p 为该奇异纤维的重数. 当 $p=1$ 时, 称 $(1,q)$-型纤维化实心环 $T_{(1,q)}$ 为一个正常的纤维化实心环.

定义 12.2　纤维化的实心环的同构

设 T_1, T_2 是两个标准的纤维化实心环 (型可能不同). $h: T_1\to T_2$ 为一个同胚. 若 h 把 T_1 的每个纤维送到 T_2 的纤维, 则称 h 为一个保纤同胚. 此时, 也称 T_1 和 T_2 是同构的.

注记 12.1　容易看到, 对于互素的 p 与 q, p' 与 q', 两个标准的纤维化实心环 $T_{(p,q)}$ 和 $T_{(p',q')}$ 是保纤同胚的当且仅当 $p=p'$, $q\equiv\pm q'(\mathrm{mod}\ p)$. 这样, 对于一个 (p,q)-型纤维化实心环 $T_{(p,q)}$, 我们总可以假定 $0\leqslant q\leqslant\dfrac{p}{2}$. 这样就有, $T_{(p,q)}$ 和 $T_{(p',q')}$ 是保纤同胚的当且仅当 $q=q'$. 下面, 我们总是假定 $0\leqslant q\leqslant\dfrac{p}{2}$.

定义 12.3　Seifert 流形及同构

(1) 设 M 为一个 3-流形. 若 M 可以分解成一族互不相交的简单闭曲线 (称这里的每个简单闭曲线为一个纤维) 的无交并, 使得每个纤维有一个管状邻域保纤同胚于一个标准的纤维化实心环, 则称 M 为一个 Seifert 流形.

(2) 设 M_1, M_2 是两个 Seifert 流形. $h: M_1\to M_2$ 为一个同胚. 若 h 把 M_1 每个的纤维送到 M_2 的纤维, 则称 h 为一个同构. 此时, 也称 M_1 和 M_2 是同构的.

把 Seifert 流形 M 的每个纤维粘成一点所得的商空间是一个曲面 B, 称之为 M 的底空间, 对应的商映射记为 $\pi: M\to B$. 每个奇异纤维在 B 上对应的点称为奇点. 每个奇点都是孤立点, 即它在 B 上有一个邻域, 其中只有它自己是奇点. 若 M 是紧致的, M 只有有限多个奇异的纤维, B 只有有限多个奇点. 若 $\mathcal{S}$ 为 M 的所有奇异纤维之并, $F=\pi(\mathcal{S})$ 为所有奇点之集, 则 $\pi|_{M\setminus\mathcal{S}}: M\setminus\mathcal{S}\to B\setminus F$ 是曲面 $B\setminus F$ 上通常的 S^1-丛. 特别地, $\pi|_{\partial M}:\partial M\to\partial B$ 是一个 S^1-丛. 这样, ∂M 的每个分支或为一个环面, 或为一个 Klein 瓶. 若 M 是可定向的, 则 ∂M 的每个

分支均为环面.

例 12.1 设 S 为一个曲面, 则 $S \times S^1$ 是一个无奇异纤维的 Seifert 流形, 其中对于任意 $x \in S$, $\{x\} \times S^1$ 是它的一个纤维.

例 12.2 透镜空间 $L(p,q)$. 回想 $L(p,q)$ 是通过一个环面的自同胚 h 把一个实心环体 T_1 与它的一个拷贝 T_2 粘合所得的商空间, 使得在 T_1 的边界上表示为 $pa+qb$ 的曲线在 T_2 中界定一个纬圆片, 其中 a, b 分别是 T_1 边界上的经线和纬线. h 诱导的 $H_1(\partial T_1)$ 上的自同构在基 $\{a,b\}$ 下的矩阵为 $\begin{pmatrix} r & s \\ p & q \end{pmatrix}$. 下面分别将 T_1 和 T_2 纤维化, 使得它们在边界上的纤维化一致: 在 $F=\partial T_1=\partial T_2$ 上选取简单闭曲线 $C=a$, C 在 F 上交 b' 于 $r(\neq 0)$ 个点, 交 a' 于 s 个点, 其中 a',b' 分别是选取 T_2 边界上的经线和纬线. C 是 T_1 上平凡纤维化 (乘积) 的一个纤维, C 也是 T_2 上 (r,s)-纤维化的一个纤维.

当然, $L(p,q)$ 还有其他形式的纤维化.

例 12.3 S^3 也可以表示成透镜空间 $L(1,n)$ 的形式, 如图 12.2 所示, 它有一个纤维化, 其中两个奇异纤维就是 Hopf 链环.

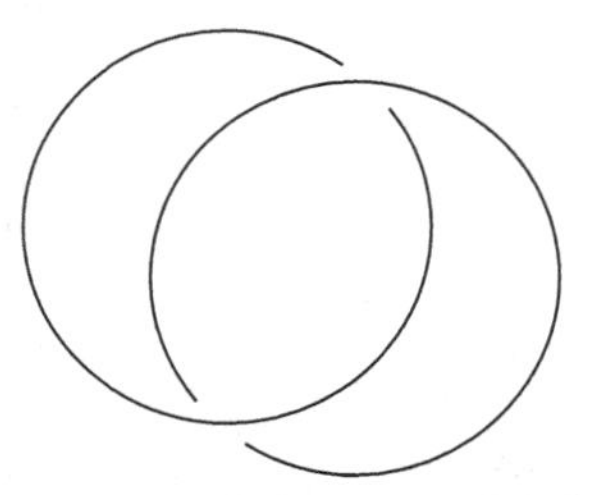

图 12.2 S^3 的 Hopf 纤维化

例 12.4 设 S 为一个曲面, $h: S \to S$ 为一个周期自同胚, 即有 $h^n = \mathrm{id}_S$. 令

$$M = S \times I/(x,0) \sim (h(x),1), \quad \forall x \in S,$$

则 M 为一个 Seifert 流形. 一般地, 曲面上的一个 S^1-丛是一个没有奇异纤维的 Seifert 流形.

12.2 Seifert 流形中的不可压缩曲面

设 M 为一个紧致三维流形. 若 M 中的一个曲面 F 是不可压缩和边界不可压缩的, 则称 F 为 M 中的本质曲面. 由命题 6.4, 实心环 $D \times S^1$ 中连通的本质曲面只能是一个纬圆片.

引理 12.1　设 S 是不可约三维流形 M 中的一个连通的双侧的不可压缩曲面, ∂S 包含于 ∂M 的一个环面分支 T 中. 则或者 S 是本质的, 或者 S 是一个边界平行的平环.

证明　假设 S 是边界可压缩的. 则 M 中存在一个 S 的边界压缩圆片 D, $D\cap S=\alpha$ 是 ∂D 上一段弧, $D\cap\partial M=\beta$ 也是 ∂D 上一段弧, $\alpha\cap\beta=\partial\alpha=\partial\beta$, $\alpha\cup\beta=\partial D$. $S\cap T$ 的每个分支都是 T 上的本质曲线, 否则, 由 S 在 M 中是不可压缩的, S 只能是一个圆片, 从而是边界不可压缩的, 与所设矛盾. 这样, $S\cap T$ 是 T 上一组互相平行的本质简单闭曲线. 设 β 落在沿 $S\cap T$ 切开 T 所得的一个平环 A 上. 如果 $\partial\beta$ 落在 ∂A 的同一个分支上, 则 β 和 ∂A 上一段弧 γ 界定 A 上一个圆片 D', 如图 12.3(a) 所示. $D\cup D'$ 是 M 中一个圆片, 其边界 $\alpha\cup\gamma\subset S$, 由 S 的不可压缩性, $\alpha\cup\gamma$ 界定 S 上一个圆片 D'', 即 α 从 S 上切下圆片 D''. 这与 D 是 S 的一个边界压缩圆片相矛盾. 故 β 的两个端点分别落在 ∂A 的两个不同分支上, 如图 12.3(b) 所示.

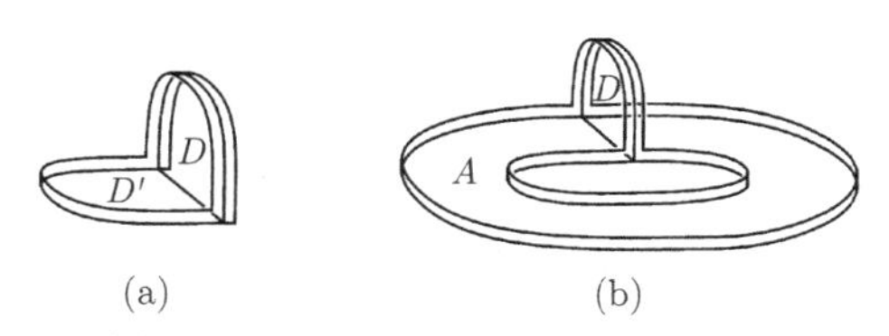

图 12.3　S 的一个边界压缩圆片 D

若 $S\cap T$ 只有一条简单闭曲线 J, 则 β 的一端指向 J 的一侧, 另一端指向 J 的另一侧. 而 β 沿 D 滑向 α 时, 落在了 S 的同一侧, 这意味着 S 是一个单侧曲面, 与假设矛盾. 故 $S\cap T$ 至少有两个分支.

这样, β 的两个端点落在了 $S\cap T$ 的两个不同的分支上, 如图 12.3(b) 所示. 令 N 是 $\partial A\cup\alpha$ 在 S 上的一个正则邻域, 则 N 是一个三次穿孔的球面. 显见, $\partial N\setminus\partial A$ 在 $M\setminus S$ 中 $D\cup A$ 附近界定一个圆片. 再由 S 的不可压缩性知, $\partial N\setminus\partial A$ 在 S 中 $D\cup A$ 附近也界定一个圆片, 从而 S 是一个平环. 沿 D 在 M 中对环面 $A\cup S$ 做手术可得 M 中一个 2-球面. 因 M 是不可约的, 该球面在 M 中界定一个实心球. 这样, $A\cup S$ 在 M 中界定一个实心环体, 且 A 的中位线是该实心环体上的一条经线. 故 S 在 M 中可相对于 ∂S 同痕于 A. 从而, S 是 M 中一个边界平行的平环. □

定义 12.4　水平的曲面、竖直的曲面

设 M 为一个 Seifert 流形, S 为 M 中一个嵌入曲面. 若 S 为 M 中若干正

则纤维之并, 则称 S 是竖直的. 若 S 与所有纤维均横截相交, 则称 S 是水平的.

定理 12.1 设 M 为一个紧致连通不可约可定向的 Seifert 流形. 则 M 中的每个本质曲面可以同痕于一个水平的曲面或一个竖直的曲面.

证明 设 $C_1, \cdots, C_n$ 为 M 的一组纤维, 它由 M 的所有奇异纤维构成; 若 M 没有奇异纤维, 它由至少一个正则纤维构成. 令 N 为 $C_1, \cdots, C_n$ 在 M 中的一组由纤维之并构成的开的正则邻域, $M_0 = M \setminus N$. 则 $\pi : M_0 \to B_0$ 为紧致连通带边曲面 B_0 上的一个 S^1-丛. 选取 B_0 上一组互不相交的真嵌入的简单弧 Λ, 使得沿 Λ 切开 B_0 得到一个圆片. 记 $A = \pi^{-1}(\Lambda)$. 则 A 是 M_0 中有限多个互不相交的竖直的平环, 不妨设为 $A_1, \cdots, A_m$. 沿 A 切开 M_0 所得的流形 $M_0 \setminus A$ 是一个实心环体.

对于 M 中的本质曲面 S, 由 M 的不可约性和 S 的不可压缩性可知, ∂S 的每个分支在 ∂M 上都是非平凡的. M 是可定向的 Seifert 流形, 故 ∂M 的每个分支都是一个环面. 这样, 可以在 M 中同痕移动 S, 使得 ∂S 在 ∂M 上是竖直的或是水平的. 我们可以假设 S 与纤维 $C_1, \cdots, C_n$ 横截相交, 从而 S 与 N 相交的每个分支都是纬圆片. 这样, 曲面 $S_0 = S \cap M_0$ 的每个边界分支在 ∂M_0 上要么是水平的, 要么是竖直的. 注意, M_0 仍是不可约的, S_0 在 M_0 中是不可压缩的.

考虑 $S \cap A$. 设 α 是 $S_0 \cap A$ 的一个闭圈分支, α 界定 A 上一个圆片, 不妨设 α 是 A 上最内的这样一个闭圈分支. 则由 M_0 的不可约性和 S_0 的不可压缩性, 可以通过在 M_0(也是 M 中) 中同痕移动 S_0(同时保持 ∂S_0 不动) 而去掉 $S_0 \cap A$ 的所有这样的闭圈分支. 下面假设, $S_0 \cap A$ 的每个闭圈分支都是竖直的. 设 β 是 $S_0 \cap A$ 的一个简单弧分支. 若 β 的两个端点落在 ∂A 的同一个分支上, 则 β 从 A 上切下一个圆片 D, 不妨设 β 是 A 上最外的这样一个弧分支. 若 β 的两个端点在 $\partial M_0 \setminus \partial M$ 上, 则可以通过 D 在 M 中同痕移动 S 而减少 $S \cap A$ 的弧分支 β. 注意到 ∂M 的每个分支都是环面, 用引理 12.1 中的证明方法可以确定 β 的两个端点落在 ∂M 的情形不能发生.

这样, 我们就可以假定, $S \cap A$ 的每个分支要么是一个竖直的闭圈, 要么是一个水平的弧. 记 $S_1 = S_0 \setminus A$, $M_1 = M_0 \setminus A$. M_1 是个实心环. 在环面 ∂M_1 上, ∂S_1 的所有分支要么都是水平的, 要么都是竖直的. 我们可以进一步假设 S_1 在 M_1 中是不可压缩的. 否则, 设 D 是 S_1 的一个压缩圆片. 因 S 是不可压缩的, ∂D 界定一个圆片 $D' \subset S$. 因 M 是不可约的, $D \cup D'$ 界定 M 中一个实心球. 若 D' 不能完全包含在 S_1 上, 同痕移动 S, 将 D' 沿该实心球推至 D, 可以去掉 $S \cap A$ 的一些分支.

由命题 6.4 和引理 12.1, S_1 的一个分支要么是 M_1 中边界平行的平环, 要么

是 M_1 的一个纬圆片. 若 S_1 包含一个边界平行的平环, 其边界是水平的, 则存在一个边界压缩圆片 D, 使得 $D\cap\partial M_1$ 在 ∂M_0 上是竖直的弧. 此时, 如同在前面我们考虑两个端点在 A 的同一个分支的 $S\cap A$ 的弧分支的情形, 可通过 S 的一个同痕减少 S 与一个纤维 C_i 的交点. 据此, 我们可以假定, S_1 的每个分支要么是边界平行的平环, 其边界为竖直的, 要么是一个纬圆片, 其边界为水平的.

注意到 ∂M_1 上的竖直闭圈与水平闭圈不能不交, 故 S_1 的分支要么都是边界平行的平环, 其边界为竖直的, 要么都是纬圆片, 其边界为水平的. 在前者情形, 我们可以通过一个固定 ∂S_1 的同痕移动 S_1 到一个竖直曲面. 这个同痕也将 S 移动至一个竖直曲面. 在后者情形, 我们可以通过一个固定 ∂S_1 的同痕移动 S_1 到一个水平曲面. 这个同痕也将 S 移动至一个水平曲面. □

对于一个紧致连通不可约可定向的 Seifert 流形 M 中的一个连通的竖直曲面 S, S 与奇异纤维不交, 故 S 只能是平环、环面. 如果 S 是 M 中一个水平曲面, 则情况有些复杂. 这时, S 到底空间的投射 $\pi:S\to B$ 是一个分歧覆盖, 使得对于 M 的每个 (p,q)-型纤维化实心环中的奇异纤维 C, $\pi(C)$ 是个重数为 p 的分歧点.

命题 12.1 设 Seifert 流形 M 的如上的分歧覆盖 $\pi:S\to B$ 的覆盖层数为 n, M 有 m 个重数分别为 $p_1,\cdots,p_m$ 的奇异纤维. 则有

$$\chi(B)-\chi(S)/n=\sum_{i=1}^{m}(1-1/p_i).$$

证明 设 Σ 为 B 的一个单纯剖分, 使得每个奇异纤维 C_i 在 π 下的像 x_i 均为顶点, $1\leqslant i\leqslant m$. Σ 的提升为 S 的一个单纯剖分. 如果 $\pi:S\to B$ 是非分歧覆盖, 则有 $\chi(S)=n\chi(B)$. 当 $\pi:S\to B$ 是分歧覆盖时, 每个 x_i 的提升有 n/p_i 个 (而不是 n 个) 原像, 这时欧拉示性数公式修正为

$$\chi(S)=n\chi(B)+\sum_{i=1}^{m}(-n+n/p_i).$$

从而要证的公式成立. □

设 S 是 Seifert 流形 M 中的一个连通的双侧的水平的曲面. 因 $\pi:S\to B$ 是满射, S 与 M 的所有纤维都相交, 且沿 S 切开 M 所得的流形 $M\setminus S$ 是一个 I-丛. 伴随的 ∂I-子丛由 S 的两个切口 S' 和 S'' 构成, 故对 I-丛 $M\setminus S$ 中的一个曲面 F 来说, $M\setminus S$ 是一个 2 重覆盖 $S'\bigsqcup S''\to F$ 的映射柱. 有两种情况:

(1) $M\setminus S$ 是连通的. 这样, F 也是连通的, 从而 $S'\bigsqcup S''\to F$ 就是平凡的覆盖 $S'\bigsqcup S''\to S$. 这时, $M\setminus S=S\times I$, 从而 M 是 S^1 上的一个曲面丛, 其纤维为 S. 该曲面丛的所有纤维在 Seifert 流形 M 中都是水平的.

(2) $M \setminus S$ 有两个分支, 每个都是 F 的一个分支 F_i 上的扭的 I-丛, $i = 1, 2$. $M \setminus S$ 是非平凡的 2 重覆盖 $S' \to F_1$ 和 $S'' \to F_2$ 的一个映射柱. 这时, 在这个映射柱中, 所有 S 的平行拷贝, 连同 F_1 和 F_2, 都是 M 的一个叶状结构的叶片. 将这里的每个叶片捏成一点, 这些叶片可以自然给出投射 $p: M \to I$, 其中 F_1 和 F_2 分别投射到 I 的两个端点. 称 M 的这个结构 $p: M \to I$ 为一个半丛, 它并不是一个纤维丛. 半丛 $p: M \to I$ 实际上是两个扭的 I-丛 $p^{-1}[0, 1/2]$ 和 $p^{-1}[1/2, 1]$ 通过 $p^{-1}(1/2)$ 的一个自同胚粘合在一起所得的流形. 看一个曲面的例子: Klein 瓶是两个默比乌斯带沿其边界的并, 而每个默比乌斯带都是其中位线上的扭的 I-丛, 故 Klein 瓶就是以 S^1 为纤维的一个半丛.

Seifert 流形的上述结构可以用来确定哪些 Seifert 流形是不可约的. 我们有如下的定理:

定理 12.2 设 M 为一个紧致连通的 Seifert 流形. 若 M 不是 $S^2 \times S^1$, $S^2 \tilde{\times} S^1$, $\mathbb{R}P^3 \# \mathbb{R}P^3$ 中的一个, 则 M 是不可约的.

换句话说, 紧致连通的可约的 Seifert 流形只有 $S^2 \times S^1$, $S^2 \tilde{\times} S^1$ 和 $\mathbb{R}P^3 \# \mathbb{R}P^3$.

证明 反证. 若 M 是可约的, 则 M 中有一个本质 2-球面 S. 仍沿用定理 12.1 中证明的记号, 考虑 $S \cap A$. $S \cap A$ 有在 A 上平凡的闭圈分支, 则选取一个 $S \cap A$ 在 A 上最内的平凡闭圈分支 α, α 界定 A 上一个圆片 Δ, $\mathrm{int}(\Delta) \cap S = \varnothing$. α 把 S 分成两个圆片 D_1 和 D_2. 令 $S_1 = \Delta \cup D_1$, $S_2 = \Delta \cup D_2$. 则 S_1 和 S_2 中至少有一个仍是本质球面. 不妨设 S_1 是本质球面. 显然, 可通过一个局部同痕, 使得 $S_1 \cap A$ 比 $S \cap A$ 有更少的分支. 这样, 若 S 是 M 中 $S \cap A$ 的分支数最少的本质球面, 则 $S \cap A$ 没有在 A 上平凡的闭圈分支. $S \cap A$ 的弧分支的讨论与定理 12.1 中的讨论类似. 这样即知, M 中存在一个本质球面 S, S 或是水平的, 或是竖直的. 因球面不是 S^1-丛, 故 S 不能是竖直的, 它只能是水平的.

对于 M 中水平的 2-球面 S, 如同在定理 12.2 前描述的那样, M 或是一个 S^1 上的球面丛, 或是一个球面半丛. 若是前者, 则 $M \cong S^2 \times S^1$ 或 $M \cong S^2 \tilde{\times} S^1$. 若是后者, 则 M 是两个 $\mathbb{P}^2$ 上扭的 I-丛通过球面的一个自同胚粘合在一起所得的流形. 球面的这个自同胚或者同痕于恒等映射, 或者同痕于对径映射. 球面的对径映射也可以扩充为 I-丛 $\mathbb{P}^2 \tilde{\times} I$ 的一个同胚. 故两种情况粘合所得的流形都是 $\mathbb{R}P^3 \# \mathbb{R}P^3$. □

注记 12.2 $S^2 \tilde{\times} S^1$ 可通过对径映射粘合 $S^2 \times I$ 的两个边界球面而得, 这样 $S^2 \times I$ 上的 I-丛结构自然给出了 $S^2 \tilde{\times} S^1$ 上的 S^1-丛结构; 两个 $\mathbb{P}^2 \tilde{\times} I$ 上的 I-丛结构自然给出了 $\mathbb{R}P^3 \# \mathbb{R}P^3$ 上的 S^1-丛结构. 这样, $S^2 \times S^1$, $S^2 \tilde{\times} S^1$ 和 $\mathbb{R}P^3 \# \mathbb{R}P^3$ 的确都是 Seifert 流形.

下面的定理可看作是定理 12.1的逆.

定理 12.3 设 M 为一个紧致连通不可约可定向的 Seifert 流形. 则
(1) M 中的每个双侧的水平曲面是本质曲面.
(2) 除以下两种情况外, M 中的每个双侧的连通的竖直曲面 S 是本质曲面:
(i) S 是 M 中一个 (p,q)-型纤维化实心环 $T_{(p,q)}$ 的边界; 或
(ii) S 是 M 中一个平环 ($\cong S^1\times I$, $S^1\times\{t\}$ 为纤维, $t\in I$), 沿 S 切开 M 所得的流形 $M\setminus S$ 是一个实心环, 有着与 S 一致的纤维.

证明 设 S 为 M 中的一个双侧的水平曲面, 则如前所述, $M\setminus S$ 是一个 I-丛. 设 S 的两个切口分别为 S' 和 S''. 则对 M 中的一个曲面 F, $M\setminus S$ 是一个 2 重覆盖 $p: S'\bigsqcup S''\to F$ 的映射柱. 作为覆盖映射, p 诱导了基本群上的单同态, 从而从 ∂I-子丛到 I-丛 $M\setminus S$ 的含入映射也诱导了基本群上的单同态. 故 S 在 M 中是不可压缩的. $M\setminus S$ 是一个 I-丛, 故 S 在 M 中也是边界不可压缩和非边界平行的. 从而 S 是一个本质曲面.

下设 S 为 M 中的一个双侧的可压缩的竖直曲面, D 是 S 的一个压缩圆片. 则 D 在 $M\setminus S$ 中是不可压缩的, 从而可在 $M\setminus S$ 中 (也是 M 中) 同痕移动 D 使之成为水平曲面. 将命题 12.1 用到 $M\setminus S$ 的包含 D 的分支上, 有 $\chi(B)-1/n=\sum_{i=1}^{m}(1-1/p_i)$. 等式右边是非负的, $\partial B\neq\varnothing$, 从而 $\chi(B)=1$, 即 B 是一个圆片. 每个 $1-1/p_i$ 至少是 $1/2$, 故至多有一个这样的项. 这样, $M\setminus S$ 的包含 D 的分支是一个 (p,q)-型纤维化实心环 $T_{(p,q)}$, $S=\partial T_{(p,q)}$. (若 S 是 $\partial T_{(p,q)}$ 上一个平环, 因 S 是竖直的, S 在 $T_{(p,q)}$ 中将是不可压缩的.)

类似地, 若 S 是一个双侧的边界可压缩的竖直曲面, 则 S 是一个平环. 可找到 S 的一个边界压缩圆片 D, 使得 D 是水平的. 与上同理可知, D 是 $M\setminus S$ 的一个 (p,q)-型纤维化实心环 $T_{(p,q)}$ 分支的纬圆片. 这时, 因 ∂D 交 S 于一条弧, $p=1$, 这是 (ii) 的情况. □

注记 12.3 定理 12.3 的证明也蕴含了实心环 $D\times S^1$ 上的 Seifert 纤维只能是 (p,q)-型纤维化.

12.3 Seifert 流形的分类

下面描述一种构造 Seifert 流形例子的方法.

例 12.5 设 B 为一个紧致连通曲面 (不必可定向), $\mathcal{D}=\{D_1,\cdots,D_k\}$ 为 B 的内部 k 个互不相交的圆盘. 记从 B 上挖除 $D_1,\cdots,D_k$ 的内部所得曲面为 B'. 设 $M'\to B'$ 为 B' 上的一个 S^1-丛, 其中 M' 是定向的三维流形.

当 B' 可定向时, $M' \cong B' \times S^1$. 当 B' 不可定向时, M' 是一个扭的 S^1-丛. 可以这样看流形 M': 把 B' 看作是在一个圆片 D 上粘合其边界 ∂D 上成对的边 a_i 和 b_i 而得, $1 \leqslant i \leqslant k$. 通过 $D^2 \times S^1$ 构造 M' 时, 若 a_i 和 b_i 是一对反向边, 则用一个保持 S^1 因子保向同胚 $h: a_i \times S^1 \to b_i \times S^1$ 来粘合 $a_i \times S^1$ 和 $b_i \times S^1$; 若 a_i 和 b_i 是一对同向边, 则用一个保持 S^1 因子反向同胚 $h: a_i \times S^1 \to b_i \times S^1$ 来粘合 $a_i \times S^1$ 和 $b_i \times S^1$. 这样, 可以确保商流形 M' 是可定向的.

M' 的对应于 $D_1, \cdots, D_k$ 的边界分支分别为环面 $F_1, \cdots, F_k$, 它们上面有从 M' 上诱导的 S^1-纤维结构.

把 M' 看作是一个曲面上 I-丛 N 的加倍, 即 $M' = N \bigcup_{\mathrm{id}} N$, 其中 $\mathrm{id}: \partial N \to \partial N$ 为恒等映射. 选取 I-丛 N 的截面映射 $s: B' \to N$, 即满足 $\pi \circ s = \mathrm{id}_{B'}$ 的连续映射 s, 则 s 也是 $\pi: M' \to B$ 的一个截面映射.

对于每个 $F_i = S^1 \times S^1, 1 \leqslant i \leqslant k$, 设 $s(B') \cap F_i = S^1 \times \{y\} = m$, $\{x\} \times S^1 = l$ 为 F_i 的一个纤维. $\{l, m\}$ 构成了 $H_1(F_i)$ 的一个标准的生成元曲线. F_i 上的一条非平凡的简单闭曲线 γ 可以由一对互素的整数 α 和 β 完全确定 ($\gamma = \alpha l + \beta m \in H_1(F_i)$). 称 α/β 为 γ 的斜率. 也把 γ 记作 $\gamma_{\alpha,\beta}$. 特别地, l 的斜率为 $1/0 = \infty$, m 的斜率为 $0/1 = 0$. 令 $T_i = D \times S^1$ 为标准实心环. 对于一个有限的 $\alpha_i/\beta_i \in \mathbb{Q}$, α_i 和 β_i 互素, 选取一个同胚 $\varphi_i: \partial T_i \to F_i$, $\varphi_i(\partial D \times \{y\})$ 是 F_i 上斜率为 α_i/β_i 的曲线. 把这些 φ_i 作为粘合映射, 通过这些粘合映射把 $T_1, \cdots, T_k$ 粘到 M' 上, 就得到一个定向的 Seifert 流形 M, 记作 $M(\pm g, b; \alpha_1/\beta_1, \cdots, \alpha_k/\beta_k)$, 其中 $(+g, b)$ 表示 B 是亏格为 g 有 b 个边界分支的可定向曲面, $(-g, b)$ 表示 B 是亏格为 g 有 b 个边界分支的不可定向曲面. 若把 $M(\pm g, b; \alpha_1/\beta_1, \cdots, \alpha_k/\beta_k)$ 的定向反过来, 所得的定向 Seifert 流形就是 $M(\pm g, b; -\alpha_1/\beta_1, \cdots, -\alpha_k/\beta_k)$.

需要注意, $M(\pm g, b; \alpha_1/\beta_1, \cdots, \alpha_k/\beta_k)$ 中的 α_i/β_i 为第 i 个奇异纤维的一个正则邻域的纬线的斜率, 而不是其边界上纤维的斜率.

下面的定理表明, 用例 12.5的方法可以构造出所有的紧致连通可定向的 Seifert 流形, 定理给出所有这样的 Seifert 流形的拓扑分类.

定理 12.4　(1) 每个紧致连通可定向的 Seifert 流形均同构于某一个 $M(\pm g, b; \alpha_1/\beta_1, \cdots, \alpha_k/\beta_k)$;

(2) 两个定向的 Seifert 流形 $M(\pm g, b; \alpha_1/\beta_1, \cdots, \alpha_k/\beta_k)$ 和 $M(\pm g, b; \alpha'_1/\beta'_1, \cdots, \alpha'_k/\beta'_k)$ 是保向同构的当且仅当下列两个条件被满足:

(i) 可以经过一个指标重排, 使得 $\alpha_i/\beta_i \equiv \alpha'_i/\beta'_i (\mathrm{mod}\ 1)$, $1 \leqslant i \leqslant k$;

(ii) $b = 0$ 时, $\sum_{i=1}^k \alpha_i/\beta_i = \sum_{i=1}^k \alpha'_i/\beta'_i$.

证明　给定一个定向的 Seifert 流形 M, 如上所述, 设 $C_1, \cdots, C_k$ 为包含了 M

的所有奇异纤维的一组纤维, M' 为去除这些纤维的一组由纤维构成的互不相交的开的正则邻域 (每个分支是一个开的实心环) 所得流形. 选取 S^1-丛 $\pi: M' \to B'$ 的一个截面映射 $s: B' \to M'$. 则 s 按前述方式决定了 $\partial M'$ 上纤维的斜率. 这样, M 就可以表示成 $M(\pm g, b; \alpha_1/\beta_1, \cdots, \alpha_k/\beta_k)$ 的形式. 我们只需看看选取不同截面映射对斜率的影响.

设 a 是 B' 上的一个真嵌入的简单弧. 则 M' 中过 a 的纤维构成了 M' 中的一个平环 A. 在 A 附近, 我们可以重新选取截面映射 s 如下: 代之以简单直接穿过 A, 它在穿过 A 的同时在 A 上转了 m 圈, 如图 12.4 所示. 这样改变截面的效果是 A 的一个边界分支所在的环面上的所有斜率都增加了 m, A 的另一个边界分支所在的环面上的所有斜率都减少了 m.

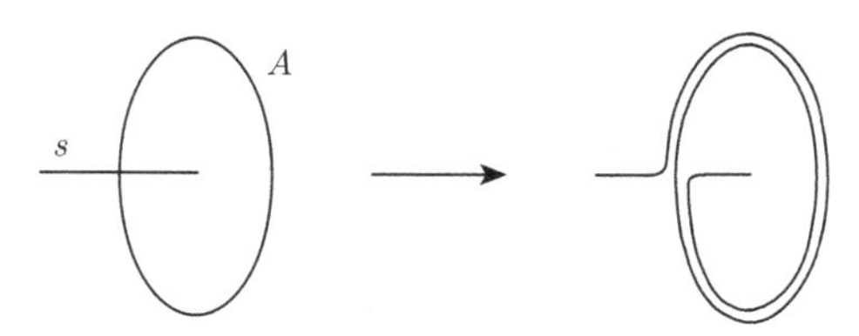

图 12.4 重新选取截面映射 s

若 $b \neq 0$, 我们选择 A 连接 M' 上一个是 M 的边界分支环面和去除一个奇异纤维 C_i 产生的边界分支环面. 这时, $\alpha_i'/\beta_i' = \alpha_i/\beta_i \pm m$, 而其他的所有 α_j/β_j 不变. 类似地, 若 $b = 0$, 我们选择 A 连接 M' 的两个不同边界分支环面 F_i 和 F_j. 这时, $\alpha_i'/\beta_i' + \alpha_j'/\beta_j' = \alpha_i/\beta_i + \alpha_j/\beta_j$, 而其他的所有 α_n/β_n 不变, 从而 $\sum_{i=1}^{k} \alpha_i/\beta_i$ 不变.

下面说明 $\pi: M' \to B'$ 的任意两个截面映射可通过临近 M' 中竖直平环的一系列 (有限多个) "扭转" 和同伦相关联, 而这些对斜率都没有影响. 事实上, 沿所有这些平环 A_i 切开 M' 得到一个实心环. 任意两个截面映射在所有 A_i 的一个邻域的外部是一致的, 两个截面映射在这个实心环的边界上可以通过一定数量的扭转 (也是同伦) 而变成一致, 而该同伦显然可以扩充到 M' 上. □

对于闭的 Seifert 流形 $M(\pm g, 0; \alpha_1/\beta_1, \cdots, \alpha_k/\beta_k)$, 称 $\sum_{i=1}^{k} \alpha_i/\beta_i$ 为该流形的欧拉数, 记作 $e(M)$.

命题 12.2 设 M 为一个可定向的 Seifert 流形.
(1) 若 $\partial M \neq \varnothing$, 则 M 中存在水平曲面.
(2) 若 $\partial M = \varnothing$, 则 M 中存在水平曲面当且仅当 M 的欧拉数 $e(M) = 0$.

证明 (1) 当 $\partial M \neq \varnothing$ 时, 把 M 看作是往带边的 S^1-丛 M_0 上沿环面边界分支上的竖直平环 A_i 保纤粘合实心环 M_i, $1 \leqslant i \leqslant k$, 即 A_i 投射到基曲面 B 上

是一个真嵌入的简单弧 α_i, α_i 从 B 上切下一个圆片 D_i, D_i 上包含唯一一个奇点 (奇异纤维 C_i 的投射像). 给定一个正整数 n, 总存在一个水平曲面 $S_0 \subset M_0$, 使得 S_0 交 M_0 的每个纤维于 n 点. 事实上, 把 M_0 看作是由一个平凡纤维化的实心环 $S^1 \times D^2$ 的边界上若干对互不相交的竖直的平环粘合所得的商空间. 每对平环上的粘合映射或为恒等, 或为在 S^1 因子上的反射. 在 S^1 上选取 n 个点 $x_1, \cdots, x_n$, 使得它们作为子集在反射下是不变的. 则 $S^1 \times D^2$ 中的 n 个不交圆片 $\{x_1\} \times D^2, \cdots, \{x_n\} \times D^2$ 在商空间 M_0 中的像 S_0 就是这样一个曲面.

对于 Seifert 流形 $M = M(\pm g, b; \alpha_1/\beta_1, \cdots, \alpha_k/\beta_k)$, $b > 0$, 令 n 为重数 $p_1, \cdots, p_k$ 的一个公倍数. 在每个实心环 M_i 上选取互不相交的 n/p_i 个纬圆片 S_i, 使得 $S_i \cap A_i$ 的 n 条弧恰好就是 $S_0 \cap A_i$ 的 n 条弧. 这样, $S = S_0 \cup \bigcup_{i=1}^k S_i$ 就是 M 中的一个水平曲面.

(2) 当 $\partial M = \varnothing$ 时, $M = M(\pm g, 0; \alpha_1/\beta_1, \cdots, \alpha_k/\beta_k)$. 如前, 选取 $\pi : M' \to B'$ 的一个截面映射 $s : B' \to M'$. 令 M_0 为从 M 中去除一个正则纤维的由纤维构成的开的正则邻域 (同胚于一个开的实心环) 所得的 Seifert 流形. 由 (1), M_0 中存在一个水平曲面 S_0. 我们有下面的断言.

断言 $\partial S_0 \subset \partial M_0$ 中的每条简单闭曲线的斜率均为 $e(M)$.

事实上, 记 $M_0' = M_0 \cap M'$, $S_0' = S_0 \cap M'$. $\partial S_0'$ 在 $\partial M_0'$ 上的分支有斜率 α_i/β_i, 需验证 $\partial S_0'$ 在 ∂M_0 上的一个分支 γ 有斜率 $\sum_{i=1}^k \alpha_i/\beta_i$. 计数一下 γ 与边界曲面上的纤维和截面映射像 (仍用 s 来记) 的交点数. 因 S_0' 是水平的, γ 和每个纤维的交点个数都相同, 不妨设为 n. 计数 γ 与 s 的交点数时需注意每个交点带有"$+$"号或"$-$"号, 两个在 s 上相邻的交点带有相反的符号, 故 $\partial S_0'$ 与 s 的相交数总和为 0. 这样, 它们与 s 在 ∂M_0 上的相交数就等于它们与 s 在 $\partial M'$ 上的相交数. 后者为 $\sum_{i=1}^k n\alpha_i/\beta_i$, 因在 F_i(M' 的对应于奇异纤维 C_i 的环面边界分支) 上, $\partial S_0'$ 的分支的斜率为 α_i/β_i, 它是 γ 与 s 的相交数与 γ 与一个纤维的相交数的比率. 这个比率的分母为 n, 故分子为 $n\alpha_i/\beta_i$. 这样即知 ∂S_0 的斜率为 $(\sum_{i=1}^k n\alpha_i/\beta_i)/n = \sum_{i=1}^k \alpha_i/\beta_i = e(M)$.

若 $e(M) = 0$, 则 S_0 可以扩充为 M 中的一个水平曲面. 反之, 若 M 中存在一个水平曲面 S, 则因 $S_0 = S \cap M_0$ 的每个边界曲线都界定 $M \setminus M_0$ 中一个圆片, 故其斜率一定是 0, 从而 $e(M) = 0$. □

命题 12.3 设 M_1 和 M_2 为两个同胚的不可约可定向的 Seifert 流形. 若 M_1 包含竖直的不可压缩和边界不可压缩的平环或环面, 而 M_2 不包含水平的不可压缩和边界不可压缩的平环或环面, 则存在一个保纤同胚 $h : M_1 \to M_2$.

利用命题 12.3 可以得到如下的可定向 Seifert 流形的完全分类定理:

定理 12.5 除下列 5 个流形外, 可定向的 Seifert 流形的纤维结构在保纤同构意义下是唯一的:

(1) $M(0,1;\alpha/\beta)$, $S^1\times D$ 纤维化的多样性, α,β 互素, $\alpha/\beta\in\mathbb{Q}$;

(2) $M(0,1;1/2,1/2)=M(-1,1;)$, $M=S^1\tilde{\times}S^1\tilde{\times}I$ 有两种纤维化;

(3) $M(0,0;\alpha_1/\beta_1,\alpha_2/\beta_2)$, $S^3,S^2\times S^1,L(p,q)$ 纤维化的多样性;

(4) $M(0,0;1/2,-1/2,\alpha/\beta)=M(-1,0;\beta/\alpha)$, $\alpha,\beta\neq 0$;

(5) $M(0,0;1/2,1/2,-1/2,-1/2)=M(-2,0;)$, $M=S^1\tilde{\times}S^1\tilde{\times}S^1$ 有两种纤维化.

命题 12.3 和定理 12.5 的证明在此省略, 读者可参见 [35] 或 [80].

习　题

1. 设 M 是一个带边三维流形 N 的加倍, 即 $M=N\bigcup_{\mathrm{id}}N$, 其中 $\mathrm{id}:\partial N\to\partial N$ 为恒等映射. 如果 N 是一个 Seifert 流形, 证明 M 也是 Seifert 流形.

2. 设 M 是一个默比乌斯带扭的 I-丛, 证明 M 是一个 Seifert 流形.

3. 证明例 12.4 的结论.

4. 证明实心环 $D\times S^1$ 上的 Seifert 纤维只能是 (p,q)-型纤维化.

5. 给出透镜空间 $L(p,q)$ 的两个不同构的 Seifert 纤维结构.

第 13 章　三维流形的 JSJ 分解与几何化定理

本章介绍三维流形的 JSJ 分解与几何化定理. 13.1 给出 JSJ 分解的结构以及 JSJ 分解定理; 13.2 节介绍三维流形的几何化定理.

13.1　JSJ 分解定理

可定向三维流形的素分解是通过沿其中的分离的本质 2-球面来切开该流形实现的. 人们自然想到, 沿着可定向三维流形中的本质环面来切开三维流形, 结果怎样? 在 20 世纪 70 年代中期, Jaco-Shalen [47] 和 Johannson [49] 发现, 可定向素三维流形的确可以按其中的一组互不相交的本质环面进行切割. 或许这一发现的解释在于其唯一性的微妙陈述. 常规的唯一性陈述有一个反例 (参见例 13.1), 涉及 Seifert 在 20 世纪 30 年代就深入研究了的一类流形, 即 Seifert 流形. 直到 20 世纪 70 年代人们才发现, 这些 Seifert 流形产生了唯一的反例. 对于给定流形中的 Seifert 子流形作为整体来处理, 可以获得唯一的分解.

设 T 是紧致不可约 3-流形中的一个环面. 若 T 在 M 中是可压缩的, 则显见 T 在 M 中界定一个实心环. 这样的环面在 M 中随处可见. 对于有环面边界分支的 3-流形, M 中有很多环面是 ∂-平行的. 这样的环面对于化简 3-流形不起作用. 称 M 中一个不可压缩的非 ∂-平行的环面为本质环面.

定义 13.1　无环流形

设 M 是一个紧致不可约 3-流形. 若 M 中不包含任何本质环面, 则称 M 是无环流形.

换句话说, 一个无环 3-流形 M 中的一个嵌入环面或是可压缩的 (从而是 M 中一个实心环体的边界), 或是边界平行的.

由 Haken 的不可压缩曲面有限性定理 (定理 4.10) 可直接导出下面的结论.

定理 13.1　设 M 是一个紧致连通不可约 3-流形. 则 M 中存在一个由互不相交、互不平行的不可压缩环面构成的组 $\mathcal{T}$, 使得沿 $\mathcal{T}$ 切开 M 所得流形 $M \setminus \mathcal{T}$ 的每个分支都是无环的, 且这样的环面组中成员的个数是有上界的.

证明　若 M 已经是无环流形, 取 $\mathcal{T}=\varnothing$. 否则, 设 T_1 是嵌入于 M 中一个本质环面. 若 $M\backslash T_1$ 是无环的, 则取 $\mathcal{T}=\{T_1\}$. 一般地, 若已取 M 中互不相交、互不平行的本质环面构成的组 $\mathcal{T}_n=\{T_1,\cdots,T_n\}$, 使得沿 $\mathcal{T}_n$ 切开 M 所得流形 $M\backslash\mathcal{T}_n$ 仍有分支 M_i 不是无环的, 则在 M_i 中取一个本质环面 T_{n+1}. 记 $\mathcal{T}_{n+1}=\{T_1,\cdots,T_{n+1}\}$. 由定理 4.10, 上述过程有限步后一定终止, $h(M)$ 是 $|\mathcal{T}|$ 的一个上界. □

例 13.1　(1) 设 T_1 和 T_2 是两个实心环, $F_1=\partial T_1$, $F_2=\partial T_2$. 设 β_i 是 F_i 上的一条纬线 (即 β_i 界定 T_i 中的一个纬圆片), α_i 是 F_i 上的与 β_i 横截相交于一点的一条简单闭曲线, $i=1,2$. 为简单起见, 仍用 F_i 上的简单闭曲线 γ 表示其在 $\pi_1(F_i)$ 中的道路类, 则 $\{\alpha_i,\beta_i\}$ 是 $\pi_1(F_i)$ 的一个基, 且 $\pi_1(F_i)$ 中的一个非平凡元素 $\alpha_i^p\beta_i^q$ 可由 F_i 上的一条简单闭曲线 J 实现 (即 $J=\alpha_i^p\beta_i^q$) 当且仅当 p,q 互素, $i=1,2$. 设 J_i 是 F_i 上一条非平凡简单闭曲线, $J_i=\alpha_i^{p_i}\beta_i^{q_i}$, $p_i\geqslant 1$, A_i 为 J_i 在 F_i 上的一个正则邻域, $i=1,2$, $h:A_1\to A_2$ 是一个同胚映射. 令 $M(p_1,p_2)=T_1\bigcup_h T_2=T_1\bigcup_A T_2$, 其中 $A=A_1=h(A_1)=A_2$. 则 $M(p_1,p_2)$ 是一个 Seifert 流形, A 是一个竖直曲面. 由 Van Kampen 定理可知, $\pi_1(M(p_1,p_2))=\mathbb{Z}_{p_1}*\mathbb{Z}_{p_2}$.

(2) 设 T_i 是一个实心环, A_i 是 ∂T_i 上一个平环, $A_i'=\partial T_i\setminus A_i$, A_i 的核曲线 $J_i=\alpha_i^{p_i}\beta_i^{q_i}, p_i\geqslant 1, 1\leqslant i\leqslant 4$. 令 $M=T_1\bigcup_{A_1'=A_2}T_2\bigcup_{A_2'=A_3}T_3\bigcup_{A_3'=A_4}T_4\bigcup_{A_4'=A_1}T_1$, $\mathbb{T}_1=A_1\cup A_3$, $\mathbb{T}_2=A_2\cup A_4$. 则 $\mathbb{T}_1$ 和 $\mathbb{T}_2$ 是 M 中的两个环面, $\mathbb{T}_1$ 把 M 切分成两个流形 $M_1=T_1\bigcup_{A_1'=A_2}T_2$ 和 $M_2=T_3\bigcup_{A_3'=A_4}T_4$, $\mathbb{T}_2$ 把 M 切分成两个流形 $M_3=T_2\bigcup_{A_2'=A_3}T_3$ 和 $M_4=T_4\bigcup_{A_4'=A_1}T_1$. 取 p_1,p_2,p_3,p_4 为 4 个不同的素数, 则由 (1), M_1,M_2,M_3,M_4 为 4 个互不同胚的流形. 可进一步验证, $\mathbb{T}_1$ 和 $\mathbb{T}_2$ 都是 M 中的不可压缩的环面, M_1,M_2,M_3,M_4 都是不可约的无环的流形, 证明留作练习. 这说明定理 13.1 中的环面组可以是不同的.

下面是本节的主要定理, 它表明, 3-流形沿环面组进行分解时, 不唯一性只发生在 Seifert 流形块上, 当把所有的 Seifert 流形块看成一个整体时, 唯一性成立.

定理 13.2 (JSJ 分解定理)　设 M 是一个紧致连通不可约的可定向的 3-流形. 则 M 中存在一个由有限多个互不相交、互不平行的不可压缩环面构成的组 $\mathcal{T}$, 使得沿 $\mathcal{T}$ 切开 M 所得流形 $M\backslash\mathcal{T}$ 的每个分支或是无环的, 或是一个 Seifert 流形, 并且一个极小的这样的环面组在同痕意义下是唯一的.

在证明定理 13.2 之前, 我们需要做些准备工作.

引理 13.1　设 $M=S^1\times S^1\times I$, 或 $S^1\times S^1\tilde{\times}I$(环面上扭的 I-丛), 或

$S^1\tilde{\times}S^1\times I(\mathbb{K}\times I,\ \mathbb{K}$ 为 Klein 瓶), 或 $S^1\tilde{\times}S^1\tilde{\times}I$(Klein 瓶上扭的 I-丛). 则 M 中一个不可压缩和边界不可压缩的平环 (在有可能改变 M 的 Seifert 纤维的情况下) 同痕于一个竖直曲面.

证明　假设 A 是 M 中一个水平的平环. 若 A 不分离 M, 则 $M\backslash A=A\times I$, 故 M 是 S^1 上以 A 为纤维的丛, 故 M 是一个映射环 $A\times I/(x,0)\sim(\varphi(x),1)$, 其中 $\varphi: A\to A$ 是一个同胚. $A=S^1\times I$ 的映射类共有四种, 可分别选取带边是恒等 id 和反射的复合如下: $\varphi_1(x,t)=(x,t)$, $\varphi_2(x,t)=(x,1-t)$, $\varphi_3(x,t)=(-x,t)$, $\varphi_4(x,t)=(-x,1-t)$. 它们的映射环分别就是定理中所列的四种流形. 注意到这四种同胚分别保持 $A=S^1\times I$ 上的 S^1 纤维结构, 从而诱导了 M 上的一个 S^1-丛结构, 显见 A 在其中是竖直的.

若 A 分离 M, 则 $M\backslash A$ 有两个分支 M_1 和 M_2, 每个都是一个默比乌斯带上扭的 I-丛, 它可由一个正六面体 $I\times I\times I$ 的一对对面扭转 180° 后粘合而得, 如图 13.1 所示. 每个 M_i 显然是只有一个 2 重奇异纤维的 Seifert 流形. M_1 和 M_2 所有四种可能的粘合产生的都是同一个流形, 即底空间为圆片的有两个重数都是 2 的奇异纤维的 Seifert 流形 $S^1\tilde{\times}S^1\tilde{\times}I$. 显见 A 在其中是竖直的. □

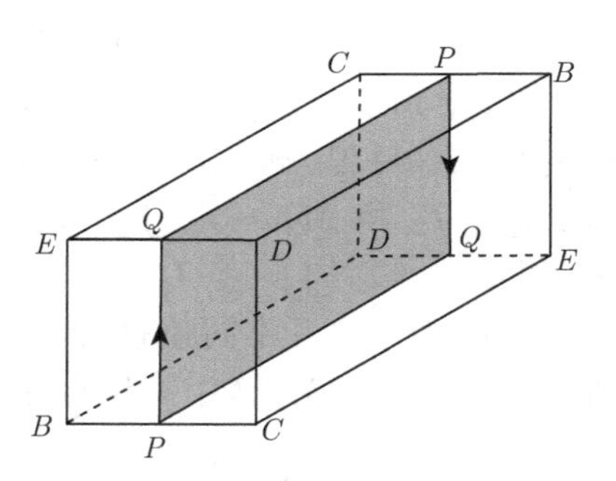

图 13.1　默比乌斯带上扭的 I-丛

引理 13.2　设 M 是一个紧致连通的 Seifert 流形, ∂M 是可定向的. 则除了 M 是一个实心环或引理 13.1 所列的四种流形之外, M 的任意两个 Seifert 结构在 ∂M 上的限制是同构的.

证明　设 M 是一个 Seifert 流形, $\partial M\neq\varnothing$, $\pi: M\to B$ 为商空间, $\partial B\neq\varnothing$. 若 M 不是实心环, 在 B 上选取一个真嵌入的不过奇点 (奇异纤维在 B 上的像) 的简单弧 α, 使得当 B 不是圆片时, α 在 B 上是非分离的; 当 B 是圆片时, 沿 α 切开 B 所得的两个圆片上都有奇点. 则 $A=\pi^{-1}(\alpha)$ 是 M 中的一个不可压缩和 ∂-不可压缩的竖直的平环. 除了引理 13.1 列举的四种流形之外, A 同痕于 M 的任意一个 Seifert 结构上的竖直平环, 从而 M 的任意两个 Seifert 结构在包含 ∂A 上的边界分支上是同痕的. 因对于 B 的任意两个边界分支 β_1 和 β_2, 可选 α 连接 β_1 和 β_2, 结论得证. □

引理 13.3 设 M 是一个紧致连通可定向不可约无环的 3-流形, 且 M 包含一个不可压缩和 ∂-不可压缩的平环 A, ∂A 落在 ∂M 的环面分支上. 则 M 是一个 Seifert 流形.

证明 设 A 是 M 中一个平环, 满足假设条件. 则共有如下三种可能性, 如图 13.2 所示:

(a) ∂A 的两个分支分别落在了 ∂M 的两个不同环面分支 T_1 和 T_2 上. 则 $A \cup T_1 \cup T_2$ 在 M 中的一个正则邻域 $N \cong S_3 \times S^1$, 其中 S_3 是一个三次穿孔的球面.

(b) ∂A 的两个分支落在了 ∂M 的同一个环面分支 T_1 上, A 与 ∂A 在 T_1 上界定的每个平环之并是一个环面, 且 $A \cup T_1$ 在 M 中的一个正则邻域 $N \cong S_3 \times S^1$.

(c) ∂A 的两个分支落在了 ∂M 的同一个环面分支 T_1 上, A 与 ∂A 在 T_1 上界定的每个平环之并是一个 Klein 瓶, 且 $A \cup T_1$ 在 M 中的一个正则邻域 N 是一个一次穿孔默比乌斯带上的 S^1 丛.

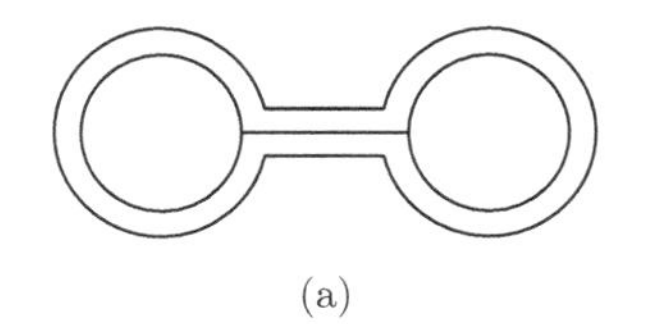
(a)

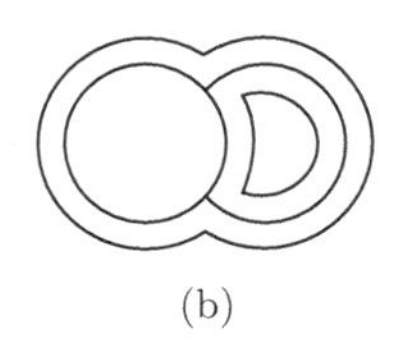
(b)

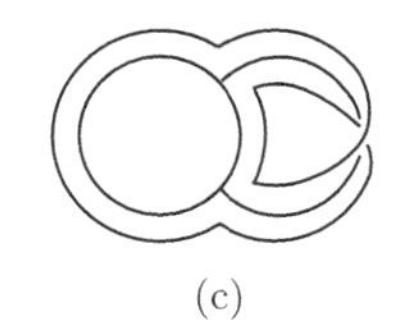
(c)

图 13.2 ∂A 的三种情况

因 M 是无环的, $\partial N \setminus \partial M$ 的每个环面分支在 M 中或是可压缩的, 或是 ∂-平行的. 对于前者, 设 D 是 $\partial N \setminus \partial M$ 的一个环面分支 T 的一个压缩圆片. 若 $D \subset N$, 由定理 12.3, N 是一个实心环, 与 N 有三个边界分支矛盾. 故这时 D 在 N 的外侧. 因 M 是不可约的, T 在 N 的外侧界定了一个实心环. 若 $\partial N \setminus \partial M$ 的一个环面分支 T 在 M 中是 ∂-平行的, 则 T 从 M 上切下一个 $T \times I$. 显见 $T \times I$ 在 N 的外侧.

这样, M 就是 N 或往 N 的环面分支上添加一个或两个实心环所得的流形. 所添加的实心环的纬圆片的边界在 ∂N 上不能同痕于 N 的一个 S^1 纤维, 否则, 因 A 在 N 中是竖直的, A 在 M 中就是可压缩的, 矛盾. 因而, N 上的 Seifert 结构可以延拓到 M 上, 使得 M 成为一个 Seifert 流形. □

下面给出定理 13.2 的证明.

定理 13.2 的证明 只需证明唯一性. 设 $\mathcal{T}=\{T_1,\cdots,T_m\}$ 和 $\mathcal{T}'=\{T_1',\cdots,T_n'\}$ 是 M 中的两个极小的互不相交、互不平行的不可压缩的环面组, 分别沿 $\mathcal{T}$ 和 $\mathcal{T}'$ 切开 M 所得的流形 $\{M_j\}$ 和 $\{M_j'\}$ 的每个分支或是无环的, 或是 Seifert 流形. 若 $\mathcal{T}=\varnothing$, 则 M 是无环的, 或是 Seifert 流形, 由 $\mathcal{T}'$ 的极小性, 必有 $\mathcal{T}'=\varnothing$. 若 $\mathcal{T}$ 的一个环面 T 和 $\mathcal{T}'$ 的一个环面 T' 是同痕的, 不妨设 $T=T'$, 则在 $M\setminus T$ 上对于 $\mathcal{T}\setminus\{T\}$ 和 $\mathcal{T}'\setminus\{T'\}$ 的分支个数归纳即可. 下面假设, $\mathcal{T}$ 中的环面和 $\mathcal{T}'$ 中的任何环面在 M 中都不同痕.

设 $\mathcal{T}$ 和 $\mathcal{T}'$ 处于一般位置. 由 M 的不可约性和 $\mathcal{T},\mathcal{T}'$ 的不可压缩性, 可通过同痕消除 $\mathcal{T}$ 和 $\mathcal{T}'$ 相交的那些在 $\mathcal{T}$ 或 $\mathcal{T}'$ 上界定圆片的分支. 这样, 对每个 M_j, $M_j\cap\mathcal{T}'$ 的每个分支或是一个环面, 或是一个平环. $M_j\cap\mathcal{T}'$ 的每个平环分支若是 ∂-可压缩的, 则由引理 12.1, 它是 ∂-平行的, 从而通过同痕可消除这样的平环分支. 下面假设 $M_j\cap\mathcal{T}'$ 的每个平环分支是不可压缩的和 ∂-不可压缩的.

设 C 是 $\mathcal{T}\cap\mathcal{T}'$ 的一个简单闭曲线分支. 则 C 是某个 $\mathcal{T}'\cap M_j$ 的平环分支 A_j 的一个边界分支, C 也是某个 $\mathcal{T}'\cap M_k$ 的平环分支 A_k 的一个边界分支 (有可能 $A_j=A_k$ 或 $M_j=M_k$). 由引理 13.3, M_j 和 M_k 都是 Seifert 流形. 若 $M_j\neq M_k$, 由引理 13.1 和引理 13.2, 我们可以重新选取 M_j 和 M_k 的 Seifert 纤维结构, 使得 A_j 和 A_k 都是竖直的. 特别地, M_j 和 M_k 在包含 C 的 $\mathcal{T}$ 中的环面 T_i 上有共同的纤维 C, 从而 M_j 和 M_k 在 T_i 上的 Seifert 纤维是一致的. 这样, 可从 $\mathcal{T}$ 中删除 T_i, 与 $\mathcal{T}$ 的极小性矛盾. 当 $M_j=M_k$ 时, $A_j=A_k$. 若 $M_j=M_k$ 不是引理 13.1 中列举的四种例外流形, 则 C 在 T_i 上就同痕于 T_i 的从 M_j 上的 Seifert 结构继承下来的一个纤维. 此时 T_i 是非分离的, 可从 $\mathcal{T}$ 中删除 T_i, 与 $\mathcal{T}$ 的极小性矛盾. 对于四种例外情况之一的 $M_j=S^1\times S^1\times I$, 由引理 13.1及证明, 可重新选取 M_j 的 Seifert 纤维结构 (平环与 S^1 的乘积), 使得 A_j 是竖直的. 因 A_j 在 M_j 中是不可压缩的和 ∂-不可压缩的, A_j 的两个边界分支分别落在 M_j 的不同边界分支上. 这时, 与上面同理, 可从 $\mathcal{T}$ 中删除 T_i, 与 $\mathcal{T}$ 的极小性矛盾. 因 M 是可定向的且 M_j 至少有两个环面边界分支, 其他三种例外情况不能出现.

由此可知 $\mathcal{T}$ 和 $\mathcal{T}'$ 无交. 若 $\mathcal{T}$ 的一个分支 T 包含于某个无环的 M_j' 中, 则 T 同痕于 $\mathcal{T}'$ 的一个分支 T', 如前, 用归纳处理即可. 下面假设 $\mathcal{T}$ 的每个分支 T_i 都包含在一个 Seifert 分支 M_j' 中, $\mathcal{T}'$ 的每个分支 T_i' 都包含在一个 Seifert 分支 M_j 中. 这些 Seifert 流形都有非空的边界, 它们不能包含水平的环面, 故所有的环面 $T_i\subset M_j'$ 和 $T_i'\subset M_j$ 都是竖直的.

若某个 M_i 是无环的, 则因 M_i 中没有 $\mathcal{T}'$ 中的环面, 必有某个 M_j', 使得 $M_i\subset M_j'$. 因 $\partial M_i\subset M_j'$, M_j' 是一个 Seifert 流形, 而 ∂M_i 的每个分支在 M_j' 中都是竖直的, 从而 M_i 也是一个 Seifert 流形, 带有从 M_j' 继承而来的 Seifert 纤维结构.

设 $\mathcal{T}\cup\mathcal{T}'$ 把 M 切成 $\{N_p\}$. 每个 N_p 上可能有两种不同的 Seifert 纤维结构, 其一来自包含 N_p 的某个 M_i, 另一个来自包含 N_p 的某个 M_j'. 每个 $T_i\in\mathcal{T}$ 上可能有四种 Seifert 纤维结构, 其中两个来自 T_i 的一侧的 N_p, 另两个来自 T_i 的另一侧的 N_q(有可能 $N_p=N_q$). T_i 的四种可能的 Seifert 纤维结构中来自于包含 T_i 的 M_j' 中的两个是相同的. 我们将证明能够使包含 N_p 的 M_j 和包含 N_q 的 M_k(有可能 $M_j=M_k$) 在 T_i 上的 Seifert 纤维结构一致. 这样就可从 $\mathcal{T}$ 中删除 T_i, 与 $\mathcal{T}$ 的极小性矛盾.

由引理 13.2, 除了引理 13.2 列出的五种例外情况之外, N_p 上的两种 Seifert 纤维结构可以与 M_j 靠近 T_i 的 Seifert 纤维结构一致. 因 M 是可定向的, 其他几种例外情况如下:

(1) N_p 是个实心环. 这时, T_i 在 M 中是可压缩的, 矛盾.

(2) $N_p=S^1\times S^1\times I$, 其中一个边界分支是 T_i. 若 N_p 的另一个边界分支是某个 T_j', 则 T_i 和 T_j' 是同痕的, 与假设矛盾. 若 N_p 的另一个边界分支是某个 T_j, $i\neq j$, 则 T_i 与 T_j 是平行的, 与假设矛盾. 故 N_p 的两个边界分支只能是同一个 T_i 的两个切口. 这意味着 $\mathcal{T}'=\varnothing$, 从而也有 $\mathcal{T}=\varnothing$, 矛盾. 因而 $N_p=S^1\times S^1\times I$ 的情况不能出现.

(3) $N_p=M_j\cap M_k'=S^1\tilde{\times}S^1\tilde{\times}I$. N_p 只有一个边界分支, 不妨设 $N_p=M_j\subset M_k'$. 这时, M_j 就取从 M_k' 上诱导的 Seifert 纤维结构.

同样的论证应用在包含 N_q 的 M_k 上, 可改变 N_q 的 Seifert 纤维结构, 使其与在 T_i 上的 Seifert 纤维结构一致. 这时如前所述, 可从 $\mathcal{T}$ 中删除 T_i, 与 $\mathcal{T}$ 的极小性矛盾. □

13.2 几何化定理

13.2.1 双曲 3-流形与球 3-流形

双曲 3-流形和球 3-流形都是从黎曼度量角度定义的三维流形. 本部分概要介绍双曲 3-流形和球 3-流形的一些基本性质. 没有定义的概念和术语可参见 [110].

定义 13.2 双曲流形

若一个 3-流形 M 的内部可以被赋予一个常曲率 -1 的完备黎曼度量, 则称 M 为双曲流形.

若 M 为双曲 3-流形, 则 M 的泛覆盖空间是

$$\mathbb{H}^3=\{(x,y,z)\in\mathbb{R}^3|z>0\},$$

其上的度量为

$$ds = \frac{\sqrt{dx^2 + dy^2 + dz^2}}{z}.$$

$\mathbb{H}^3$ 上的等距变换群为 $\text{Isom}(\mathbb{H}^3) = PSL(2,\mathbb{C}) = SL(2,\mathbb{C})/\pm \text{id}$. 称 $\mathbb{H}^3$ 为双曲空间的上半空间模型.

定义 13.3 真不连续作用与自由作用

设 G 是作用在拓扑空间 X 上的一个群. 若对于 X 的任意一个紧致子集 K, 只有有限多个 $g \in G$ 使得 $K \cap gK \neq \varnothing$, 则称 G 真不连续地作用在 X 上; 若 G 满足对任意 $x \in X$, x 的稳定子 $G_x = \{g \in G | gx = x\}$ 都是平凡的, 则称 G 自由地作用在 X 上.

下面是闭双曲 3-流形的一个等价描述 (证明见 [100]):

定理 13.3 M 是一个闭双曲 3-流形当且仅当存在 $\text{Isom}(\mathbb{H}^3)$ 的一个子群 G, G 自由真不连续地作用在 $\mathbb{H}^3$ 上, M 是 G 作用的商空间.

也称 $\text{Isom}(\mathbb{H}^3)$ 的如上子群 G 为一个离散子群. 不难验证下面的定理 (参见 [27]):

定理 13.4 3-流形 M 为双曲流形当且仅当存在一个离散的忠诚的表示 $\alpha : \pi_1(M) \to SL(2,\mathbb{C})$, 使得 $\alpha(\pi_1(M)) \subset SL(2,\mathbb{C})$ 是挠自由的, 且有有限的余体积.

注记 13.1 (1) 关于双曲流形, 历史上知道的第一个例子是 1933 年由 Seifert-Weber[103] 构造的, 现在称为 Seifert-Weber 流形. 1975 年, Riley[88] 用定理 13.4 证明了 8 字结的补空间是双曲的. 这个时候, 人们也仅仅知道 Seifert-Weber 流形和 8 字结的补空间以及它们的有限覆盖空间是双曲流形. 一般说来, 很难直接证明一个给定的 3-流形是双曲流形.

(2) 时为美国 Princeton 大学教授的 Thurston 注意到 Riley 的结果, 很快 Thurston[109] 就证明了除环面纽结和卫星结 (包括复合纽结) 不是双曲纽结, 其他都是. Thurston 关于双曲纽结和双曲三维流形的工作开辟了三维流形拓扑的全新领域, 具有划时代的意义.

Thurston 在 20 世纪 70 年代末证明了如下的定理.

定理 13.5(Thurston) 设 S 是一个曲面, $\chi(S) < 0$. 设 $h : S \to S$ 是一个

同胚, 令

$$M = S \times I/(x,0) \sim (h(x),1), \quad \forall x \in S.$$

(1) 若 h 是可约的, 则 M 包含一个不可压缩环面;

(2) 若 h 是周期的, 则 M 是 Seifert 流形;

(3) 若 h 是伪阿诺索夫的, 则 M 是双曲 3-流形.

曲面的一个自同胚是可约的、周期的或伪阿诺索夫的定义见第 17 章.

下面的定理 (证明见 [27] 或 [11]) 表明, 双曲 3-流形是无环的, 闭双曲 3-流形不含任何的不可压缩环面.

定理 13.6 设 M 为一个双曲 3-流形, A 为 $\pi_1(M)$ 的一个同构于 $\mathbb{Z}^2$ 的子群. 则存在 M 的一个环面边界分支 T, 使得 $A = \pi_1(T) \subset \pi_1(M)$.

定义 13.4 无平环流形

若一个 3-流形 M 中不含本质平环, 则称 M 是无平环的.

Thurston [110] 还证明了下面的定理.

定理 13.7 设 M 为一个无环和无平环的 Haken 3-流形, ∂M 为若干环面. 则 M 的内部可以赋予一个双曲结构, 即 M 是一个双曲流形.

众所周知, 具有负欧拉示性数的双曲曲面上的双曲结构一般是不唯一的. 令人吃惊的是, 对于 3 维 (及 3 维以上的) 双曲流形, 其上的双曲结构是唯一的, 即双曲 3-流形有如下的 Mostow-Prasad 刚性定理 (见 [77] 和 [82]):

定理 13.8 (Mostow-Prasad 刚性定理) 设 M 为一个双曲 3-流形. 则 M 上的双曲结构在等距等价意义下是唯一的.

下面介绍球 3-流形及基本性质.

定义 13.5 球流形

若一个不可约 3-流形 M 上可以被赋予一个常曲率 $+1$ 的完备黎曼度量, 则称 M 为球流形.

众所周知, 3 维单位球面 S^3 在从标准的 4 维欧氏空间 $\mathbb{R}^4$ 上诱导的度量下具有常曲率 $+1$, S^3 的等距变换群为 4 阶正交群 $O(4)$, 其元素为实 4 阶正交矩阵. 记 $SO(4) = \{A \in O(4) | \det(A) = 1\}$, 称之为 4 阶特殊正交群.

下面是球 3-流形的等价描述 (参见 [100]):

定理 13.9 M 是一个球 3-流形当且仅当 M 是一个自由地作用在 S^3 上的 $SO(4)$ 的一个有限子群 Γ 的商空间 S^3/Γ.

若 $M = S^3/\Gamma$, 则 $\pi_1(M) \cong \Gamma$, 即一个球 3-流形有有限的基本群, 因而球 3-流形是无环的. 球 3-流形的分类等价于能自由作用在 S^3 上的 $SO(4)$ 的有限子群的分类, 这在 20 世纪 30 年代就由 Hopf [41] 通过自然的 2 重覆盖 $p : SO(4) \to SO(3) \times SO(3)$ 完成了 (其中 $SO(3)$ 为 3 阶特殊正交群), 也可参见 [80] 或 [117]. 特别地, 球 3-流形 M 都是 Seifert 流形. 若 $\pi_1(M)$ 是有限循环群, 则 M 是一个透镜空间 $L(p,q)$, $0 < \dfrac{q}{p} < 1$.

13.2.2 几何化定理

3-流形的 JSJ 分解定理一问世, Thurston 就敏锐地洞察到经过 JSJ 分解后的无环 3-流形块所包含的几何内蕴, 提出了下面著名的几何化猜想:

猜想 13.1 (Thurston 几何化猜想) 不可约的无环 3-流形或为球流形, 或为双曲流形.

Thurston 本人证明了他的猜想对 Haken 流形成立 (定理 13.9).

Perelman(2002—2003) 证明了 Thurston 几何化猜想在一般情形成立 (参见 [76]), 即有

定理 13.10 设 M 为一个不可约的无环 3-流形. 则 M 或为球流形, 或为双曲流形.

众所周知, 有通常度量的 S^3 是唯一的单连通球 3-流形, 这样, Perelman 的定理直接蕴含 Poincaré 猜想成立.

定理 13.11 (Poincaré 猜想) 单连通闭 3-流形同胚于 3-球面.

注意到球 3-流形也是 Seifert 流形, 结合 JSJ 分解定理, 有如下的

定理 13.12 (3-流形的几何化定理) 设 M 为一个不可约 3-流形. 则 M 中存在一组互不相交的嵌入的不可压缩环面 $T_1, \cdots, T_k$, 使得 M 沿这些环面切开所得 3-流形的每个分支或为 Seifert 流形, 或为双曲流形, 并且有极小分支数的这样的环面组在同痕意义下还是唯一的.

注记 13.2　前面已看到, Seifert 流形的拓扑分类已完全清楚. 在定理 13.12 获证后, 研究双曲 3-流形的拓扑分类已成为 3-流形拓扑领域的重要课题. 利用流形的双曲结构来获取其拓扑信息实际上已取得很多重要的结果. 下面是几个典型的例子:

(1) 曲面映射类群的分类定理 (Dehn-Nielsen-Thurston 定理, 见第 17 章) 的证明中, 早期 Nielsen 就利用了曲面的双曲结构, Thurston 所给出的证明也是利用了亏格 $\geqslant 2$ 的可定向闭曲面上的双曲结构, 见 [110].

(2) Smith 猜想: 设 $f: S^3 \to S^3$ 为一个有限阶的保向自同胚, f 的不动点集非空, 则 f 的不动点集是个平凡纽结. Smith 猜想的肯定解决也是利用了 3-流形的双曲结构, 见 [75].

(3) Tame 猜想或 Simon 猜想: 设 M 是一个紧致 3-流形, $\hat{M}$ 是 M 的一个覆盖空间, $\hat{M}$ 有有限生成的基本群, 则 $\hat{M}$ 同胚于一个紧致 3-流形的内部. 该猜想结合几个人的工作而获得肯定解决 (见 [3, 15]), 其困难的情况是双曲 3-流形的情况.

习　题

1. 在例 13.1 中, 证明 $\mathbb{T}_1$ 和 $\mathbb{T}_2$ 都是 M 中的不可压缩的环面, M_1, M_2, M_3, M_4 都是不可约的无环的流形.

2. 给出 $S^1 \times S^1 \times S^1$ 的一个 JSJ 分解.

3. 设 K 是 S^3 中的 8 字结, M_K 是 K 的补空间. 试给出 M_K 的 JSJ 分解.

4. 若一个紧致连通不可约的可定向的 3-流形 M 经过 JSJ 分解后的每个分支都是 Seifert 流形, 则称 M 为一个图流形. 给出图流形的一个例子, 其中的 JSJ 分解的环面恰有 3 个.

第 14 章　三维流形拓扑中的一些决定问题

第 4 章介绍的正则曲面理论对于三维流形的算法拓扑研究毫无疑问是至关重要的. 涉及 3-流形算法拓扑的大多数工作都基于正则曲面理论或与之密切相关. Haken 进一步发展的正则曲面理论在应用到处理三维流形算法问题时, 基本想法如下：

(1) 把三维流形分解成简单块, 让三维流形中的特定类型的曲面与简单块正则相交, 并据此给出这类曲面的特征描述 (满足一组齐次线性方程组);

(2) 从方程组的基础解系出发确定这类曲面的一个基本曲面集;

(3) 证明任一组不交的这类曲面均可从这个基本曲面集得到;

(4) 上述基本曲面集合是有限的, 找出所有这类不交曲面组在算法上是可构造的, 可以通过有限步骤实现.

本章将介绍三维流形拓扑中的一些基本的决定问题的解.

14.1　两个预备引理

设 G 和 H 是 M 中的两个处于正则位置的正则曲面. 一般说来, $F=G\cup H$ 是一个浸入曲面, 其奇点集 $(G\cap H)$ 是若干二重简单闭曲线或简单弧的无交并. 设 γ 是 $G\cap H$ 的一个分支. γ 在 G 两侧的曲面分别记为 a 和 c, 在 H 两侧的曲面分别记为 b 和 d. 沿 γ 对 $G\cup H$ 做如图 14.1 所示的转变手术 (常规的或非常规的) 得到一个新的浸入曲面 F', F' 由 G 上的 a 片和 H 上的 b 片沿 γ 粘合, G 上的 c 片和 H 上的 d 片沿 γ 粘合, 再在 γ 的局部同痕移动一下, 使得 F' 的 $a\cup b$ 片和 $c\cup d$ 片在 γ 的局部不交. γ 在 F' 的 $a\cup b$ 片和 $c\cup d$ 片上的两个拷贝曲线分别记为 γ' 和 γ''. 称 γ' 和 γ'' 为 γ 在 F' 上的迹曲线.

下面介绍后面要用到的两个引理.

引理 14.1　设 F 为一个连通的正则曲面, F 不是基本曲面, 即 $F=G+H$ $(G,H\neq\varnothing)$. 若 $|G\cap H|$ 在 F 的所有非空和分解中最小, 则

(1) G 和 H 都是连通的;

(2) $G\cap H$ 的每一个分支都不能同时分离 G 和 H.

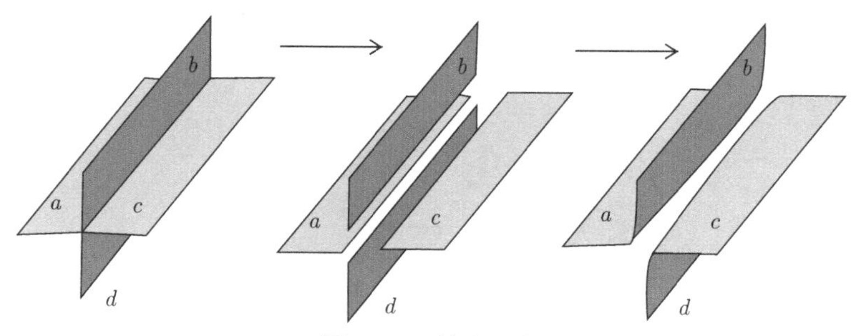

图 14.1 转变手术

证明 (1) 假设 H 不是连通的, 即 $H = H_1 \sqcup H_2$ ($H_1, H_2 \neq \varnothing$). 因 F 连通, G 交 H_1 和 H_2 之一非空. 不妨 $G \cap H_2 \neq \varnothing$. 令 $G' = G + H_2$. 则 $F = G' + H_1$, 且 $|G' \cap H_1| < |G \cap H|$, 与 $|G \cap H|$ 极小矛盾.

(2) 设 γ 是 $G \cap H$ 的一个分支, γ 同时分离 G 和 H. 设 γ 把 G 分离成 G_1 和 G_2, γ 把 H 分离成 H_1 和 H_2.

沿 γ 对 $G + H$ 做一次常规的转变手术, 则得到两个浸入的曲面 F_1 和 F_2. 不妨设 $F_1 = G_1 \cup H_1$, $F_2 = G_2 \cup H_2$, 如图 14.2 所示.

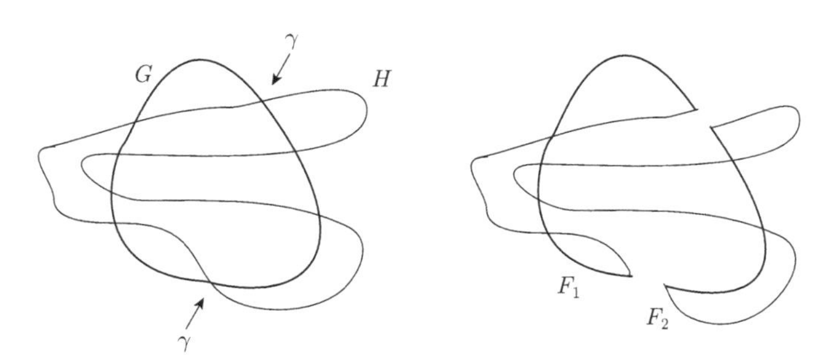

图 14.2 常规转变手术

再分别沿 F_1 和 F_2 的每个交线做常规转换手术, 最后得到两个不交的正则曲面 F_1' 和 F_2', 且 $F = F_1' + F_2'$. 显然有 $|F_1' \cap F_2'| < |G \cap H|$, 这又与 $|G \cap H|$ 极小矛盾. □

设 G 和 H 是 M 中的两个处于正则位置的正则曲面, F 由 $G \cup H$ 沿 $G \cap H$ 的所有分支做常规转换手术而得, 即 $F = G + H$.

引理 14.2 设 N 是由 $G \cup H$ 沿 $G \cap H$ 的所有分支做转换手术而得, 且至少有一次转换手术是非常规的, 如图 14.3 所示. 则 N 同痕于一个正则曲面 N',

使得 $w(N') < w(F)$.

证明显然.

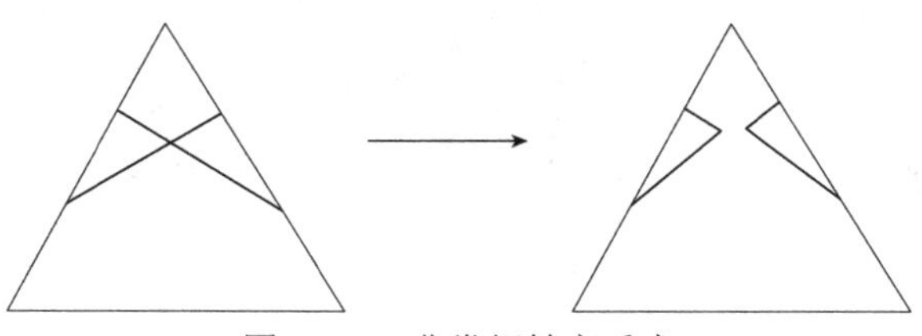

图 14.3　非常规转变手术

应用正则曲面理论处理 3-流形拓扑中的一些决定问题的一般步骤如下：

(1) 将问题转化为 3-流形 M 中的有某类特征 (P) 的曲面的存在性问题.

(2) 对于 M 的一个剖分, 证明若 M 中存在特征 P 的曲面, 则 M 中存在具有特征 P 的正则曲面; 或针对某种复杂度, 证明若 M 中存在特征 P 的曲面, 则 M 中存在具有特征 P 的某种复杂度最小的正则曲面.

(3) 找出 M 基本曲面集 $\mathcal{B}$：写下匹配系统, 求出一个基本解, 给出基本解的几何实现.

(4) 构造一个算法来决定 $\mathcal{B}$ 中的一个曲面是否具有特征 P.

14.2　应用 1：分裂链环的决定

设 L 是 S^3 中一个链环. 若 S^3 中存在一个 2-球面 S, 使得 $S \cap L = \varnothing$, 且 $S^3 \setminus S$ 的每个分支均包含 L 的分支, 则称 L 是可裂的, 称 S 为 L 的一个分裂球面. 若 L 不是可裂的, 则称 L 是不可裂的.

定理 14.1　存在一个算法, 对于给定的链环 $L \subset S^3$, 可决定是否 L 是可裂的.

证明　令 $\eta(L)$ 是 L 在 S^3 中的一个管状邻域, $M = \overline{S^3 \setminus \eta(L)}$.

步骤 1　L 是可裂的 $\Leftrightarrow M$ 包含一个分裂球面 $\Leftrightarrow S$ 在 M 中是一个本质球面 $\Leftrightarrow 0 \neq [S] \in H_2(M;\mathbb{Z}_2) \Leftrightarrow M$ 中存在一个真嵌入的简单弧 α, α 横截相交 S 于奇数多个点.

步骤 2　选取 M 的一个剖分 K, 需要证明：若 M 包含一个分裂球面 S, 则 M 包含一个正则的分裂球面. 事实上, 只需就 1-型正则化操作进行验证. 对 S 进行一次 1-型正则化操作把 S 变成两个球面 S' 和 S'', $0 \neq [S] = [S'] + [S''] \in H_2(M;\mathbb{Z}_2)$, 故 S' 和 S'' 中至少有一个是分裂球面. 下设已不能对 S 再做 1-型正则化操作.

步骤 3 往证若 M 包含一个分裂球面 S, 则 M 包含一个基本的分裂球面. 策略是若 S 不是基本曲面, 则 M 包含另一个分裂球面, 它比 S 有更少的重量. 这样, 当 S 是重量最少的分裂球面时, S 就是基本曲面.

设 S 不是基本曲面, $S = F_1 + F_2$. 由前述引理, 可假设 F_1 和 F_2 都是连通的, 且 $F_1 \cap F_2$ 中不存在 F_1 和 F_2 上都分离的分支. 因 $\chi(S) = 2 = \chi(F_1) + \chi(F_2)$, F_1 和 F_2 都不是射影平面, 故可设 $\chi(F_1) = 2$, $\chi(F_2) = 0$. 这样, F_1 为球面, F_2 为环面. 又 $0 \neq [S] = [F_1] + [F_2]$, 故 $[F_1]$ 和 $[F_2]$ 中有一个不为 0.

若 $[F_1] \neq 0$, F_1 是一个分裂球面. 显然, $w(F_1) < w(S)$.

下设 $[F_1] = 0$, $[F_2] \neq 0$. 则 M 中存在一个真嵌入的简单弧 a, a 与 F_1 横截相交于偶数多个点, a 与 F_2 横截相交于奇数多个点.

因 $F_1 \cap F_2$ 的每个分支在 F_1 上都是分离的, 故 $F_1 \cap F_2$ 的每个分支在 F_2 上都是非分离的, 从而在 F_2 上是一组互相平行的本质曲线, 把 F_1 分成若干平环, 其中至少有一个 (记作 A) 与 a 横截相交于奇数多个点. A 的两个边界分支分别界定了 F_1 上的两个圆片 D_1 和 D_2. 令 $S' = A \cup D_1 \cup D_2$. 则 S' 是个球面, 且 a 与 S' 横截相交于奇数多个点, 如图 14.4 所示. 故 S' 是个分裂球面. 显然, $w(S') < w(S)$. 矛盾. 故 S 是一个基本曲面.

步骤 4 算法确定一个基本曲面是否为一个分裂球面是容易的, 此略. □

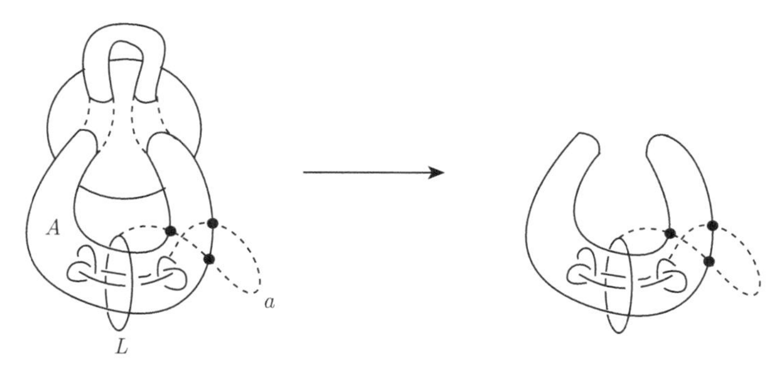

图 14.4 S' 是分裂球面

14.3 应用 2：找本质球面

设 M 为一个 3-流形. 若 M 中一个 2-球面不界定 M 中一个实心球, 则称 S 为一个本质球面, 此时也称 M 是可约的. 若 M 不是可约的, 称 M 是不可约的.

定理 14.2 (Papakyriakopoulos) 若 $\pi_2(M) \neq 0$, 则 M 包含一个本质球面, 即 M 是可约的.

注意, 若 P 是 M 中的一个射影平面, 则 P 是不可压缩的.

设 G 和 H 是 M 中的两个处于正则位置的正则曲面. 称 $G \cup H \setminus G \cap H$ 的一个分支的闭包为 $G \cup H$ 的一个区域.

定理 14.3 设 M 是一个可定向闭 3-流形, 有单纯剖分 K. 若 M 包含一个本质球面 (射影平面), 则 M 包含一个基本的本质球面 (射影平面).

证明 设 S 是 M 中一个本质球面. 可在 M 中同痕移动 S, 使其成为正则的本质球面. 在 M 中选取一个有最小重量的正则本质 2-球面 F. 下面证明 F 是一个基本曲面, 反证.

假设 F 不是基本的, 则 $F = G + H(G, H \neq \varnothing)$. 选取 G, H, 使得 $|G \cap H|$ 极小. 记 $\Gamma = G \cap H$. $\chi(F) = \chi(G) + \chi(H) = 2$, 故 $\chi(G)$ 和 $\chi(H)$ 至少有一个 > 0. 不妨设 $\chi(G) > 0$. 则 G 或为球面, 或为射影平面. 这里只考虑 G 是球面的情形. G 是射影平面的情形类似, 此略.

另一方面, $w(F) = w(G) + w(H)$, $w(G), w(H) > 0$, 故 $w(G) < w(F)$. 由 $w(F)$ 的极小性假设可知, G 在 M 中是一个非本质球面, 即 G 界定 M 中一个实心球.

选取 $G \cup H$ 的一个圆片区域 D, $\partial D = \gamma$. 则 $G \cup H$ 沿 γ 做常规转换手术后, D 在 F 上产生一个圆片, 仍记为 D; γ 产生 F 上两个迹曲线 γ' 和 γ'', 其中 $\gamma' = \partial D$, 如图 14.5 所示.

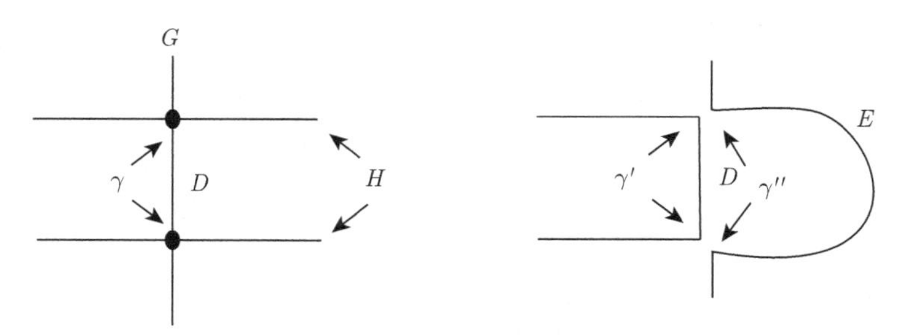

图 14.5 圆片区域 D

现在, γ'' 分离 F 为两个圆片, 其中一个 E 如图 14.5 所示. 若 E 是 $G \cup H$ 的 H 上的一个区域, 则 γ 同时分离 G 和 H. 由引理 14.1, 这将与 $|G \cap H|$ 的极小性矛盾. 故必有 $G \cup H$ 的一个区域 $D' \subset \text{int}(E)$, $D' \subset G$ 是个圆片, 如图 14.6(a) 所示.

如上, $\partial D'$ 分离 E 为一个圆片 E' 和一个平环, 其中 E' 如图 14.6 所示. 与上同理. E' 不是 $G \cup H$ 的一个区域, 故必有 $G \cup H$ 的一个区域 $D'' \subset \text{int}(E')$, $D'' \subset G$ 是个圆片. 如此继续, 有限步后, 我们找到 F 上一个包含 D 的圆片 E^*,

从而有一个循环链：

$$D_0 = D, E_0 = E; D_1, E_1; \cdots ; D_{k-1}, E_{k-1},$$

其中，D_i 是 G 上的圆片区域，$\partial D_i = \gamma_i$，E_i 是 F 上的一个圆片，$\partial E_i = \gamma_i''$，$D_{i+1} \subset \mathrm{int}(E_i)$，指标模 k 相等，如图 14.6(b)(c) 所示.

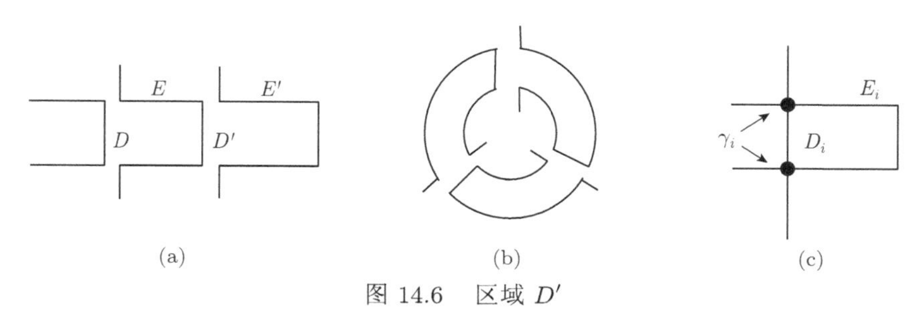

图 14.6 区域 D'

下分两种情况讨论：

(1) $k > 1$. 令 $S_i = D_i \cup E_i$，F_i 为从 $G \cup H$ 出发沿除 γ_i 之外的 $G \cap H$ 的其他分支做常规转换手术所得的曲面，如图 14.7(a) 所示. 现在，沿 γ_i 对 F_i 做一次常规转换手术得到 F，沿 γ_i 对 F_i 做一次非常规转换手术得到的曲面中，有一个分支是 S_i. 由引理 14.2，S_i 同痕于一个球面 S_i'，且 $w(S_i') < w(F)$. 由 $w(F)$ 的极小性假设，S_i 界定一个实心球 B_i，B_i 如图 14.7(b) 所示. 否则，$F \subset B_i$，F 是非本质的，矛盾. 用 $B_0, B_1, \cdots, B_{k-1}$ 可同痕移动 F 至 F'，如图 14.7(c) 所示. 现在沿除 $\gamma_0, \gamma_1, \cdots, \gamma_{k-1}$ 之外的 $G \cap H$ 的其他分支做常规转换手术，得到曲面 F' 和 F''，$F'' \neq \varnothing$，$F = F' + F''$. 从而 $w(F) = w(F') + w(F'')$，$w(F') < w(F)$，矛盾.

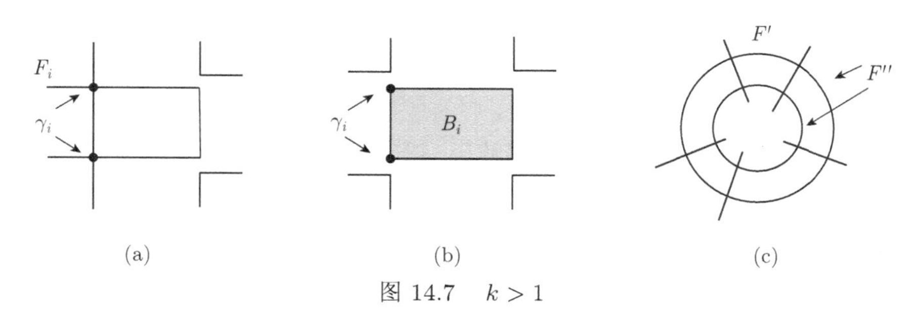

图 14.7 $k > 1$

(2) $k = 1$. 这时，$D \subset \mathrm{int}(E)$. 记 $E' = F \setminus E$. 则 E' 是个圆片，且 $F = E \cup E'$. 令 $S = D \cup E'$，则 S 是 M 中一个非分离的 2-球面，从而为本质球面，如图 14.8(a) 所示. 令 T 是 E 上去除 D 再粘合两个边界分支所得的环面. 则 $F = S + T$，$w(F) = w(S) + w(T)$，$w(S) < w(F)$，矛盾.

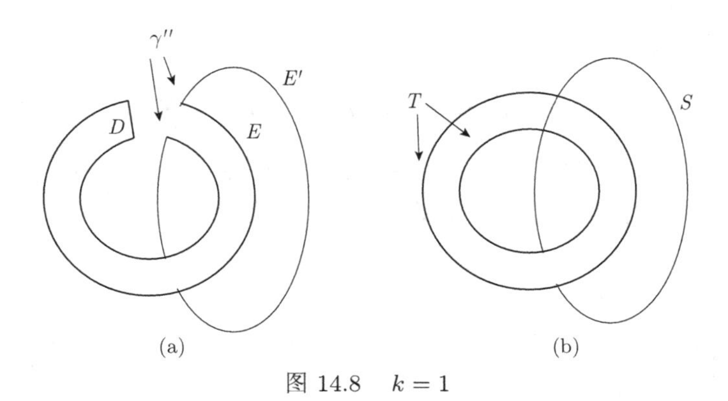

图 14.8 $k=1$

这样, 就证明了 F 是基本球面. F 是射影平面的情形类似可证, 此略. □

推论 14.1 存在一个算法, 可决定给定的 3-流形中的一个 2-球面是否为本质球面.

定理 14.4 (Rubinstein, 1994) 存在一个算法, 可决定一个给定的闭 3-流形是否同胚于 S^3. 用 $\Re$ 表示 Rubinstein 的算法.

定理 14.5 (主要定理) 存在一个算法, 对于任意一个给定的紧致可定向 3-流形 M,

(1) 可决定 M 是否为不可约的;

(2) 找出 M 的一个极大的独立的 2-球面系统;

(3) 可决定 M 是否为素流形;

(4) 找出 M 的一个素分解.

证明 给定 M 的一个单纯剖分.

(i) 写出匹配系统, 找出一个基本解集, 找出对应的基本曲面集 $\mathcal{F}$.

(ii) 在 $\mathcal{F}$ 中找出基本球面.

(a) 若 $\mathcal{F}$ 中没有基本本质球面, 则 M 是不可约的.

(b) $\mathcal{F}$ 中有基本球面 $S_1,\cdots,S_n$. 若某个 S_i 是非分离的, 则 M 是可约的; 若每个 S_i 都是分离的, 则 S_i 给出一个连通和分解 $M=M_i'\#M_i''$. 应用算法$\Re$, 若对某个 i, $M_i'\not\cong S^3\not\cong M_i''$, 则 M 是可约的. 否则, M 是不可约的.

(c) 若 $\mathcal{F}$ 中共有 $m\leqslant n$ 个本质的分离球面, 则 M 有连通和素分解 $M=M_1\#\cdots\#M_{m+1}$. □

14.4 应用 3：判定 3-流形边界的可压缩性和纽结的平凡性

先介绍几个引理.

引理 14.3 设 M 为一个紧致带有不可压缩边界的可定向剖分 3-流形, F 为 M 中一个不可压缩和 ∂-不可压缩的曲面. 则 M 包含一个不可压缩和 ∂-不可压缩的正则曲面.

证明显然.

引理 14.4 设 M 为一个紧致带边 3-流形, D 为 ∂M 的一个压缩圆片, Δ 是 D 的一个 ∂-压缩圆片, $\Delta\cap\partial M$ 为 ∂M 上一段弧 β, D' 和 D'' 是沿 Δ 对 D 做 ∂-压缩所得的两个圆片. 则 D' 和 D'' 中至少有一个仍是 ∂M 的一个压缩圆片.

证明 记 $\gamma=\partial D, \gamma'=\partial D', \gamma''=\partial D''$. 若 D' 和 D'' 都不是 ∂M 的压缩圆片, 则 γ' 界定 ∂M 上一个圆片 E', γ'' 界定 ∂M 上一个圆片 E''. 若 $E'\cap E''=\beta$, 则 $E=E'\cup_\beta E''$ 是 ∂M 上一个圆片, $\partial E=\partial D$; 若 $E'\subset E''$, 则 $\overline{E''\setminus E'}$ 是 ∂M 上一个圆片, 其边界为 ∂D; 若 $E''\subset E'$, 则 $\overline{E'\setminus E''}$ 是 ∂M 上一个圆片, 其边界为 ∂D. 几种情况均与 D 为 ∂M 的一个压缩圆片相矛盾. □

引理 14.5 设 M 为一个紧致带边 3-流形, 有单纯剖分 K, ∂M 是可压缩的. 则存在 ∂M 的一个正则压缩圆片 E, E 在 ∂M 的所有压缩圆片中有最少的重量.

证明 设 E 是 ∂M 的一个压缩圆片, 在同痕和正则操作后有最少的重量, 下证 E 是一个正则曲面.

设 Δ 是 K 的一个 2-单形. 考虑 $E\cap\Delta$.

(1) $E\cap\operatorname{int}(\Delta)$ 无闭圈分支. 设 α 是 $E\cap\operatorname{int}(\Delta)$ 的一个闭圈分支, α 在 Δ 是“最内”的, 即 α 界定 Δ 上一个圆片 D, $\operatorname{int}(D)\cap E=\varnothing$. Δ 不能落在 ∂M 上. 对 E 沿 D 做正则操作 1, 可得一个圆片 E' 和一个球面 S. $\partial E'=\partial E$. 显然, E' 仍是 ∂M 的一个压缩圆片, E' 比 E 要“简单”. 下面假设对 K 的任意一个 2-单形 Δ, $E\cap\operatorname{int}(\Delta)$ 无闭圈分支.

(2) $E\cap\operatorname{int}(\Delta)$ 无弧分支, 其两个端点落在 Δ 的同一边上. 否则, 设 α 是 $E\cap\Delta$ 的一个“最外”的弧分支, 即 α 从 Δ 上切下一个圆片 D, $\operatorname{int}(D)\cap E=\varnothing$, $\partial D\cap\partial\Delta$ 是 Δ 的一条边 e 的内部上的一段弧 β, $\alpha\cup\beta=\partial D$. 有三种情况：

(a) $e\not\subset\partial M$. 可沿 D 对 E 进行正则操作 2, 减少 $w(E)$, 与 $w(E)$ 最小矛盾.

(b) $\Delta \subset \partial M$. 可沿 D 同痕移动 E 减少 $w(E)$, 矛盾.

(c) $e \subset \partial M$, $\Delta \not\subseteq \partial M$. 沿 D 对 E 做 ∂-压缩得到两个圆片 E' 和 E''. $w(E'), w(E'') < w(E)$. 由引理 14.4, E' 和 E'' 中至少有一个仍是 ∂M 的一个压缩圆片, 与 $w(E)$ 最小矛盾.

对于 K 的一个 3-单形 Δ^3, 与正则曲面的情形类似可证, $E \cap \Delta^3$ 的每个分支或是一个正则三角形, 或是一个正则四边形. □

定理 14.6 设 M 为一个紧致带边可定向 3-流形, 有单纯剖分 K, ∂M 是可压缩的. 则存在 ∂M 的一个正则压缩圆片 F, F 是一个基本曲面.

证明 设 F 是 ∂M 的一个压缩圆片, 在同痕和正则操作后有最少的重量, 与 K 处于正则位置. 下证 F 是一个基本曲面.

否则, $F = G + H (G, H \neq \varnothing)$. 选取 G, H, 使得 $|G \cap H|$ 最小. 由引理 14.1, 可进一步假设 G 和 H 都是连通的. $1 = \chi(F) = \chi(G) + \chi(H)$, 故 $\chi(G)$ 和 $\chi(H)$ 至少有一个 > 0. 不妨设 $\chi(G) > 0$. 则 G 为一个球面, 或射影平面, 或圆片.

(1) G 为一个射影平面. 则 $\chi(H) = 0$, $|\partial H| = |\partial F| = 1$, 故 H 为一个默比乌斯带. 设 γ 是 $\Gamma = G \cap H$ 的一个分支. 因 M 可定向, γ 在 G 上是双侧的 $\Leftrightarrow \gamma$ 在 H 上是双侧的.

若 γ 在 G 上是双侧的, 则 γ 在 G 和 H 上都是分离的, 由引理 14.1, $|G \cap H|$ 不是最少, 矛盾. 故 γ 在 G 和 H 上都是单侧的. 因 G 和 H 上单侧的简单闭曲线的同痕类都是唯一的, Γ 是一条简单闭曲线, 否则可通过转换手术减少 $|G \cap H|$, 矛盾. 现在, 沿 γ 对 $G \cup H$ 做非常规手术得到一个连通的曲面 F'. $\partial F' = \partial F$, $\chi(F') = \chi(F) = 1$, 故 F' 仍是一个圆片. 但由引理 14.2, F' 可同痕至 F'', 使得 $w(F'') < w(F)$, 与 $w(F)$ 的极小性矛盾.

(2) $G \cong S^2$. 此时, 与应用 2 中定理的证明类似可导出矛盾, 此略.

(3) G 是一个圆片. 因 $1 = \chi(F) = \chi(G) + \chi(H)$, $\chi(G) = 1$, 故 $\chi(H) = 0$. 若 $\partial H = \varnothing$, 则 G 是 ∂M 的一个压缩圆片, 且 $w(G) < w(F)$, 矛盾. 若 $\partial H \neq \varnothing$, 则 H 或是一个平环, 或是一个默比乌斯带.

若 Γ 有简单闭曲线分支 γ, 它在 G 上是双侧的, 故 γ 在 H 上也是双侧的, 从而 γ 在 G 和 H 上都是分离的, 由引理 14.1, $|G \cap H|$ 不是最少, 矛盾. 故 Γ 是圆片 G 上一组真嵌入简单弧的无交并.

选取 Γ 的一个分支 α, α 在 G 上是"最外的", 即 α 从 G 上切下一个圆片 D, $\mathrm{int}(D) \cap H = \varnothing$, 如图 14.9 所示.

$G \cup H$ 沿 α 做常规转换手术后, D 在 F 上产生一个圆片, 仍记为 D; α 产生 F 上两个简单弧 α' 和 α'', 其中 $\alpha' \subset \partial D \subset F$. α'' 分离 F 为两个圆片 E 和 E', 其中 E 如图 14.10 所示. α 不能分离 H. 故必有 $G \cup H$ 的一个在 G 上最外的圆

片区域. 如前, 继续下去, 我们将得到一个循环链:

$$D_0 = D, E_0 = E; D_1, E_1; \cdots; D_{k-1}, E_{k-1} \quad (k \geqslant 1),$$

其中, D_i 是 $G \cup H$ 上的圆片区域, $\alpha_i \subset \partial D_i$, E_i 是 F 上的一个圆片, $\alpha_i'' = \partial E_i$, $D_{i+1} \subset E_i$, 指标模 k 相等.

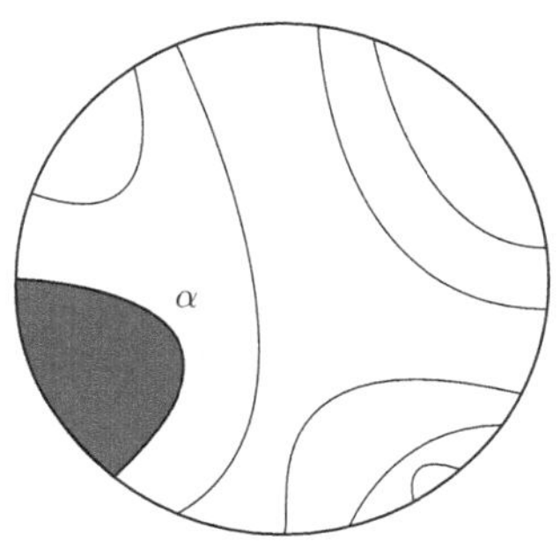

图 14.9　α 在 G 上是最外的

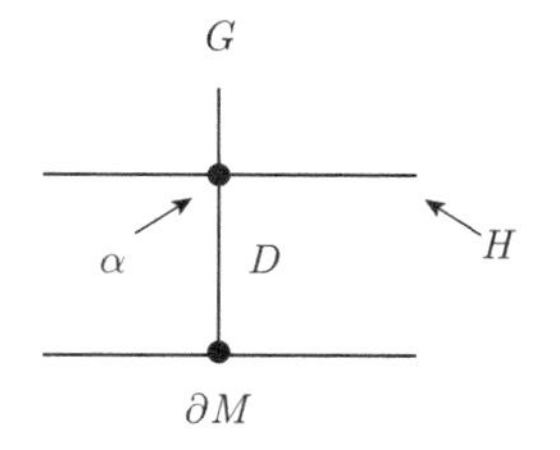

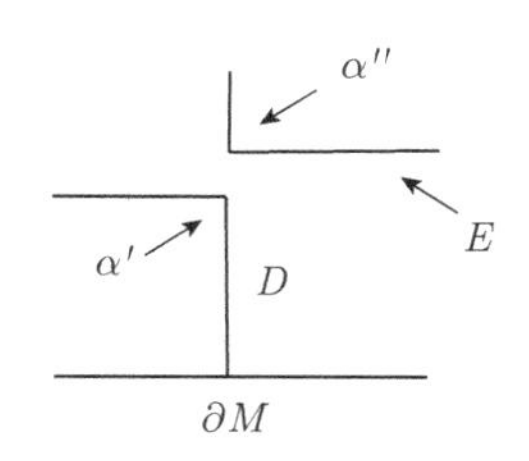

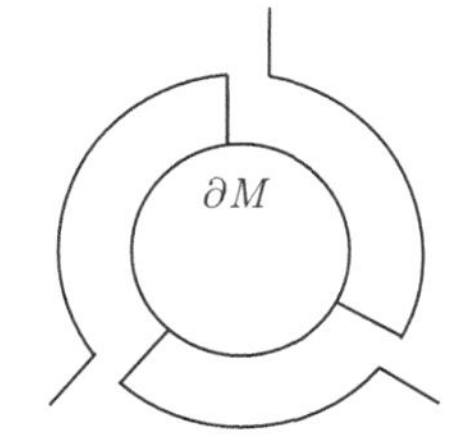

图 14.10　常规转换手术

(a) $k > 1$. 令 $A_i = D_i \cup_{\alpha_i} E_i$, F_i 为从 $G \cup H$ 出发沿除 α_i 之外的 $G \cap H$ 的其他分支做常规转换手术所得的曲面, 如图 14.11(a) 所示. 现在, 沿 α_i 对 F_i 做一次常规转换手术得到 F, 沿 α_i 对 F_i 做一次非常规转换手术得到的曲面中, 有一个分支是 A_i. 由引理 14.2, A_i 同痕于一个圆片 A_i', 且 $w(A_i') < w(F)$. 由 $w(F)$ 的极小性假设, ∂A_i 界定一个圆片 $\Delta_i \subset \partial M$. 这样, $A_i \cup \Delta_i \cong S^2$. D_i 如图 14.11(a) 所示, 否则, $\partial F \subset \Delta_i$, ∂F 是非本质的, 矛盾. F 可同痕移动至 $F \cup \Delta_i$, 故可由圆片 $E_i \cup \Delta_i$ 代替 D_i, $1 \leqslant i \leqslant k-1$, 得到曲面 F' 和 F'', 如图 14.11(b) 所示. 现在 $F = F' + F''$, $w(F') < w(F)$, 矛盾.

(b) $k = 1$. 这时, 如图 14.12 所示, 沿 $\Gamma \setminus \alpha$ 对 $G \cup H$ 做常规转换手术得到浸入曲面 F'. 再沿 α 对 F' 做常规转换手术得到 F, 而沿 α 对 F' 做非常规转换手术得到圆片 F'', $\partial F'' = \partial F$. 可同痕移动 F'' 至 F''', 使得 $w(F''') < w(F)$, 矛盾.

这样, 就证明了 F 是基本压缩圆片.　□

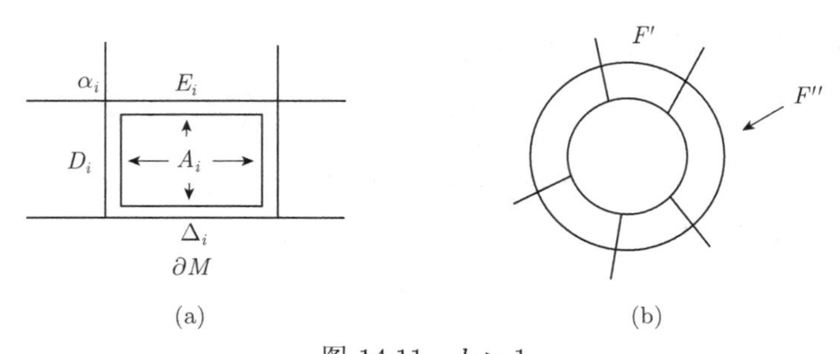

图 14.11 $k>1$

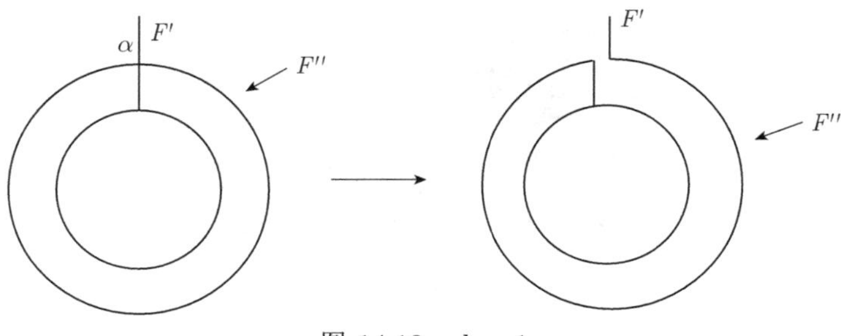

图 14.12 $k=1$

由定理 14.6 可得下面的定理, 证明留作练习.

定理 14.7 存在一个算法, 可以决定一个给定的紧致 3-流形是否有可压缩的边界.

下面考虑平凡纽结的识别问题. 设 $K \subset S^3$ 为一个纽结. 若 K 界定 S^3 中一个圆片, 则称 K 为一个平凡纽结. 设 $\eta(K)$ 为 K 的一个管状邻域, $M_K = \overline{S^3 \setminus \eta(K)}$. 称 M_K 为 K 的补. 下列的平凡纽结的特征是众所周知的:

定理 14.8 设 $K \subset S^3$ 为一个纽结. 则下列条件等价:
(1) K 为一个平凡纽结;
(2) $M_K \cong D^2 \times S^1$;
(3) ∂M_K 是可压缩的.

结合定理 14.7 和 14.8 即得下面的定理:

定理 14.9 (Haken, 1962) 存在一个算法, 可以决定一个给定的纽结是否是平凡的.

下面是关于 3-流形决定问题的其他一些结果, 见 [48, 66].

定理 14.10 (1) 存在一个算法, 可以决定一个给定的纽结的亏格.

(2) 存在一个算法, 可以决定一个给定的 3-流形边界上给定一条简单闭曲线的亏格.

(3) 存在一个算法, 可以决定一个给定的 3-流形是否为 Haken 流形.

(4) 存在一个算法, 可以决定任意给定的两个 Haken 流形是否同胚.

习 题

1. 证明存在一个算法, 可以决定给定的 3-流形中的一个给定的真嵌入曲面是否是分离的.

2. 在 Rubinstein 算法 $\mathfrak{R}$ 下, 证明存在一个算法, 可以决定一个给定的 3-流形是否为一个柄体 (压缩体).

3. 存在一个算法, 可以决定一个给定的 3-流形边界上给定一条简单闭曲线的亏格.

4. 证明定理 14.7.

第 15 章　纽结理论初步

本章将简要介绍纽结理论的相关内容. 15.1 节给出纽结和纽结不变性质的定义和例子; 15.2 节给出纽结的一些基本不变性质; 15.3 节介绍环面结、卫星结和双曲结; 15.4 节介绍纽结的 Alexander 多项式.

15.1　纽结、链环与链环不变性质

下面给出数学上纽结的定义.

定义 15.1　纽结

称 S^1 到 S^3(或 $\mathbb{R}^3$) 中的一个嵌入 $K: S^1 \to S^3$(或 $\mathbb{R}^3$) 为一个纽结. 也称 K 的像为一个纽结.

例 15.1　图 15.1(a) 的纽结是最简单的纽结, 通常称为平凡结; 右边的纽结称为三叶结.

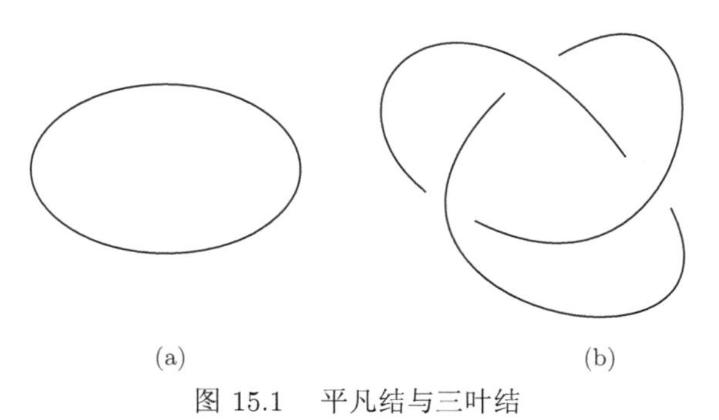

图 15.1　平凡结与三叶结

定义 15.2　链环

设 $\bigsqcup_n S^1$ 为 n 个单位圆周的无交并. 称 $\bigsqcup_n S^1$ 到 S^3(或 $\mathbb{R}^3$) 中的一个嵌入 $L: \bigsqcup_n S^1 \to S^3$(或 $\mathbb{R}^3$) 为一个链环. 也常常称 L 的像为一个链环.

显然, 一个链环由空间中的有限个互不相交的纽结构成. 链环中的每一个纽结称为该链环的一个分支. 纽结就是只有一个分支的链环.

设 $L=\{l_1,l_2,\cdots,l_n\}$ 为一个链环, $L'\subset L$, 称 L' 为 L 的一个子链环.

例 15.2 图 15.2 是几个链环的例子. (a) 为两个分支的平凡链环; (b) 为 Hopf 链环; (c) 为 Whitehead 链环.

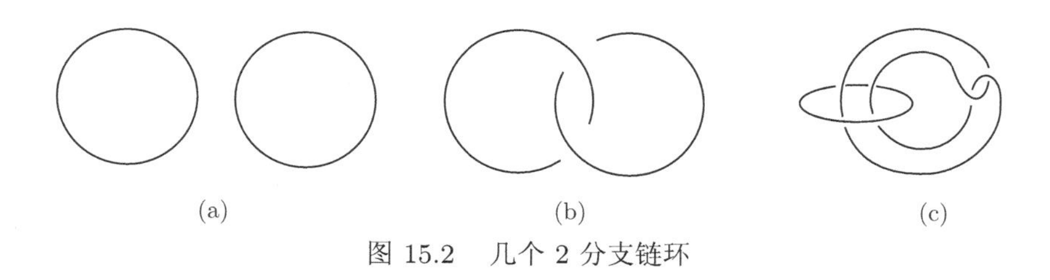

(a) (b) (c)

图 15.2 几个 2 分支链环

定义 15.3 等价的链环

设 L_1,L_2 是 S^3 中 (或 $\mathbb{R}^3$ 中) 的两个链环. 如果存在连续映射 $H:S^3\times I\to S^3$, 使得对每个 $t\in I$, $f_t=H|_{S^3\times\{t\}}:S^3\times\{t\}\to S^3$ 为同胚, 并且 $f_0=\mathrm{id}$, $f_1(L_1)=L_2$, 则称 L_1 和 L_2 是同痕的或等价的. 这时, 也称 f_1 是一个同痕, f_1 把 L_1 同痕移动到 L_2.

显然, 两个等价的链环有相同的分支数.

拓扑上, 我们把两个等价的链环看作是相同的链环. 纽结和链环的理论 (通常简称为纽结理论) 就是研究纽结 (或链环) 在等价意义下的分类问题. 具体说来, 就是:

(1) 任给一个纽结 (或链环), 怎样判断它是不是平凡的?

(2) 一般地, 任给两个纽结 (或链环), 怎样判定它们是否等价?

注记 15.1 (1) 由若当曲线定理可知, 只有平凡纽结可以嵌入到平面中; 一个纽结是平凡的当且仅当它界定空间中一个圆盘 (拓扑上同胚于平面上的单位圆盘).

(2) 如果把 S^1 到 S^n(或 $\mathbb{R}^n$)$(n\geqslant 4)$ 中的一个嵌入的像 K 也称为一个纽结, 则由微分拓扑的理论可知 K 等价于一个平凡纽结. 因此, 通常我们所考虑的纽结指的都是 S^3 或 $\mathbb{R}^3$ 中的纽结.

(3) 也有书上把纽结定义为空间中的简单闭曲线, 但通常要约定一个纽结是由有限段首尾相连的直线段构成的折线. 这样可以避免那种无穷纠缠的情形. 由于我们要研究的打结现象与曲线的曲直没有太大的关系, 为美观起见我们通常还是把纽结画成处处光滑的曲线.

纽结与链环常见的表示方法就是投影图. 设 K 是 S^3 中的一个纽结或链环. 在空间中选取一个投影方向. 考察 K 在与投影方向垂直的一个平面上的投影图.

K 上不同的点在投影图上可能有相同的像.

我们允许纽结在空间中同痕移动. 通过同痕移动, 我们总可以把纽结在空间中移动到这样一个位置, 使得投影图上只有有限个点是重叠点, 且这有限个重叠点都是二重点, 即纽结上两段弧的像的横截相交点. K 的这样一个投影图就称为一个四岔图 (从每个重叠点出发都有四个分岔).

因为四岔图并不能反映每个交叉点处 K 的对应的两段弧中哪一个在上面, 哪一个在下面, 故通常通过一个四岔图并不能重构纽结.

如果我们规定, 在每个二重点处, 用实线表示位于上面的纽结上的弧的像, 用在该二重点处断开的线表示位于下面的纽结上的弧的像 (如同我们前面做过的那样), 就可以清楚地说明该交叉处对应的 K 上两段弧的上下位置关系.

定义 15.4　正则投影图

如果链环 L 的一个投影图满足如下条件:

(1) 投影图上只有有限个点是重叠点;

(2) 这有限个重叠点都是二重点;

(3) 在每个二重点处, 用实线表示位于上面的纽结上的弧的像, 用在该二重点处断开的线表示位于下面的纽结上的弧的像.

则称它为链环 L 的一个正则投影图.

下面我们提到的纽结或链环的投影图指的都是正则投影图.

按照投影方向的不同和可以允许纽结或链环做同痕移动, 一个纽结或链环可以有多个 (正则) 投影图. 但一个正则投影图在等价意义下 (即拓扑上) 唯一确定一个链环. 我们前面所见到的纽结 (或链环) 示意图实际上就是 (正则) 投影图.

我们发现, 对一个投影图的局部分别做如下所示三种变换, 其中在变换的部分除所画线外不再有该投影图中其他的线, 则变换后的投影图所决定的纽结或链环与原来的相同.

定义 15.5　Reidemeister 初等变换

纽结投影图的如图 15.3—图 15.5 的三种变换统称为投影图的 Reidemeister 初等变换.

给定两个投影图, 如果存在有限多个 Reidemeister 初等变换和同痕移动, 使得它们的复合把其中一个投影图变为另一个, 则称这两个投影图是等价的.

投影图的 Reidemeister 初等变换是德国数学家 Reidemeister [86] 在 20 世纪 20 年代引入的. 他还进一步证明了如下定理:

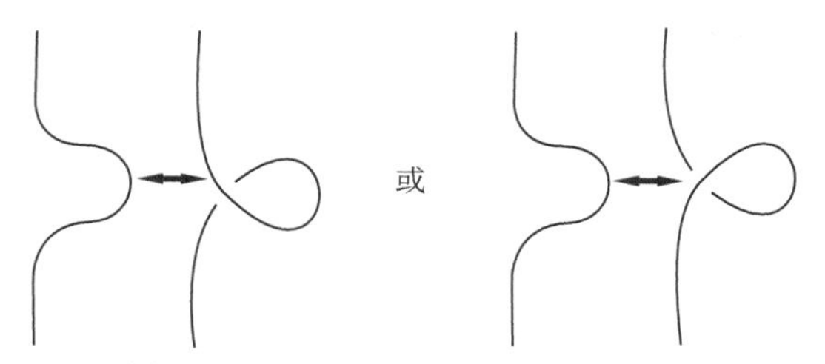

图 15.3　Reidemeister 初等变换 R_1

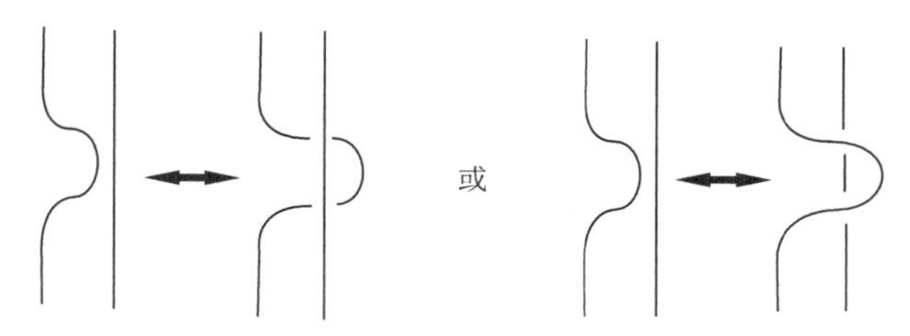

图 15.4　Reidemeister 初等变换 R_2

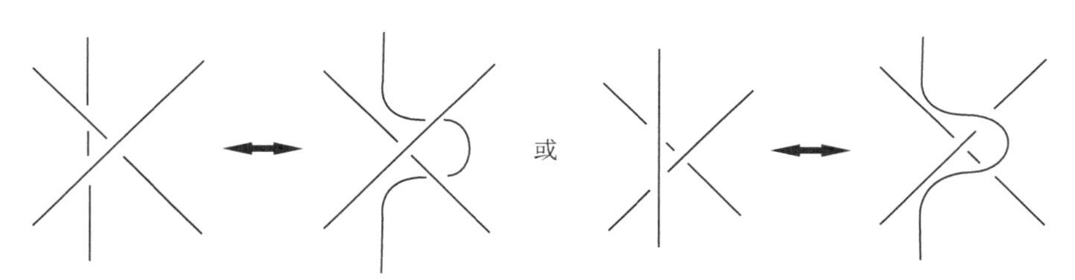

图 15.5　Reidemeister 初等变换 R_3

定理 15.1 (Reidemeister 定理)　一个链环的任意两个投影图在 Reidemeister 初等变换下是等价的.

有了 Reidemeister 定理, 纽结理论的基本问题可改述为:

(1) 任给纽结或链环的一个投影图, 怎样识别它是否等价于平凡链环的简单投影图 (即由平面上互不相交的圆周组成的投影图)?

(2) 任给两个投影图, 怎样判断它们是否等价?

这样, 我们就把纽结与链环在空间中移动变形的同痕问题, 转化为稍微容易捉摸的平面上的投影图在 Reidemeister 初等变换下的等价问题. 这通常也是纽结理论研究的出发点.

给定纽结 K 的一个投影图, 如果把该投影图上的每个交叉点处上下线位置互换, 则得到一个新投影图, 它所确定的纽结就称为是 K 的镜面像, 记作 K_M.

容易看出, 从 K 的不同投影图出发, 得到的 K 的镜面像都是等价的.

下面介绍一个由纽结投影图导出的纽结的一个重要性质.

定义 15.6　交叉数

设 K 为 S^3 中的一个纽结. 在 K 的所有正则投影图中, 交叉点最少的那个正则投影图上的交叉点数就称为 K 的交叉数, 记作 $c(K)$.

纽结 K 的交叉数 $c(K)$ 是 K 的一个基本的数值性质. 对于两个纽结 K, K', 如果 $c(K) \neq c(K')$, 则 K 和 K' 是不等价的.

定义 15.7　定向纽结

每个纽结上都有两个互相相反的定向, 取定其中一个定向 (通常用在纽结上画箭头标示), 该纽结连同取定的定向就称为一个定向纽结.

相应地也有定向投影图的概念, 并且定向纽结与定向投影图是互相对应的. 给一个链环的每个分支一个定向, 就得到一个定向链环.

例 15.3　图 15.6 是定向纽结和链环的例子.

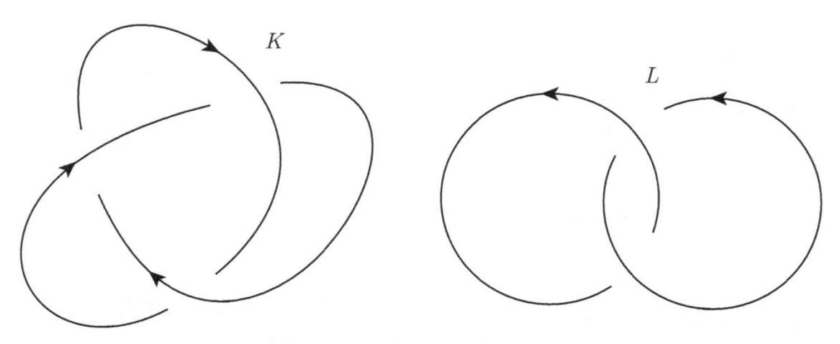

图 15.6　定向纽结和链环

关于定向链环, 同样也有

定理 15.2 (Reidemeister 定理)　两个定向投影图是等价的当且仅当其对应的两个定向链环是等价的.

定义 15.8　纽结的复合

设 K_1, K_2 是两个定向纽结. 在空间 $\mathbb{R}^3$ 中取一个平面 P, 它把 $\mathbb{R}^3$ 分成两部分 Q_1 和 Q_2. 在 $\mathbb{R}^3$ 中分别同痕移动 K_1 和 K_2, 使得 $K_1 \subset Q_1$, $K_2 \subset Q_2$, 并且 $K_1 \cap P = K_2 \cap P = l$ 是 K_1 和 K_2 上的一段公共简单弧, K_1 和 K_2 在 l 上诱

导的定向正好相反. 令 $K = K_1 \cup K_2 - \mathrm{int}(l)$, 并赋予 K 以从 K_1 和 K_2 上诱导的定向. 则 K 是一个定向的纽结. 称 K 为 K_1 和 K_2 的复合, 记作 $K = K_1 \# K_2$, 见图 15.7.

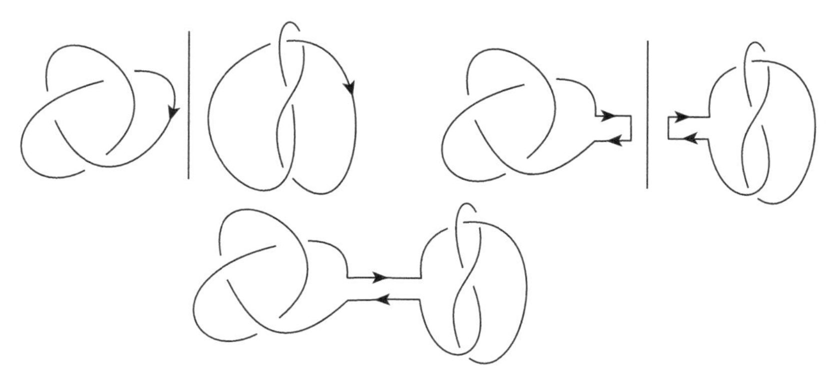

图 15.7 纽结复合示意图

作两个定向纽结的复合时, 在因子纽结的什么地方断开并不影响结果. 由定义易知, 任意纽结 K 与平凡纽结的复合仍同痕于 K; 两个 (定向) 纽结的复合满足交换律和结合律. 类似地, 可定义链环的复合. 需要注意的是, 链环复合的结果与复合操作在哪两个分支上实施有关.

定义 15.9 复合纽结

设 K 为一个非平凡的纽结. 如果 K 能够表示成两个非平凡纽结的复合, 则称 K 为一个复合纽结.

一个有趣的问题：平凡纽结是复合的吗? 它实际上是在问：两个真的打了结的纽结是否可以通过作复合而使这两个结都被解开. 答案是否定的, 我们将通过后面引进的不变量来说明这一点.

定义 15.10 素纽结

如果一个纽结 K 不是任意两个非平凡纽结的复合, 则称 K 为一个素纽结.

下面是纽结的素分解存在唯一性定理, 证明可参见 [95].

定理 15.3 任意一个纽结均可以表示成有限多个素纽结的复合, 并且在不计因子次序的情况下, 这种分解还是唯一的.

对于纽结的复合, 一个自然的问题是: 设 J 和 K 是两个纽结. 是否 $c(J\#K) = c(J) + c(K)$ 成立?

这个问题在 19 世纪末 Tait [107] 等就开始研究, 是一个已有一百二十余年历史的未解决难题. 我们现在甚至还不能排除 $c(J\#K) < c(J), c(K)$ 的可能性. 已知该问题在一个特殊情况下答案是肯定的.

定义 15.11 交错纽结

如果一个纽结投影图满足在该图上从某一点出发沿一个指定的方向向前走一圈时, 它所经过的弧对所遇到的交叉点来说上行和下行交错轮换进行, 则称它为交错图.

如果一个纽结有一个交错投影图, 则称它为交错纽结.

例 15.4 三叶结是交错纽结.

定义 15.12 约化投影图

如果一个投影图没有如图 15.8 所示的交叉点, 则称它是约化的.

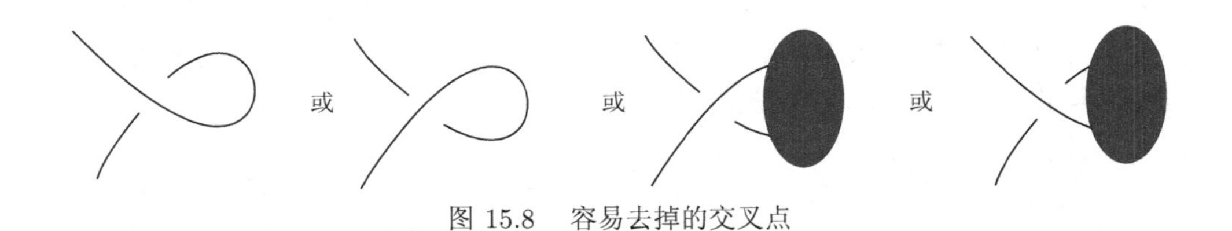

图 15.8 容易去掉的交叉点

Kauffmann [53]、Murasugi [78] 和 Thistlethwaite [108] 在 1986 年各自独立地证明了如下结果:

定理 15.4 如果一个交错纽结有一个交叉点数为 n 的约化交错投影图, 则该纽结的交叉数为 n.

这是关于交错纽结的第一个重要结果. 由该结果可以推出上述问题对于交错纽结有肯定回答. 即有

推论 15.1 设 J 和 K 是两个交错纽结. 则有 $c(J\#K) = c(J) + c(K)$.

以上我们已经看到, 要通过投影图的等价性来证实两个纽结等价, 并不是一件容易的事情. 有时候需要试验很多次才碰巧能成功. 通过投影图的不等价性来证实两个纽结不等价则更困难.

判断纽结不等价的一个常用的有效方法就是不变量方法.

定义 15.13 链环不变量

设 $\mathcal{L}$ 是 S^3 中 (或 $\mathbb{R}^3$ 中) 所有链环构成的集合, $L \in \mathcal{L}$. P 是 L 的某种性质, 如果 S^3 中与 L 等价的链环都有性质 P, 则称性质 P 为链环的不变性质. 链环的不变性质通常也称为链环不变量.

设 A 是一个交换群 (通常是 $\mathbb{Z}$, $\mathbb{Q}$ 或 $\mathbb{Q}[x, x^{-1}]$), $\rho : \mathcal{L} \to A$ 为一个映射. 如果对于 $\mathcal{L}$ 中任意两个等价的链环 L_1 和 L_2, 总有 $\rho(L_1) = \rho(L_2)$, 即在一个链环等价类中的链环上取值相同, 则 ρ 为一个链环不变量. 如果 $\rho(L)$ 是一个数, 通常也称 ρ 为一个数值不变量.

因为两个链环等价当且仅当对应的投影图等价, 如果能说明性质 P 在三种 Reidemeister 初等变换下均不改变, 则性质 P 就一定是链环不变量 (不变性质). 另一方面, 对于链环一个不变量 ρ, 若 $L_1, L_2 \in \mathcal{L}$, 但 $\rho(L_1) \neq \rho(L_2)$, 则 L_1 与 L_2 不等价; 对于链环的一个不变性质 P, 若 L_1 有性质 P, 而 L_2 没有性质 P, 则 L_1 与 L_2 不等价.

例 15.5 设 $\rho : \mathcal{L} \to \mathbb{Z}$, 其中对任意 $L \in \mathcal{L}$, $\rho(L) = 0$. 则 ρ 是链环的一个数值不变量. 这是一个平凡不变量, 对于识别链环不等价无用.

例 15.6 设 $\rho : \mathcal{L} \to \mathbb{Z}$, 其中对于任意 $L \in \mathcal{L}$, $\rho(L)$ 为 L 的分支数. 很显然, 这样定义的 ρ 是链环的一个数值不变量. 特别地, 两个平凡链环等价当且仅当它们的分支数相同.

例 15.7 如果链环的一个投影图中的每条线可以涂成红色 (R)、黄色 (Y) 或蓝色 (B), 使得每个交叉点处附近的三条线 (一条上线和断开的下线的两段) 要么颜色各异 (即三种颜色都出现), 要么颜色相同, 并且至少要用到两种颜色, 则称该投影图是三色的. 图 15.9 所示的一个纽结投影图是三色的.

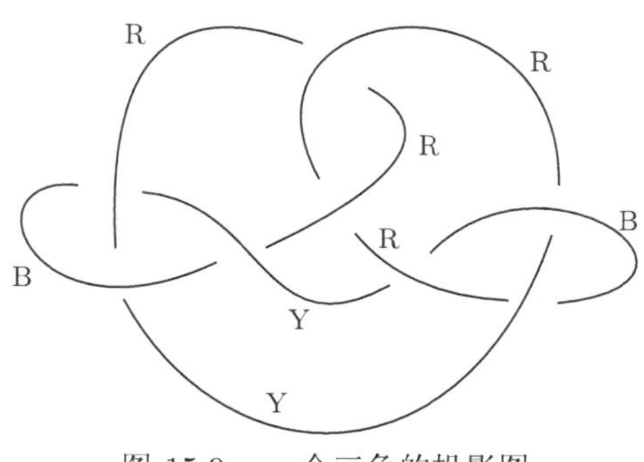

图 15.9 一个三色的投影图

容易验证, 如果链环的投影图是三色的, 则它的每个投影图都是三色的, 即三色性是链环的一个不变性质.

如图 15.10 所示, 三叶结的投影图是三色的, 而平凡纽结的投影图不是三色的, 从而三叶结与平凡纽结不等价.

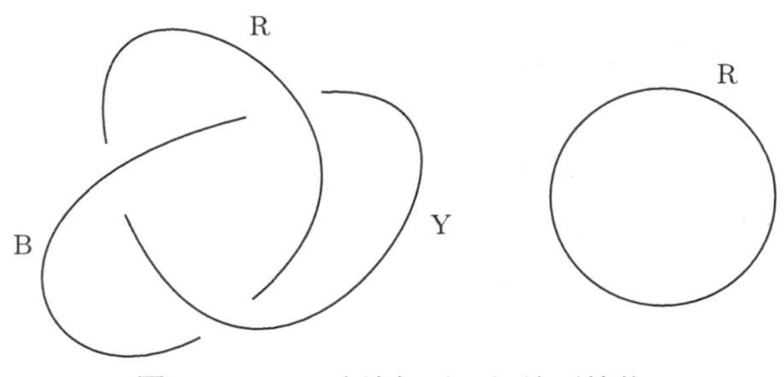

图 15.10　三叶结与平凡纽结不等价

15.2　纽结的一些基本不变性质

15.1 节我们看到, 纽结的交叉数、三色性是不变性质.

定义 15.14　交叉符号

在一个定向链环 L 的投影图上, 对于每个交叉点 p, 按如下规则规定 p 点的符号：当从上线的方向箭头逆时针旋转 $90°$ 转到下线的方向箭头时, p 点的符号为 “+1”, 否则为 “−1”, 如图 15.11 所示.

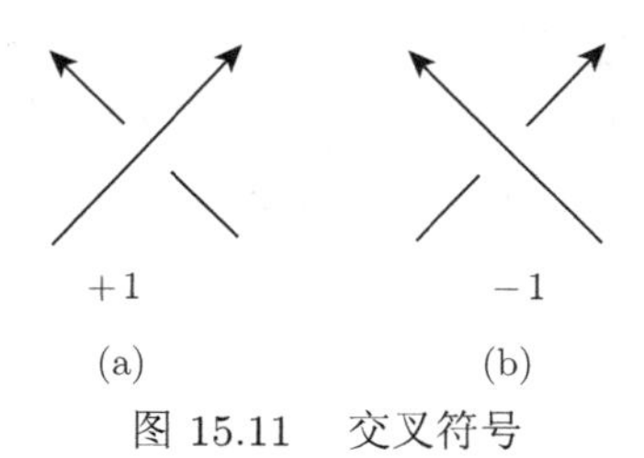

图 15.11　交叉符号

定义 15.15　环绕数

设 L 为有两个分支 K_1 和 K_2 的一个定向链环. 对于 L 的一个投影图, 考察 K_1 与 K_2 的弧之间的交叉点. 所有这样的符号为 “+1” 的交叉点个数与符号为 “−1” 的交叉点个数之差的一半就称为 K_1 和 K_2 的环绕数, 记作 $lk(K_1, K_2)$.

注记 15.2 (1) 在讨论环绕数时, 只讨论 K_1 与 K_2 的弧之间的交叉点, 并不考虑 K_1 或 K_2 投影中的自交叉点.

(2) 环绕数与 K_1 和 K_2 的顺序无关, 即 $lk(K_1, K_2) = lk(K_2, K_1)$.

定理 15.5 $lk(K_1, K_2)$ 在 Reidemeister 初等变换下不变, 因此它是一个定向的双分支链环不变量.

证明 只需要验证 $lk(K_1, K_2)$ 在三种 Reidemeister 初等变换下不变. 当对投影图做 R_1 变换时, 交叉点附近的弧属于同一个分支. 因此, 做 R_1 变换不改变环绕数.

当对投影图做 R_2 变换时, 只有 A 和 B 属于不同分支, 才有可能会对环绕数产生影响.

A 和 B 可能有两种不同的定向方式 (图 15.12(b) 和 (c)), 但是在这两种情况中, 由于新产生的两个交叉点 c_1 和 c_2 有相反的符号, 互相抵消, 可见做 R_2 变换也不改变环绕数.

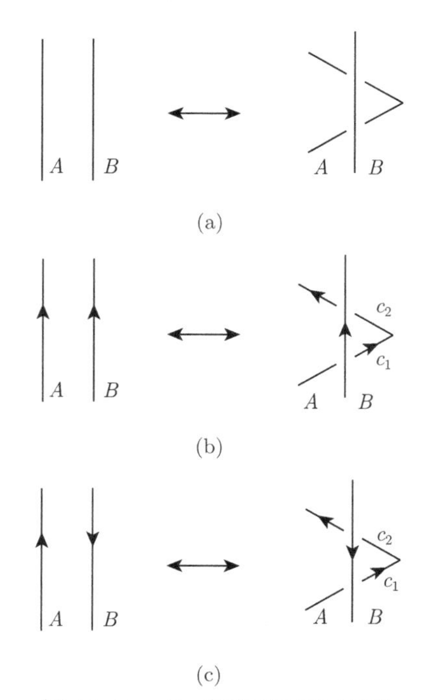

图 15.12 R_2 变换不改变环绕数

最后我们来考虑对投影图做 R_3 变换时对环绕数的影响. 如图 15.13 所示, 只需考虑被 R_3 变换影响的交叉点 c_1, c_2, c_3 和 c_1', c_2', c_3' 的符号. 我们发现, 不管 A,

B 和 C 的定向如何, 总有 c_1 和 c'_2 的符号相同, c_2 和 c'_1 的符号相同, c_3 和 c'_3 的符号相同.

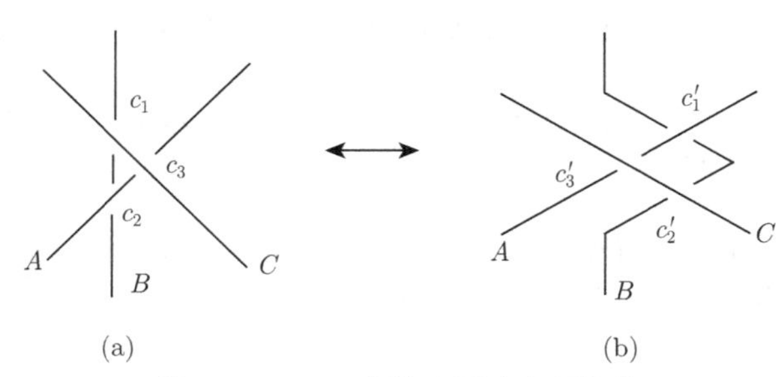

图 15.13　R_3 变换也不改变环绕数

如果 A, B 和 C 属于同一个分支, 则做 R_3 变换对环绕数无影响. 假设 B 和 C 属于同一分支, 而 A 与它们属于不同的分支, 则对环绕数有影响的是图 15.13(a) 中 c_2 和 c_3 的符号和以及图 15.13(b) 中 c'_1 和 c'_3 的符号和. 由前面的讨论可知, 它们相等, 因此环绕数不变. 其他情况类似讨论可得. 因此, 做 R_3 变换也不改变环绕数.

定义 15.16　环绕数

设 L 为有两个分支 K_1 和 K_2 的一个定向链环. 将环绕数 $lk(K_1, K_2)$ 称为链环 L 的环绕数, 记为 $lk(L)$.

对于给定的一个纽结 K, 如果它有一个有 n 个交叉点的投影图, 则 $c(K) \leqslant n$. 如果交叉数小于 n 的纽结都已经知道, 并且 K 不在其中, 则 $c(K) = n$.

下面介绍投影图的一种变换. 对于纽结的一个投影图中的某个交叉点, 如果改变经过该点的两段弧的上下位置关系, 即把原来在上面的弧变成在下面的弧(同时也就把原来在下面的弧变成在上面的弧), 新得到的投影图确定的纽结与原纽结往往不同. 纽结图的这样一个变换就称为交叉点变换.

定义 15.17　解结数

设 K 为一个纽结. 如果 K 有一个投影图, 在它上面做 n 次交叉点变换可以得到平凡纽结, 并且对于 K 的任何投影图做少于 n 次的交叉点变换都不能得到平凡纽结, 则称 K 的解结数为 n. K 的解结数也记为 $u(K)$.

显然, 只有平凡纽结的解结数为 0. 由图 15.14 容易看到, 三叶结的解结数为 1.

命题 15.1　任给一个纽结 K 的投影图 G, 设其交叉点数为 n. 则总可以经

过不超过 n 次的交叉点变换把它变成平凡纽结的投影图.

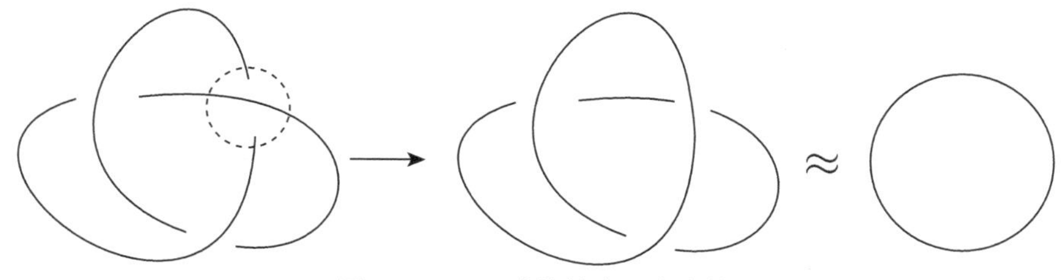

图 15.14 三叶结的交叉点变换

证明 在 G 上选定一个定向和一个出发点 (非交叉点). 当沿着指定的方向前行遇到第一个交叉点时, 如果所在的弧是上面的, 则该交叉点不变, 继续向前; 如果所在的弧是下面的, 则改变该交叉点, 使原来的下行线成为上行线, 然后继续向前. 以后每遇到一个交叉点时, 如果所在的弧是上面的, 则该交叉点不变, 继续向前; 如果所在的弧是下面的, 且上面的弧已经走过时, 则该交叉点不变, 继续向前; 如果所在的弧是下面的, 且上面的弧未曾走过, 则改变该交叉点, 使原来的下行线成为上行线, 然后继续向前. 按照这个约定一直做下去, 直到回到出发点, 我们至多改变交叉点 $n-1$ 次. 这样得到一个新投影图 G', 如图 15.15 所示.

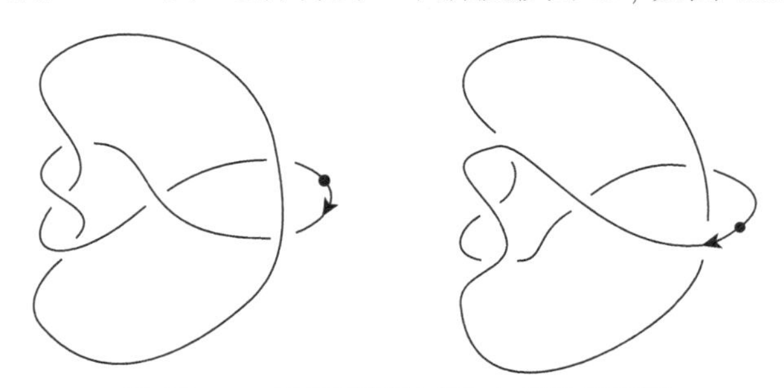

图 15.15 原投影图和变化之后的投影图

下面说明 G' 是一个平凡纽结的投影图. 设投影图 G' 所在的平面为 xy-平面, G' 所对应的纽结 K' 位于平面 $z=0$ 和 $z=1$ 之间, 且出发点 A_0 的坐标为 $(0,0,1)$. 按照做法, K' 可以由 n 段简单弧线首尾相接而成, 第一段弧线从 A_0 出发, 第 $n-1$ 段弧线的终点 A_{n-1} 落在 xy-平面上, K' 上按照走向从 A_0 到 A_{n-1} 的 z 坐标是严格单调下降的, 最后一段是从 A_{n-1} 出发, 在 xy-平面上经过一个简单弧到原点, 再由原点经 z-轴到 A_0. 由图 15.16 容易看到, 这是一个平凡纽结. □

由以上命题的证明立即可知

推论 15.2 设纽结 K 有一个交叉点数为 n 的投影图. 则 $u(K) \leqslant n-1$.

推论 15.3 设纽结 K 的交叉数为 $c(K)$. 则 $u(K) \leqslant c(K) - 1$.

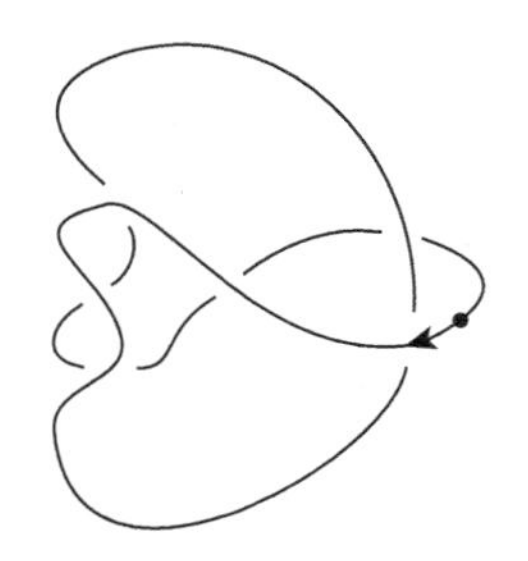
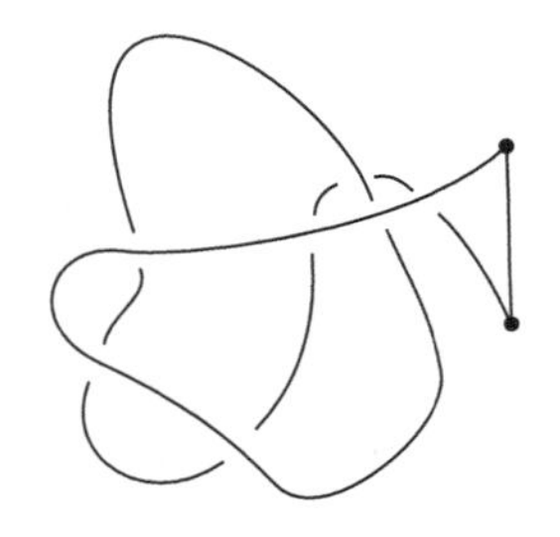
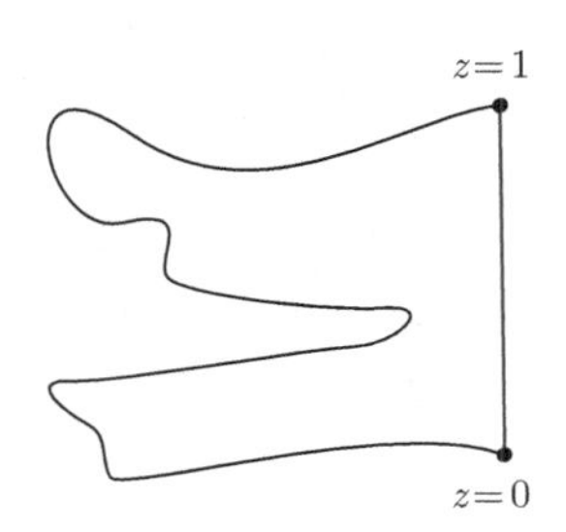

图 15.16 G' 可变为平凡纽结

对于一个非平凡纽结 K, 如果它有一个投影图, 经过一次交叉点变换就变成平凡纽结的投影图, 则可知 $u(K) = 1$. 一般地, 给定一个纽结, 则很难从它的一个投影图来确定它的解结数.

与解结数密切相关的有这样一个问题：一个复合纽结的解结数可以是 1 吗?

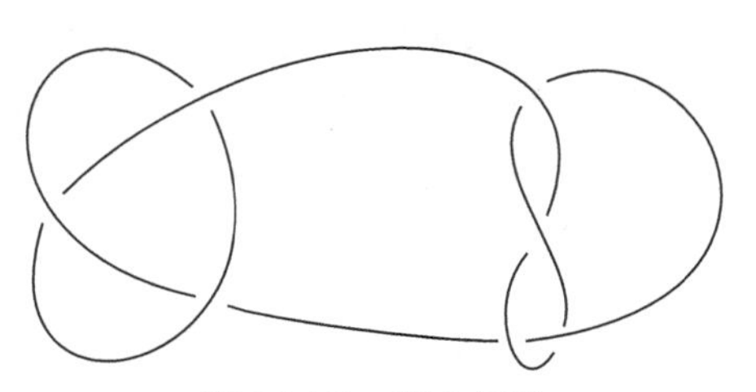

图 15.17 复合纽结

这个看似简单的问题却花了一百多年才由美国的 Scharlemann[92] 于 1985 年给出否定的证明. Scharlemann 证明, 解结数为 1 的纽结一定是素纽结. 他的证明用了很深的三维流形拓扑理论.

在图 15.18 三叶结和 8 字结的投影图中, 把加粗部分看成在投影平面的上部, 而未加粗部分看成在投影平面的下部. 注意到投影平面交每个纽结于四个点, 还把每个纽结均切成四段, 两段在上, 两段在下, 并且上、下的每段都没有打结. 我们称这两个纽结相对于这个投影平面的桥数都是 2.

一般地, 给定一个纽结 K 的一个投影图 Γ, 如何确定它相对于这个投影平面的桥数? 可以这样来做. 在一个交叉点处取上行弧, 向该弧两端外尽量延长该弧, 延长过程中遇到交叉点时, 如它仍是上行弧 (图 15.19(a)), 就继续延伸, 否则这一端在该交叉点前停止. 两端都停止后得到的一个连续弧段就称为是一个极大的上行弧, 如图 15.19(b) 所示.

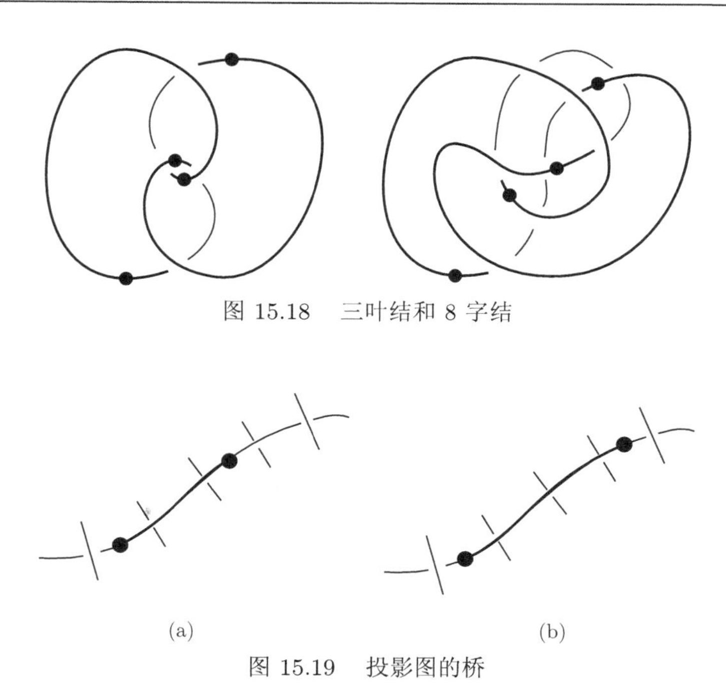

图 15.18 三叶结和 8 字结

图 15.19 投影图的桥

把该投影图上所有的极大上行弧都找出来. 可以看到, 每个极大上行弧都是投影平面上部没打结的弧, 而其余的弧可看作是投影平面下部的弧, 每一个也都没有打结. 所有极大上行弧的个数 (其实也是所有极大下行弧的个数) 就是该纽结相对于该投影平面的桥数, 记作 $b(\Gamma)$.

定义 15.18 纽结的桥数

纽结 K 的桥数定义为 $b(K) = \min\{b(\Gamma) : \Gamma$ 为 K 的一个投影图 $\}$.

很显然, 纽结的桥数是纽结的一个不变量, 并且一个纽结的桥数为 1 当且仅当该纽结为平凡纽结.

从纽结 K 相对于一个投影平面 P 的桥数表示的定义可以看出, 投影平面 P 在此起的作用就是: 它在空间中把空间分成两部分, 比如说上半空间 V 和下半空间 W, 纽结 K 与平面 P 横截相交于 $2k$ 个点 $(k > 0)$, 纽结 K 与上、下半空间各交于 k 条弧, 并且每条弧均可以在所在的上或下半空间中在保持端点不动的情况下合痕到平面 P 上, 即每条弧在各自所在的半空间中都没有打结但同一个半空间中不同的弧之间可以有缠绕.

从上面的分析, 我们可以给出空间中的一个平面与一个纽结处于桥位置的定义如下:

定义 15.19　处于桥位置

设 K 为空间 $\mathbb{R}^3$ 中的一个纽结, P 为 $\mathbb{R}^3$ 中的一个平面. 如果 K 与平面 P 横截相交于 $2k$ 个点 $(k > 0)$, 纽结 K 与上、下半空间各交于 k 条弧, 并且每条弧均可以在所在的上或下半空间中在保持端点不动的情况下合痕到平面 P 上, 则称纽结 K 与平面 P 处于桥位置, 称 k 为 K 相对于 P 的桥数, 并记作 $b_P(K)$.

很显然, K 的桥数 $b(K) = \min\{b_P(K) : P$ 为与 K 处于桥位置的一个平面$\}$.

从桥数角度看, 除平凡纽结外, 最简单的纽结当属 2-桥纽结 (也叫双桥纽结). 任给一个双桥纽结 K, 空间中存在一个平面, 它交 K 于四点 (从而把 K 分成四段), 在该平面的两侧各有两段, 每一段 (端点固定时) 都未打结. 这看起来好像简单, 实际上这两段可以互相很复杂地纠缠在一起, 每段弧自己也可以扭得非常复杂, 如图 15.20 所示.

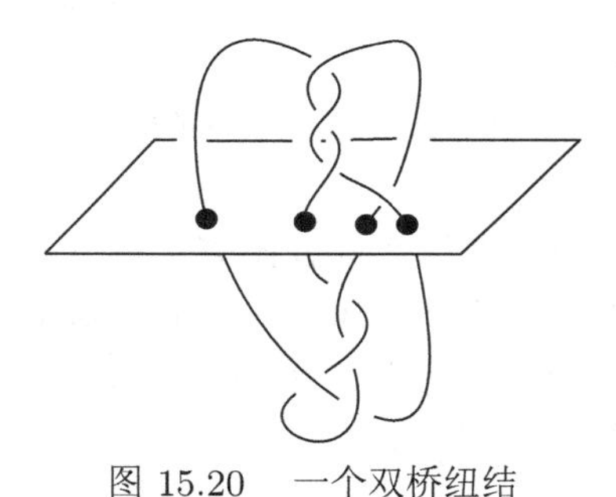

图 15.20　一个双桥纽结

由图 15.21 易知, 三叶结和 8 字结都是双桥纽结.

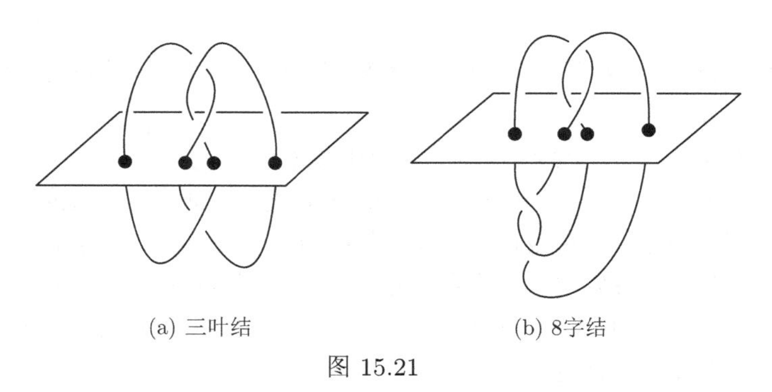

(a) 三叶结　　(b) 8字结

图 15.21

1954 年, 德国拓扑学家 Schubert [96] 证明了如下定理:

定理 15.6 设 K_1 和 K_2 为两个纽结, 则有 $b(K_1\#K_2)=b(K_1)+b(K_2)-1$.

该定理的证明是非平凡的. 一个方向的证明可以从图上直观得到, 即 $b(K_1\#K_2)\leqslant b(K_1)+b(K_2)-1$. 如图 15.22 所示, 一个 2-桥纽结和一个 3-桥纽结的复合有 4 个桥.

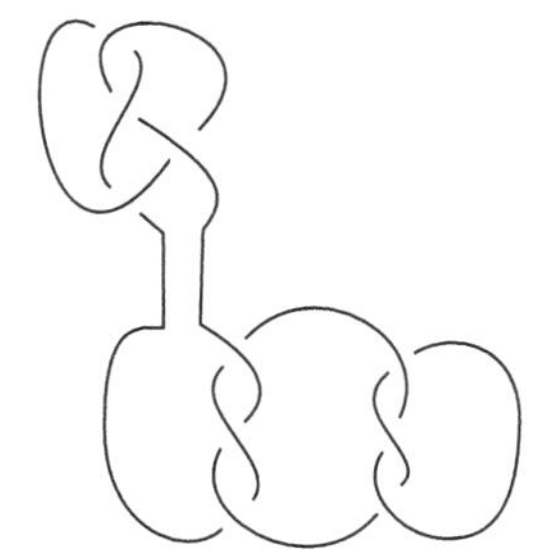

图 15.22 2-桥纽结和 3-桥纽结的复合

该定理有两个直接推论:

推论 15.4 (1) 双桥纽结是素纽结.

(2) 设 $K=K_1\#K_2$. 若 K 为平凡纽结, 则 K_1 和 K_2 均为平凡纽结. 即, 复合结果为平凡纽结的每个因子纽结均为平凡纽结.

证明 (1) 设 K 为双桥纽结, 即 $b(K)=2$. 若 $K=K_1\#K_2$, 则由定理 15.6, $2=b(K_1\#K_2)=b(K_1)+b(K_2)-1$, 故 $b(K_1)+b(K_2)=3$. 注意到 $b(K_1),b(K_2)\in\mathbb{N}$, 必有 $b(K_1)=1$ 或 $b(K_2)=1$, 从而 K_1 或 K_2 为平凡纽结.

(2) 对于 $K=K_1\#K_2$, 由定理 15.6, $1=b(K)=b(K_1\#K_2)=b(K_1)+b(K_2)-1$, 故 $b(K_1)=b(K_2)=1$, 从而 K_1 和 K_2 均为平凡纽结. □

设 K 是一个纽结. 赋予 K 一个定向. 取 K 的一个投影图, 如图 15.23 所示.

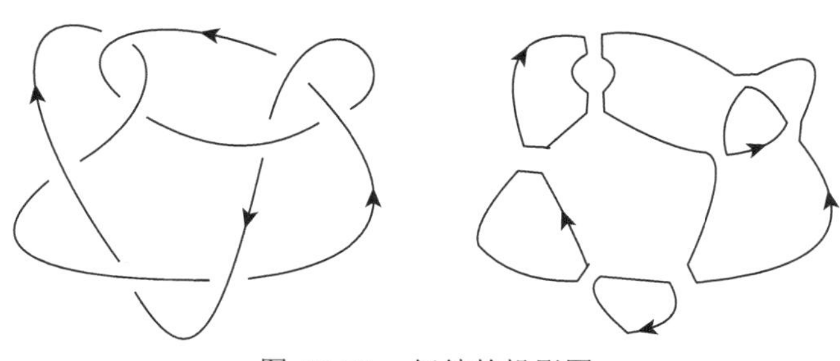

图 15.23 纽结的投影图

按照下列步骤可以确定空间中一个曲面, 其边界正好是 K: 从投影图的弧线上任意一点出发, 沿着纽结的方向前行, 直到遇到一个交叉点时停下, 然后转向与其交叉并与前一弧保持相同定向的一段弧上继续前行, 遇到下一个交叉点时做同样的操作, 一直下去, 直到回到出发点. 接下来再选一个没有走过的弧线重复同样的操作. 这样下去, 一直到所有的弧线都被走过.

走过的这些线实际上是投影平面上有限个互不相交的简单闭曲线. 每条这样的曲线是平面上的一个圆盘的边界. 如果某个圆盘的内部有走过的闭曲线, 则把该曲线界定的圆盘稍微抬高一点, 使得它与刚才的圆盘不交. 在所有圆盘都处理得互不相交后, 再在每个断口处接一个扭的带子, 如图 15.24 所示. 注意带子扭转的方向的选取要和纽结的交叉点的走向保持一致.

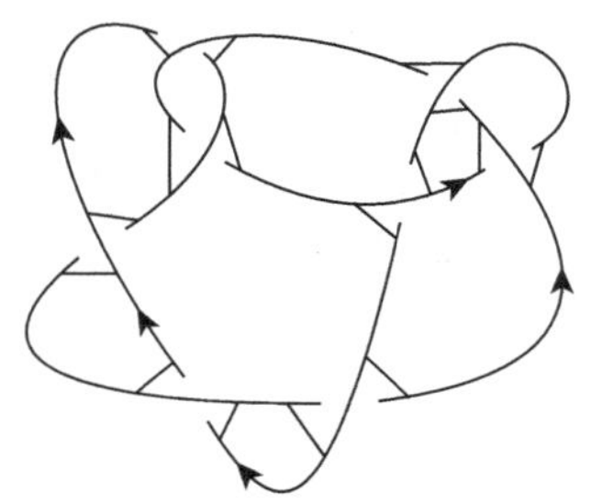

图 15.24　从纽结的投影图确定的曲面

这样, 我们就得到空间中的一个可定向曲面 S, 其边界 $\partial S = K$. 上述方法通常称为 Seifert 算法, 得到的曲面通常称为 K 的一个 Seifert 曲面. 上面的过程实际上证明了

定理 15.7　任意一个纽结均在空间中界定一个连通的可定向曲面.

通常, 一个纽结可以有多个 Seifert 曲面.

定义 15.20　纽结的亏格

设 K 为一个纽结. 在 K 的所有 Seifert 曲面中, 亏格最小的那个 Seifert 曲面的亏格就称为 K 的亏格, 并记作 $g(K)$.

很显然, 纽结的亏格是纽结的一个不变量. 亏格为 0 的纽结一定是平凡纽结. 纽结亏格的一个重要性质就是下面的定理, 它表明纽结的亏格在复合下是可加的.

定理 15.8　设 K_1 和 K_2 是 S^3 中的两个纽结, $K = K_1 \# K_2$ 是 K_1 和 K_2 的复合. 则有 $g(K) = g(K_1) + g(K_2)$.

证明 设 S_1 和 S_2 分别是 K_1 和 K_2 的 Seifert 曲面, 使得 $g(S_1)=g(K_1)$, $g(S_2)=g(K_2)$. $K_1\#K_2$ 有一个 Seifert 曲面 S, S 是 S_1 和 S_2 沿各自边界上的一条简单弧粘接而得. 故 $g(K)\leqslant g(K_1)+g(K_2)$.

另一方面, 选取 K 的一个 Seifert 曲面 S, 使得 $g(K)=g(S)$. 设在做复合时分离 K_1 和 K_2 的平面为 P. 则 K 与 P 横截交于两点 Q_1,Q_2. 在空间中同痕移动 P, 使得 P 与 S 横截相交, P 与 K 的交点不动, 且 $P\cap S$ 有最少的分支. 则通过切与粘的常用技巧, 可以证明 $P\cap S$ 没有简单闭曲线分支, 只有一个简单弧分支 α, 且 $\partial\alpha=P\cap K$. Q_1,Q_2 把 K 分成两段, 令 L_1 为其中与 K_1 同在一侧的一段, L_2 为其中与 K_2 同在一侧的一段.

记 $K_1'=L_1\cup\alpha$, $K_2'=L_2\cup\alpha$. 则 K_1' 与 K_1 等价, K_2' 与 K_2 等价. α 把 S 切成两块 S' 和 S'', 其中 $\partial S'=K_1'$, $\partial S''=K_2'$. 显然, $g(K_1)=g(K_1')\leqslant g(S')$, $g(K_2)=g(K_2')\leqslant g(S'')$, 从而 $g(K)=g(S)=g(S')+g(S'')\geqslant g(K_1)+g(K_2)$. □

上述定理有如下几个直接的推论:

推论 15.5 (1) 设 K_1 和 K_2 是 S^3 中的两个纽结, $K=K_1\#K_2$. 如果 K 是平凡纽结, 则 K_1 和 K_2 都是平凡纽结.

(2) 设 K 是 S^3 中的一个亏格为 n 的纽结. 则 K 是至多 n 个非平凡纽结的复合.

(3) 设 K 是 S^3 中的一个非平凡纽结, 用 nK 表示 n 个 K 的拷贝的复合. 则当 $m\neq n$ 时, mK 和 nK 是不等价的纽结. 从而存在无限多个互不等价的纽结.

(4) 亏格为 1 的纽结是素纽结.

证明留作练习.

15.3 纽结的类型

本节我们将讨论按其他特征进行分类的一些纽结的类型.

定义 15.21 环面纽结

设 T 是 S^3 中一个通常嵌入的 (即没有打结的) 环面 (同胚于 $S^1\times S^1$). 若 S^3 中的一个链环 L 的像完全落在 T 上, 则称 L 为环面链环. 当 L 为一个纽结时, 对应地称 L 为一个环面纽结.

图 15.25 所示的是作为环面纽结的三叶结.

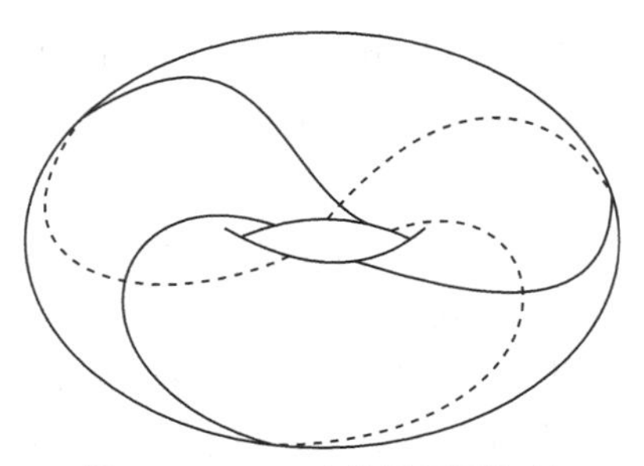

图 15.25 三叶结是环面纽结

用 N 表示 $\mathbb{R}^3$ 中未打结的实心环体. $N = D \times S^1$, 其中 D 为一个圆盘, S^1 为一个圆周. 对于 $P \in \operatorname{int}(D)$, 称 $K_0 = \{P\} \times S^1$ 为 N 的一个核曲线. 令 $\alpha = \{x\} \times S^1, x \in \partial D; \beta = \partial D \times \{y\}, y \in S^1$. 则 $\{\alpha, \beta\}$ 构成了 $H_1(\partial N)$ 的一个基, 且 $p\alpha + q\beta \in H_1(\partial N)$ 可由 ∂N 上一条定向的简单闭曲线 (记作 $T_{p,q}$) 实现当且仅当 p 和 q 是互素的整数. 不妨设 $p \geqslant 0$, 否则改变 $T_{p,q}$ 的定向. 若 p 和 q 非互素, 设 p 和 q 的最大公约数为 $n > 1$, 即 $p = np'$, $q = nq'$, p' 和 q' 互素, 用 $T_{p,q}$ 表示 ∂N 上与 $T_{p',q'}$ 平行的 n 条简单闭曲线构成的环面链环.

显然, $T_{1,q}$ 和 $T_{p,1}$ 都是平凡纽结. 这样, 除去平凡纽结之外, 我们总是假定所考虑的环面纽结 $T_{p,q}$ 中, $2 \leqslant p \leqslant |q|$.

环面纽结有如下的完全分类定理, 可以用后面介绍的 Alexander 多项式给出证明.

定理 15.9 在如上的约定下, 当 $|q| > 2$ 时, $T_{p,q}$ 和 $T_{p',q'}$ 等价当且仅当 $p = p'$, $q = q'$. $T_{2,2}$ 和 $T_{2,-2}$ 等价.

设 C 为 ∂N 上一条简单闭曲线, C 不是 ∂N 上一个圆盘的边界. 若 C 是 N 中一个圆盘的边界, 则称 C 为 N 的一条纬线, 同时也称该圆盘为 N 的一个纬圆盘. ∂N 上的与一条纬线横截相交于一点的简单闭曲线称为 N 上的一条经线.

定义 15.22 卫星结

设 K_1 是 S^3 中未打结的实心环体 V 中的一个纽结, 它与 V 的每个纬圆盘都相交 (这样, K_1 不能落在 V 中的一个实心球中). 取 S^3 中的一个纽结 K_2. 设 $h: V \to S^3$ 为一个嵌入, 使得 h 把 V 的一个核曲线映为 K_2. 令 $K_3 = h(K_1)$. 称 K_3 为 K_2 的一个卫星结, 并称 K_2 为 K_3 的一个主星结或相伴结, 也称 K_1 为 K_3 的一个模子.

图 15.26 是一个卫星结的简单例子.

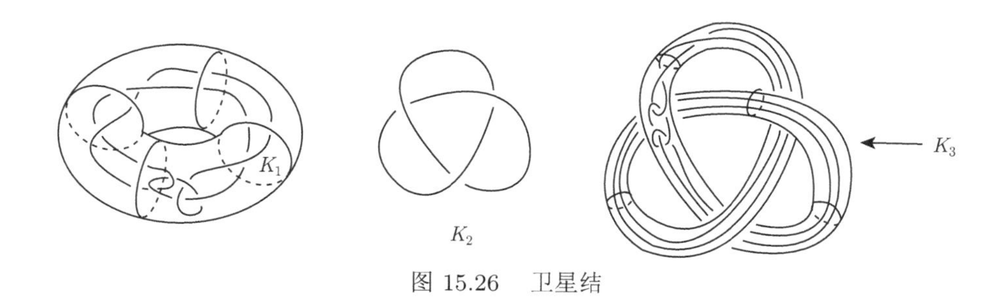

图 15.26 卫星结

定义 15.23 双曲纽结

设 K 是 S^3 中的一个纽结, $E(K)=\overline{S^3-N(K)}$ 为 K 的补空间. 若 $E(K)$ 为双曲流形, 则称 K 为一个双曲纽结. 双曲链环也可类似地定义.

定理 15.10 (Thurston) 每个纽结必为环面结、卫星结、双曲结之一, 且只居其一.

环面纽结是人们了解得很透彻的一类纽结. 环面纽结 K 的补空间 $E(K)$ 包含一个本质平环, 它通常妨碍 $E(K)$ 拥有双曲度量. 卫星结的补空间中有一个本质环面, 即它的主星结的一个正则邻域的边界, 它通常妨碍 $E(K)$ 拥有双曲度量. 剩下的情况就是这样的纽结, 它的补空间中既没有本质平环, 也没有本质环面. Thurston [109] 证明了除环面纽结和卫星结 (包括复合纽结) 不是双曲纽结, 其他都是.

15.4 纽结的 Alexander 多项式

纽结理论的主要课题就是寻找既有强的分辨不同纽结的能力, 又易于计算的纽结不变量.

1928 年, 美国的 Alexander [5] 发现了多项式纽结的不变量. 1969 年, 英国的 Conway 在研究 Alexander 多项式的计算方法时, 对它稍作改进, 得到现在称为 Alexander 多项式的纽结不变量. 19 世纪末期发现的交叉点数不超过 8 的纽结表中的纽结, 它们的 Alexander 多项式各不相同, 这就证明它们是互不等价的纽结. Alexander 多项式是个相当强的纽结不变量. 但 Alexander 多项式不能识别三叶结和它的镜面像.

设 K 为一个纽结. 取 K 的一个定向投影图 Γ, Γ 有 n 个交叉点, 将纽结 K 分为 n 个弧段. 分别给这 n 个交叉点以 $1,2,\cdots,n$ 的标号, 分别给 K 的这 n 个弧段以 $1,2,\cdots,n$ 的标号. 按如下规则定义一个 $n\times n$ 矩阵 $A_\Gamma(t)=(a_{ij})_{n\times n}$:

对于标号 l 的交叉点, 如果它是右手的, 上行弧标号为 i, 下行弧标号分别为 j 和 k, 且走向如图 15.27(a) 所示, 则令 $a_{li}=1-t$, $a_{lj}=-1$, $a_{lk}=t$; 如果它是左手的, 上、下行弧标号和走向如图 15.27(b) 所示, 则令 $a_{li}=1-t$, $a_{lj}=t$, $a_{lk}=-1$; 第 l 行的其他元素赋值 0. 如果 i, j, k 中有两个标号相同, 则相应地方的赋值就是前面分别赋值的和. 例如, 若标号 l 的交叉点是右手的, 上、下行弧标号和走向如图 15.27(a) 所示, 且 $i=j$, 则 $a_{li}=a_{lj}=1-t-1=-t$.

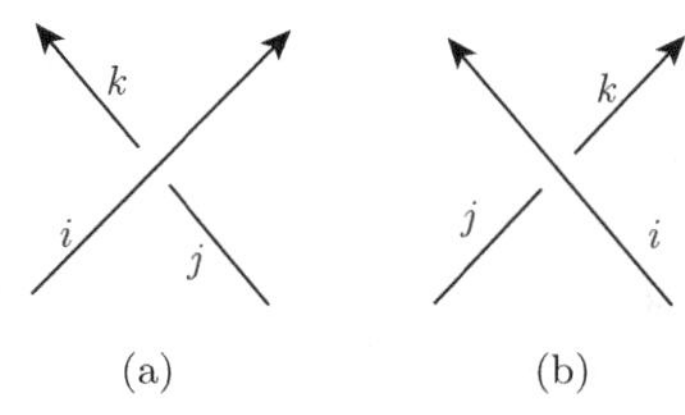

图 15.27 交叉点处弧的标号

定义 15.24 Alexander 多项式

从纽结 K 的一个定向投影图 Γ 按如上方式得到一个 $n\times n$ 伴随矩阵 $A_\Gamma(t)=(a_{ij})_{n\times n}$. 删掉 $A_\Gamma(t)$ 的最后一行和最后一列, 所得的 $(n-1)\times(n-1)$ 矩阵就称为 K 的 Alexander 矩阵, 其行列式就称为 K 的 Alexander 多项式, 并记作 $A_K(t)$. (为方便计算, 规定 0×0 矩阵的行列式为 1.)

易知, 平凡纽结的 Alexander 多项式为 1.

从定义看, 纽结 K 的 Alexander 多项式 $A_K(t)$ 依赖于 K 的定向、投影图、交叉点的标号、纽结弧段的标号等因素.

但我们有如下的定理:

定理 15.11 从纽结 K 的两个不同的定向, 或投影图, 或交叉点的标号, 或纽结弧段的标号出发得到的 K 的 Alexander 多项式至多相差一个 $\pm t^k$ 的乘积因子, 其中 $k\in\mathbb{Z}$.

证明概要 首先对定向投影图上的三种 Reidemeister 初等变换检验 Alexander 多项式如何改变, 这部分比较容易; 改变交叉点的标号, 或纽结弧段的标号对于 Alexander 矩阵的影响也容易看到; 比较困难的地方是证明当改变 K 的定向时, 所得 Alexander 多项式就是把原来的多项式中的 t 替换为 t^{-1}, 再乘以与 $\pm t^k$ 的乘积因子, 其中 $k\in\mathbb{Z}$.

推论 15.6 纽结 K 的 Alexander 多项式在相差某个乘积因子 $\pm t^k$ 意义下

是一个纽结不变量, 其中 $k \in \mathbb{Z}$.

例 15.8 计算三叶结 K 的 Alexander 多项式. 定向、交叉点标号、弧段标号的选择如图 15.28 所示.

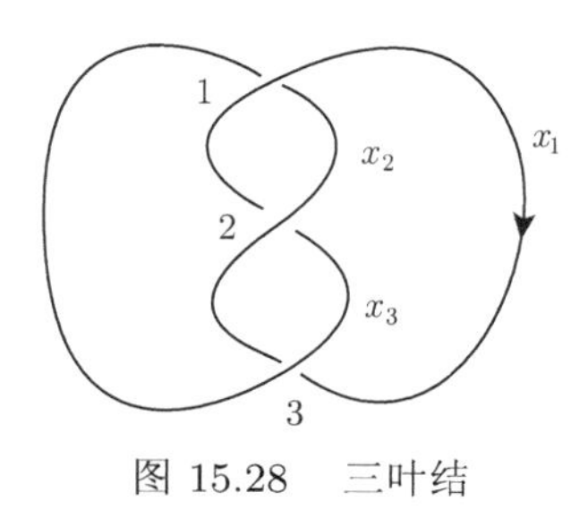

图 15.28 三叶结

从图 15.28 可以看出, 三个交叉点都是右手的, 由定义可得伴随矩阵为

$$A_\Gamma(t) = \begin{pmatrix} 1-t & -1 & t \\ t & 1-t & -1 \\ -1 & t & 1-t \end{pmatrix}.$$

去掉 $A_\Gamma(t)$ 的最后一行和最后一列, 所得 2×2 矩阵的行列式就是所求的三叶结 K 的 Alexander 多项式

$$A_K(t) = (1-t)^2 + t = t^2 - t + 1.$$

用同样的方法可以计算出图 15.29 中的 $(2, n)$-环面纽结 $T_{2,n}$(n 为奇数) 的 Alexander 多项式:

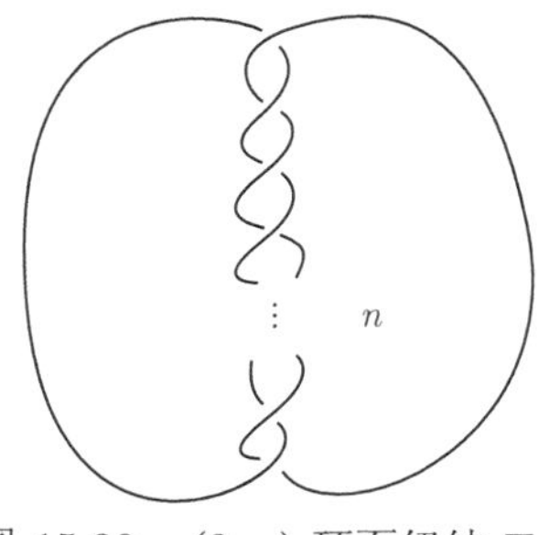

图 15.29 $(2, n)$-环面纽结 $T_{2,n}$

其伴随矩阵为

$$A_\Gamma(t)=\begin{pmatrix} 1-t & -1 & 0 & 0 & \cdots & 0 & 0 & t \\ t & 1-t & -1 & 0 & \cdots & 0 & 0 & 0 \\ 0 & t & 1-t & -1 & \cdots & 0 & 0 & 0 \\ \vdots & \vdots & \vdots & \vdots & & \vdots & \vdots & \vdots \\ 0 & 0 & 0 & 0 & \cdots & t & 1-t & -1 \\ -1 & 0 & 0 & 0 & \cdots & 0 & t & 1-t \end{pmatrix}_{n\times n}.$$

$T_{2,n}$ 的 Alexander 多项式 $A_{T_{2,n}}(t)=A_\Gamma(t)$ 的左上 $(n-1)\times(n-1)$ 子阵的行列式 $=t^n+1/t+1$, 它的最高次数项为 t^{n-1}, 最低次数项为 $(-1)^{n-1}t^0=(-1)^{n-1}\neq 0$, 从而对不同的正奇数 n, $T_{2,n}$ 的 Alexander 多项式互不相同 (即便模掉某个 t^k), 从而它们构成一组互不等价的纽结族.

设环面纽结 $T_{p,q}$ 的 Alexander 多项式为 $A_{p,q}(t)$. 则有

$$A_{p,q}(t)=t^{-\frac{(p-1)(q-1)}{2}}\frac{(1-t)(1-t^{pq})}{(1-t^p)(1-t^q)},$$

可据此分类环面纽结.

我们还可以把链环的 Alexander 多项式 $A_L(t)$ 正则化, 使得它满足 $A_L(t^{-1})\doteq A_L(t)$ 和 $A_{\bigcirc}(t)=1$. 这时, Alexander 多项式可以写成 $\nabla_L(z)$ 的形式, 其中 $z=t^{\frac{1}{2}}-t^{-\frac{1}{2}}$, 并且 $\nabla_L(z)$ 中只出现幂指数非负的项. 称这样的多项式 $\nabla_L(z)$ 为 L 的 Conway 多项式 (参见 [19]). 多项式 $\nabla_L(z)$ 的一个优点就是它可以从投影图上通过拆接关系式来计算.

关于 Jones 多项式、HOMFLY 多项式以及纽结的更多不变性质可参见文献 [1, 89, 13].

第 16 章　辫子群理论初步

辫子群在 1925 年被 Artin [6] (也可参见 [7]) 明确引入 (故辫子群也叫 Artin 辫子群), 但人们后来发现, 辫子群早在 1891 年就已经隐含在 Hurwitz [43] 关于单值的工作中, Hurwitz 给出了辫子群是构形空间的基本群的描述. 这种解释曾一度从人们的视野中消失, 直到它在 1962 年被 Fox 和 Neuwirth [28] 重新发现.

辫子有明显的几何构造, 表面上看起来甚至小孩子也能理解, 但人们很快就发现在几何辫子后面却蕴藏着强大、深刻和丰富的代数结构, 和数学的诸多领域 (如几何、代数、分析、数学物理等) 有密切和深刻的联系.

16.1　辫子群的定义及 Artin 表示

用 $\mathbb{D}$ 表示 $\mathbb{R}^3$ 中的单位立方体, E_s 表示 $\mathbb{R}^3$ 中高度为 s 的水平平面. 对于 $n \in \mathbb{N}$, 令

$$A_i = \left(\frac{1}{2}, \frac{i}{n+1}, 1\right), \quad B_i = \left(\frac{1}{2}, \frac{i}{n+1}, 0\right), \quad 1 \leqslant i \leqslant n,$$

则 $A_1, \cdots, A_n$ 是 $\mathbb{D}$ 顶面上的 n 个点, $B_1, \cdots, B_n$ 是 $\mathbb{D}$ 底面上的 n 个点. 如图 16.1 所示.

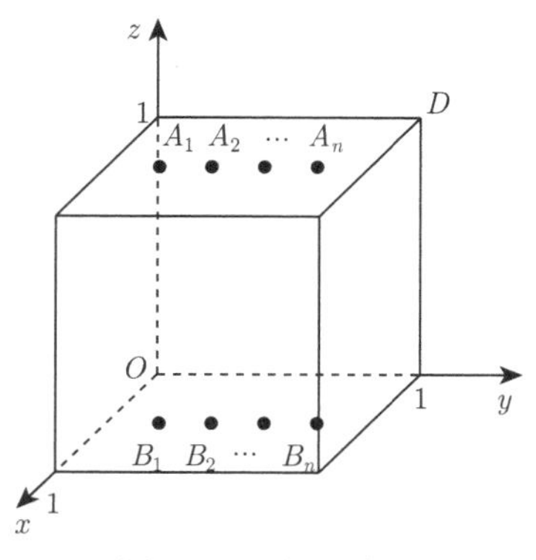

图 16.1　立方体 $\mathbb{D}$

对于 $A, B \in \mathbb{R}^3$, 称 $\{(1-\lambda)A + \lambda B : \lambda \in I\}$ 是 $\mathbb{R}^3$ 中的起点为 A、终点为 B 的线段, 记为 $[A, B]$ (或简单记为 AB). 设 $\delta_i = P_{i-1}P_i$, $1 \leqslant i \leqslant m$, 对于

$1 \leqslant i \leqslant m-1$, $\delta_i \cap \delta_{i+1} = P_i$, 且 $1 \leqslant i < j-1 \leqslant m$ 时, $\delta_i \cap \delta_j = \varnothing$, 则称

$$P_0P_1 \cup P_1P_2 \cup \cdots \cup P_{m-1}P_m$$

为 $\mathbb{R}^3$ 中一个简单折线. 称 P_0 为该折线的起点, P_m 为其终点.

定义 16.1　n-辫子

设 $\mathbb{D}$ 中的 n 个简单折线 $\beta = \{d_1, \cdots, d_n\}$ 满足如下条件:

(1) $d_1, \cdots, d_n$ 互不相交;

(2) d_i 始于 A_i, 终于 B_{j_i}, $1 \leqslant i \leqslant n$, $(j_1, \cdots, j_n)$ 是 $(1, \cdots, n)$ 的一个置换;

(3) 对任意 $s \in I$, $1 \leqslant i \leqslant n$, $E_s \cap d_i$ 恰为单点,

则称 β 为一个 n 股辫子 (或 n-辫子).

对于 n 股辫子 β, 称 d_i 为 β 的第 i 股弦, $1 \leqslant i \leqslant n$. 所有的 n-辫子构成的集合记为 $\mathcal{B}_n$.

注记 16.1　(i) 辫子定义中条件 (3) 的要求是保证辫子的每股弦都是严格单调下降的;

(ii) 辫子的每股弦都是简单折线, 但通常为简单和美观, 我们都将它们画成光滑的简单弧.

例 16.1　2-辫子、3-辫子和 4-辫子的简单例子如图 16.2 所示.

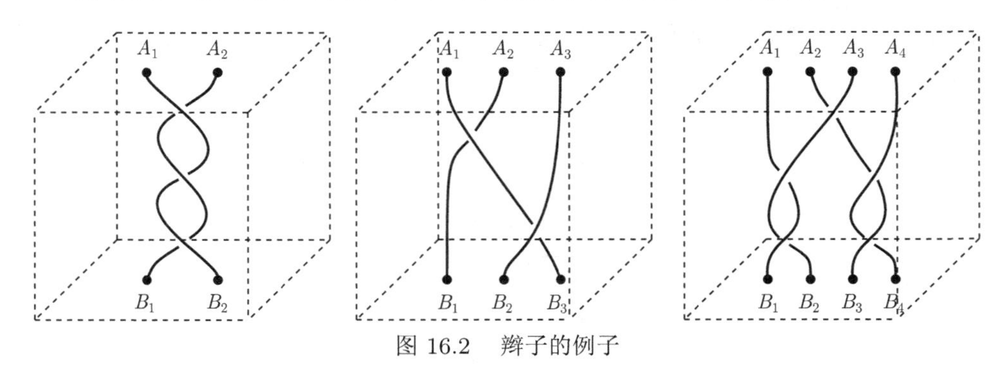

图 16.2　辫子的例子

定义 16.2　辫子的初等变换

设 $\beta \in \mathcal{B}_n$, AB 是 β 上某股弦 d_i 上的一个线段. 对于 $C \in \mathbb{D}$, C 与 AB 张成一个三角形 $\triangle ABC$, 使得

(1) d_i 与 $\triangle ABC$ 仅交于 AB, β 中其他的弦与 $\triangle ABC$ 无交;

(2) 任意 $s \in I$, E_s 与 $AC \cup CB$ 至多交于一点.

令 $d_i' = (d_i \setminus AB) \cup AC \cup CB$, $\beta' = (\beta \setminus \{d_i\}) \cup \{d_i'\}$. 则显然, β' 仍是一个 n-辫子. 用 β' 代替 β, 或反之, 用 β 代替 β', 均称为是辫子的一个初等变换.

图 16.3 是辫子初等变换的局部示意图.

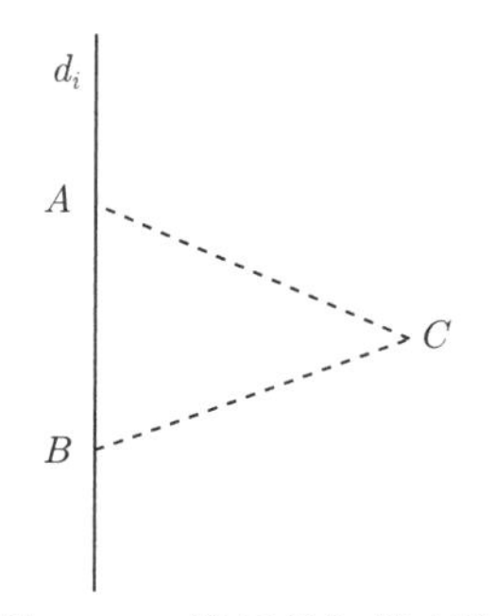

图 16.3 辫子的初等变换

定义 16.3 辫子等价

设 $\beta_1, \beta_2 \in \mathcal{B}_n$. 若 β_1 可以通过有限次的初等变换变为 β_2, 则称 β_1 和 β_2 是等价的, 并记作 $\beta_1 \sim \beta_2$.

设 $\beta_1, \beta_2 \in \mathcal{B}_n$. 若存在连续映射 $H : \mathbb{D} \times I \to \mathbb{D}$, 使得对任意 $t \in I$, $h_t(x) = H(x,t)$ 定义的 $h_t : \mathbb{D} \to \mathbb{D}$ 都是同胚, $h_t|_{\partial\mathbb{D}}$ 为恒等, h_0 为恒等, $h_1(\beta_1) = \beta_2$, 且对每个 $t \in I$, $h_t(\beta_1)$ 都是 n-辫子, 则称 β_1 和 β_2 是同痕的, 记作 $\beta_1 \approx \beta_2$.

不难看到, “$\sim$”和“$\approx$”都是 $\mathcal{B}_n$ 上的等价关系, 并且对于 $\beta_1, \beta_2 \in \mathcal{B}_n$, $\beta_1 \sim \beta_2$ 当且仅当 $\beta_1 \approx \beta_2$. $\beta \in \mathcal{B}_n$ 所在的等价类集合记作 $[\beta]$.

定义 16.4 辫子的正则投影图

设 $\pi : \mathbb{D} \to I \times I$ 为投影, $\forall (r,s,t) \in \mathbb{D}, \pi(r,s,t) = (s,t)$. 对于 $\beta \in \mathcal{B}_n$, 若 $\pi(\beta)$ 只有有限多个多重点, 且每个多重点都是二重点, 则称 $\pi(\beta)$ 为一个好的投影图. 对于一个好的投影图 $\pi(\beta)$, 若在每个二重点的局部, 原像的第一个坐标大的点的像仍用实线表示, 而原像的第一个坐标小的点的像则断开表示, 这样所得的图就称为 β 的一个正则投影图. 有时, 并上一个正则投影图 $\mathbb{D}$ 顶面和底面的投影图仍称为 β 的一个正则投影图.

显然, 每个正则投影图唯一确定一个辫子的同痕类, 每个辫子也可以通过同痕得到很多好的投影图和正则投影图. 图 16.4(c) 是正则投影图的例子.

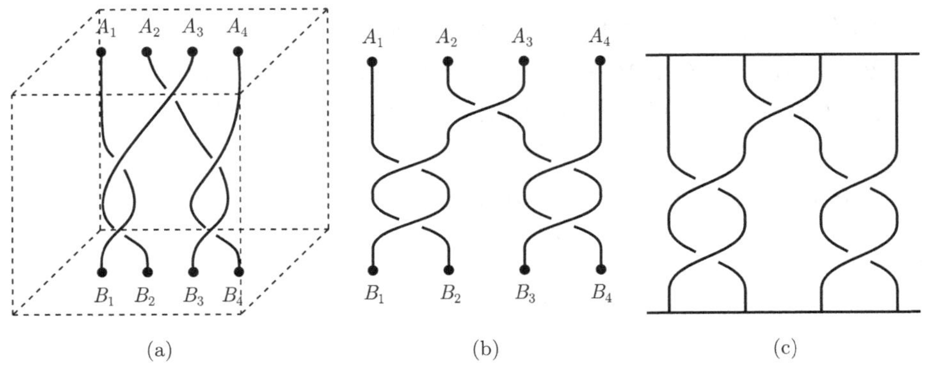

图 16.4　辫子的正则投影图

定义 16.5　辫子乘积

设 $\beta_1, \beta_2 \in \mathcal{B}_n$. 不妨记 $\beta_1 \in \mathbb{D}_1$, $\beta_2 \in \mathbb{D}_2$. 几何上, 把 $\mathbb{D}_1$ 沿 z-轴方向向上移动 1 个单位变为 $\mathbb{D}_1'$ (β_1 相应地变为 β_1'), $\mathbb{D}_1'$ 的底面与 $\mathbb{D}_2$ 的顶面重合 (β_1' 的底端恰与 β_2 的顶端重合, 故可以并成 $\mathbb{D}_1' \cup \mathbb{D}_2$ 中的一个 "n-辫子" α'). 再把 $\mathbb{D}_1' \cup \mathbb{D}_2$ 的 z 坐标乘以 $\dfrac{1}{2}$, 将 $\mathbb{D}_1' \cup \mathbb{D}_2$ 变回到 $\mathbb{D}$, 这时 α' 变为一个 n-辫子 α, 称之为 β_1 和 β_2 的乘积, 并记作 $\beta_1\beta_2$.

注记 16.2　设 β_1 的第 i 股弦 d_i 的终端点为 $B_{s(i)}$, β_2 的第 $s(i)$ 股弦为 $e_{s(i)}$, 则 $\beta_1\beta_2$ 的第 i 股弦 f_i 有表达式

$$f_i : I \to \mathbb{D}, \quad f_i(t) = \begin{cases} d_i(2t), & 0 \leqslant t \leqslant \dfrac{1}{2}, \\ e_{s(i)}(2t-1), & \dfrac{1}{2} \leqslant t \leqslant 1. \end{cases}$$

在投影图上看, 辫子乘积如图 16.5 所示.

辫子乘积一般不满足交换性, 示例如图 16.6 所示.

$\mathcal{B}_n$ 中所有辫子在等价关系 $\sim$ 下的等价类集合记作 B_n. 设 $\beta_1, \beta_2 \in \mathcal{B}_n$. 不难验证, 若 $\tilde{\beta}_1 \sim \beta_1, \tilde{\beta}_2 \sim \beta_2$, 则有 $\tilde{\beta}_1\tilde{\beta}_2 \sim \beta_1\beta_2$, 即等价的辫子的乘积仍是等价的. 故有

定义 16.6　辫子等价类的乘积

设 $\beta_1, \beta_2 \in \mathcal{B}_n$, β_1, β_2 的等价类分别为 $[\beta_1], [\beta_2]$. 令 $[\beta_1][\beta_2] = [\beta_1\beta_2]$, 称 $[\beta_1][\beta_2]$ 为 $[\beta_1]$ 和 $[\beta_2]$ 的乘积.

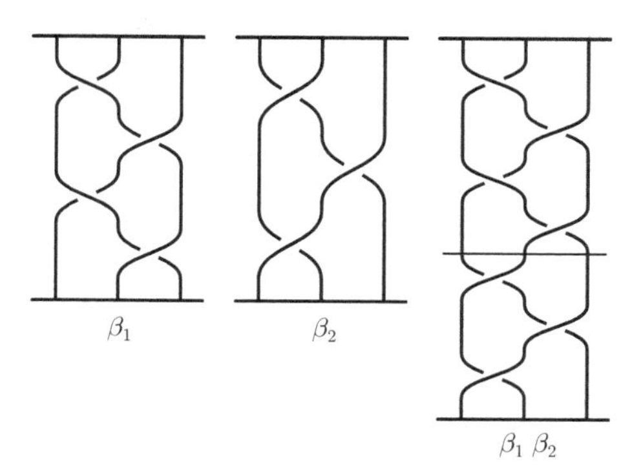

图 16.5 辫子的乘积

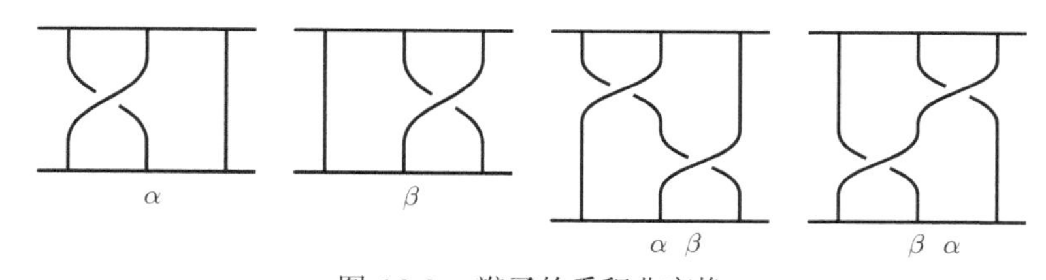

图 16.6 辫子的乘积非交换

命题 16.1 B_n 中如上定义的乘法满足如下条件:

(1) 对任意的 $[\beta_1],[\beta_2],[\beta_3] \in B_n$ (图 16.7), $([\beta_1][\beta_2])[\beta_3] = [\beta_1]([\beta_2][\beta_3])$;

(2) 令 e 表示 $\mathcal{B}_n$ 中的平凡 n-辫子 (图 16.8), 则对任意 $[\beta] \in B_n$, $[e][\beta] = [\beta] = [\beta][e]$;

(3) 对任意的 $[\beta] \in B_n$, 存在 $[\beta'] \in B_n$ (图 16.9), 使得 $[\beta][\beta']=[e]=[\beta'][\beta]$.

结合律的证明见图 16.7.

单位元的证明见图 16.8: 平凡 n-辫子 e 就是 $\mathbb{D}$ 中的 n 条平行线 $A_1B_1, A_2B_2, \cdots, A_nB_n$.

逆元的证明见图 16.9: 设 $\beta \in \mathcal{B}_n$, $\beta \subset \mathbb{D}$. 作 $\mathbb{D}$ 关于 xy-平面的镜面反射, 再将其平行上移至 $\mathbb{D}$ 中, β 在此变换下的像记为 β'. 则 $[\beta][\beta'] = [e] = [\beta'][\beta]$, 如图 16.9 所示.

定义 16.7 辫子群

B_n 在辫子类乘法下构成一个群, 称为 Artin n-辫子群 (或简单地, n-辫子群).

图 16.10 中的辫子 (及其等价类) 记成 σ_i, $1 \leqslant i \leqslant n-1$.

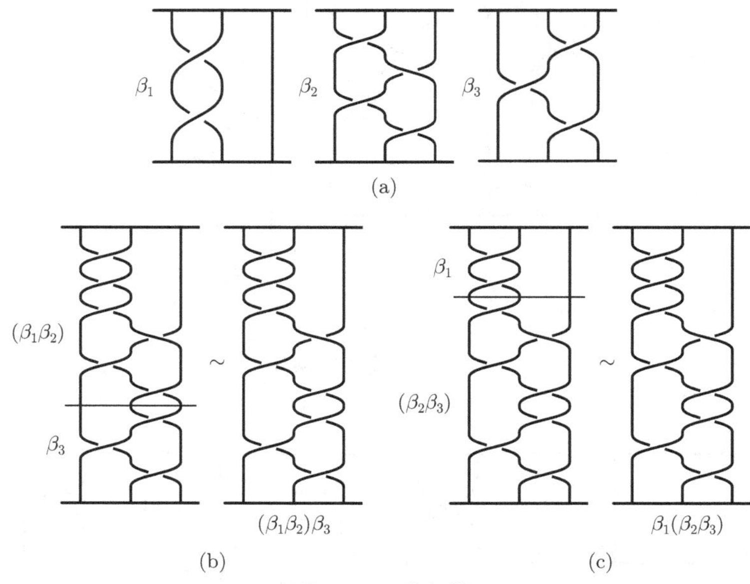

图 16.7　结合律

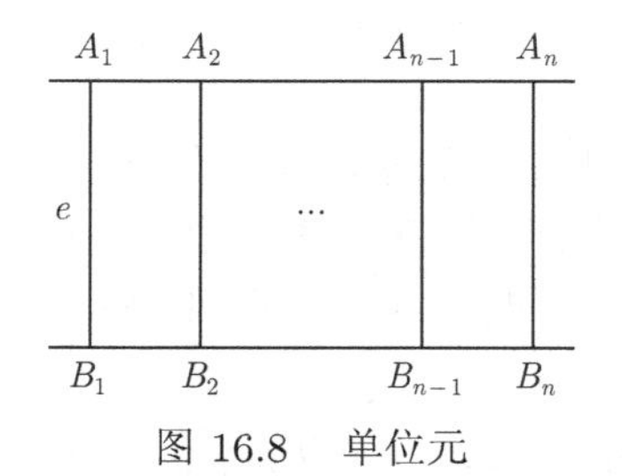

图 16.8　单位元

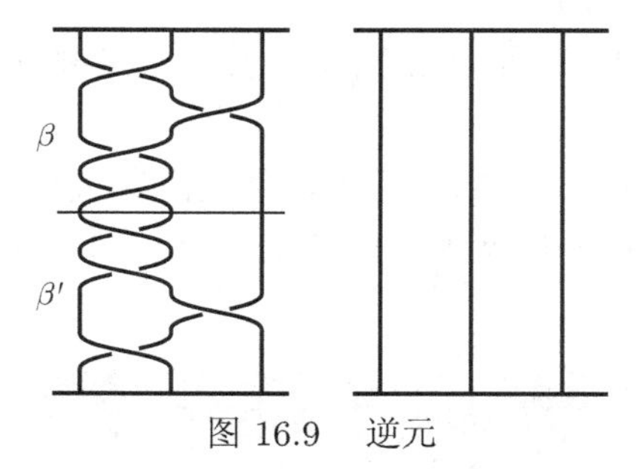

图 16.9　逆元

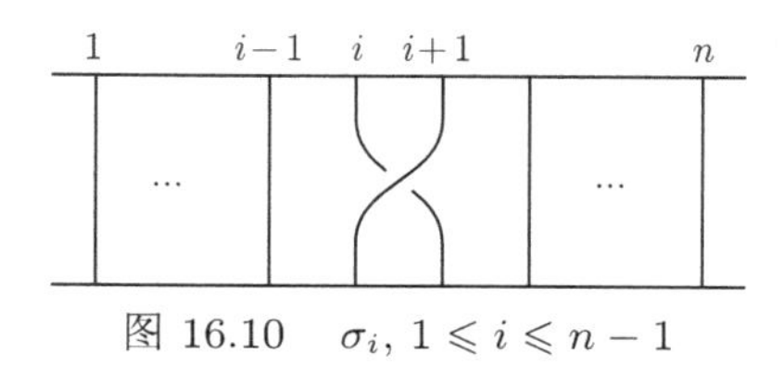

图 16.10 $\sigma_i,\ 1 \leqslant i \leqslant n-1$

由前面的观察自然有

定理 16.1 当 $n \geqslant 2$ 时, $\{\sigma_1, \sigma_2, \cdots, \sigma_{n-1}\}$ 是 B_n 的一组生成元集 (通常称为 Artin 生成元), 即对任意 $\beta \in B_n$,

$$\beta = \sigma_{i_1}^{\varepsilon_1} \sigma_{i_2}^{\varepsilon_2} \cdots \sigma_{i_k}^{\varepsilon_k},$$

其中, $1 \leqslant i_1, i_2, \cdots, i_k \leqslant n-1, \varepsilon_i \in \{\pm 1\}, 1 \leqslant i \leqslant k.$

当 $1 \leqslant i, j \leqslant n-1$ 且 $|i-j| \geqslant 2$ 时, 显然有 $\sigma_i\sigma_j = \sigma_j\sigma_i$, 如图 16.11 所示. 换句话说, 当两个 Artin 生成元没有公共弦时, 它们的乘积可以交换.

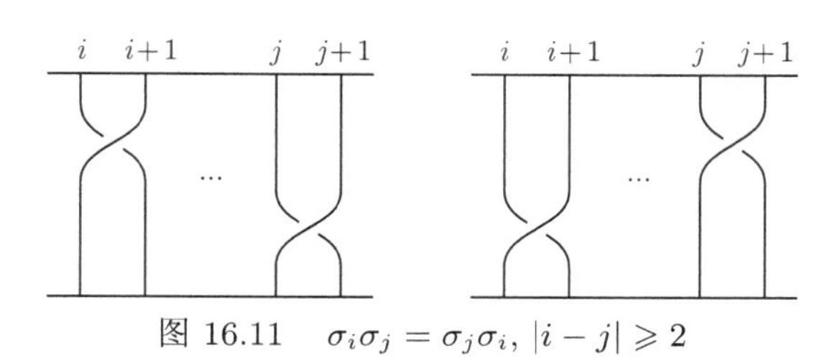

图 16.11 $\sigma_i\sigma_j = \sigma_j\sigma_i,\ |i-j| \geqslant 2$

把图 16.12(a) 的辫子中间的弦从左侧拉至右侧, 再同痕整理一下, 即得图 16.12(b) 的辫子, 即有 $\sigma_i\sigma_{i+1}\sigma_i = \sigma_{i+1}\sigma_i\sigma_{i+1},\ 1 \leqslant i \leqslant n-2$.

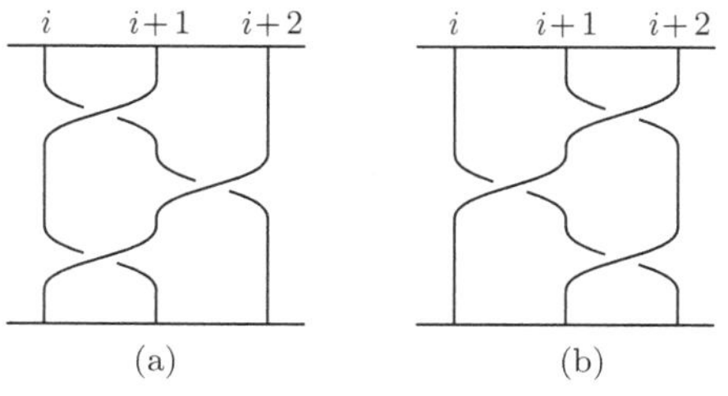

图 16.12 $\sigma_i\sigma_{i+1}\sigma_i = \sigma_{i+1}\sigma_i\sigma_{i+1},\ 1 \leqslant i \leqslant n-2$

下述定理表明, 前面介绍的辫子群的两组关系是辫子群关系元的一个完全集.

定理 16.2 当 $n \geqslant 2$ 时, n-辫子群 B_n 有如下的表示:

$$B_n = \left\langle \sigma_1, \cdots, \sigma_{n-1} \;\middle|\; \begin{array}{l} \sigma_i\sigma_j = \sigma_j\sigma_i,\ 1 \leqslant i, j \leqslant n-1\text{且}|i-j| \geqslant 2, \\ \sigma_i\sigma_{i+1}\sigma_i = \sigma_{i+1}\sigma_i\sigma_{i+1},\ \ 1 \leqslant i \leqslant n-2 \end{array} \right\rangle.$$

特别地, $B_2 \cong \mathbb{Z}$. 定理 16.2 的证明参见 [79]. 定理 16.2 中的两类关系统称为 B_n 的 Artin 表示的辫关系.

16.2 辫子群的基本性质

设 G 是一个群, 且 $f: B_n \to G$ 是一个同态. 则元素 $g_i = f(\sigma_i)$, $i = 1, 2, \cdots, n-1$, 满足辫子关系:

$$g_i\, g_{i+1}\, g_i = g_{i+1}\, g_i\, g_{i+1}, \quad i = 1, 2, \cdots, n-2,$$
$$g_i\, g_j = g_j\, g_i, \quad i, j = 1, 2, \cdots, n-1, \quad |i-j| \geqslant 2.$$

上述说法反过来也成立, 证明显然.

命题 16.2 如果群 G 中的元素 $g_1, \cdots, g_{n-1}$ 满足辫子关系, 则存在唯一的同态 $f: B_n \to G$ 使得 $g_i = f(\sigma_i)$, $i = 1, 2, \cdots, n-1$.

设 S_n 是关于 $\{1, 2, \cdots, n\}$ 的 n 元置换群 (对称群), 置换 $s_i = (i, i+1) \in S_n$ 为其生成元, 其中 $i = 1, 2, \cdots, n-1$. S_n 有如下表示:

$$S_n = \left\langle s_1, \cdots, s_{n-1} \;\middle|\; \begin{array}{l} s_is_j = s_js_i,\ 1 \leqslant i, j \leqslant n-1 \text{ 且 } |i-j| \geqslant 2, \\ s_is_{i+1}s_i = s_{i+1}s_is_{i+1},\ \ 1 \leqslant i \leqslant n-2, \\ s_i^2 = 1,\ \ 1 \leqslant i \leqslant n-1 \end{array} \right\rangle.$$

显见, 置换 $s_1, s_2, \cdots, s_{n-1}$ 满足辫子关系. 由命题 16.2, 存在唯一的同态 $\pi_n: B_n \to S_n$ 使得 $\pi_n(\sigma_i) = s_i$, $i = 1, 2, \cdots, n-1$. 由于 S_n 是由置换 $s_1, s_2, \cdots, s_{n-1}$ 生成, 同态 π_n 是满的.

命题 16.3 当 $n \geqslant 3$ 时, 辫子群 B_n 是非交换的.

证明 当 $n \geqslant 3$ 时, 注意到 $s_1s_2 = (12)(23) = (132)$, $s_2s_1 = (23)(12) = (123)$, $s_1s_2 \neq s_2s_1$, S_n 是非交换的. 因 $\pi_n: B_n \to S_n$ 是满同态, 故 B_n 也是非交换的. □

记 $i_n: B_n \to B_{n+1}$ 为将 $\sigma_j \in B_n$ 映到 $\sigma_j \in B_{n+1}$ 的同态, 其中 $j = 1, 2, \cdots, n-1$. 易知 i_n 是单同态, 称之为自然含入. 自然含入诱导了一个同态序列

$$B_1 \subset B_2 \subset \cdots \subset B_n \subset \cdots.$$

因 B_2 是无限的, 从而对于任意 $n \geqslant 2$, B_n 也是无限群.

定义 16.8 纯辫子

记 $\mathrm{Ker}(\pi_n) = P_n$, 称之为 n-纯辫子群, 称 n-辫子 $\beta \in P_n$ 为一个纯辫子.

对于 $\beta \in P_n$, 有 $\pi_n(\beta) = 1$, 即对任意 $1 \leqslant i \leqslant n$, β 的第 i 股弦 d_i 起始于 A_i 且终端为 B_i. 图 16.13 是 4-纯辫子的一个例子.

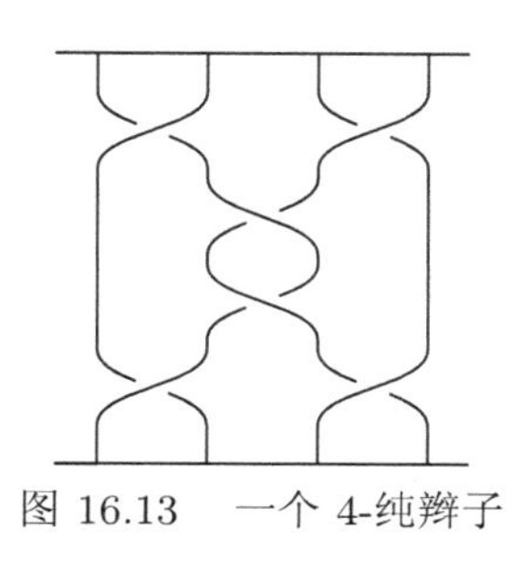

图 16.13 一个 4-纯辫子

由 $\pi_n : B_n \to S_n$ 是满同态直接可得

定理 16.3 P_n 是 B_n 的一个正规子群, 并且 $B_n/P_n \cong S_n$. 此外, $[B_n : P_n] = |S_n| = n!$.

由定理 16.3, 存在短正合列

$$1 \to P_n \to B_n \to S_n \to 1.$$

记 $\{\sigma_i^2 \in B_n, 1 \leqslant i \leqslant n-1\}$ 的正规闭包为 $\langle \sigma_1^2, \cdots, \sigma_{n-1}^2 \rangle^N$. 则 $S_n \cong B_n/\langle \sigma_1^2, \cdots, \sigma_{n-1}^2 \rangle^N$. 对任意 $1 \leqslant i \leqslant n-1$, 由 $\sigma_{i-1}\sigma_i\sigma_{i-1} = \sigma_i\sigma_{i-1}\sigma_i$ 可知, $\sigma_i^{-1}\sigma_{i-1}\sigma_i = \sigma_{i-1}\sigma_i\sigma_{i-1}^{-1}$, 因此 $S_n \cong B_n/\langle \sigma_1^2 \rangle^N$.

定理 16.4 P_n 是由如下定义的 n-股辫 $a_{i,j}$ 生成的, $1 \leqslant i < j \leqslant n-1$,

$$\begin{aligned} &a_{i,i+1} = \sigma_i^2, \\ &a_{i,j} = \sigma_{j-1}\sigma_{j-2}\cdots\sigma_{i+1}\sigma_i^2\sigma_{i+1}^{-1}\cdots\sigma_{j-2}^{-1}\sigma_{j-1}^{-1}, \quad i+1 < j \leqslant n. \end{aligned}$$

几何辫子 $a_{i,j}$ 如图 16.14 所示.

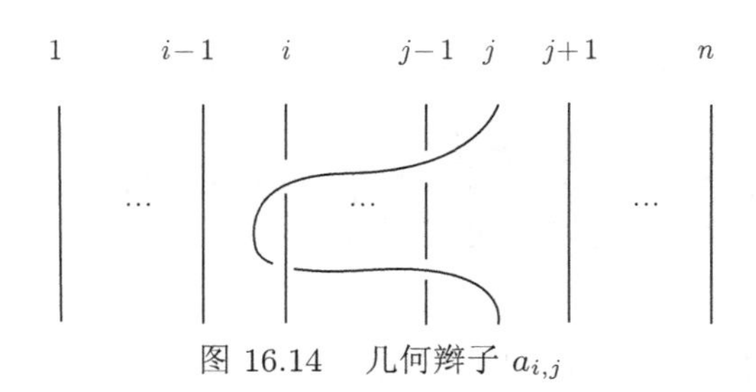

图 16.14　几何辫子 $a_{i,j}$

回想群 G 的中心是其子群 $C(G)$, $C(G)=\{c\in G|\forall g\in G, cg=gc\}\lhd G$.

命题 16.4　设 $x=\sigma_1\sigma_2\sigma_1\in B_3$. 则 $x^2\in C(B_3)$.

证明　只需验证 $x^2\sigma_1=\sigma_1x^2$ 和 $x^2\sigma_2=\sigma_2x^2$ 成立即可. 事实上,

$$\begin{aligned}x^2\sigma_1&=(\sigma_1\sigma_2\sigma_1)^2\sigma_1=(\sigma_1\sigma_2\sigma_1)(\sigma_1\sigma_2\sigma_1)\sigma_1\\&=\sigma_1(\sigma_2\sigma_1\sigma_2)(\sigma_1\sigma_2\sigma_1)\\&=\sigma_1(\sigma_1\sigma_2\sigma_1)(\sigma_1\sigma_2\sigma_1)=\sigma_1x^2.\end{aligned}$$

类似地, $x^2\sigma_2=\sigma_2x^2$. □

一般来说, 我们有

命题 16.5　设 $\Theta_n=\sigma_1\sigma_2\cdots\sigma_{n-1}\in B_n$. 则 $\Theta_n^n\in C(B_n)$.

注意到 Θ_n^n 是一个平凡 n-辫子的完全扭转, 示意证明如图 16.15 所示.

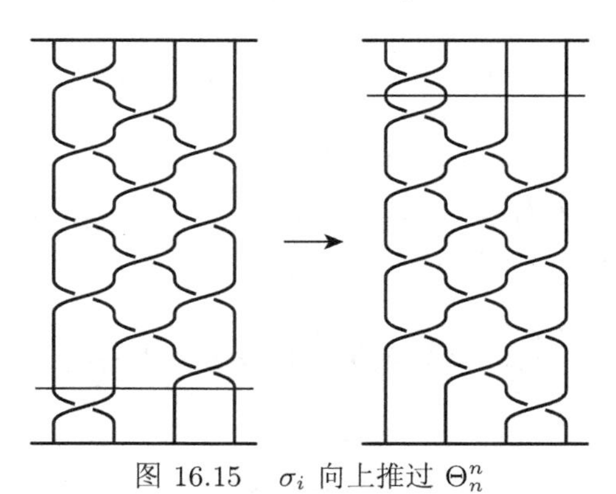

图 16.15　σ_i 向上推过 Θ_n^n

注记 16.3　Van Buskirk [14] 证明了 Θ_n^n 生成 $C(B_n)$, 后面将证明 B_n 是无挠的, 从而 $C(B_n)\cong\mathbb{Z}$.

定理 16.5 当 $n \geqslant 2$ 时, σ_i 为 n-辫子群 B_n 的一个 Artin 生成元, $1 \leqslant i \leqslant n-1$, 则 σ_i 的阶 $|\sigma_i|$ 无限, 即对 $\forall k > 0$, 都有 $\sigma_i^k \neq 1$.

证明 $B_2 = \langle \sigma_1 \rangle \cong \mathbb{Z}$, 当 $n = 2$ 时结论成立. 当 $n > 2$ 时, 自然同态 $B_2 \to B_n$ 为单同态, 故 $|\sigma_1| = \infty$. 若有某 $l > 0$, 使得对某个 $i > 1$, $\sigma_i^l = 1$, 则因 $\sigma_{i-1}\sigma_i\sigma_{i-1} = \sigma_i\sigma_{i-1}\sigma_i$, 故 $\sigma_i^{-1}\sigma_{i-1}\sigma_i = \sigma_{i-1}\sigma_i\sigma_{i-1}^{-1}$, 从而

$$1 = \sigma_{i-1}\sigma_i^l\sigma_{i-1}^{-1} = (\sigma_{i-1}\sigma_i\sigma_{i-1}^{-1})^l = (\sigma_i^{-1}\sigma_{i-1}\sigma_i)^l = \sigma_i^{-1}\sigma_{i-1}^l\sigma_i,$$

这样就有 $\sigma_{i-1}^l = 1$. 类似地有 $\sigma_1^l = \sigma_2^l = \cdots = \sigma_{i-1}^l = 1$, 与 $|\sigma_1| = \infty$ 矛盾. □

定义 16.9 辫子不变量

设 X 为一集合, $f : \mathcal{B}_n \to X$ 为一个映射. 若 $\forall \beta, \beta' \in \mathcal{B}_n$, $\beta \sim \beta' \Rightarrow f(\beta) = f(\beta')$, 则称 f 为一个辫子不变量.

由定义可直接得到

定理 16.6 设 G 为一群, $f : B_n \to G$ 为一同态. 令 $\delta_n : \mathcal{B}_n \to B_n$ 为指定每个 n-辫子 $\beta \in \mathcal{B}_n$ 为其等价类 $[\beta] \in B_n$ 的映射. 则 $f \circ \delta_n : \mathcal{B}_n \to G$ 是一个辫子不变量.

推论 16.1 设 $\pi_n : B_n \to S_n$ 为前面定义的满同态. 则 $\pi_n \circ \delta_n : \mathcal{B}_n \to S_n$ 是一个辫子不变量.

设 $\beta \in \mathcal{B}_n$, $\beta = \sigma_{i_1}^{\varepsilon_1}\sigma_{i_2}^{\varepsilon_2}\cdots\sigma_{i_k}^{\varepsilon_k}$, 其中 $1 \leqslant i_1, \cdots, i_k \leqslant n-1$, $\varepsilon_1, \cdots, \varepsilon_k \in \{\pm 1\}$. 令

$$\exp(\beta) = \exp(\sigma_{i_1}^{\varepsilon_1}\sigma_{i_2}^{\varepsilon_2}\cdots\sigma_{i_k}^{\varepsilon_k}) = \varepsilon_1 + \varepsilon_2 + \cdots + \varepsilon_k,$$

假设 $\beta' \in \mathcal{B}_n$, $\beta \sim \beta'$, 即 $[\beta] = [\beta'] \in B_n$. 注意到 $B_n = F(\sigma_1, \cdots, \sigma_{n-1})/R^N$, 其中 $F(\sigma_1, \cdots, \sigma_{n-1})$ 是秩为 $n-1$ 的自由群, R 是 B_n 的 Artin 表示的所有辫关系元. 因 $\exp(\sigma_i\sigma_j) = \exp(\sigma_j\sigma_i) = 2$, $|i-j| \geqslant 2$; $\exp(\sigma_i\sigma_{i+1}\sigma_i) = \exp(\sigma_{i+1}\sigma_i\sigma_{i+1}) = 3$, 故有 $\exp(\beta) = \exp(\beta')$.

定义 16.10 指数和映射

令 $\exp : B_n \to \mathbb{Z}$ 为如下定义的映射: 对于 $[\beta] \in B_n$, $\exp([\beta]) = \exp(\beta)$, 称 $\exp$ 为指数和映射.

显然有

定理 16.7 指数和映射为群同态. 从而 $\exp\circ\delta_n : \mathcal{B}_n \to G$ 是一个辫子不变量.

16.3 辫子群上的字与共轭问题

辫子群上的字问题 设 $\beta, \beta' \in B_n$, 是否存在一个算法, 使得通过有限步骤可以确定 $\beta = \beta'$ 或者 $\beta \neq \beta'$?

已经知道, 一般的有限表示群上的字问题无解. Garside 在 1969 年证明了辫子群上的字问题有解 [30].

令 $\Delta_n = (\sigma_1\sigma_2\cdots\sigma_{n-1})(\sigma_1\cdots\sigma_{n-2})\cdots(\sigma_1\sigma_2)\sigma_1 \in B_n$, 称 Δ_n 为 Garside 辫子. Garside 辫子在辫子群上的字问题的解决中发挥了特别重要的作用. 图 16.16 给出 Garside 辫子 Δ_5 的投影图.

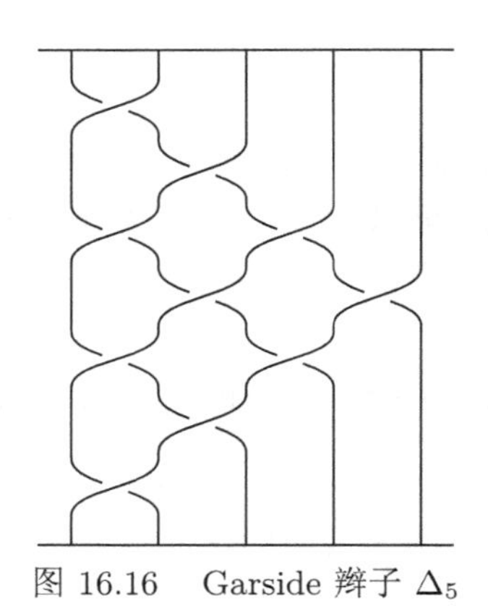

图 16.16 Garside 辫子 Δ_5

定义 16.11 正辫子

设 $B_n^+ = \{\beta \in B_n : \beta = \sigma_{i_1}\sigma_{i_2}\cdots\sigma_{i_k}, 1 \leqslant i_1, \cdots, i_k \leqslant n-1\}$. 称 B_n^+ 中的元素为正辫子. 一个辫子类称为正辫子当且仅当它有一个用 Artin 生成元表示的字, 其中所有字母的幂指数均为正整数. 这样的字称为正字.

显然, Garside 辫子为正辫子. 对于 $\beta = \sigma_{i_1}^{\varepsilon_1}\sigma_{i_2}^{\varepsilon_2}\cdots\sigma_{i_k}^{\varepsilon_k} \in B_n$, 其中 $1 \leqslant i_1, \cdots, i_k \leqslant n-1$, $\varepsilon_1, \cdots, \varepsilon_k \in \{\pm 1\}$, 称 k 为 β 的长度.

定理 16.8 两个等价的正辫子长度相同.

证明 设 $\beta, \beta' \in B_n^+$, $\beta = \sigma_{i_1}\sigma_{i_2}\cdots\sigma_{i_k}, 1 \leqslant i_1, \cdots, i_k \leqslant n-1$, $\beta' = \sigma_{j_1}\sigma_{j_2}\cdots\sigma_{j_l}, 1 \leqslant j_1, \cdots, j_l \leqslant n-1$ 且 $\beta \sim \beta'$. 因 $\exp\circ\delta_n$ 是辫子不变量, 故 $k = \exp\circ\delta_n(\beta) = \exp\circ\delta_n(\beta') = l$. □

一个正辫子 β 的所有正字表示都有相同的长度 k, 而 Artin 生成元共有 $n-1$ 个, 故显然有

推论 16.2 设 $\beta \in B_n^+$ 为一个正辫子. 则表示 β 的正字只有有限多个.

注记 16.4 设 $\beta \in B_n^+$ 为一个正辫子, w 为 β 的一个正字表示. 则按如下步骤可以找出 β 的所有正字表示：利用所有辫关系逐一替换 w 中每个可替换的片段, 重复的正字只留下一个, 得到 β 的部分正字表示的集合 Γ', 再对 Γ' 中非 w 的正字进行同样操作, 扩大 Γ', 有限步后就可以找出与 w 等价的所有正字 (因该集合有限).

令 $\Pi_r = \sigma_1\sigma_2\cdots\sigma_r \in B_n, 1 \leqslant r \leqslant n-1$. 则 Garside 辫子 Δ_n 可以重新表示为 $\Delta_n = \Pi_{n-1}\Pi_{n-2}\cdots\Pi_1$.

引理 16.1 在 B_n 中, 对于 $1 < i \leqslant r \leqslant n-1$, 有 $\sigma_i\Pi_r = \Pi_r\sigma_{i-1}$.

证明

$$\begin{aligned}
\sigma_i\Pi_r &= \sigma_i(\sigma_1\cdots\sigma_r) = \sigma_i(\sigma_1\cdots\sigma_{i-2})\sigma_{i-1}\sigma_i(\sigma_{i+1}\sigma_{i+2}\cdots\sigma_r)\\
&= (\sigma_1\cdots\sigma_{i-2})\sigma_i\sigma_{i-1}\sigma_i(\sigma_{i+1}\sigma_{i+2}\cdots\sigma_r)\\
&= (\sigma_1\cdots\sigma_{i-2})\sigma_{i-1}\sigma_i\sigma_{i-1}(\sigma_{i+1}\sigma_{i+2}\cdots\sigma_r)\\
&= (\sigma_1\cdots\sigma_{i-2})\sigma_{i-1}\sigma_i(\sigma_{i+1}\sigma_{i+2}\cdots\sigma_r)\sigma_{i-1} = \Pi_r\sigma_{i-1}.
\end{aligned}$$ □

引理 16.2 对于 $1 \leqslant i \leqslant n-1$, 有 $\sigma_1(\Pi_t\Pi_{t-1}\cdots\Pi_1) = (\Pi_t\Pi_{t-1}\cdots\Pi_1)\sigma_t$.

证明 首先令 $t=1$. 则 $\sigma_1\Pi_1 = \sigma_1\sigma_1 = \Pi_1\sigma_1$. 下面设 $2 \leqslant t \leqslant n-1$, 由引理 16.1, 有

$$\begin{aligned}
&\sigma_1\Pi_t\Pi_{t-1}\cdots\Pi_1 = \sigma_1\Pi_t(\sigma_1\sigma_2\cdots\sigma_{t-1})\Pi_{t-2}\cdots\Pi_1\\
&= \sigma_1(\sigma_2\sigma_3\cdots\sigma_t)\Pi_t\Pi_{t-2}\cdots\Pi_1 = \Pi_t\Pi_t\Pi_{t-2}\cdots\Pi_1\\
&= \Pi_t(\sigma_1\sigma_2\sigma_3\cdots\sigma_t)\Pi_{t-2}\cdots\Pi_1\\
&= \Pi_t(\sigma_1\sigma_2\sigma_3\cdots\sigma_{t-1})\sigma_t\Pi_{t-2}\cdots\Pi_1\\
&= \Pi_t\Pi_{t-1}\sigma_t\Pi_{t-2}\cdots\Pi_1 = \Pi_t\Pi_{t-1}\Pi_{t-2}\cdots\Pi_1\sigma_t.
\end{aligned}$$ □

推论 16.3　$\sigma_1\Delta_n = \Delta_n\sigma_{n-1}$.

定理 16.9　对于 $1 \leqslant i \leqslant n-1$, 有 $\sigma_i\Delta_n = \Delta_n\sigma_{n-i}$.

证明　由引理 16.1 和引理 16.2, 可知

$$\begin{aligned}\sigma_i\Delta_n &= \sigma_i\Pi_{n-1}\Pi_{n-2}\cdots\Pi_1 = \Pi_{n-1}\sigma_{i-1}\Pi_{n-2}\cdots\Pi_1\\ &= \cdots = \Pi_{n-1}\cdots\Pi_{n-i+1}\sigma_1(\Pi_{n-i}\cdots\Pi_1)\\ &= \Pi_{n-1}\cdots\Pi_{n-i+1}(\Pi_{n-i}\Pi_{n-i-1}\cdots\Pi_1)\sigma_{n-i} = \Delta_n\sigma_{n-i}.\end{aligned}$$

□

引理 16.3　$\Delta_n^2 \in C(B_n)$.

证明　对任意的 $1 \leqslant i \leqslant n-1$, 由定理 16.9, 我们有

$$\begin{aligned}\sigma_i\Delta_n^2 &= (\sigma_i\Delta_n)\Delta_n = (\Delta_n\sigma_{n-i})\Delta_n\\ &= \Delta_n(\sigma_{n-i}\Delta_n) = \Delta_n(\Delta_n\sigma_{n-(n-i)}) = \Delta_n^2\sigma_i.\end{aligned}$$

□

设 $\tau: B_n \to B_n$ 为内自同构, 其中 $\tau(\beta) = \Delta_n^{-1}\beta\Delta_n, \forall\beta \in B_n$.

定理 16.10　对任意 $1 \leqslant i \leqslant n-1$, $\tau(\sigma_i) = \sigma_{n-i}$.

证明　由定理 16.9, 可得 $\tau(\sigma_i) = \Delta_n^{-1}\sigma_i\Delta_n = \Delta_n^{-1}(\Delta_n\sigma_{n-i}) = \sigma_{n-i}$. □

引理 16.4　设 $\beta \in B_n$. 则对任意奇数 $m \in \mathbb{Z}$, 有 $\beta\Delta_n^m = \Delta_n^m\tau(\beta)$. 若 β 是正辫子, 则 $\tau(\beta)$ 亦然.

证明　由于对任意的 $k \in \mathbb{Z}$ 都有 $\Delta_n^{2k} \in C(B_n)$, 对于引理的第一部分, 只需证明 $\beta\Delta_n = \Delta_n\tau(\beta)$ 即可. 由定理 16.10 中 τ 的定义可知此式显然成立.

对于引理的第二部分, 注意到对任意 $1 \leqslant i \leqslant n-1$, τ 将 σ_i 映到 σ_{n-i}(见定理 16.10). 因此, 对于任意正辫子 $\beta = \sigma_{i_1}\sigma_{i_2}\cdots\sigma_{i_k}$, 我们有

$$\tau(\beta) = \tau(\sigma_{i_1}\sigma_{i_2}\cdots\sigma_{i_k}) = \sigma_{n-i_1}\sigma_{n-i_2}\cdots\sigma_{n-i_k},$$

所得仍是一个正辫子. □

定义 16.12　反辫子

设 $\beta \in B_n$, $w = \sigma_{i_1}^{\varepsilon_1}\sigma_{i_2}^{\varepsilon_2}\cdots\sigma_{i_k}^{\varepsilon_k}$ 为 β 在 Artin 生成元下的一个字表示. 称

$\sigma_{i_k}^{\varepsilon_k}\sigma_{i_{k-1}}^{\varepsilon_{k-1}}\cdots\sigma_{i_1}^{\varepsilon_1}$ 为 w 的反字, 记作 $\mathrm{rev}(w)$. $\mathrm{rev}(w)$ 确定的 B_n 中的辫子称为 β 的反辫子, 记作 $\mathrm{rev}(\beta)$.

根据反辫子的定义, 显然有

命题 16.6 对于 Artin 生成元下的任意两个字 w, w', 有 $\mathrm{rev}(ww')=\mathrm{rev}(w')\mathrm{rev}(w)$; 对于 Artin 生成元下的任意两个 n-辫子 $\beta, \beta' \in B_n$, 有 $\mathrm{rev}(\beta\beta') = \mathrm{rev}(\beta')\mathrm{rev}(\beta)$.

引理 16.5 对于 $1 \leqslant r \leqslant n-1$, $\mathrm{rev}(\Pi_r\Pi_{r-1}\cdots\Pi_1) = \Pi_r\Pi_{r-1}\cdots\Pi_1$. 特别地, $\mathrm{rev}(\Delta_n) = \Delta_n$.

证明 对 r 归纳. 显然, $\mathrm{rev}(\Pi_1) = \mathrm{rev}(\sigma_1) = \sigma_1 = \Pi_1$.

下设对于 $1 \leqslant r \leqslant n-2$, $\mathrm{rev}(\Pi_r\Pi_{r-1}\cdots\Pi_1) = \Pi_r\Pi_{r-1}\cdots\Pi_1$. 由于 σ_{r+1}, $\Pi_{r-1}\Pi_{r-2}\cdots\Pi_1$ 可交换, 可得

$$
\begin{aligned}
\mathrm{rev}(\Pi_{r+1}\Pi_r\cdots\Pi_1) &= \mathrm{rev}(\Pi_r\cdots\Pi_1)\mathrm{rev}(\Pi_{r+1}) = (\Pi_r\cdots\Pi_1)\mathrm{rev}(\Pi_{r+1}) \\
&= (\Pi_r\cdots\Pi_1)\mathrm{rev}(\sigma_1\cdots\sigma_{r+1}) = (\Pi_r\cdots\Pi_1)(\sigma_{r+1}\cdots\sigma_1) \\
&= \Pi_r\sigma_{r+1}\Pi_{r-1}\Pi_{r-2}\cdots\Pi_1(\sigma_r\cdots\sigma_1) \\
&= \Pi_r\sigma_{r+1}\Pi_{r-1}\sigma_r\Pi_{r-2}\Pi_{r-3}\cdots\Pi_1(\sigma_{r-1}\cdots\sigma_1) = \cdots \\
&= (\Pi_r\sigma_{r+1})(\Pi_{r-1}\sigma_r)(\Pi_{r-2}\sigma_{r-1})\cdots(\Pi_1\sigma_2)\sigma_1 \\
&= \Pi_{r+1}\Pi_r\cdots\Pi_2\Pi_1.
\end{aligned}
$$

□

定理 16.11 对于每个 i, $1 \leqslant i \leqslant n-1$, 存在正辫子 L_i, R_i(不唯一), 使得 $\Delta_n = L_i\sigma_i = \sigma_i R_i$.

证明 由于 $\Delta_n = \Pi_{n-1}\cdots\Pi_1$, 我们已有 $\Delta_n = L_1\sigma_1$, 其中 $L_1 = \Pi_{n-1}\cdots\Pi_2$. 对某个 $2 \leqslant t \leqslant n-1$, 令 $f(\sigma_2, \sigma_3, \cdots, \sigma_t)$ 是一个仅关于 Artin 生成元 $\sigma_2, \sigma_3, \cdots, \sigma_t$ 的正字. 由引理 16.1, 可得 $\Pi_t f(\sigma_1, \sigma_2, \cdots, \sigma_{t-1}) = f(\sigma_2, \sigma_3, \cdots, \sigma_t)\Pi_t$.

对任意的 $2 \leqslant i \leqslant n-1$, 记 $\Pi_{i-1}\Pi_{i-2}\cdots\Pi_1$ 为 $f(\sigma_1, \sigma_2, \cdots, \sigma_{i-1})$. 那么

$$
\begin{aligned}
\Delta_n &= \Pi_{n-1}\Pi_{n-2}\cdots\Pi_{i+1}\Pi_i(\Pi_{i-1}\cdots\Pi_1) \\
&= \Pi_{n-1}\Pi_{n-2}\cdots\Pi_{i+1}\Pi_i f(\sigma_1, \sigma_2, \cdots, \sigma_{i-1}) \\
&= \Pi_{n-1}\Pi_{n-2}\cdots\Pi_{i+1} f(\sigma_2, \sigma_3, \cdots, \sigma_i)\Pi_i \\
&= \Pi_{n-1}\Pi_{n-2}\cdots\Pi_{i+1} f(\sigma_2, \sigma_3, \cdots, \sigma_i)\sigma_1\sigma_2\cdots\sigma_{i-1}\sigma_i \\
&= L_i\sigma_i,
\end{aligned}
$$

其中 $L_i = \Pi_{n-1}\Pi_{n-2}\cdots\Pi_{i+1}f(\sigma_2,\sigma_3,\cdots,\sigma_i)\sigma_1\sigma_2\cdots\sigma_{i-1}$ 是一个正辫子. 因此对于所有的 $1 \leqslant i \leqslant n-1$, 正辫子 L_i 存在.

对于给定的 $1 \leqslant i \leqslant n-1$, 令 $R_i = \mathrm{rev}(L_i)$, R_i 也是一个正辫子. 那么 $\sigma_i R_i = \sigma_i \mathrm{rev}(L_i) = \mathrm{rev}(\sigma_i)\mathrm{rev}(L_i) = \mathrm{rev}(L_i\sigma_i) = \mathrm{rev}(\Delta_n) = \Delta_n$, 因此对于所有的 $1 \leqslant i \leqslant n-1$, 正辫子 R_i 存在. □

定理 16.12 设 $\beta \in B_n$. 则 β 总可以重写为 $\beta = \Delta_n^r T$, 其中 T 是正辫子, $r \in \mathbb{Z}$.

证明 对于 $\beta \in B_n$, 可写为 $\beta = \sigma_{i_1}^{\varepsilon_1}\sigma_{i_2}^{\varepsilon_2}\cdots\sigma_{i_k}^{\varepsilon_k}$, 其中 $1 \leqslant i_1,\cdots,i_k \leqslant n-1$, $k \in \mathbb{N}$. 又对每个 $1 \leqslant i \leqslant n-1$, 都存在正辫子 L_i, 使得 $\Delta_n = L_i\sigma_i$, 因此 $\sigma_i^{-1} = \Delta_n^{-1}L_i$. 将 β 的表示中的每个 σ_i^{-1} 替换为 $\Delta_n^{-1}L_i$. 然后利用引理 16.4 和引理 16.3 将所有 Δ_n^{-1} 的幂次移到最左侧, 即可得 $\Delta_n^r T$, 其中 T 是一个正辫子且 $r \in \mathbb{Z}$. □

定理 16.13 设 $\beta \in B_n$. 则将 β 重写为 $\beta = \Delta_n^r T$ 的表示中, 总有一个 r 是最大的, 记为 l, 亦即, 对于 $r > l$, 不存在正辫子 T', 使得 $\beta = \Delta_n^r T'$.

证明 由于 $\beta = \Delta_n^r T$, 我们只需计算指数和. 由于 exp 是一个同态, 因此

$$\exp(\beta) = \exp(\Delta_n^r T) = r\cdot\exp(\Delta_n) + \exp(T).$$

但是

$$\begin{aligned}\exp(\Delta_n) &= \exp(\Pi_{n-1}\cdots\Pi_1)\\ &= \exp((\sigma_1\sigma_2\cdots\sigma_{n-1})(\sigma_1\sigma_2\cdots\sigma_{n-2})\cdots(\sigma_1\sigma_2)(\sigma_1))\\ &= ((n-1)+(n-2)+\cdots+(1)) = \frac{n(n-1)}{2}.\end{aligned}$$

由于 T 是正辫子 (故 $\exp(T) > 0$), 因此 $\exp(\beta) = \dfrac{rn(n-1)}{2} + \exp(T) > \dfrac{rn(n-1)}{2}$. 故 $\exp(\beta) > \dfrac{rn(n-1)}{2}$, 或者 $r < \dfrac{2\exp(\beta)}{n(n-1)}$(因 B_1 是平凡群, 此处我们忽略 $n=1$ 的情形). 因此 $\dfrac{2\exp(\beta)}{n(n-1)}$ 是 r 的一个上界, 由于任意有上界的整数集能达到其最大值, r 有一个最大值 l. 注意到如果 $\beta \sim \beta'$, 则 B_n 中任意表示 β 的字 $\Delta_n^r T$ 也能表示 β'(反之也成立), 因此 l 是一个辫子不变量. □

定理 16.13 中的最大值 l 称为 β 的下确界, 记作 $\inf(\beta)$. 设 $w = \sigma_{i_1}\sigma_{i_2}\cdots\sigma_{i_k}$ 是 Artin 生成元 $\{\sigma_1,\sigma_2,\cdots,\sigma_{n-1}\}$ 下的一个正字, 称 $(i_1,i_2,\cdots,i_k)$ 为 w 的下标排列, 记作 $s(w)$.

定义 16.13 正规形式

设 $\beta \in B_n$, $i = \inf(\beta)$ (从而存在正辫子 T, 使得 $\beta = \Delta_n^i T$). 设 $\mathcal{Z} = \{Z_0, Z_1, \cdots, Z_k\}$ 为在 Artin 生成元下与 T 等价的所有正字的有限集合, 其中 Z_j 是 $\mathcal{Z}$ 中下标排列在字典排序下最小的那个 (唯一) 成员. 则称 $\Delta_n^i Z_j$ 为 β 的正规形式.

定理 16.14 对任意 $n \in \mathbb{N}$, 辫子群 B_n 的字问题是可解的.

证明 对任意在 Artin 生成元下表示的 $\beta, \beta' \in B_n$, 找出其正规形式. $\beta = \beta' \in B_n$ 当且仅当它们的正规形式相同. □

16.4 辫子与链环

回想我们用 $\mathbb{D}$ 表示 $\mathbb{R}^3$ 中的单位立方体, 对于 $n \in \mathbb{N}$, 记

$$A_i = \left(\frac{1}{2}, \frac{i}{n+1}, 1\right), \quad B_i = \left(\frac{1}{2}, \frac{i}{n+1}, 0\right), \quad 1 \leqslant i \leqslant n,$$

则 $A_1, \cdots, A_n$ (对应地, $B_1, \cdots, B_n$) 是 $\mathbb{D}$ 顶面 (对应地, 底面) 上的 n 个点.

定义 16.14 辫子的闭合

设 $\beta \in B_n$. 对每个 $1 \leqslant i \leqslant n$, 在 $\mathbb{D}$ 的边界上添加如下折线段 c_i 来连接 A_i 和 B_i:

(1) $\mathbb{D}$ 的顶面上从 A_i 到 $\left(0, \dfrac{i}{n+1}, 1\right)$ 的直线段 c_{i1};

(2) $\mathbb{D}$ 的背面上从 $\left(0, \dfrac{i}{n+1}, 1\right)$ 到 $\left(0, \dfrac{i}{n+1}, 0\right)$ 的直线段 c_{i2};

(3) $\mathbb{D}$ 的底面上从 $\left(0, \dfrac{i}{n+1}, 0\right)$ 到 B_i 的直线段 c_{i3}.

称这样所得的空间中的一个链环为 β 的闭合, 并记作 $\hat{\beta}$.

例 16.2 图 16.17 是辫子闭合的例子.

定理 16.15 设 $\beta \in B_n$. 则 β 的闭合 $\hat{\beta}$ 是至多 n 个分支的一个链环.

证明 显然, β 的闭合 $\hat{\beta}$ 是一个链环. 设 β 的 n 个弦分别为 $d_1, d_2, \cdots, d_n$. d_1 与 c_1 在 A_1 处相连, 如果 d_1 的终端点也是 B_1, 则 $d_1 \cup c_1$ 为 β 的一个分支; 否则, 设 d_1 的终端点为 $B_{s(1)} (\neq B_1)$, 则 $d_1 \cup c_1$ 可继续延伸至 $d_1 \cup c_1 \cup c_{s(1)} \cup d_{s(1)}$,

如此继续, 直至该分支闭合. 一个直接的计数即知, $\hat{\beta}$ 含有 n 个分支当且仅当 β 是个纯辫子. 当 β 不是纯辫子时, $\hat{\beta}$ 的分支数少于 n. □

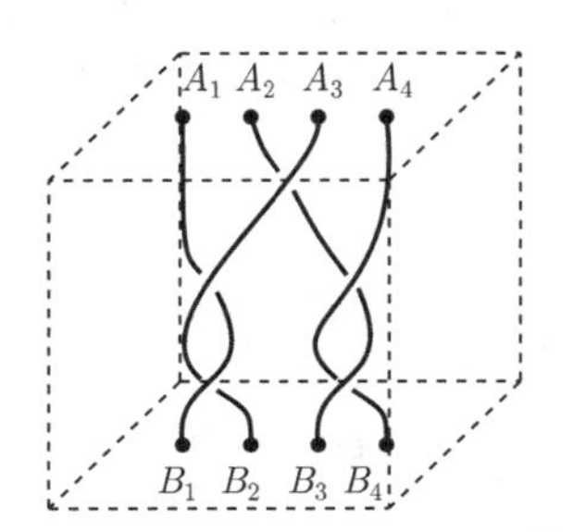

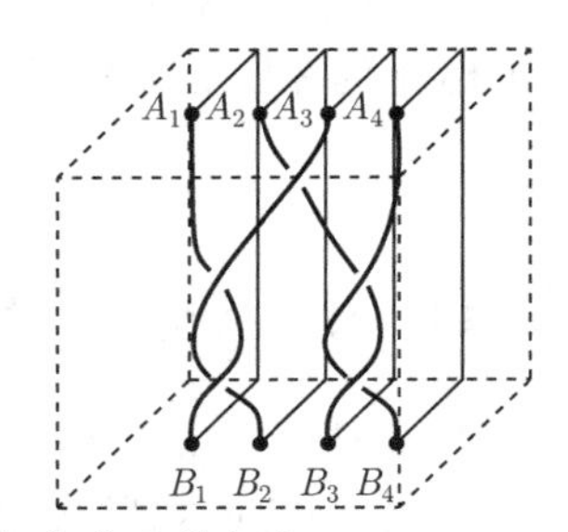

图 16.17　4-辫子 $\beta = \sigma_2^{-1}\sigma_1^2\sigma_3^2$ 和其闭合

回想一个 n-辫子 $\beta = \{d_1, d_2, \cdots, d_n\}$ 的每根弦都是带有从 A_i 到 B_i 的定向, 赋予每个 c_i 从 B_i 到 A_i 的定向, $1 \leqslant i \leqslant n$, 则得到整体上定向协调一致的一个定向链环. 也就是说, β 每根弦的定向可以延拓到整个 $\hat{\beta}$. 这样, 我们就有了一个简单的方式, 指定每个 n-辫子 β 为定向链环 $\hat{\beta}$.

容易验证, 等价的辫子的闭合也是等价的定向链环. 反之,

定理 16.16 (Alexander 定理)[125]　任意给定一个定向的链环 L, 存在 $n \in \mathbb{N}$, 以及 n-辫子 $\beta \in B_n$, 使得 β 的闭合 $\hat{\beta}$ 与 L 等价.

证明　我们将给出一个可以应用于任何定向链环 L 的构造性证明. 设 D 为定向链环 L 的一个投影图. D 上只有有限多个交叉点. 扰动这个图, 使它只有有限多个的局部极大和局部极小点 (其中"高度"是垂直轴上的距离). 现在绘制一个包含 D 的方形 S, 其顶边标记为 A, 底边标记为 B. 图 16.18 是一个示例.

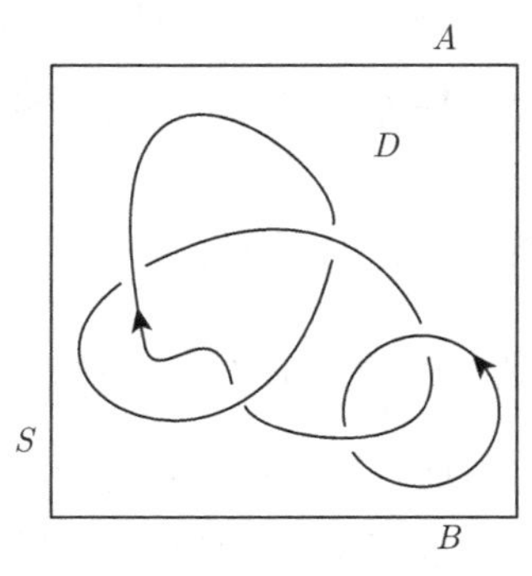

图 16.18　方形 S

因 L 由简单闭曲线构成, D 上至少有一个局部极大点和一个局部极小点. 设 a 是该图的一个局部极小点. 从 a 出发, 沿着 L 的定向向前 (上) 走, 一直到碰到第一个局部极大点 b 停下. L 上的这样一个从 a 到 b 的弧段 l 就称为一个上升弧. 设 L 上的这样一个从 a 到 b 的弧段 l 共通过 k 个交叉点, 取点 $a=a_0,a_1,\cdots,a_{k-1},a_k=b\in l$, 使得 l 上的每个弧段 a_ia_{i+1} 恰过 D 的一个交叉点, 如图 16.19 所示.

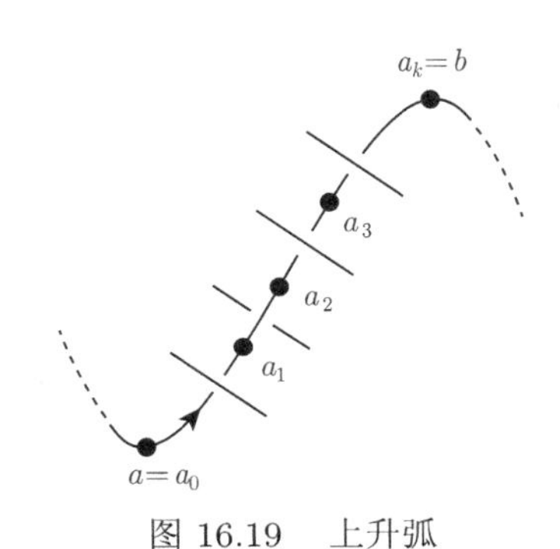

图 16.19　上升弧

下面分两种情况对上升弧 ab 进行手术操作.

操作 1: 在 $k=0$, 即上升弧 $l=ab$ 不通过交叉点时, 在 l 的内部选取一点 P, 在 P 点处断开 l, 把包含 b 的一段的端点 P' 拉至 A 上, 这段弧保持与其他弧横截相交, 且在所有与其横截相交的弧之上; 同样, 把包含 a 的一段的端点 P'' 拉至 B 上, 这段弧保持与其他弧横截相交, 且在所有与其横截相交的弧之上; 再在 S 外用一条简单弧连接 P' 和 P'', 如图 16.20 所示.

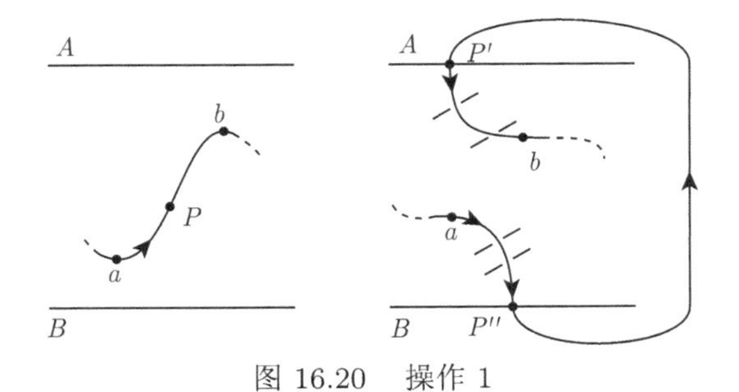

图 16.20　操作 1

操作 2: 首先, 对于 $k>0$, a_0a_1 下行 (或上行) 通过一个交叉点时, 在 a_0a_1 的内部选取一点 P, 在 P 点处断开 l, 把包含 a_1 的一段的端点 P' 拉至 A 上, 这段弧保持与其他弧横截相交, 且在所有与其横截相交的弧之下 (或之上), 并置于所有已经拉上去的弧的端点的左端; 同样, 把包含 a_0 的一段的端点 P'' 拉至 B 上,这段弧保持与其他弧横截相交, 且在所有与其横截相交的弧之下 (或之上), 并置于所有已经拉上去的弧的端点的左端; 再在 S 外用一条简单弧连接 P' 和 P'', 如图 16.21 所示.

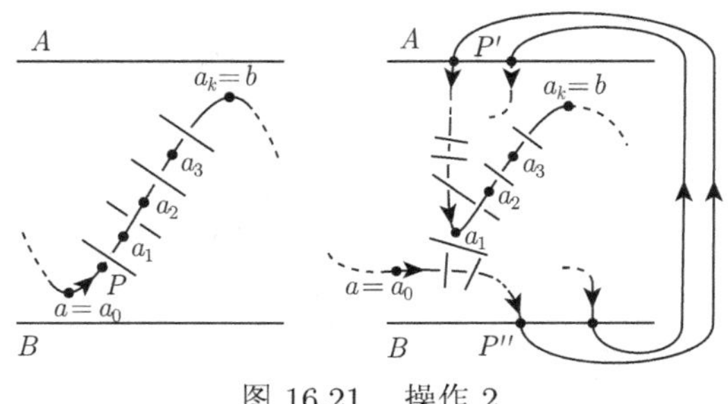

图 16.21　操作 2

接下来, 对于上升弧 a_1a_k 施行操作 2 得到上升弧 a_2a_k, 依次下去, 最后得到上升弧 $a_{k-1}a_k$, 再对上升弧 $a_{k-1}a_k$ 施行操作 2, 这样就完成了对上升弧 a_0a_k 的所有操作. 这样做的整体效果是使得图中减少了一个局部极小点 a 和一个局部极大点 b, 代之以方块 S 外的若干条互不相交的平行线.

容易验证, 上述操作的每一步结束后, 得到的仍是与操作前同痕等价的链环投影图.

如果在结果图中还有极小、极大点, 重复同样的操作, 可再次消除一对极小、极大点. 需要注意的是, 先前在方块 S 外添加了若干条互不相交的平行线, 后续过程每次添加的线的端点都是在已添加的平行线端点的左端, 这样可以确保最后加在方块 S 外的仍是若干条互不相交的平行线.

一个有限的归纳可完成 Alexander 定理的证明. □

上述 Alexander 定理的证明本身就给出了一个寻找辫子 β(使得 $\hat{\beta}$ 与 L 等价) 的算法. 图 16.22 是一个实际操作的例子.

设 $\beta \in B_n$, $\beta' \in B_m$. 下面考虑, 当 β 的闭合与 β' 的闭合是等价的定向链环时, β 与 β' 之间有什么关系.

定义 16.15　Markov 变换

设 $\beta \in B_n$.

(1) 对于任意 $\gamma \in B_n$, 以 $\gamma\beta\gamma^{-1}$ 替代 β 的变换就称为一个 I 型 Markov 变换;

(2) 把 β 看成 n-辫子 (用 $\sigma_1, \sigma_2, \cdots, \sigma_{n-1}$ 表示), σ_n 是 B_{n+1} 的 Artin 生成元集的第 n 个生成元. 用 $\beta\sigma_n$ 或 $\beta\sigma_n^{-1}$ 来替换 β 的变换称为一个 II 型 Markov

变换.

很显然, 一个 I 型 Markov 变换的逆变换仍是一个 I 型 Markov 变换, 而一个 II 型 Markov 变换的逆是把 $(n+1)$-辫子 $\beta\sigma_n$ 或 $\beta\sigma_n^{-1}$ 变为 n-辫子. I 型 Markov 变换、II 型 Markov 变换及其逆统称为 Markov 变换.

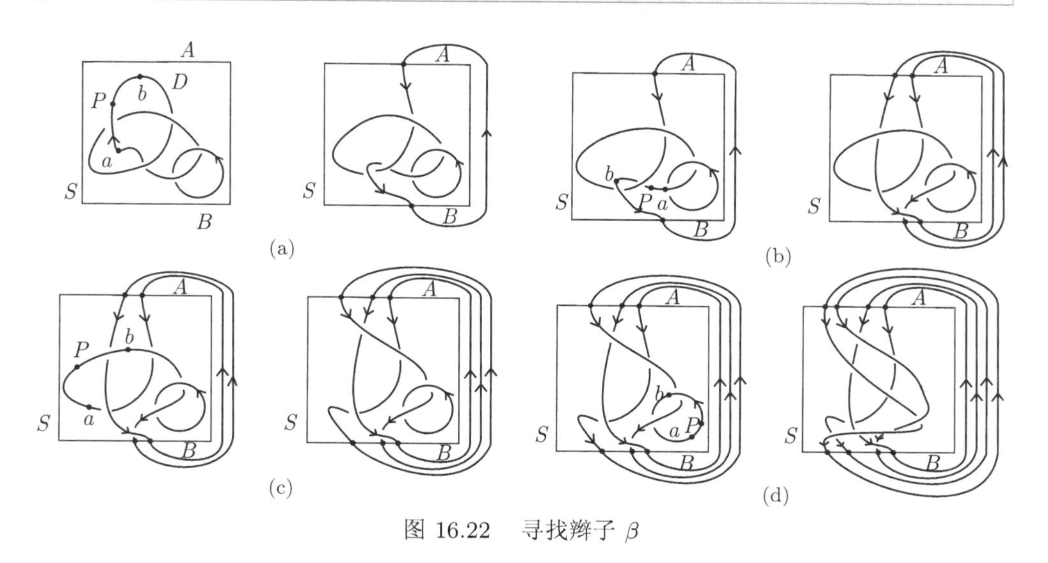

图 16.22 寻找辫子 β

定义 16.16 Markov 等价

设 $\beta \in B_n$, $\beta' \in B_m$. 如果存在有限多个 Markov 变换把 β 变为 β', 则称 β 和 β' 是 Markov 等价的, 记作 $\beta \sim_M \beta'$.

容易看到 "$\sim_M$" 的确是一个等价关系.

定理 16.17 (Markov 定理)[126] 设 $\beta \in B_n$, $\beta' \in B_m$. 则作为定向链环, $\hat{\beta} \approx \hat{\beta}'$ 当且仅当 $\beta \sim_M \beta'$.

定理 16.17 给出了两个辫子的闭合是等价的定向链环的一个特征描述.

我们将只给出充分性的示意证明, 必要性的证明请参见 [79].

证明 充分性证明概要.

设 $\beta \in B_n$, 只需验证经过每种把 β 变为 β' 的 Markov 变换后, $\hat{\beta} \approx \hat{\beta}'$ 都成立即可. 经过 I 型 Markov 变换后, 辫子的闭合的效果如图 16.23 所示, 结论成立.

设 $\beta \in B_n$. 经过 II 型 Markov 变换后或其逆变换后, 辫子的闭合的效果如图 16.24 所示, 结论仍成立. □

注记 16.5　(1) 定理 16.17 本身不足以解决链环的分类问题. 障碍在于, 目前还没有已知的算法, 可以让我们确定是否两个辫子 β 和 β' 是 Markov 等价的.

(2) 在相对简单的 2-辫子和 3-辫子的情况下, 如果 β 和 β' 的闭合是等价的定向链环, 除了一个完全确定的 3-辫子族外, β 和 β' 是共轭的.

(3) 定理 16.17 只是在定向链环的情况下成立. 如果我们忽略定向, 定理 16.17 可能不成立. 例子如下.

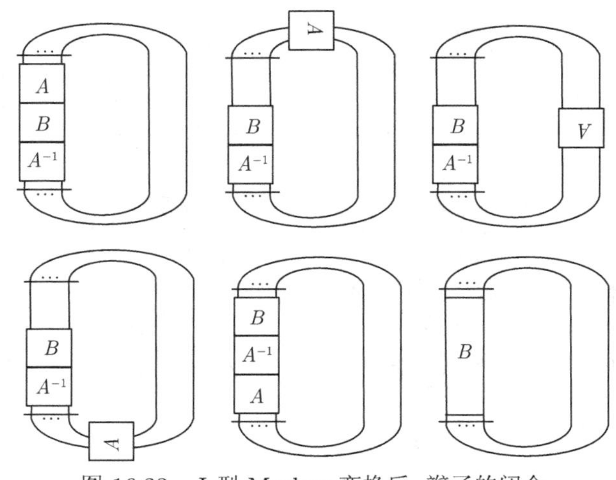

图 16.23　I 型 Markov 变换后, 辫子的闭合

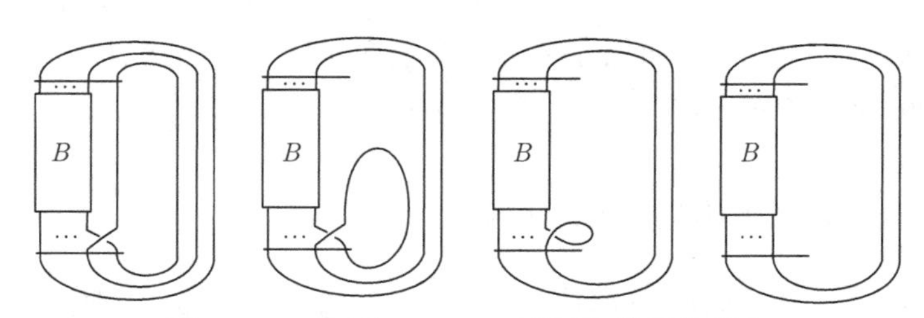

图 16.24　II 型 Markov 变换后, 辫子的闭合

例 16.3　链环的情况:

考虑图 16.25(a) 中的 2-分支链环 L. 如果定向链环 L 如图 16.25(b) 所示, 则定向链环 L 是 2-辫子 $\beta_1 = \sigma_1^4$ 的闭合; 如果定向链环 L 如图 16.25(c) 所示, 则定向链环 L 不能是任何一个 2-辫子的闭合, 实际上, 它是 3-辫子 $\beta_2 = \sigma_1\sigma_2^{-1}\sigma_1^{-2}\sigma_2^{-1}$ 的闭合.

这样, 非定向链环 L 可分别由辫子 β_1 和 β_2 的闭合而得, 但可以证明辫子 β_1 和 β_2 不是 Markov 等价的.

例 16.4 纽结的情况:

图 16.26(a) 表示的是一个纽结 K. 图 16.26(b) 和 (c) 就是赋予 K 相反的定向时得到的定向纽结 K_1 和 K_2, K_1 和 K_2 分别是 3-辫子 β_1 和 3-辫子 β_2 的闭合. 可以证明, K_1 和 K_2 是不等价的, 从而 β_1 和 β_2 不是 Markov 等价的.

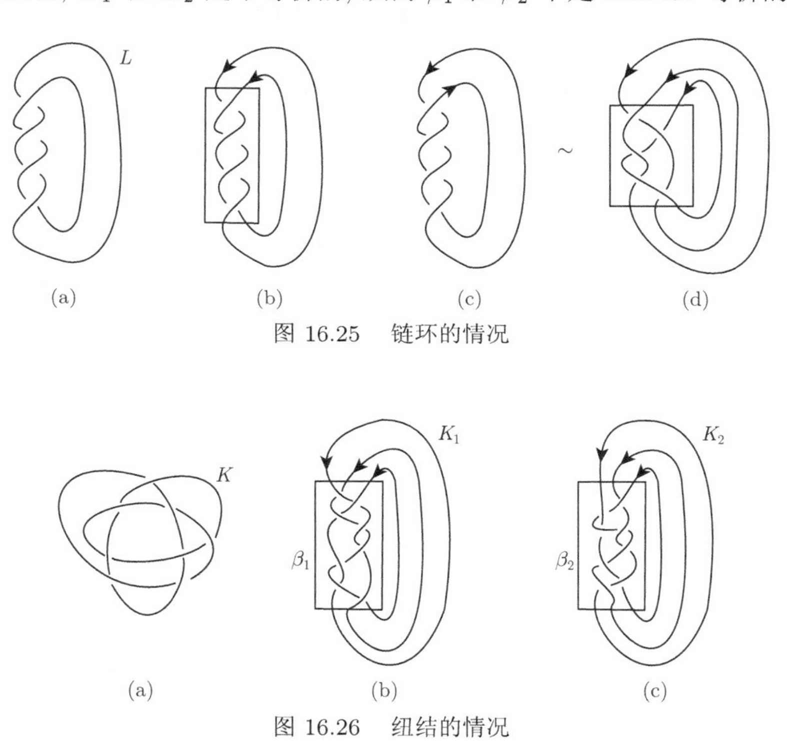

图 16.25 链环的情况

图 16.26 纽结的情况

第 17 章 映射类群理论初步

本章将简要介绍映射类群理论. 17.1 节给出映射类群的定义和简单例子; 17.2 节介绍 Dehn 扭转及基本性质; 17.3 节讨论映射类群的生成元集; 17.4 节讨论 Dehn-Nielsen-Baer 定理与 Nielsen-Thurston 分类定理的相关内容.

17.1 映射类群的定义和简单例子

设 S 为一个定向闭曲面. 令 $\mathrm{Homeo}(S)$ 表示 S 的所有自同胚构成的集合. $\mathrm{Homeo}(S)$ 在映射复合下构成一个群. 若赋予 $\mathrm{Homeo}(S)$ 紧致-开拓扑, $\mathrm{Homeo}(S)$ 是一个拓扑群. 在 $\mathrm{Homeo}(S)$ 上定义一个等价关系如下: $f,g\in\mathrm{Homeo}(S)$, $f\sim g$ 当且仅当 $\mathrm{Homeo}(S)$ 中存在一个从 f 到 g 的道路, 即 f 和 g 在 $\mathrm{Homeo}(S)$ 的同一个道路分支中. 通常也称这样的 f 和 g 是同痕的.

定义 17.1 映射类群

称 $\mathrm{Homeo}(S)/\sim$ 为曲面 S 的映射类群, 并记作 $\mathrm{Mod}(S)$.

注意, $\mathrm{Mod}(S)$ 仍是一个群, 其中两个类的乘积结果为其代表相乘所在的类, 每个类的逆为其代表的逆所在的类, 单位元为恒等同胚所在的类. 等价地, $\mathrm{Mod}(S)$ 就是 $\mathrm{Homeo}(S)$ 的道路分支空间或同痕类空间, 也记作 $\pi_0(\mathrm{Homeo}(S))$.

对于可定向曲面 S, 用 $\mathrm{Mod}^+(S)=\pi_0(\mathrm{Homeo}^+(S))$ 表示 S 的所有保向自同胚的道路分支构成的映射类群. 对于不可定向曲面 S, $\mathrm{Mod}^+(S)$ 无意义.

为简单记, 特别约定, 对于紧致带边曲面, $\mathrm{Mod}(S)$ 表示的是 S 的保向且保持边界点不动的所有自同胚的道路分支构成的映射类群.

例 17.1 设 $D^2=S_{0,1}$ 为单位圆盘. 则 $\mathrm{Mod}(D^2)=1$.

设 $f:D^2\to D^2$ 为一个自同胚, 且 $f|_{D^2}=\mathrm{id}$. 定义映射 F 如下:

$$F(x,t)=\begin{cases}(1-t)f\left(\dfrac{x}{1-t}\right), & 0\leqslant|x|<1-t,0\leqslant t<1,\\ x, & 1-t\leqslant|x|\leqslant 1,0\leqslant t\leqslant 1.\end{cases}$$

则容易验证, F 是一个从 f 到 id_{D^2} 的同痕.

上述证明中的技巧被称为 Alexander 技巧. 如图 17.1 所示, 直观看就是在高度 t 上, 在半径为 $1-t$ 的同心圆内利用给定的 f 做变换, 而在该圆外则施行恒等变换. 从 F 的表达式也可以看出, Alexander 技巧适用于所有维数的单位球体. 利用 Alexander 技巧可类似地证明圆片内部去掉一点 (一次穿孔圆盘) 的映射类群也是平凡的. 进一步, 还可以证明 $\mathrm{Mod}(S^2)=\mathbb{Z}_2=\{-1,1\}$, $\mathrm{Mod}^+(S^2)=1$, 其中 1 表示恒等映射所在的类, -1 表示对径映射所在的类, 是反向的.

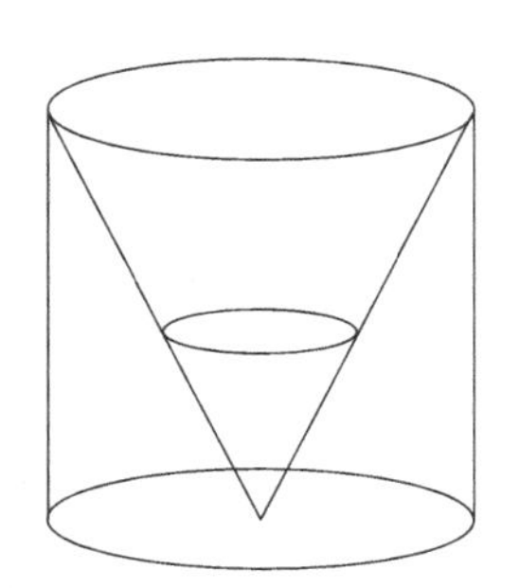

图 17.1 Alexander 技巧

例 17.2 $\mathrm{Mod}(S_{0,2})\cong\mathbb{Z}$.

设 $S_{0,2}=A=\left\{(x,y)\in\mathbb{R}^2:\dfrac{1}{2}\leqslant x^2+y^2\leqslant 1\right\}$, $\alpha:I\to A$, $\alpha(t)=\left(0,1-\dfrac{1}{2}t\right),t\in I$. 又记 $P=(0,1)$, $Q=\left(0,\dfrac{1}{2}\right)$. α 是 A 上从 P 到 Q 的道路 (简单弧). 任取自同胚 $f:A\to A$, $f|_{\partial A}=\mathrm{id}_{\partial A}$. 令 $\beta_f=f\circ\alpha$, 则 β_f 仍是 A 上从 P 到 Q 的简单道路. 再令 $\gamma_f=(f\circ\alpha)\cdot\alpha^{-1}$, 则 $[\gamma_f]\in\pi_1(A,P)$.

令 $\phi:\mathrm{Mod}(A)\to\pi_1(A,P)$, $\phi([f])=[\gamma_f]$. 验证 ϕ 是一个同构.

例 17.3 设 $S_1=\mathbb{T}$ 为环面. 则 $\mathrm{Mod}^+(\mathbb{T})\cong SL(2,\mathbb{Z})$, 其中 $SL(2,\mathbb{Z})$ 为 2 阶特殊线性群, 它由所有行列式为 1 的 2 阶整数方阵构成.

任取自同胚 $f:\mathbb{T}\to\mathbb{T}$, f 在 $H_1(\mathbb{T})$ 上诱导了一个自同构 $f_*:H_1(\mathbb{T})\to H_1(\mathbb{T})$. $H_1(\mathbb{T})\cong\mathbb{Z}^2$. 取定 $H_1(\mathbb{T})$ 的一个基 $\{\alpha,\beta\}$, 则有

$$f_*\begin{pmatrix}\alpha\\ \beta\end{pmatrix}=\begin{pmatrix}a & b\\ c & d\end{pmatrix}\begin{pmatrix}\alpha\\ \beta\end{pmatrix},$$

其中 $A_{f_*}=\begin{pmatrix}a & b\\ c & d\end{pmatrix}\in SL(2,\mathbb{Z})$.

令 $\phi:\mathrm{Mod}^+(\mathbb{T})\to SL(2,\mathbb{Z})$, $[f]\mapsto A_{f_*}$. 验证 ϕ 是一个同构.

(1) ϕ 是同态显然;

(2) ϕ 是满同态: 把 $\mathbb{T}=S^1\times S^1$ 看成 $\mathbb{Z}^2$ 作用的轨道空间, $(x,y)\sim(x',y')\Leftrightarrow x-x',y-y'\in\mathbb{Z}$. 则 $\forall B\in SL(2,\mathbb{Z})$, B 定义了一个线性同胚 $g:\mathbb{R}^2\to\mathbb{R}^2$, 使得

$$g\begin{pmatrix} x \\ y \end{pmatrix} = B\begin{pmatrix} x \\ y \end{pmatrix},$$

g 自然诱导了一个同胚 $f:\mathbb{T}^2\to\mathbb{T}^2$. 容易验证, $A_{f_*}=B$.

(3) ϕ 是单同态: 对于 $f\in \mathrm{Mod}^+(\mathbb{T})$, $A_{f_*}=E_2$. 因 $\pi_1(\mathbb{T}^2)$ 为交换群, 故 f 在 $\pi_1(\mathbb{T}^2)$ 上的作用是平凡的. 注意到泛覆盖映射 $p:\mathbb{R}^2\to\mathbb{T}^2, p(s,t)=(e^{2\pi si},e^{2\pi ti})$. f 可以提升为唯一一个同胚 $\tilde{f}:\mathbb{R}^2\to\mathbb{R}^2$, 使得 $\tilde{f}(0)=0$, 且 $\tilde{f}$ 是 $\mathbb{Z}^2$ 等变的. 从而在 $\mathbb{R}^2$ 上从 $\tilde{f}$ 到 id 的仿射同伦可以诱导在 $\mathbb{T}^2$ 上从 f 到 id 的同伦. 再注意到, $\mathbb{R}^2$ 上的同伦与同痕是一致的, 即得结论.

类似地, 有

例 17.4 (1) 设 $T^n=S^1\times S^1\times\cdots\times S^1$($n$ 个拷贝). 则 $\mathrm{Mod}^+(T^n)\cong SL(n,\mathbb{Z})$, 其中 $SL(n,\mathbb{Z})$ 为 n 阶特殊线性群, 它由所有行列式为 1 的 n 阶整数方阵构成; $\mathrm{Mod}(T^n)\cong GL(n,\mathbb{Z})$, 其中 $GL(n,\mathbb{Z})$ 为 n 阶一般线性群, 它由所有行列式为 ±1 的 n 阶整数方阵构成.

(2) $\mathrm{Mod}(\mathbb{P})=1$, 即射影平面的每个自同胚均合痕于恒等映射.

17.2 Dehn 扭转及基本性质

设 $A=S^1\times[0,1]$ 为平环. 通过嵌入映射 $(\theta,t)\mapsto(\theta,t+1)$ 把 A 嵌入到 (θ,r)-平面上, 其像 $A'=\{(x,y)\in\mathbb{R}^2:1\leqslant x^2+y^2\leqslant 2\}$ 为平面上的平环. 赋予 A' 由平面的标准定向诱导的定向, 它确定了 A 上一个定向. 设 $T:A\to A$, $T(\theta,t)=(\theta+2\pi t,t)$. 则 T 是 A 的一个保向自同胚, 且保持边界不动. 从定向上看, T 是一个左扭转. T 的作用如图 17.2 所示.

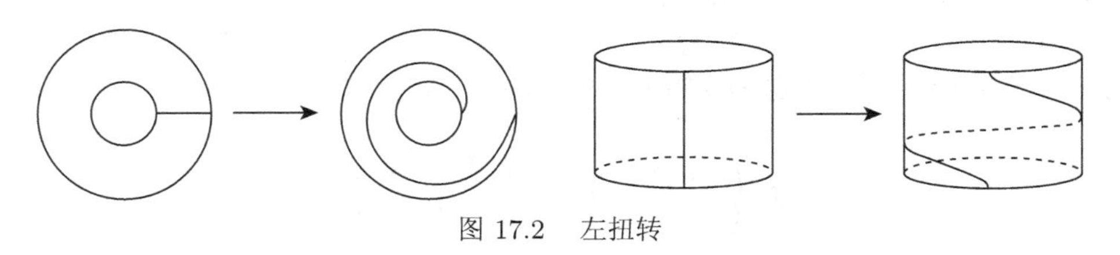

图 17.2 左扭转

类似地, 可以定义一个右扭转, 它是左扭转的逆.

定义 17.2 Dehn 扭转

设 S 为任意一个定向的曲面, α 是 S 上一条简单闭曲线. 设 N 为 α 在 S 上的一个正则邻域 ($\cong S^1\times I$). 取一个保向同胚 $h:A\to N$. 令 T_α 是如下定义

的映射：

$$T_\alpha(x) = \begin{cases} h \circ T \circ h^{-1}(x), & x \in N, \\ x, & x \in S \setminus N, \end{cases}$$

称 T_α 为沿 α 的一个 Dehn 扭转.

很显然, T_α 的效果就是在 N 上施行了一次扭转映射 T, 而 S 上 N 外的点保持不动.

S 上简单闭曲线 α 是所在的等价类, 记作 $a = [\alpha]$.

注记 17.1 T_α 的同痕类与 N, h 甚至 α 的同痕类 $a = [\alpha]$ 的代表元选取均无关, 这样就可以定义 $T_a = [T_\alpha]$. 在不至于混淆时, 我们也常用 T_α 代替 T_a.

T_α 的几何直观也可以这样看：如图 17.3 所示, 沿 α 切开曲面 S, 沿着一个切口扭转曲面 2π 角度, 再和另一个切口按原来的方式粘合上, 就得到经过 T_α 变换后的曲面.

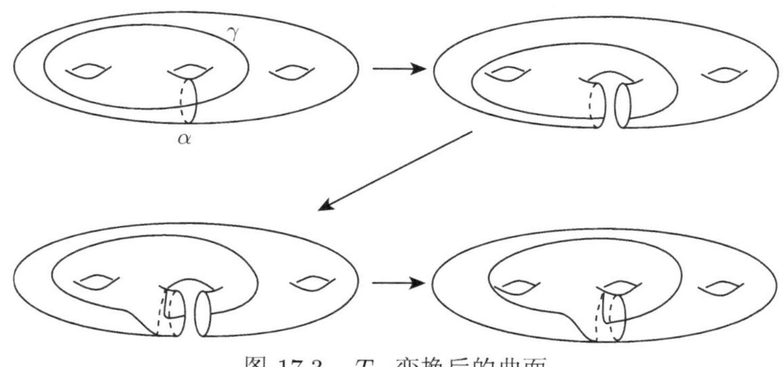

图 17.3 T_α 变换后的曲面

定义 17.3 几何相交数

设 a, b 是曲面 S 上两个简单闭曲线同痕类. 则存在 $\alpha \in a, \beta \in b$, 使得 α 和 β 处于一般位置, 且其交点个数

$$|\alpha \cap \beta| = \min\{|\alpha' \cap \beta'| : \alpha' \in a, \beta' \in b\},$$

则称 a 和 b 的几何相交数为 $|\alpha \cap \beta|$, 记作 $i(a, b)$, 称 α 和 β 实现了 a 和 b 的几何相交. 这时也称 α 和 β 是几何相交的.

曲面 S 上两条简单闭曲线 α 和 β 相交的一个二边形是指如图 17.4 所示的一个圆片 D, 其边界由 α 上一段弧 c 和 β 上一段弧 d 并成, $c \cap d = \partial c = \partial d$, D 的

内部不含 α 和 β 上的点.

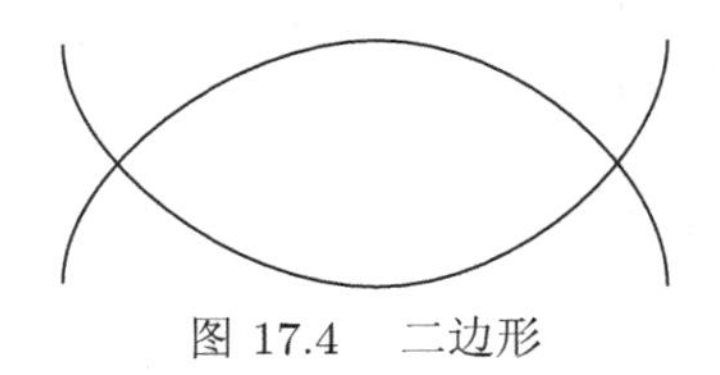

图 17.4 二边形

对于曲线的几何相交, 我们有

定理 17.1 (二边形判定标准) 曲面 S 上两条简单闭曲线 α 和 β 是几何相交的当且仅当 α 和 β 的相交没有任何二边形.

对于曲面 S 上两个简单闭曲线同痕类 a, b, 若 $\alpha \in a$ 和 $\beta \in b$ 实现了 a 和 b 的几何相交, 在不至于混淆的情况下, 我们也常用 $i(\alpha, \beta)$ 表示 $i(a, b)$.

设 S 为任意一个定向的曲面, α 是 S 上一条简单闭曲线. 如果 α 界定 S 上一个圆盘, 则显然 T_α 与恒等映射同痕, 即 T_α 是平凡的. 否则, 我们有如下的

定理 17.2 设 S 为任意一个定向的连通曲面, α 是 S 上一条简单闭曲线, a 是其同痕类. 如果 α 不界定 S 上一个圆盘 (即 α 是非平凡的), 则 T_a 在 $\mathrm{Mod}(S)$ 中是非平凡的.

证明 首先考虑 α 在 S 上是非分离的情形. 在 α 取一点 P. 此时, 沿 α 切开 S 所得的曲面 S' 是连通的, 故可取 S' 上一条真嵌入的简单弧 γ 连接点 P 的两个拷贝. 从而在 S 上, γ 就成为一条与 α 交于 P 点的简单闭曲线 β, 即 $i(\alpha, \beta) = 1$.

设 β 的同痕类为 b. $T_a(b)$ 曲线如图 17.5 所示. 注意到 $i(T_a(b), b) = 1$, 故 $T_a(b)$ 和 b 是不同痕的曲线. 这证明了 T_a 是非平凡的.

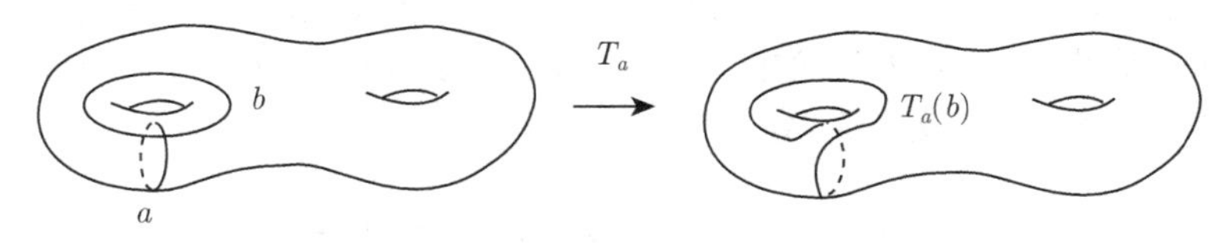

图 17.5 $T_a(b)$

下设 α 在 S 上是分离的. 若 α 不平行于 S 的任何边界分支, 则 S 上存在简单闭曲线 β, 使得 $i(\alpha, \beta) = 2$, 如图 17.6 左边所示. 考虑 $T_\alpha(\beta) = \beta'$, 如图 17.6 右边所示. 注意到 $i(T_a(b), b) = 4$, 故 $T_a(b)$ 和 b 是不同痕的曲线. 这证明了 T_a 是非平凡的.

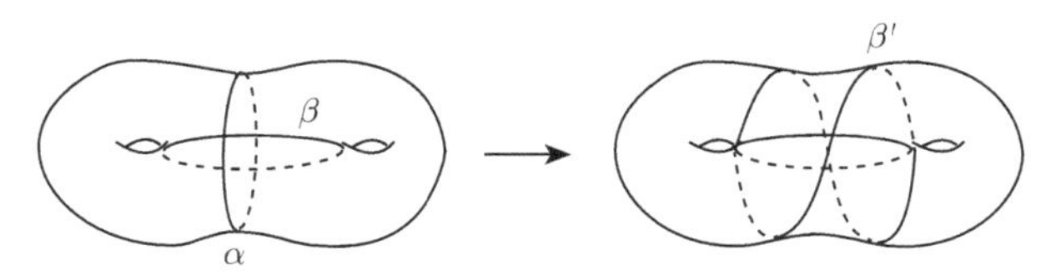

图 17.6 α 在 S 上是分离的

对于 α 在 S 上是分离的且 α 平行于 S 的一个边界分支 C 的情况, 分两种情形. ① S 为平环, 则由前面例 17.2, $\mathrm{Mod}(S) \cong \mathbb{Z}$, 且 T_a 为 $\mathrm{Mod}(S)$ 的生成元. ② S 不是平环, 令 $\overline{S}$ 为 S 的两个拷贝沿 C 相粘所得的曲面. 若 T_a 在 $\mathrm{Mod}(S)$ 中是平凡的, 则它在 $\mathrm{Mod}(\overline{S})$ 中也是平凡的, 与前种情况的结论矛盾. □

定理 17.2 的一个一般化是如下的定理.

定理 17.3 设 S 为任意一个定向的曲面, a, b 是 S 上的两个本质简单闭曲线同痕类. 则对任意 $k \in \mathbb{Z}$, 有 $i(T_a^k(b), b) = |k| i(a, b)^2$.

定理 17.3 的一个直接推论就是

推论 17.1 设 S 为任意一个定向的曲面, a 是 S 上的一个非平凡简单闭曲线同痕类. 则 T_a 在 $\mathrm{Mod}(S)$ 中是无限阶的.

证明 不妨设 $k > 0$. 分别选取 a 和 b 的代表 α 和 β, 使得 $i(\alpha, \beta) = i(a, b)$. 为简单记, 在 $k = 1$ 和 $i(\alpha, \beta) = 3$ 的情况构造 $T_\alpha(\beta) = \beta'$ 如图 17.7 所示：在 α 的同一侧取 α 的三个拷贝, 取 β 的一个拷贝, 按如图 17.7 所示的方式断开、再接上, 得到 β'.

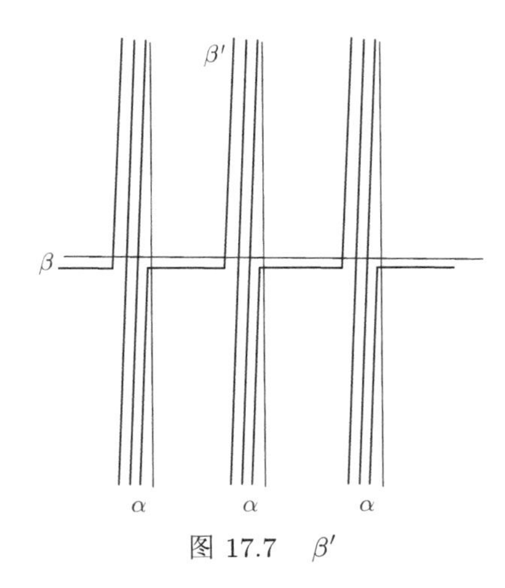

图 17.7 β'

简单计数即知 $|\beta \cap \beta'| = i(a,b)^2$, 即 $i(T_\alpha(\beta),\beta) = i(a,b)^2$. 注意到, $i(T_\alpha(\beta),\alpha) = i(a,b)$, 故 $i(T_\alpha^2(\beta),\beta) = 2i(a,b)^2$. 一般情形同理有 $i(T_a^k(b),b) = |k|i(a,b)^2$. 需要注意的是, 要说明如上的 β' 与 β 处于相交最少的位置, 需排除有二边形的情形. □

下面介绍 Dehn 扭转的一些基本性质.

命题 17.1　设 a,b 为 S 上的简单闭曲线同痕类, 则有 $T_a = T_b \Leftrightarrow a = b$.

证明　充分性显然. 下设 $T_a = T_b$. 若 $a \neq b$, 我们将寻找简单闭曲线同痕类 c, 使得 $i(a,c) = 0$, $i(b,c) \neq 0$. 分两种情况：

(1) $i(a,b) \neq 0$. 取 $c = a$.

(2) $i(a,b) = 0$. 此时, 容易找到简单闭曲线同痕类 c, 使得

$$i(a,c) = 0, \quad i(b,c) \neq 0.$$

对于这样的 c, 应用曲线在 Dehn 扭转前后的相交数公式, 即有

$$i(T_a(c),c) = i(a,c)^2 = 0 \neq i(b,c)^2 = i(T_b(c),c).$$

由此知, $T_a \neq T_b$. □

命题 17.2　设 $f \in \mathrm{Mod}(S)$, a 为 S 上的简单闭曲线同痕类. 则有 $T_{f(a)} = fT_af^{-1}$.

证明　只需选取代表进行验证即可. 取 f 的一个代表 ϕ, a 的一个代表 α, 以及 T_a 的一个代表 ψ_α. 设 N 是 α 的一个正则邻域, ψ_α 在 N 上是一个扭转, ψ_α 在 N 外为恒等. 则

(1) $\phi\psi_\alpha\phi^{-1}$ 在 $\phi(N)$ 上的作用效果为先把 $\phi(N)$ 拉回到 N, 再用 ψ_α 在 N 上扭转一下, 再用 ϕ 把 $\psi_\alpha(N)$ 送回到 $\phi(N)$, 结果就是 $\phi(N)$ 上的 Dehn 扭转 $T_{\phi(\alpha)}$;

(2) 而在 $\phi(N)$ 外, $\phi\psi_\alpha\phi^{-1}$ 作用的效果与恒等映射相同,

故 $\phi\psi_\alpha\phi^{-1}$ 的整体上的效果就是 S 上的 $T_{f(a)}$. □

命题 17.3　设 $f \in \mathrm{Mod}(S)$、a 为 S 上的简单闭曲线同痕类. 则有 $fT_a = T_af \Leftrightarrow f(a) = a$.

证明　由命题 17.1、命题 17.2, 我们有

$$fT_a = T_af \Leftrightarrow fT_af^{-1} = T_a \Leftrightarrow T_{f(a)} = T_a \Leftrightarrow f(a) = a. \qquad \square$$

注记 17.2 设 a 和 b 都是 S 上的非分离的简单闭曲线同痕类. 由曲面的性质可知存在 $h \in \mathrm{Mod}(S)$, 使得 $h(a) = b$. 这样由命题 17.2 可知, $T_b = hT_ah^{-1}$, 即 T_a 和 T_b 总是共轭的. 该结论对于有相同拓扑型的两个分离的简单闭曲线同痕类 a 和 b (即存在 $h \in \mathrm{Mod}(S)$, 使得 $h(a) = b$) 也成立.

命题 17.4 设 a, b 为 S 上的简单闭曲线同痕类. 则有

$$i(a,b) = 0 \Leftrightarrow T_a(b) = b \Leftrightarrow T_aT_b = T_bT_a.$$

证明 一方面, 由 $i(a,b) = 0$ 显然可知 $T_a(b) = b$.

反之, 若 $T_a(b) = b$, 则 $i(T_a(b), b) = i(b,b) = 0$. 由曲线在 Dehn 扭转前后的相交数公式, $i(T_a(b), b) = i(a,b)^2$, 从而 $i(a,b) = 0$.

取命题 17.3 中的 $f = T_b$, 则 $T_b(a) = a$ 成立当且仅当 $T_bT_a = T_aT_b$ 成立. 将 a, b 对换, 即有 $T_a(b) = b$ 成立当且仅当 $T_bT_a = T_aT_b$ 成立. □

前述 Dehn 扭转的性质对 Dehn 扭转的幂也成立, 即有

命题 17.5 设 a, b 为 S 上的简单闭曲线同痕类.

(1) 对任意 $f \in \mathrm{Mod}(S)$, $j \in \mathbb{Z}$, 有 $fT_a^jf^{-1} = T_{f(a)}^j$;

(2) 对任意 $f \in \mathrm{Mod}(S)$, $0 \neq j \in \mathbb{Z}$, 有 $fT_a^j = T_a^jf \Leftrightarrow f(a) = a$;

(3) 对 $0 \neq j, k \in \mathbb{Z}$, 有 $T_a^j = T_b^k \Leftrightarrow a = b$ 且 $j = k$;

(4) 对 $0 \neq j, k \in \mathbb{Z}$, 有 $T_a^jT_b^k = T_b^kT_a^j \Leftrightarrow i(a,b) = 0$. □

上述性质的证明与前面性质的证明类似, 证明留作练习.

命题 17.6 设 a, b 为 S 上的简单闭曲线同痕类, $i(a,b) = 1$. 则有 $T_aT_bT_a = T_bT_aT_b$.

称上式为 Dehn 扭转的辫关系式.

证明 关系式 $T_aT_bT_a = T_bT_aT_b$ 等价于 $(T_aT_b)T_a(T_aT_b)^{-1} = T_b$. 由命题 17.2, 它又等价于 $T_{T_aT_b(a)} = T_b$. 再由命题 17.1, 它又等价于 $i(a,b) = 1$ 时, $T_aT_b(a) = b$, 验证最后这个式子的成立, 如图 17.8 所示. □

从辫关系式的证明中, 知道它有如下的等价形式: 设 a, b 为 S 上的简单闭曲线同痕类, $i(a,b) = 1$, 则有 $T_aT_b(a) = b$. 下面的定理表明, 其逆也成立.

定理 17.4[67](McCarthy, 1986) 设 a, b 为曲面 S 上的不同的简单闭曲线同痕类, 其 Dehn 扭转 T_a 和 T_b 满足 $T_aT_b(a) = b$. 则有 $i(a,b) = 1$.

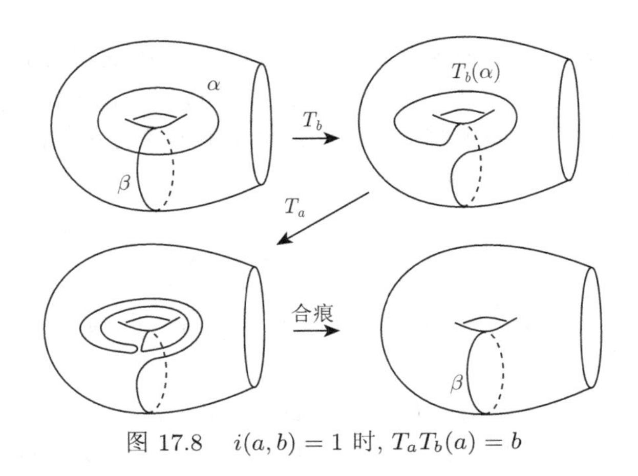

图 17.8　$i(a,b)=1$ 时, $T_aT_b(a)=b$

证明　因 $T_aT_b(a)=b$, 故

$$i(a,T_aT_b(a))=i(a,b).$$

用 T_a^{-1} 同时作用在上式两边的左侧, 得到

$$i(T_a^{-1}a,T_a^{-1}T_aT_b(a))=i(T_a^{-1}(a),T_a^{-1}(b)),$$

从而有

$$i(a,T_b(a))=i(a,b).$$

再由曲线在 Dehn 扭转前后的相交数公式, 就有

$$i(a,b)^2=i(a,b).$$

这样, $i(a,b)=0$ 或 1. 若有 $i(a,b)=0$, 因 $T_aT_b(a)=b$ 等价于 $T_aT_bT_a=T_bT_aT_b$, 故有 $T_a=T_b$, 从而 $a=b$, 与假设矛盾. 这样, 就只能 $i(a,b)=1$ 成立. □

设 a,b 为可定向曲面 S 上的两个非平凡的简单闭曲线同痕类, 其对应的 Dehn 扭转分别为 T_a 和 T_b. T_a 和 T_b 生成的 $\mathrm{Mod}(s)$ 的子群为 $\langle T_a,T_b\rangle$, 则有

(1) 当 $a=b$ 时, 因 $T_a^j=T_b^k\Leftrightarrow a=b$ 且 $j=k$, 故 $\langle T_a,T_b\rangle\cong\mathbb{Z}$;

(2) 当 $a\neq b$ 且 $i(a,b)=0$ 时, 因 $T_aT_b=T_bT_a$, 且有 $T_a^j=T_b^k\Leftrightarrow a=b$ 且 $j=k$, 故 $\langle T_a,T_b\rangle\cong\mathbb{Z}^2$;

(3) 当 $i(a,b)=1$, $\langle T_a,T_b\rangle\cong\langle x,y|xyx=yxy\rangle\cong\mathrm{Mod}^+(S_{1,1})$.

对于 $i(a,b)\geqslant 2$ 的情形, 有如下的

定理 17.5 设 a, b 为曲面 S 上的两个简单闭曲线同痕类, 其 Dehn 扭转分别为 T_a 和 T_b. 若 $i(a,b) \geqslant 2$, 则 $\langle T_a, T_b \rangle$ 同构于秩为 2 的自由群 F_2.

17.3 映射类群的生成元集

先看环面的情形.

定理 17.6 设 a, b 为环面 $\mathbb{T}$ 上的经线和纬线的简单闭曲线同痕类, 其 Dehn 扭转 T_a 和 T_b 是 $\mathrm{Mod}^+(\mathbb{T})$ 的生成元集.

证明 由前面的证明, $\mathrm{Mod}^+(\mathbb{T}) \cong SL(2,\mathbb{Z})$. 选择经线 a 和纬线 b 为 $H_1(\mathbb{T})$ 的生成元集, 则容易看到, T_a, T_b 对应的 $SL(2,\mathbb{Z})$ 中的矩阵分别是

$$\begin{pmatrix} 1 & 1 \\ 0 & 1 \end{pmatrix}, \quad \begin{pmatrix} 1 & 0 \\ -1 & 1 \end{pmatrix}.$$

另一方面, 众所周知, 这两个矩阵恰好就是 $SL(2,\mathbb{Z})$ 的一个生成元集. 由代数的同构对应即知, T_a 和 T_b 是 $\mathrm{Mod}^+(\mathbb{T})$ 的生成元集. □

称 S 上一个同痕于有限多个 Dehn 扭转的复合的自同胚为一个 c-同胚.

引理 17.1 设 S 为紧致连通定向的曲面, α, β 是 S 上两条均非分离的简单闭曲线. 则存 S 上一个 c-同胚 h, 使得 $h(\alpha) = \beta$.

证明 分三种情况:

情况 1. $i(\alpha,\beta) = 1$. 由命题 17.6, $T_\alpha T_\beta(\alpha) = \beta$. 结论成立.

情况 2. $i(\alpha,\beta) = 0$, 即 α 和 β 不交. 沿 α 切开 S 得到连通曲面 S'. 如果 β 在 S' 上是分离的, 则选取 S' 上如图 17.9(a) 所示的简单弧 γ, 在 S 上, γ 是一条简单闭曲线, $i(\alpha,\gamma) = 1$ 且 $i(\gamma,\beta) = 1$, 由情况 1, 结论成立.

如果 β 在 S' 上是非分离的, 则选取 S' 上如图 17.9 (b) 所示的简单弧 γ, 在 S 上, γ 是一条简单闭曲线, $i(\alpha,\gamma) = 1$ 且 $i(\gamma,\beta) = 1$, 结论同样成立.

情况 3. $i(\alpha,\beta) = n \geqslant 2$. 由情况 1 和情况 2, 可归纳假设结论对于 S 上交点数小于 n 的两条非分离的简单闭曲线成立.

如图 17.10 所示, 选取 α 和 β 的两个交点 P 和 Q, 使得 P 和 Q 在 β 上是相邻的, 即 P 和 Q 界定 β 上一段弧 l, l 的内部与 α 不交.

P 和 Q 把 α 分成两段弧 α_1 和 α_2. 令 $\gamma_1 = \alpha_1 \cup l$, $\gamma_2 = \alpha_2 \cup l$. 则 γ_1 和 γ_2 都是简单闭曲线, 且其中至少有一条在 S 上仍是非分离的. 否则, α 在 S 上也是分离的, 与假设矛盾.

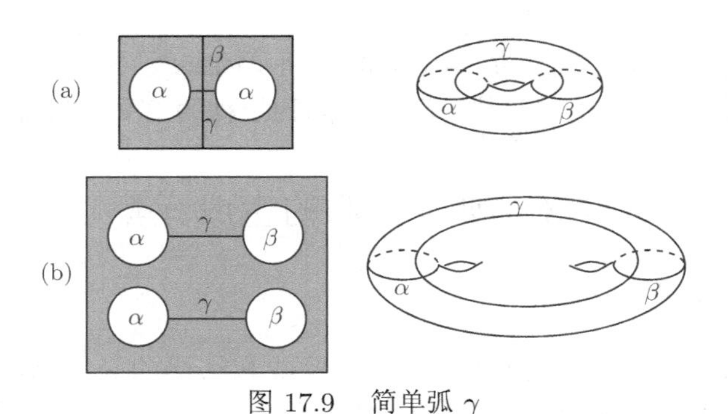

图 17.9 简单弧 γ

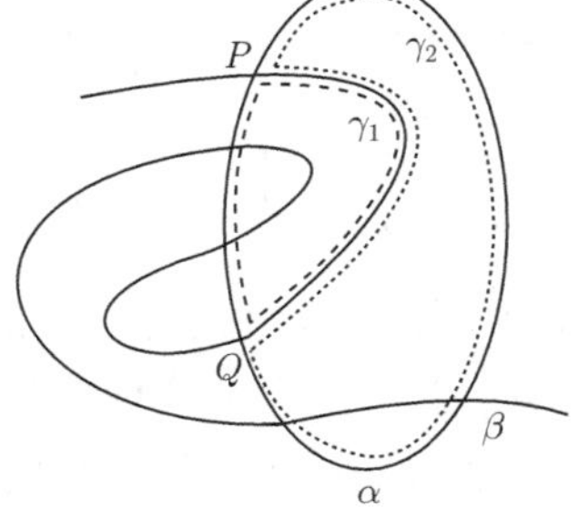

图 17.10 交点 P 和 Q

不妨假设 γ_1 在 S 上是非分离的. 下面分两种情况讨论:

(1) l 的两个端点的局部在 α 的同一侧, 如图 17.11(a) 所示. 此时, 如图 17.11 所示向内侧稍微同痕移动一下 γ_1 得到 γ. 则显见, $i(\alpha,\gamma)=0$, $i(\beta,\gamma)\leqslant i(\alpha,\beta)-2$. 由归纳假设, 存在 c-同胚 $h_1:S\to S$ 和 $h_2:S\to S$, 使得 $h_1(\alpha)=\gamma$, $h_2(\gamma)=\beta$. 这样, $h=h_2\circ h_1$ 把 α 送到 β.

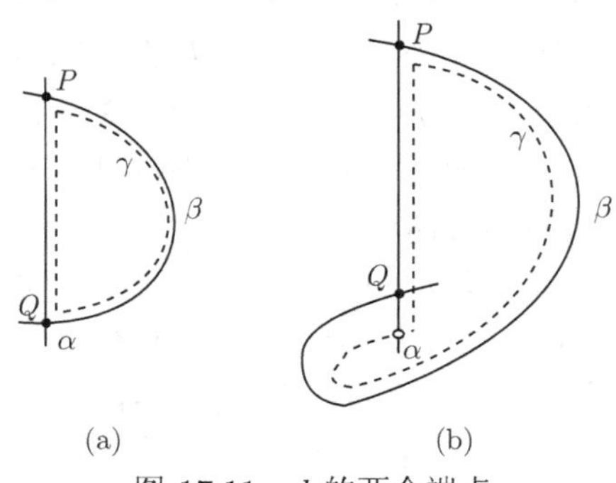

图 17.11 l 的两个端点

(2) l 的两个端点的局部在 α 的不同侧, 如图 17.11(b) 所示. 此时, 如图 17.11 所示稍微同痕移动一下 γ_1 得到 γ. 则显见, $i(\alpha,\gamma)=1$, $i(\beta,\gamma)\leqslant i(\alpha,\beta)-1$. 同样由归纳可知结论成立. □

下面是著名的 Dehn-Lickorish 定理.

定理 17.7 (Dehn-Lickorish 定理) 设 S 为紧致连通定向的曲面, $h\in \mathrm{Mod}^+(S)$. 则 h 同痕于有限多个 Dehn 扭转的复合. 从而 S 上的所有 Dehn 扭转生成 $\mathrm{Mod}^+(S)$.

证明 **步骤 1** $\mathrm{Mod}^+(S_{0,n})(n\geqslant 2)$ 由 $S_{0,n}$ 的简单闭曲线的 Dehn 扭转生成 (证明略).

步骤 2 设 $S=S_{g,b}, g>0$, 对 S 的亏格 g 进行归纳.

取 $h\in \mathrm{Mod}^+(S)$. 在 S 上选取 g 条均非分离的互不相交的简单闭曲线 $m_1,\cdots,m_g$, 使得沿 $m_1,\cdots,m_g$ 切开 S 得到一个平面曲面 $F=S_{0,2g+b}$. $h(m_1)$ 也是 S 上非分离的简单闭曲线. 由引理 17.1, 存在 c-同胚 $f_1:S\to S$, 使得 $f_1(h(m_1))=m_1$.

(1) 首先考虑 $f_1(h(m_1))$ 与 m_1 定向一致的情况. 选取一个同痕于 f_1 的 S 的自同胚 f_1', 使得 $f_1'\circ h$ 在 m_1 上是恒等. 因 $f_1'\circ h$ 是保向的, $f_1'\circ h$ 把 m_1 的两侧分别映到原来一侧. 设沿 m_1 切开 S 得到的曲面为 F_1, 则 $f_1'\circ h$ 也诱导了 F_1 上的保向自同胚 f_1'', 且 f_1'' 保持边界点不动. 由归纳假设或步骤 1, f_1'' 是 F_1 上的 c-同胚 f_1^*, 从而 $f_1'\circ h=T_{m_1}^i\circ f_1^*$, 结论得证.

(2) 下面考虑 $f_1(h(m_1))$ 与 m_1 定向不一致的情况.

因 $\alpha=m_1$ 不分离 S, 存在 S 上一条定向的简单闭曲线 β, 使得 $i(\alpha,\beta)=1$. 记把 α,β 的定向反过来的曲线分别为 α^{-1},β^{-1}. 则从图 17.12 可以看到

$$T_\beta T_\alpha T_\beta(\alpha,\beta)=(\beta,\alpha^{-1}),$$

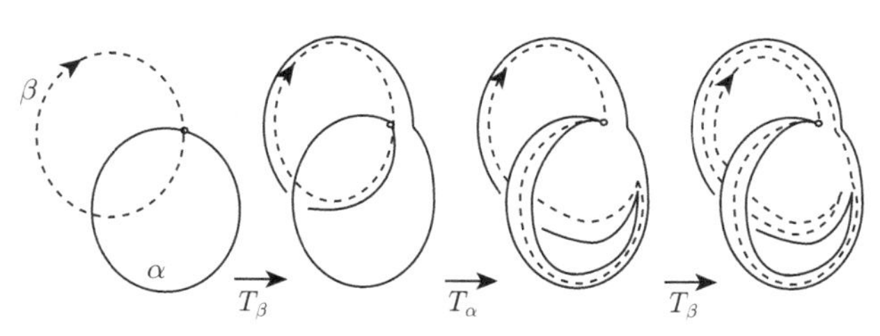

图 17.12 $T_\beta T_\alpha T_\beta(\alpha,\beta)=(\beta,\alpha^{-1})$

从而

$$(T_\beta T_\alpha T_\beta)^2(\alpha,\beta)=(\alpha^{-1},\beta^{-1}),$$

从而约化到 (1) 的情况. □

定理 17.8 (Lickorish 定理)　设 S 为亏格为 $g \geqslant 1$ 的定向闭曲面, 则沿如图 17.13 所示的 $3g-1$ 条简单闭曲线的同痕类

$$a_1, \cdots, a_g, m_1, \cdots, m_g, c_1, \cdots, c_{g-1}$$

的 Dehn 扭转是 $\mathrm{Mod}(S)$ 的生成元集.

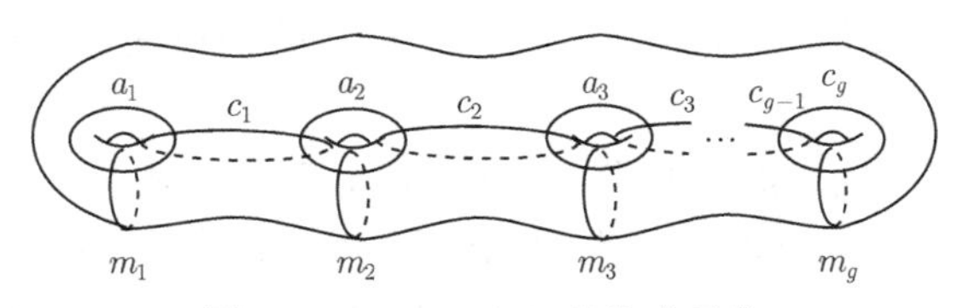

图 17.13　$\mathrm{Mod}(S)$ 的生成元集

下面是改进的定理:

定理 17.9 (Humphries 定理)　设 S 是亏格为 $g \geqslant 1$ 的定向闭曲面, 则沿如图 17.14 所示的 $2g+1$ 条简单闭曲线的同痕类

$$a_1, \cdots, a_g, c_1, \cdots, c_{g-1}, m_1, m_2$$

的 Dehn 扭转是 $\mathrm{Mod}(S)$ 的生成元集.

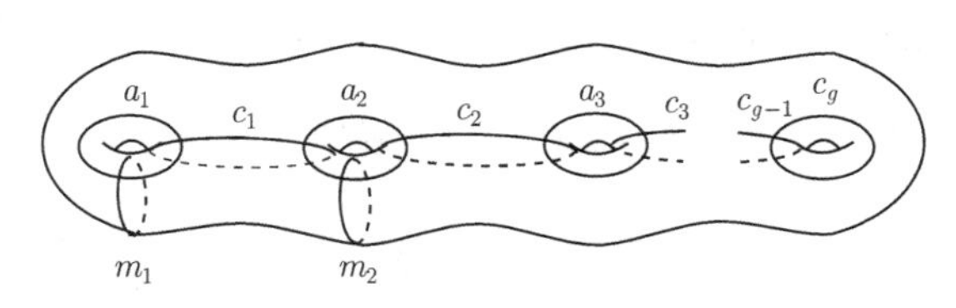

图 17.14　$\mathrm{Mod}(S)$ 的生成元集

推论 17.2　设 S 是亏格为 $g \geqslant 1$ 的定向闭曲面. 则 $\mathrm{Mod}(S)$ 是有限表示群.

注记 17.3　(1) Dehn [21] 最早给出 $\mathrm{Mod}(S_{g,0})(g \geqslant 3)$ 的包含 $2g(g-1)$ 多个 Dehn 扭转的生成元集;

(2) Lickorish [62] 给出 $\mathrm{Mod}(S_{g,0})(g \geqslant 1)$ 的包含 $3g-1$ 多个 Dehn 扭转的生成元集;

(3) Humphries [42] 给出 $\mathrm{Mod}(S_{g,0})(g \geqslant 1)$ 的包含 $2g+1$ 多个 Dehn 扭转的生成元集, 并证明了这是 $\mathrm{Mod}(S_{g,0})(g \geqslant 1)$ 的由 Dehn 扭转作为生成元集的个数最少的生成元集;

(4) 如果允许非 Dehn 扭转的生成元, Lickorish [62] 注意到 $\mathrm{Mod}(S_{g,0})(g \geqslant 1)$ 有一个含 4 个成员的生成元集, 其中 3 个为 Dehn 扭转, 另一个有有限阶;

(5) Lu [63] 证明了 $\mathrm{Mod}(S_{g,0})(g \geqslant 1)$ 有一个含 3 个成员的生成元集, 其中 2 个有有限阶;

(6) Wajnryb [112] 证明了 $\mathrm{Mod}(S_{g,0})(g \geqslant 1)$ 有一个含 2 个成员的生成元集, 其中 1 个有有限阶.

17.4 Dehn-Nielsen-Baer 定理与 Nielsen-Thurston 分类定理

17.4.1 Dehn-Nielsen-Baer 定理

设 S 为可定向闭曲面. $\mathrm{Mod}^+(S) \subset \mathrm{Mod}(S)$. $\mathrm{Mod}^+(S)$ 是 $\mathrm{Mod}(S)$ 的 2 阶子群. 事实上, 存在一个短正合序列

$$1 \to \mathrm{Mod}^+(S) \to \mathrm{Mod}(S) \to \mathbb{Z}_2 \to 1.$$

对于带边曲面 S, 因在边界上恒等的自同胚都是保向的, 故 $\mathrm{Mod}(S) = \mathrm{Mod}^+(S)$.

例 17.5 (1) $\mathrm{Mod}^+(S^2) = 1$, $\mathrm{Mod}(S^2) \cong \mathbb{Z}_2$;

(2) $\mathrm{Mod}^+(\mathbb{T}) \cong SL(2,\mathbb{Z})$, $\mathrm{Mod}(\mathbb{T}) \cong GL(2,\mathbb{Z})$;

(3) $\mathrm{Mod}^+(S_{0,2}) = \mathrm{Mod}(S_{0,2}) \cong \mathbb{Z}$, 其中 $S_{0,2} \cong S^1 \times I$.

定义 17.4 自同构与内自同构

设 G 为一个群, 用 $\mathrm{Aut}(G)$ 表示 G 的所有自同构构成的群, 称之为 G 的自同构群. 对于一个 $h \in G$ 和任意的 $g \in G$, 如下对应

$$g \mapsto hgh^{-1}$$

确定了 G 的一个自同构 $I_h : G \to G$, 称为是 G 的一个内自同构.

对于 $\phi \in \mathrm{Aut}(G)$, $h \in G$, $\forall g \in G$,

$$\begin{aligned}\phi \circ I_h \circ \phi^{-1}(g) &= \phi \circ I_h(\phi^{-1}(g)) = \phi(h\phi^{-1}(g)h^{-1}) \\ &= \phi(h)g\phi^{-1}(h), \quad \text{即有 } \phi \circ I_h \circ \phi^{-1} = I_{\phi(h)}.\end{aligned}$$

这样, G 的内自同构群是 $\mathrm{Aut}(G)$ 的正规子群, 记作 $\mathrm{Inn}(G)$.

定义 17.5 外自同构群

称商群 $\mathrm{Aut}(G)/\mathrm{Inn}(G)$ 为 G 的外自同构群, 并记作 $\mathrm{Out}(G)$.

$\mathrm{Out}(G)$ 实际上是 $\mathrm{Aut}(G)$ 模掉共轭自同构的商群. 注意, $\mathrm{Out}(G)$ 不能直接作用在 G 中的元素上, 但可以作用在 G 中的元素的共轭类上.

设 $S=S_g$, $g\geqslant 1$. S 的泛覆盖是可缩的, 故 S 为 $K(\pi_1(S),1)$ 空间. 这样就有如下的 1-1 对应:

$$\{S \text{ 到 } S \text{ 连续映射的自由同伦类}\}\leftrightarrow\{\text{同态 } \pi_1(S)\to\pi_1(S) \text{ 的共轭类}\}.$$

取定 $p\in S$, 任取自同胚 $\phi: S\to S$, 设 γ 为 S 上从 p 到 $\phi(p)$ 的一个道路, 则可以按 $\phi_*([\alpha])=[\gamma\cdot\phi(\alpha)\cdot\gamma^{-1}]$ 方式定义一个同态 $\phi_*:\pi_1(S,p)\to\pi_1(S,p)$. 对于固定的 ϕ, 不同的 γ 确定的 ϕ_* 相差一个共轭.

ϕ 是同胚, 故 ϕ_* 是一个自同构. 这样, 就定义了一个同态

$$\sigma:\mathrm{Mod}(S)\to\mathrm{Out}(\pi_1(S)),\quad \sigma(\phi)=[\phi_*].$$

下面的 Dehn-Nielsen-Baer 定理在拓扑对象 $\mathrm{Mod}(S_g)$ 与纯代数的对象 $\mathrm{Out}(\pi_1(S_g))$ 之间架起了沟通桥梁.

定理 17.10 (Dehn-Nielsen-Baer 定理) 设 $g\geqslant 1$. 则

$$\sigma:\mathrm{Mod}(S)\to\mathrm{Out}(\pi_1(S))$$

是一个群同构.

注记 17.4 (1) 当 $g=0$ 时, 定理结论不成立,

$$\mathrm{Mod}(S^2)\cong\mathbb{Z}_2\neq 1\cong\mathrm{Out}(\pi_1(S^2)).$$

(2) 满同态的证明最早由 Dehn 给出, 但 Nielsen[127] 的证明的确先发表出来. 单同态由 Baer[128] 证明. 详细证明参见 [25] 或 [44].

17.4.2 Nielsen-Thurston 分类定理

先看环面 $\mathbb{T}$ 的情形. 环面 $\mathbb{T}$ 可看作是平面 $\mathbb{R}^2$ 在 $\mathbb{Z}^2$(格子框架) 作用下的商空间 (也称为轨道空间)$\mathbb{R}^2/\sim$, 其中 "$\sim$" 定义如下:

$$\forall (x,y),(x',y')\in\mathbb{R}^2,\quad (x,y)\sim(x',y')\Leftrightarrow(x-x',y-y')\in\mathbb{Z}\oplus\mathbb{Z}.$$

这样定义的商映射 $\pi:\mathbb{R}^2\to\mathbb{T}$ 是泛覆盖映射.

前面介绍过, $\mathrm{Mod}(\mathbb{T}) \overset{\varphi}{\cong} GL(2,\mathbb{Z})$, 其中 $\phi \in \mathrm{Mod}(\mathbb{T})$, $\varphi(\phi)$ 为 ϕ 在 $H_1(\mathbb{T})$ 上诱导了自同构 $\phi_*: H_1(\mathbb{T}) \to H_1(\mathbb{T})$ 在取定 $H_1(\mathbb{T}) \cong \mathbb{Z}^2$ 的一个基 (如 $\{\alpha, \beta\}$, 其中 α 为经线, β 为纬线) 下对应的 2 阶方阵 A_ϕ, $GL(2,\mathbb{Z})$ 为 2 阶一般线性群, 它由所有行列式为 ± 1 的 2 阶整数方阵构成, 且 $\phi \in \mathrm{Mod}^+(\mathbb{T})$ 当且仅当 $\varphi(\phi)$ 为行列式为 1 的 2 阶整数方阵, 即 $\varphi(\phi) \in SL(2,\mathbb{Z})$.

取 $\phi \in \mathrm{Mod}^+(\mathbb{T})$, $A_\phi = \varphi(\phi) \in SL(2,\mathbb{Z})$. 则有

$$A = A_\phi = \begin{pmatrix} p & r \\ q & s \end{pmatrix}, \quad 其中 \det A = 1,$$

从而 $ps - qr = 1$, 即 p, q 是互素的整数.

设

$$A = A_\phi = \begin{pmatrix} p & r \\ q & s \end{pmatrix}.$$

则 A 的特征多项式 $t^2 - (p+s)t + (ps - rq)$ 可以重写为

$$f(t) = t^2 - (\mathrm{trace}(A))t + 1, 其中\ \mathrm{trace}(A)\ 为\ A\ 的迹.$$

设 A 的两个特征值分别为 λ_1, λ_2, 则 $\lambda_1\lambda_2 = 1$, $\lambda_2 = \lambda_1^{-1}$. A 的特征值 λ_1 和 λ_2 可分为三种情况.

情况 1 λ_1 和 λ_2 都是复数, 此时 $\lambda_1 = \overline{\lambda_2}$, $\lambda_1 \neq \lambda_2$, $|\lambda_1| = |\lambda_2| = 1$, A 的迹为 $0, 1$, 或 -1. 由线性代数中的 Cayley-Hamilton 定理, 有 $f(A) = 0$. 对于迹的三种情况, 分别讨论如下:

(1) 当 A 的迹为 0 时, $A^2 + E = 0$, 则 $A^4 = E$;

(2) 当 A 的迹为 1 时, $A^2 - A + E = 0$, $A^3 - A^2 + A = 0$, 则 $A^3 = -E, A^6 = E$;

(3) 当 A 的迹为 -1 时, $A^2 + A + E = 0$, $A^3 + A^2 + A = 0$, 则 $A^3 = E$.

这几种子情况均有 $A^{12} = E$, 从而 $\phi^{12} = 1$. 此时, 称 ϕ 是周期的.

情况 2 λ_1 和 λ_2 同为 1 或 -1, A 的迹为 2 或 -2.

这时, 求解特征方程可知 A 有一个分量均为整数的特征向量 $v = (m, n)$, m, n 互素. 向量 v 在商映射 $\pi: \mathbb{R}^2 \to \mathbb{T}$ 下的投影是 $\mathbb{T}$ 上一条简单闭曲线 α, α 在 ϕ 下保持不变, 即 $\phi(\alpha) = \alpha$. 称这样的 ϕ 是可约的. 当 $\lambda_1 = \lambda_2 = 1$ 时, ϕ 保持 α 的方向不变; 当 $\lambda_1 = \lambda_2 = -1$ 时, ϕ 把 α 的方向反过来. 容易知道, ϕ 是 Dehn 扭转 T_α 的一个幂, 即 $\phi = T_\alpha^k$, $k \in \mathbb{Z}$.

情况 3 A 的特征值 λ_1 和 λ_2 是两个不同的实数, 此时 $|\mathrm{trace}(A)| > 2$. 不妨设 $|\lambda_1| < 1 < |\lambda_2|$. 这时, ϕ 的阶无限 (即对 $\forall 0 \neq k \in \mathbb{Z}$, $\phi^k \neq 1$), 且 ϕ 不保持 $\mathbb{T}$ 上任何一条简单闭曲线不变.

设 v_1 和 v_2 分别是 λ_1 和 λ_2 对应的特征向量. 分别平移向量 v_1 和 v_2 可以得到 $\mathbb{T}$ 上的横截相交的向量场 $\mathfrak{F}_1$ 和 $\mathfrak{F}_2$. ϕ 在这两个向量场上的作用为

$$\phi(\mathfrak{F}_1)=\lambda_1\mathfrak{F}_1,\quad \phi(\mathfrak{F}_2)=\lambda_2\mathfrak{F}_2,$$

即 ϕ 在 $\mathfrak{F}_1$ 上的作用是缩小 $|\lambda_1|$ 倍, 而在 $\mathfrak{F}_2$ 上的作用是放大 $|\lambda_2|$ 倍 $(\lambda_2=\lambda_1^{-1})$. 称这样的 ϕ 为伪阿诺索夫的.

例 17.6 (1) 设 $A_\phi=\begin{pmatrix}0&1\\-1&1\end{pmatrix}\in SL(2,\mathbb{Z})$, 则 ϕ 是周期的;

(2) 设 $A_\phi=\begin{pmatrix}1&n\\0&1\end{pmatrix}\in SL(2,\mathbb{Z})$, $n\in\mathbb{Z}$, 则 ϕ 是可约的;

(3) 设 $A_\phi=\begin{pmatrix}2&1\\1&1\end{pmatrix}\in SL(2,\mathbb{Z})$, 则 ϕ 是伪阿诺索夫的.

定义 17.6 周期的映射类与可约的映射类

设 $S=S_{g,b}$. 对于 $[f]\in\mathrm{Mod}(S)$,

(1) 若 f 同痕于一个自同胚 $f':S\to S$, 使得 f' 有有限阶, 即存在 $0\neq k\in\mathbb{Z}$, 使得 $f'^k=\mathrm{id}$, 则称 $[f]$ 是周期的;

(2) 若 f 同痕于一个自同胚 $f':S\to S$, 使得存在 S 上一组互不相交、互不同痕的简单闭曲线 $\mathcal{C}$, $f'(\mathcal{C})=\mathcal{C}$, 则称 $[f]$ 是可约的.

$[f]\in\mathrm{Mod}(S)$ 是伪阿诺索夫的定义稍微复杂一些. 伪阿诺索夫映射类的存在性是 Thurston 曲面自同胚理论的一个主要成果. 一般曲面上伪阿诺索夫映射的定义与环面上的情形类似, 我们将不在这里介绍, 读者可参见 [25, 44]. 后面我们将给出几个映射是伪阿诺索夫映射的充分条件.

例 17.7 (1) 图 17.15 所示映射是周期的.

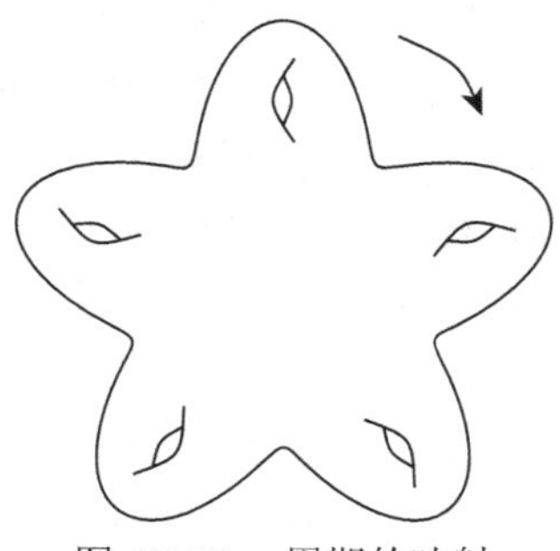

图 17.15 周期的映射

(2) 图 17.16 所示映射是可约的.

图 17.16 可约的映射

(3) Dehn 扭转是可约的非周期的.

下面是著名的 Nielsen-Thurston 分类定理 (参见 [127, 129–132]).

定理 17.11 (Nielsen-Thurston 分类定理) 设 $S = S_{g,b}$. 则 $[f] \in \mathrm{Mod}(S)$ 或是周期的, 或是可约的, 或是伪阿诺索夫的, 并且若 $[f]$ 是伪阿诺索夫的, 则 f 不是周期的, 也不是可约的.

最后我们给出映射是伪阿诺索夫映射的两个充分条件.

设 S 为一个紧致连通曲面, A 为 $C(S)$ 的顶点集的一个子集. 称 A 填充了 S, 若对 $C(S)$ 的每个顶点 γ, 存在 A 中顶点 α, 使得 α 的任一个代表和 γ 的任意代表都有非空的交. 该条件等价于沿 A 中顶点的代表切开曲面 S 所得的曲面中的每个分支或是一个圆片, 或是一个平环, 且该平环有一个边界分支是 S 的边界分支.

定理 17.12[133] 设 $A = \{\alpha, \beta\} \subset C(S)$ 填充了 S. 则对任意正整数 m, n, 映射类 $T_\alpha^n T_\beta^{-m}$ 都是伪阿诺索夫的.

定理 17.13[134] 设 $f \in \mathrm{Mod}(S)$, α 是 $C(S)$ 的一个顶点. 若 $\{f^n(\alpha) : n \in \mathbb{Z}\}$ 填充了 S, 则除至多 7 个相继的 n 值外, 映射类 $T_\alpha^n f$ 都是伪阿诺索夫的.

参考文献

[1] Adams C C. The Knot Book: An Elementary Introduction to the Mathematical Theory of Knots. Providence：Amer. Math. Soc., 2004.

[2] Agol I. The virtual Haken conjecture. Doc. Math., 2013, 18(1): 1045-1087.

[3] Agol I, Liu Y. Presentation length and Simon's conjecture. J. Amer. Math. Soc., 2012, 25(1): 151-187.

[4] Alexander J W. On the subdivision of 3-space by a polyhedron. Proc. Nat. Acad. Sci., 1924, 10: 6-8.

[5] Alexander J W. Topological invariants of knots and links. Transactions of the American Mathematical Society, 1928, 30(2): 275-306.

[6] Artin E. Theorie der Zöpfe. Abh. Math. Sem. Univ. Hamburg, 1925, 4: 47-72.

[7] Artin E. Theory of braids. Ann. of Math., 1947, 48: 101-136.

[8] Bergeron N, Wise D T. A boundary criterion for cubulation. Amer. J. Math., 2012, 134(3): 843-859.

[9] Bing R H. An alternative proof that 3-manifolds can be triangulated. Ann. of Math., 1959, 69: 37-65.

[10] Birman J S. Braids, Links, and Mapping Class Groups. Princeton: Princeton University Press, 1975.

[11] Bonahon F. Geometric Structures on 3-manifolds// Daverman R J, Sher R B, eds. Handbook of Geometric Topology. Amsterdan: Elsevier, 2001: 93-164.

[12] Bonahon F, Otal J P. Scindements de Heegaard des espaces lenticulares. Ann. Sci. École Norm. Sup., 1983, 16: 451-466.

[13] Burde G, Zieschang H, Heusener M. Knots. 3rd ed. Berlin: Walter de Gruyter & Co., 2013.

[14] Van Buskirk J. Braid groups of compact 2-manifolds with elements of finite order. Transactions of the American Mathematical Society, 1966, 122(1): 81-97.

[15] Calegari D, Gabai D. Shrinkwrapping and the taming of hyperbolic 3-manifolds. J. Amer. Math. Soc., 2006, 19(2): 385-446.

[16] Carter R W. Simple Groups of Lie Type. New York: John Wiley & Sons, 1989.

[17] Casson A J, Gordon C M. Reducing Heegaard splittings. Topology Appl., 1987, 27: 275-283.

[18] Cerf J. Sur les diffeomorphismes de la sphere de dimension trois ($\gamma_4 = 0$). Lecture Notes in Mathematics, vol. 53. New York: Springer, 1968.

[19] Conway J H. An enumeration of knots and links, and some of their algebraic properties// Leech J, ed. Compu tational Problems in Abstract Algebra. Oxford: Pergamon Press, 1970: 329-358.

[20] Dehn M. Über die Topologie des dreidimensionalen Raumes. Math. Ann., 1910, 69: 137-168.

[21] Dehn M. Die Gruppe der Abbildungsklassen: Das arithmetische Feld auf Flächen. Acta Math., 1938, 69(1): 135-206.

[22] Dummit D S, Richard M F. Abstract Algebra. Englewood Cliffs: Prentice Hall, 1991.

[23] Qiang E, Lei F, Li F. An alternative proof of Lickorish-Wallace theorem. Topology Appl., 2013, 160(13): 1611-1615.

[24] Epstein D B A. Curves on 2-manifolds and isotopies. Acta Math., 1966, 115: 83-107.

[25] Farb B, Margalit D. A Primer on Mapping Class Groups. Princeton: Princeton University Press, 2011.

[26] Freedman M H. The topology of four-dimensional manifolds. J. Differential Geom., 1982, 17: 357-453.

[27] Gompf R E. A new construction of symplectic manifolds. Annals of Mathematics, 1995, 142: 527-595.

[28] Fox R H, Neuwirth L. The braid groups. Math. Scand., 1962, 10: 119-126.

[29] Gabai D. Foliations and the topology of 3-manifolds III. J. Differential Geometry, 1987, 26: 479-536.

[30] Garside F A. The braid group and other groups. The Quarterly Journal of Mathematics, 1969, 20(1): 235-254.

[31] Gordon C M, Luecke J. Knots are determined by their complements. Bull. Amer. Math. Soc., 1989, 20(1): 83-87.

[32] Gugenheim V K A M. Piecewise linear isotopy. Proc. London Math. Soc., 1953, 31: 29-53.

[33] Haken W. Some results on surfaces in 3-manifolds. Studies in Modern Topology, 1968, 5: 39-98.

[34] Harvey W J. Boundary structure of the modular group. Riemann Surfaces and Related Topics: Proceedings of the 1978 Stony Brook Conference. Ann. Math. Stud. 97, Princeton, 1981.

[35] Hatcher A. Notes on basic 3-manifold topology. https://pi.math.cornell.edu/~hatcher/3M/3M.pdf, 2007.

[36] Hatcher A. Algebraic Topology. Cambridge: Cambridge University Press, 2002.

[37] Heegaard P. Forstudier til en topologisk teori for de algebraiske fladers sammenhaeng. Ph.D. Thesis, University of Copenhagen, 1898.

[38] Hempel J. 3-Manifolds. Princeton: American Mathematical Society, 2004.

[39] Hempel J. 3-manifolds as viewed from the curve complex. Topology, 2001, 40(3): 631-657.

[40] Hirsch M W. Differential Topology. New York, Heidelberg, Berlin: Springer-Verlag, 1976.

[41] Hopf H. Zum Clifford-Kleinschen Raumproblem. Math. Ann., 1926, 95: 313-339.

[42] Humphries S P. Generators for the mapping class group//Topology of Lowdimensionalmanifolds (Chelwood Gate, 1977), volume 722 of Lecture Notes in Mathematics. Berlin: Springer, 1979: 44-47.

[43] Hurwitz A. Über Riemann'sche Flächen mit gegebenen Verzweigungspunkten. Math. Ann., 1891, 39(1): 1-60.

[44] Ivanov N V. Mapping class groups//Handbook of Geometric Topology. Amsterdam: North-Holland, 2002: 523-633.

[45] Jaco W. Lectures on Three-Manifold Topology. Providence: American Mathematical Society, 1980.

[46] Jaco W. Adding a 2-handle to a 3-manifold: An application to property R. Proc. Am. Math. Soc. , 1984, 92: 288-292.

[47] Jaco W, Shalen P B. Seifert fibered spaces in irreducible, sufficiently large 3-manifolds. Bull. Amer. Math. Soc., 1976, 82(5): 765-767.

[48] Jaco W, Oertel U. An algorithm to decide if a 3-manifold is a Haken manifold. Topology 23, 1984, 23(2): 195-209.

[49] Johannson K. On exotic homotopy equivalences of 3-manifolds. Geometric topology (Proc. Georgia Topology Conf.). New York: Academic Press, 1979: 101-111.

[50] Johannson K. Homotopy Equivalences of 3-Manifolds with Boundaries. Berlin: Springer, 1979.

[51] Johannson K. Topology and Combinatorics of 3-Manifolds. Berlin: Springer-Verlag, 1995.

[52] Jeremy K, Markovic V. Immersing almost geodesic surfaces in a closed hyperbolic three manifold. Ann. of Math., 2012, 175(3): 1127-1190.

[53] Kauffman L H. New invariants in the theory of knots. The American Mathematical Monthly, 1988, 95(3): 195-242.

[54] Kerékjártó B. Vorlesungenüber Topologie. I. Berlin: Springer, 1923.

[55] Kirby R. A calculus for framed links in S^3. Invent. Math., 1978, 45: 35-56.

[56] Kneser H. Geschlossene Flächen in dreidimensionalen Mannigfaltigkeiten. Jber. d. D. Math. Verein., 1929, 38: 248-259.

[57] Kobayashi T, Saeki O. The Rubinstein-Scharlemann graphic of a 3-manifold as the discriminant set of a stable map. Pacific Journal of Mathematics, 2000, 195(1): 101-156.

[58] Lei F. On stability of Heegaard splittings. Math. Proc. Camb. Phil. Soc., 2000, 129: 55-57.

[59] Lei F. A general handle addition theorem. Math. Zeit., 1996, 221(2): 211-216.

[60] Lei F. A proof of Przytycki's conjecture on n-relator 3-manifolds. Topology, 1995, 34(2): 473-476.

[61] Lickorish W B R. A representation of orientable, combinatorial 3 manifolds. Annals of Math., 1962, 76: 531-540.

[62] Lickorish W B R. A finite set of generators for the homeotopy group of a 2-manifold. Math. Proc. Cam. Philos. Soc., 1964, 60: 769-778.

[63] Lu N. On the mapping class groups of the closed orientable surfaces. Topology Proc., 1988, 13(2): 293-324.

[64] Masur H M, Minsky Y N. Geometry of the complex of curves I: Hyperbolicity. Invent. Math., 1999, 138(1): 103-149.

[65] Masur H A, Minsky Y N. Geometry of the complex of curves II: Hierarchical structure. Geom. Funct. Anal., 2000, 10(4): 902-974.

[66] Matveev S. Algorithmic Topology and Classification of 3-Manifolds. Berlin: Springer-Verlag, 2003.

[67] McCarthy J D. Automorphisms of surface mapping class groups. A recent theorem of N. Ivanov. Inventiones Mathematicae, 1986, 84(1): 49-71.

[68] Miller C F. Decision Problems for Groups-Survey and Reflections, Algorithms and Classification in Combinatorial Group Theory. New York: Springer, 1992: 1-59.

[69] Milnor J. Morse Theory. Princeton: Princeton University Press, 1963.

[70] Milnor J. A unique factorization theorem for 3-manifolds. Amer. J. Math., 1962, 84: 1-7.

[71] Milnor J. On manifolds homeomorphic to the 7-sphere. Ann. of Math., 1956, 64(2): 399-405.

[72] Möbius A F. Zur theorie der polyëder und der elementarverwandtschaft. Gesammelte Werke, 1886, 2: 519-559.

[73] Moise E E. Affine structures in 3-manifolds: V. The triangulation theorem and Hauptvermutung. Ann. of Math., 1952, 56(2): 96-114.

[74] Moise E E. Geometric Topology in Dimensions 2 and 3. New York: Springer-Verlag, 1977.

[75] Morgan J W, Bass H. The Smith Conjecture. Orlando: Academic Press, 1984.

[76] Morgan J, Tian G. Ricci Flow and the Poincaré Conjecture (Clay Mathematics Monographs). Providence: American Mathematical Society, 2007.

[77] Mostow C D. Quasi-conformal mappings inn-space and the rigidity of the hyperbolic space forms. Publ. Math. IHES, 1968, 34: 53-104.

[78] Murasugi K. Jones polynomials and classical conjectures in knot theory. Topology, 1987, 26(2): 187-194.

[79] Murasugi K, Kurpita B I. A Study of Braids. New York: Springer, 2010.

[80] Orlik P. Seifert Manifolds. New York: Springer-Verlag, 1972.

[81] Papakyriakopoulos C. On Dehn's lemma and the asphericity of knots. Ann. of Math., 1957, 66: 1-26.

[82] Prasad G. Strong rigidity of Q-rank 1 lattices. Invent. Math., 1973, 21: 255-286.

[83] Przytycki J. Incompressibility of surfaces after Dehn surgery. Mich. Math. J., 1983, 30: 289-308.

[84] Przytycki J. n-Relator 3-manifolds with incompressible boundary//Low-Dimensional Topology and Kleinian Groups. Cambridge: Cambridge University Press, 1986: 273-285.

[85] Radó T. Über den Begriff der Riemannschen Fläche. Acts. Litt. Sci. Szeged., 1925, 2:101-121.

[86] Reidemeister K. Knoten und gruppen. Abhandlungen aus dem Mathematischen Seminar der Universität Hamburg, 1927, 5(1): 7-23.

[87] Reidemeister K. Zur dreidimensionalen Topologie. Abh. Math. Sem. Univ. Hamburg, 1933, 11: 189-194.

[88] Riley R. A quadratic parabolic group. Math. Proc. Camb. Phil. Soc., 1975, 77: 281-288.

[89] Rolfsen D. Knots and Links. Houston: Publish or Perish Inc., 1990.

[90] Rourke C P, Sanderson B J. Introduction to Piecewise-linear Topology. Berlin, Heidelberg: Springer, 1972.

[91] Rubinstein H, Scharlemann M. Comparing Heegaard splittings of non-Haken 3-manifolds. Topology, 1996, 35(4): 1005-1026.

[92] Scharlemann M G. Unknotting number one knots are prime. Inventiones mathematicae, 1985, 82(1): 37-55.

[93] Scharlemann M, Thompson A. Heegaard splittings of (surface)×I are standard. Math. Ann., 1993, 295: 549-564.

[94] Scharlemann M, Thompson A. Thin position for 3-manifolds. Contemporary Mathematics, 1994, 164: 231-238.

[95] Schubert H. Die eindeutige Zerlegbarkeit eines Knotens in Primknoten. Sitzungsberichte der Heidelberger Akad. Wiss. Math. Nat. Kl, 1949, (3): 57-104.

[96] Schubert H. Über eine numerische knoteninvariante. Mathematische Zeitschrift, 1954, 61(1): 245-288.

[97] Schultens J. The classication of Heegaard splittings for (compact orientable surface)$\times S^1$. Lond. Math. Soc., 1993, 67(3): 425-448.

[98] Schultens J. Heegaard splittings of Seifert fibered spaces with boundary. Trans. Amer. Math. Soc., 1995, 347(7): 2533-2552.

[99] Schultens J. Introduction to 3-Manifolds. Providence: American Mathematical Society, 2014.

[100] Scott P. The geometries of 3-manifolds. Bull. London Math. Soc., 1983, 15(5): 401-487.

[101] Seifert H, Threllfall W. Lehrbuch der Topologie. Stuttgart: Teubner Verlagsgesellschaft, 1934.

[102] Seifert H, Threllfall W. Textbook of Topology. New York, London: Academic Press, 1980.

[103] Seifert H, Weber C. Die beiden dodekaederräume. Math. Z., 1933, 37: 237-253.

[104] Singer J. Three-dimensional manifolds and their Heegaard diagrams. Trans. Amer. Math. Soc., 1933, 35: 88-111.

[105] Smale S. Generalized Poincaré's conjecture in dimensions greater than four. Ann. of Math., 1961, 74: 391-406.

[106] Stallings J. On the loop theorem. Ann. of Math., 1960, 72(2): 12-19.

[107] Tait P T. On Knots I, II, III. Scientific Papers, Vol. I. London: Cambridge University. Press, 1898: 273-347.

[108] Thistlethwaite M B. A spanning tree expansion of the Jones polynomial. Topology, 1987, 26(3): 297-309.

[109] Thurston W P. The Geometry and Topology of Three-Manifolds. Princeton: Princeton University, 1979.

[110] Thurston W. Three dimensional manifolds, Kleinian groups and hyperbolic geometry. Bull. Am. Math. Soc., 1982, 6: 357-379.

[111] Thurston W. Three-Dimensional Geometry and Topology, Vol. 1. Princeton: Princeton University Press, 1997.

[112] Wajnryb B. Mapping class group of a surface is generated by two elements. Topology, 1996, 35(2): 377-383.

[113] Waldhausen F. Heegaard-Zerlegungen der 3-Sphare. Topology, 1968, 7: 195-203.

[114] Waldhausen F. On irreducible 3-manifolds which are sufficiently large. Ann. Math., 1968, 87(2): 56-88.

[115] Wallace A H. Modifications and cobounding manifolds. Canadian J. Math., 1960, 12: 503-528.

[116] Wise D. The Structure of Groups with a Quasiconvex Hierarchy. Princeton: Princeton University Press, 2012.

[117] Wolf J W. Spaces of Constant Curvature. New York: McGraw-Hill, 1967.

[118] 尤承业．基础拓扑学讲义．北京: 北京大学出版社, 2004.

[119] Jordan C. Cours D'Analyse de l'Ecole Polytechnique. 2nd ed. Paris: Gauthier-Villars et fils, 1893.

[120] Perelman G. The entropy formula for the Ricci flow and its geometric applications. arX-iv:math.DG/0211159, 2002.

[121] Perelman G. Ricci flow with surgery on three-manifolds. arXiv:math.DG/0303109, 2003.

[122] Fenn R, Rourke C. On Kirby's calculus of links. Topology, 1979, 18(1): 1-15.

[123] Milnor J. A unique factorization theorem for 3-manifolds. Amer. J. Math., 1962, 84: 1-7.

[124] Kirby R, Kirby E R. Problems in low-dimensional topology. Proceedings of Georgia Topology Conference, Part 2, 1995.

[125] Alexander J W. A lemma on systems of knotted curves. Proceedings of the National Academy of Sciences of the United States of America, 1923, 9(3): 93-95.

[126] Márkov A A. Uber die freie Aquivalenz der geschlossner Zopfe. Rec. Soc. Math. Moscou, 1935, 1: 73-78.

[127] Nielsen J. Untersuchungen zur Topologie der geschlossenen zweseitigen Flächen. Acta Math., 1927, 50: 189-358.

[128] Baer R. Isotopien auf Kurven von orientierbaren, geschlossenen Fldchen. J. Reine Angew. Math.,1928, 159: 101-116.

[129] Nielsen J. Untersuchungen zur Topologie der geschlossenen zweiseitigen Flächen. II. Acta Math., 1929, 53(1): 1 -76.

[130] Nielsen J. Untersuchungen zur Topologie der geschlossenen zweiseitigen Flächen. III. Acta Math., 1932, 58(1): 87 -167.

[131] Nielsen J. Surface transformation classes of algebraically finite type. Danske Vid. Selsk. Math.-Phys. Medd., 1944, 21(2): 3-89.

[132] William P. Thurston. On the geometry and dynamics of diffeomorphisms of surfaces. Bull. Amer. Math. Soc. (N.S.), 1988, 19(2): 417-431.

[133] Penner R C. A construction of pseudo-Anosov homeomorphisms. Trans. Amer. Math. Soc., 1988, 310(1): 179-197.

[134] Fathi A. Dehn twists and pseudo-Anosov diffeomorphisms. Invent. Math., 1987, 87: 129-151.

《现代数学基础丛书》已出版书目

（按出版时间排序）

1 数理逻辑基础(上册) 1981. 1 胡世华 陆钟万 著
2 紧黎曼曲面引论 1981. 3 伍鸿熙 吕以辇 陈志华 著
3 组合论(上册) 1981. 10 柯 召 魏万迪 著
4 数理统计引论 1981. 11 陈希孺 著
5 多元统计分析引论 1982. 6 张尧庭 方开泰 著
6 概率论基础 1982. 8 严士健 王隽骧 刘秀芳 著
7 数理逻辑基础(下册) 1982. 8 胡世华 陆钟万 著
8 有限群构造(上册) 1982. 11 张远达 著
9 有限群构造(下册) 1982. 12 张远达 著
10 环与代数 1983. 3 刘绍学 著
11 测度论基础 1983. 9 朱成熹 著
12 分析概率论 1984. 4 胡迪鹤 著
13 巴拿赫空间引论 1984. 8 定光桂 著
14 微分方程定性理论 1985. 5 张芷芬 丁同仁 黄文灶 董镇喜 著
15 傅里叶积分算子理论及其应用 1985. 9 仇庆久等 编
16 辛几何引论 1986. 3 J. 柯歇尔 邹异明 著
17 概率论基础和随机过程 1986. 6 王寿仁 著
18 算子代数 1986. 6 李炳仁 著
19 线性偏微分算子引论(上册) 1986. 8 齐民友 著
20 实用微分几何引论 1986. 11 苏步青等 著
21 微分动力系统原理 1987. 2 张筑生 著
22 线性代数群表示导论(上册) 1987. 2 曹锡华等 著
23 模型论基础 1987. 8 王世强 著
24 递归论 1987. 11 莫绍揆 著
25 有限群导引(上册) 1987. 12 徐明曜 著
26 组合论(下册) 1987. 12 柯 召 魏万迪 著
27 拟共形映射及其在黎曼曲面论中的应用 1988. 1 李 忠 著
28 代数体函数与常微分方程 1988. 2 何育赞 著
29 同调代数 1988. 2 周伯壎 著

30　近代调和分析方法及其应用　1988. 6　韩永生　著
31　带有时滞的动力系统的稳定性　1989. 10　秦元勋等　编著
32　代数拓扑与示性类　1989. 11　马德森著　吴英青　段海豹译
33　非线性发展方程　1989. 12　李大潜　陈韵梅　著
34　反应扩散方程引论　1990. 2　叶其孝等　著
35　仿微分算子引论　1990. 2　陈恕行等　编
36　公理集合论导引　1991. 1　张锦文　著
37　解析数论基础　1991. 2　潘承洞等　著
38　拓扑群引论　1991. 3　黎景辉　冯绪宁　著
39　二阶椭圆型方程与椭圆型方程组　1991.4　陈亚浙　吴兰成　著
40　黎曼曲面　1991. 4　吕以辇　张学莲　著
41　线性偏微分算子引论(下册)　1992. 1　齐民友　徐超江　编著
42　复变函数逼近论　1992. 3　沈燮昌　著
43　Banach 代数　1992. 11　李炳仁　著
44　随机点过程及其应用　1992. 12　邓永录等　著
45　丢番图逼近引论　1993. 4　朱尧辰等　著
46　线性微分方程的非线性扰动　1994. 2　徐登洲　马如云　著
47　广义哈密顿系统理论及其应用　1994. 12　李继彬　赵晓华　刘正荣　著
48　线性整数规划的数学基础　1995. 2　马仲蕃　著
49　单复变函数论中的几个论题　1995. 8　庄圻泰　著
50　复解析动力系统　1995. 10　吕以辇　著
51　组合矩阵论　1996. 3　柳柏濂　著
52　Banach 空间中的非线性逼近理论　1997. 5　徐士英　李　冲　杨文善　著
53　有限典型群子空间轨道生成的格　1997. 6　万哲先　霍元极　著
54　实分析导论　1998. 2　丁传松等　著
55　对称性分岔理论基础　1998. 3　唐　云　著
56　Gel′fond-Baker 方法在丢番图方程中的应用　1998. 10　乐茂华　著
57　半群的 S-系理论　1999. 2　刘仲奎　著
58　有限群导引(下册)　1999. 5　徐明曜等　著
59　随机模型的密度演化方法　1999. 6　史定华　著
60　非线性偏微分复方程　1999. 6　闻国椿　著
61　复合算子理论　1999. 8　徐宪民　著
62　离散鞅及其应用　1999. 9　史及民　编著
63　调和分析及其在偏微分方程中的应用　1999. 10　苗长兴　著

64　惯性流形与近似惯性流形　2000. 1　戴正德　郭柏灵　著
65　数学规划导论　2000. 6　徐增堃　著
66　拓扑空间中的反例　2000. 6　汪　林　杨富春　编著
67　拓扑空间论　2000. 7　高国士　著
68　非经典数理逻辑与近似推理　2000. 9　王国俊　著
69　序半群引论　2001. 1　谢祥云　著
70　动力系统的定性与分支理论　2001. 2　罗定军　张　祥　董梅芳　编著
71　随机分析学基础(第二版)　2001. 3　黄志远　著
72　非线性动力系统分析引论　2001. 9　盛昭瀚　马军海　著
73　高斯过程的样本轨道性质　2001. 11　林正炎　陆传荣　张立新　著
74　数组合地图论　2001. 11　刘彦佩　著
75　光滑映射的奇点理论　2002. 1　李养成　著
76　动力系统的周期解与分支理论　2002. 4　韩茂安　著
77　神经动力学模型方法和应用　2002. 4　阮炯　顾凡及　蔡志杰　编著
78　同调论——代数拓扑之一　2002. 7　沈信耀　著
79　金兹堡-朗道方程　2002. 8　郭柏灵等　著
80　排队论基础　2002. 10　孙荣恒　李建平　著
81　算子代数上线性映射引论　2002. 12　侯晋川　崔建莲　著
82　微分方法中的变分方法　2003. 2　陆文端　著
83　周期小波及其应用　2003. 3　彭思龙　李登峰　谌秋辉　著
84　集值分析　2003. 8　李　雷　吴从炘　著
85　数理逻辑引论与归结原理　2003. 8　王国俊　著
86　强偏差定理与分析方法　2003. 8　刘　文　著
87　椭圆与抛物型方程引论　2003. 9　伍卓群　尹景学　王春朋　著
88　有限典型群子空间轨道生成的格(第二版)　2003. 10　万哲先　霍元极　著
89　调和分析及其在偏微分方程中的应用(第二版)　2004. 3　苗长兴　著
90　稳定性和单纯性理论　2004. 6　史念东　著
91　发展方程数值计算方法　2004. 6　黄明游　编著
92　传染病动力学的数学建模与研究　2004. 8　马知恩　周义仓　王稳地　靳　祯　著
93　模李超代数　2004. 9　张永正　刘文德　著
94　巴拿赫空间中算子广义逆理论及其应用　2005. 1　王玉文　著
95　巴拿赫空间结构和算子理想　2005. 3　钟怀杰　著
96　脉冲微分系统引论　2005. 3　傅希林　闫宝强　刘衍胜　著
97　代数学中的 Frobenius 结构　2005. 7　汪明义　著

98　生存数据统计分析　2005. 12　王启华　著
99　数理逻辑引论与归结原理(第二版)　2006. 3　王国俊　著
100　数据包络分析　2006. 3　魏权龄　著
101　代数群引论　2006. 9　黎景辉　陈志杰　赵春来　著
102　矩阵结合方案　2006. 9　王仰贤　霍元极　麻常利　著
103　椭圆曲线公钥密码导引　2006. 10　祝跃飞　张亚娟　著
104　椭圆与超椭圆曲线公钥密码的理论与实现　2006. 12　王学理　裴定一　著
105　散乱数据拟合的模型方法和理论　2007. 1　吴宗敏　著
106　非线性演化方程的稳定性与分歧　2007 .4　马　天　汪守宏　著
107　正规族理论及其应用　2007.4　顾永兴　庞学诚　方明亮　著
108　组合网络理论　2007. 5　徐俊明　著
109　矩阵的半张量积:理论与应用　2007. 5　程代展　齐洪胜　著
110　鞅与 Banach 空间几何学　2007. 5　刘培德　著
111　非线性常微分方程边值问题　2007. 6　葛渭高　著
112　戴维-斯特瓦尔松方程　2007. 5　戴正德　蒋慕蓉　李栋龙　著
113　广义哈密顿系统理论及其应用　2007. 7　李继彬　赵晓华　刘正荣　著
114　Adams 谱序列和球面稳定同伦群　2007. 7　林金坤　著
115　矩阵理论及其应用　2007. 8　陈公宁　著
116　集值随机过程引论　2007. 8　张文修　李寿梅　汪振鹏　高　勇　著
117　偏微分方程的调和分析方法　2008.1　苗长兴　张　波　著
118　拓扑动力系统概论　2008. 1　叶向东　黄　文　邵　松　著
119　线性微分方程的非线性扰动(第二版)　2008.3　徐登洲　马如云　著
120　数组合地图论(第二版)　2008. 3　刘彦佩　著
121　半群的 S-系理论(第二版)　2008. 3　刘仲奎　乔虎生　著
122　巴拿赫空间引论(第二版)　2008. 4　定光桂　著
123　拓扑空间论(第二版)　2008. 4　高国士　著
124　非经典数理逻辑与近似推理(第二版)　2008. 5　王国俊　著
125　非参数蒙特卡罗检验及其应用　2008. 8　朱力行　许王莉　著
126　Camassa-Holm 方程　2008. 8　郭柏灵　田立新　杨灵娥　殷朝阳　著
127　环与代数(第二版)　2009. 1　刘绍学　郭晋云　朱　彬　韩　阳　著
128　泛函微分方程的相空间理论及应用　2009. 4　王　克　范　猛　著
129　概率论基础(第二版)　2009. 8　严士健　王隽骧　刘秀芳　著
130　自相似集的结构　2010. 1　周作领　瞿成勤　朱智伟　著
131　现代统计研究基础　2010. 3　王启华　史宁中　耿　直　主编

132　图的可嵌入性理论(第二版)　2010.3　刘彦佩　著
133　非线性波动方程的现代方法(第二版)　2010.4　苗长兴　著
134　算子代数与非交换 L_p 空间引论　2010.5　许全华　吐尔德别克　陈泽乾　著
135　非线性椭圆型方程　2010.7　王明新　著
136　流形拓扑学　2010.8　马　天　著
137　局部域上的调和分析与分形分析及其应用　2011.6　苏维宜　著
138　Zakharov 方程及其孤立波解　2011.6　郭柏灵　甘在会　张景军　著
139　反应扩散方程引论(第二版)　2011.9　叶其孝　李正元　王明新　吴雅萍　著
140　代数模型论引论　2011.10　史念东　著
141　拓扑动力系统——从拓扑方法到遍历理论方法　2011.12　周作领　尹建东　许绍元　著
142　Littlewood-Paley 理论及其在流体动力学方程中的应用　2012.3　苗长兴　吴家宏　章志飞　著
143　有约束条件的统计推断及其应用　2012.3　王金德　著
144　混沌、Mel'nikov 方法及新发展　2012.6　李继彬　陈凤娟　著
145　现代统计模型　2012.6　薛留根　著
146　金融数学引论　2012.7　严加安　著
147　零过多数据的统计分析及其应用　2013.1　解锋昌　韦博成　林金官　编著
148　分形分析引论　2013.6　胡家信　著
149　索伯列夫空间导论　2013.8　陈国旺　编著
150　广义估计方程估计方法　2013.8　周　勇　著
151　统计质量控制图理论与方法　2013.8　王兆军　邹长亮　李忠华　著
152　有限群初步　2014.1　徐明曜　著
153　拓扑群引论(第二版)　2014.3　黎景辉　冯绪宁　著
154　现代非参数统计　2015.1　薛留根　著
155　三角范畴与导出范畴　2015.5　章　璞　著
156　线性算子的谱分析(第二版)　2015.6　孙　炯　王　忠　王万义　编著
157　双周期弹性断裂理论　2015.6　李　星　路见可　著
158　电磁流体动力学方程与奇异摄动理论　2015.8　王　术　冯跃红　著
159　算法数论(第二版)　2015.9　裴定一　祝跃飞　编著
160　偏微分方程现代理论引论　2016.1　崔尚斌　著
161　有限集上的映射与动态过程——矩阵半张量积方法　2015.11　程代展　齐洪胜　贺风华　著
162　现代测量误差模型　2016.3　李高荣　张　君　冯三营　著
163　偏微分方程引论　2016.3　韩丕功　刘朝霞　著
164　半导体偏微分方程引论　2016.4　张凯军　胡海丰　著
165　散乱数据拟合的模型、方法和理论(第二版)　2016.6　吴宗敏　著

166　交换代数与同调代数(第二版)　2016. 12　李克正　著
167　Lipschitz 边界上的奇异积分与 Fourier 理论　2017. 3　钱　涛　李澎涛　著
168　有限 p 群构造(上册)　2017. 5　张勤海　安立坚　著
169　有限 p 群构造(下册)　2017. 5　张勤海　安立坚　著
170　自然边界积分方法及其应用　2017. 6　余德浩　著
171　非线性高阶发展方程　2017. 6　陈国旺　陈翔英　著
172　数理逻辑导引　2017. 9　冯　琦　编著
173　简明李群　2017. 12　孟道骥　史毅茜　著
174　代数 K 理论　2018. 6　黎景辉　著
175　线性代数导引　2018. 9　冯　琦　编著
176　基于框架理论的图像融合　2019. 6　杨小远　石　岩　王敬凯　著
177　均匀试验设计的理论和应用　2019. 10　方开泰　刘民千　覃　红　周永道　著
178　集合论导引(第一卷：基本理论)　2019. 12　冯　琦　著
179　集合论导引(第二卷：集论模型)　2019. 12　冯　琦　著
180　集合论导引(第三卷：高阶无穷)　2019. 12　冯　琦　著
181　半单李代数与 BGG 范畴 $\mathcal{O}$　2020. 2　胡　峻　周　凯　著
182　无穷维线性系统控制理论(第二版)　2020. 5　郭宝珠　柴树根　著
183　模形式初步　2020.6　李文威　著
184　微分方程的李群方法　2021.3　蒋耀林　陈　诚　著
185　拓扑与变分方法及应用　2021.4　李树杰　张志涛　编著
186　完美数与斐波那契序列　2021.10　蔡天新　著
187　李群与李代数基础　2021.10　李克正　著
188　混沌、Melnikov 方法及新发展(第二版)　2021.10　李继彬　陈凤娟　著
189　一个大跳准则——重尾分布的理论和应用　2022.1　王岳宝　著
190　Cauchy-Riemann 方程的 L^2 理论　2022.3　陈伯勇　著
191　变分法与常微分方程边值问题　2022.4　葛渭高　王宏洲　庞慧慧　著
192　可积系统、正交多项式和随机矩阵——Riemann-Hilbert 方法　2022.5　范恩贵　著
193　三维流形组合拓扑基础　2022.6　雷逢春　李风玲　编著